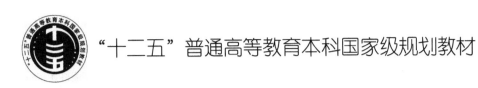

"十二五"普通高等教育本科国家级规划教材

电路理论基础

（第三版）

卢元元　王　晖　主编

胡庆彬　李晓滨　参编

西安电子科技大学出版社

内 容 简 介

本书依据教育部教学指导委员会颁布的《高等学校电路分析教学基本要求》而编写，系统地讲述了电路理论中的基本概念、基本定理和基本分析方法。全书共 15 章，主要内容包括：电路的基本概念、基本定律和基本元件，电路的等效变换，线性网络的一般分析法，电路定理；动态电路导论，一阶电路分析，二阶电路分析；正弦稳态电路的相量分析法，三相电路；电路的频率响应和谐振现象，非正弦周期电流电路；耦合电感和理想变压器，二端口网络；非线性电阻电路，网络方程的矩阵形式。本书各章均配有丰富的典型例题和习题，书末附有大部分习题的参考答案。为提高读者应用计算机分析电路的能力，本书特增加了利用 MATLAB 软件计算电路的内容。

本书适用面宽，可作为高等学校电气信息类有关专业的本科教材，也可供有关科技人员参考。

★ 与本书配套的学习指导书已经出版。本书配有电子教案，有需要的老师可在出版社网站下载。

图书在版编目(CIP)数据

电路理论基础/卢元元，王晖主编. —3 版.
—西安：西安电子科技大学出版社，2015.9(2024.11 重印)
ISBN 978 - 7 - 5606 - 3697 - 9

Ⅰ. ① 电… Ⅱ. ① 卢… ② 王… Ⅲ. ① 电路理论—高等学校—教材 Ⅳ. ① TM13

中国版本图书馆 CIP 数据核字(2015)第 140890 号

策 划 马晓娟
责任编辑 马 琼 马晓娟
出版发行 西安电子科技大学出版社(西安市太白南路 2 号)
电 话 (029)88202421 88201467 邮 编 710071
网 址 www.xduph.com 电子邮箱 xdupfxb001@163.com
经 销 新华书店
印刷单位 咸阳华盛印务有限责任公司
版 次 2015 年 9 月第 3 版 2024 年 11 月第 12 次印刷
开 本 787 毫米×1092 毫米 1/16 印张 20
字 数 468 千字
定 价 44.00 元
ISBN 978 - 7 - 5606 - 3697 - 9
XDUP 3989003 - 12

前　言

党的二十大强调"科技是第一生产力，人才是第一资源，创新是第一动力。"科技创新靠人才，人才培养靠教育。这为推动高等教育高质量发展提供了强大动力，也明确了教育及人才培养的方向。

"电路分析基础"或"电路理论基础"是高等学校电子信息及相关专业的一门重要基础课程，是培养学生专业知识和技能的入口，该课程对构建学生专业知识体系，培养工程观念和创新意识起到非常重要的作用。因此该课程是高校实施"建成教育强国、科技强国、人才强国"目标的人才培养的第一环，地位十分重要。本书遵循党的二十大深化教育改革的部署，以着力培养造就卓越工程师、大国工匠、高技能人才，提高各类人才素质为目标，自入选"十二五"国家规划教材之后，经过不断的打磨，对本书进行再一次修订。

此次修订本着精益求精的原则，对部分章节讲述的内容作了局部调整，并增加或更换了部分例题和习题。新增的例题和习题旨在引导学生灵活运用各种电路分析方法，提高学生分析和解决问题的能力。本次修订对全书的语言文字作了进一步的推敲修改，力求叙述更准确、严谨和简洁明了，方便学生阅读。

本修订版保持了原书的结构和特色。考虑到电气信息类各专业不同学时数的要求，本教材采取分层次的方法编写。书中不带"＊"号的部分为基础内容，适合计算机等专业使用，授课时数约为 60 学时；书中带"＊"号的部分为选讲或自学内容，电子工程、通信、自动化等专业的教师可选讲其中部分或全部内容，根据所选讲内容的不同，授课时数可在 80 ～100 学时变动。

本书在修订过程中参考了国内外电路理论方面的书籍和文献，在此一并向相关作者们表示衷心的感谢。

限于编者的水平，此次修订版中仍难免有不妥之处，恳请读者批评指正。

编　者

2014 年 12 月

2023 年 10 月修订

第 二 版 前 言

本书第一版于 2004 年出版，在几年的教学实践中，我们感到书中仍有一些不足之处，也收到了一些教师和学生的反馈意见和建议。为进一步提高教材质量，我们于 2009 年秋开始，用半年多的时间对本书进行了修订。

本次修订基本保持第一版的结构和特色，在此基础上，主要从以下方面进行了完善：

（1）在内容的编排上作了一些局部调整，以便课程的讲授能前后呼应，条理性更强。第 5 章中增加了"动态电路导论"，将动态电路的基本概念、电感和电容的换路定律、初始条件的求解等内容集中讲解，为后续一阶电路和二阶电路的讲授作好铺垫。第 6 章中增加了"分段常量信号作用下一阶电路的响应"，这是第 6 章稍前讲授的线性动态电路的叠加性、时不变性及阶跃响应等基本理论的实际应用。其他章节部分内容的前后顺序也作了一些调整，这里不一一介绍。

（2）针对各章的内容，增加了一些典型例题，目的是使读者更深入地理解某些基本概念，更灵活地掌握电路的分析方法和解题技巧。

（3）对语言文字进行了推敲修改，力求叙述更严谨和简洁。

（4）对原版中的错误进行了订正，验算和订正了各章的习题答案。

考虑到电气信息类各专业不同学时数的要求，本教材采取分层次的方法编写。书中不带"＊"号的部分为基础内容，适合计算机等专业使用，授课时数约为 60 学时；书中带"＊"号的部分为选讲或自学内容，电子工程、通信、自动化等专业的教师可选讲其中部分或全部内容，根据所选讲内容的不同，授课时数可在 80～100 学时变动。

第 1、2、3、4、8、9、10、11、12、14 章的修订由卢元元负责，其中第 11、12 章的修订初稿由胡庆彬提供；第 5、6、7、13、15 章的修订由王晖负责，李晓滨参与了其中第 5 章和第 6 章的修订工作，并撰写了新增加的 5.3 和 6.7 两小节。

本书在修订过程中参考了国内外电路理论方面的书籍和文献，在此一并向相关作者们表示衷心的感谢。

限于编者的水平，修订版中仍难免有不妥之处，恳请读者批评指正。

编　者
2010 年 5 月

第 一 版 前 言

"电路理论基础"是高等工科院校电子信息类各专业本科生的重要专业基础课，着重讲授非时变集总参数电路的基本概念、基本理论和基本分析方法，培养学生分析、计算电路的能力，并奠定学生对电路理论进行深入研究的基础。

本教材依据高等院校电子信息类专业基础课教学指导委员会颁布的《高等学校电路分析教学基本要求》，结合编者多年的教学实践，为适应我国信息类专业教学改革的新形势编写而成。全书共分 15 章，适合教学时数为 60～100 学时的专业选用。

本教材在内容选材上立足于"加强基础，精选内容"的原则，编写过程中注意与"高等数学"、"大学物理"等先修课程及"信号与系统"、"模拟电路"等后续课程的衔接和配合；在编写风格和文字叙述上力求做到思路清晰，重点突出，简洁明了，深入浅出；在内容编排上着眼于方便教师授课和利于学生阅读及自学，将一些较深入的理论证明作为选学内容给出。本书还结合各章知识点，精心选编了一定数量的例题和习题，并附有参考答案，以便学生融会贯通，更好地掌握基本内容，提高分析和解决问题的能力。

考虑到电气信息类各专业不同学时数的要求，本教材采取分层次的方法编写。书中不带"＊"号的部分为基础内容，适合计算机等专业使用，授课时数约为 60 学时；书中带"＊"号的部分为选讲或自学内容，电子工程、通信、自动化等专业的教师可选讲其中部分或全部内容，根据所选讲内容的不同，授课时数可在 80～100 学时变动。

本教材第 1、2、3、4、8、9、10、14 章由卢元元编写，第 6、7、13 章由王晖编写，第 11、12 章及第 1、2、3、4、8、9、10 章的习题由胡庆彬编写，第 5 章和第 15 章分别由高建波和骆剑平编写，高建波和骆剑平还绘制了第 6、7、13 章的电路图。全书由卢元元和王晖主编，其中卢元元负责修改和审定第 1、2、3、4、8、9、10、11、12、14 章，王晖负责修改和审定第 5、6、7、13、15 章。李亚明同学做了部分习题的录入工作。

本教材在编写过程中得到了深圳大学及深圳大学信息工程学院各级领导和同事的大力支持和帮助，并参考了大量的国内外电路理论方面的书籍和文献，在此一并向相关人员表示衷心的感谢。

限于编者的水平，书中难免有不妥之处，恳请广大同行和读者批评指正。

编　者
2003 年 10 月

目　　录

第 1 章　电路模型和基尔霍夫定律

电路模型是电路分析的基础。电流和电压是电路中的基本变量。各电流、电压间的约束关系分为两类：一类是基尔霍夫定律，它给出各支路间电流、电压的约束关系；另一类是各理想元件本身的伏安特性。这些是电路理论的基本概念，是本章阐述的主要内容。

1.1　电路与电路模型

电路是由各种电气设备或器件联接而成的电流的通路。在人们的生产和生活实践活动中用到的电路是多种多样的，例如，有远距离输电线路，也有电视机中进行无线电信号接收和处理的电路。电路有时又称为网络，这两个名词没有严格的区分，但网络通常指较复杂的电路。

根据电路的用途大致可将其分为两类：信号处理和能量的传送与转换。例如，电视机中的电路将电视信号进行处理，电网系统完成电能传送与分配，电气传动系统完成能量的转换。

一般而言，电路是由电源或信号源、中间环节以及负载组成的。电源给电路提供电能，信号源给电路提供要处理的电信号，当然，传送信号的同时也伴随着能量的传送。从电路分析的角度，我们将这两类源都称为电源。中间环节进行电能的传送或电信号的处理，负载则将电能转变为其他能量。当闭合电路中有电源时会产生电流和电压，因此电源又称为激励源或激励，而电流和电压则称为响应。

对电路进行分析要建立其物理过程的数学描述。发生在电路中的电磁现象和能量转换情况是复杂的。例如，一个用导线绕成的线圈，当电流通过时，线圈周围会产生磁场，磁场中储存着磁场能量。在线圈各匝之间还存在电压，又形成电场，储存着电场能量。电流流过线圈的导体，又会消耗电能。在生产实践中，实际电路的组成结构是复杂、多样的，要对各种电路和种类繁多的电气设备和器件一一建立其电磁性质的数学描述是非常麻烦的，也无法对电路采用系统的分析方法。

理想元件（简称为元件）是人为定义的有精确数学描述的电路元件，每种元件表示单一的一种物理性质。例如，最常用的电阻元件、电感元件及电容元件分别表示着消耗电能、储存磁场能量和储存电场能量这三种物理现象。

根据各种电气设备的物理性质，将其表示为理想元件或理想元件的组合，称为建立其电路模型。电路中所有元件都用电路模型表示，就得到了整个电路的电路模型。电路模型直观地反映出各电气设备和器件的电、磁性质。对电路模型进行分析，可采用系统的分析方法，易于求出电路的数学描述和解答。应注意，任何模型都是在一定条件下近似的结果，有一定的适用范围，同一电气设备在不同的应用场合可能有不同的电路模型。例如，工作于低频电路的线圈，其匝间电场效应可忽略，因此可用一个电阻元件和一个电感元件的串联作为其电路模型；而在高频电路中，线圈的电容不可忽略，因此其高频模型中除了电阻元件和电感元件，还会出现电容元件。

这里所讲的理想元件是集总(集中)参数元件，模型是集总参数电路模型。在集总参数电路中，所有的电磁现象及能量转换均集中在元件内部完成，电路性质与器件及电路的尺寸大小无关。在任一时刻，集总参数电路中流过任一点的电流及任两点的电压是与空间位置无关的确定值。

采用集总参数电路模型是有条件的。严格来说，实际电路中的能量损耗及电场、磁场储能是连续分布的，因此反映电磁性质的电路参数应是分布参数。但是，当电路的器件及电路各项尺寸远小于电路工作的电磁波的波长时，电路参数的分布性对电路性能的影响很小，因此，可采用集总参数电路模型。若电路尺寸不是远小于其工作时电磁波的波长，例如远距离输电网络、微波电路等，则电路中的电流和电压与器件及电路的尺寸大小以及空间位置有关，对这种电路需用电磁场理论或分布参数电路理论进行分析研究。

本书只介绍分析集总参数电路模型的理论和方法。如无特别说明，书中所指电路均为集总参数电路模型。本书不涉及实际电路设备的模型化方法，它们将在有关专业课中讲述。

1.2 电路变量

描述电路工作状态的物理量有电流、电压、电荷、磁通、能量和功率。其中，最基本的是电流和电压，利用电流和电压可计算电路中的能量和功率。电流和电压的参考方向是重要的基本概念。

1.2.1 电流

带电粒子(电荷)的定向移动形成了电流。电流的大小用电流强度衡量，电流强度简称为电流，用符号 i 表示，定义为单位时间内通过导体横截面的电荷量，即

$$i(t) = \frac{\mathrm{d}q}{\mathrm{d}t} \tag{1-1}$$

大小和方向都不随时间变化的电流称为恒定电流或直流电流，可用符号 I 表示。

在国际单位制中，电流的单位是安培(简称为安，符号为 A)；电荷的单位是库仑(简称为库，符号为 C)；时间的单位是秒(符号为 s)。在信息工程领域，电路中的电流一般较小，常用毫安(mA)作单位，$1\ \mathrm{mA} = 10^{-3}\ \mathrm{A}$。

规定正电荷移动的方向为电流的方向。在复杂电路中，电流的方向不易直观确定；在交流电路中，电流的方向随时间而变化，不便在电路图中标出。因此，为求解电路方便，须预先规定电流的参考方向。电流的参考方向是人为假定的电流方向，在图中用箭头表示，如图 1-1 所示。

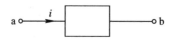

图 1-1　电流的参考方向

在规定的电流参考方向下,电流是代数量,求解的结果可能为正也可能为负。若为正,则说明电流实际方向与参考方向相同;若为负,则说明电流实际方向与参考方向相反。图 1-1 中,若求得 $i=-2$ A,则说明电流的实际方向是由 b 指向 a;若求得 $i(t)=2\sin t$ A,则说明电流值是随时间正负交变的,即电流实际方向随时间交变,在其为正值的时间内,其实际方向由 a 指向 b,当其值为负时,实际方向由 b 指向 a。

电流的参考方向和其带有正(或负)号的代数值一起给出了电流的完整解答,既给出了电流的大小,又指明了电流每一时刻的实际方向。只有数值而无参考方向的电流是无意义的,因此求解电路前一定要先假定电流的参考方向。参考方向可以任意假定,一旦假定,求解过程中就不要再改变。

1.2.2 电压

电荷在电路中的流动伴随着能量的交换。单位正电荷由 a 点移到 b 点所发生的能量变化(获得或失去的能量)称为这两点间的电压,用符号 u 表示。即

$$u(t) = \frac{dE}{dq} \tag{1-2}$$

式中,dq 为由 a 到 b 的电荷;dE 是该电荷所发生的能量变化;u 是这两点间的电压。在国际单位制中,电压 u 的单位是伏特(简称为伏,符号为 V),能量 E 的单位是焦耳(简称为焦,符号为 J),电荷 q 的单位是库仑。

若正电荷由 a 到 b 时能量增加,则 b 点电位高于 a 点电位;反之,则 b 点电位低于 a 点电位。习惯上将电位降落的方向规定为电压的方向,即电压的方向由高电位指向低电位。

大小和方向都不随时间变化的电压称为恒定电压或直流电压,可用符号 U 表示。

在复杂电路或交流电路中,电压的实际方向不易或不便标出。如同电流参考方向的引入,为求解电路方便,也须在电路中预先设定电压的参考方向。电压的参考方向是人为假定的电压方向,在图中用箭头或"+"、"一"号表示,如图 1-2 所示,其中,"+"、"一"分别表示假定的高、低电位端,箭头方向由假定的高电位指向低电位。电压参考方向还可用双下标表示,如 u_{ab} 表示 a 点与 b 点间的电压,其参考方向由 a 点指向 b 点。

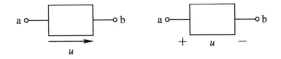

图 1-2 电压的参考方向

在规定的电压参考方向下,电压是代数量,求解的结果若为正值,则电压实际方向与参考方向相同;若为负值,则电压实际方向与参考方向相反。电压的参考方向和其代数值一起给出了电压的完整解答。因此,求解电路前一定要先选定电压的参考方向。

电压和电流的参考方向可独立选择,也可关联考虑。如图 1-3 所示有两种选法:图 1-3(a)中电流和电压参考方向相同,称为关联参考方向;图 1-3(b)中电流和电压参考方向相反,称为非关联参考方向。采用关联参考方向时,可只标出电流或电压的参考方向而暗示着另一变量的参考方向。

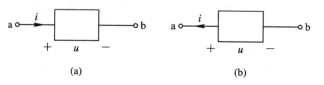

图 1-3 关联参考方向和非关联参考方向

1.2.3 功率

若正电荷通过一段电路后能量有所增加或降低，则说明该段电路的元件提供或吸收了电能。元件吸收或提供电能的速率称为功率，用符号 p 表示。功率可由电流和电压计算。

设一段电路(二端电路)如图 1-3(a)所示，其中方框表示某种元件或某些元件的组合。该段电路的电流和电压采用关联参考方向，这意味着我们假定正电荷由高电位流向低电位，即假定该段电路的元件吸收电能。在 t 时刻的微小时间段 $\mathrm{d}t$ 时间内，由 a 点移到 b 点的正电荷为 $\mathrm{d}q = i(t)\mathrm{d}t$；这些正电荷失去(该段电路元件吸收)的电能为 $\mathrm{d}E = u(t)\mathrm{d}q = u(t)i(t)\mathrm{d}t$，则 t 时刻该电路吸收的功率为

$$p(t) = \frac{\mathrm{d}E}{\mathrm{d}t} = \frac{u(t)i(t)\mathrm{d}t}{\mathrm{d}t} = u(t)i(t) \tag{1-3}$$

上式表明，关联参考方向下，一段电路在任一时刻 t 吸收的功率等于该时刻其电流和电压的乘积。若求得 $p(t)$ 为正值，则说明该段电路在这一时刻确实吸收功率；若求得 $p(t)$ 为负值，则说明该段电路在这一时刻实际上是供出功率。

若二端电路的电流和电压采用非关联参考方向，如图 1-3(b)所示，则意味着我们假定该段电路是供出功率的。可推得其供出的瞬时功率等于其电流和电压的乘积，即(1-3)式为采用非关联参考方向时计算二端电路所提供瞬时功率的计算公式。若求得 $p(t)$ 为正值，则该段电路确实是供出功率；否则，是吸收功率。

国际单位制中，功率的单位为瓦特(简称为瓦，符号为 W)，1 瓦=1 焦/秒=1 伏·安。

将二端电路的功率在一段时间内积分，便可求得该电路在这段时间内吸收或产生的电能。

例 1-1 二端电路如图 1-4(a)所示。(1) 若 $u=2$ V，$i=-0.5$ A，求该二端电路的功率。(2)若电流和电压波形如图 1-4(b)所示，求该二端电路在 0～1 s 时间内吸收的电能。

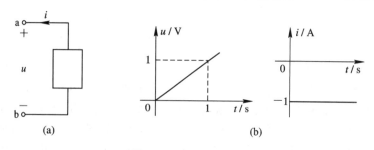

图 1-4 例 1-1 题图

解 (1) $\qquad\qquad p = ui = 2 \times (-0.5) = -1$ W

由于电路中 u、i 的参考方向为非关联参考方向且其乘积为负值，因此该二端电路实际吸收了 1 W 的功率。

（2）当电路中 u、i 为非关联参考方向时，该电路吸收的功率可表示为 $p = -ui$，因此有

$$p(t) = -ui = -(t) \times (-1) = t \text{ W}$$

该二端电路在 $0 \sim 1 \text{ s}$ 时间内吸收的电能为

$$E[0,1] = \int_0^1 p(t) \, \mathrm{d}t = \int_0^1 t \, \mathrm{d}t = 0.5 \text{ J}$$

1.3　基尔霍夫定律

电路中，各元件的电流要受到基尔霍夫电流定律的约束，各元件的电压要受到基尔霍夫电压定律的约束。这两种约束与元件的特性无关，只由元件的互联方式确定，称为拓扑约束。基尔霍夫电压和电流定律统称为基尔霍夫定律，是分析和求解电路的基本依据。

首先介绍几个有关电路的术语。

支路：电路中每个二端元件称为一条支路。有时为简化电路，也将由一些元件组合而成的一段二端电路（如串联的电阻）看做一条支路。例如，图 1-5 中有 6 条支路。

节点：电路中支路的连接点称为节点。例如，图 1-5 中有 4 个节点（①、②、③和④）。

回路：电路中由支路构成的闭合路径称为回路。例如，图 1-5 中有 7 个回路，支路 1、2、3 构成一个回路；支路 1、2、4、5 构成另一个回路等。

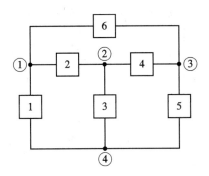

图 1-5　电路的支路、节点、回路示例

1.3.1　基尔霍夫电流定律

基尔霍夫电流定律（KCL，Kirchhoff's Current Law）：在集总参数电路中，任一时刻，流入任一节点的支路电流之和等于流出该节点的支路电流之和。即任一时刻，与任一节点相连的所有支路电流的代数和为零，用数学式表达为

$$\sum i(t) = 0 \tag{1-4}$$

上式称为节点电流方程或 KCL 方程。对任一节点均可列出一个 KCL 方程，它是对连接到该节点的所有支路电流的一个约束条件。注意求和时不能漏掉与该节点相连的任一支路电流。代数求和是指流入（指向）该节点的支路电流与流出（背离）该节点的支路电流取不同的正负号。例如，对图 1-6 中的节点 a，若流出该节点的电流取正号，则该节点的 KCL 方程为

$$-i_1 - i_2 + i_3 + i_4 = 0 \tag{1-5}$$

求解电路时，根据电流的参考方向列方程，即上式中各电流前的正负号取决于其参考方向是背离还是指向该节点。由于在参考方向下各电流均是代数量，因此把它们代入方程时，应注意保留其正负号。图 1-6 中，若已知 $i_1 = 5$ A，$i_2 = -4$ A，$i_4 = -7$ A，将之代入式(1-5)，有

$$-5 - (-4) + i_3 + (-7) = 0$$

可求得

$$i_3 = 8 \text{ A}$$

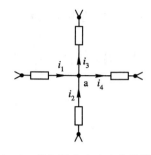

图 1-6 基尔霍夫电流定律的说明

基尔霍夫电流定律是电荷守恒规律的体现。电荷既不能创造也不能消灭。在集总参数电路中，节点只是理想导体的连接点，它不会积累电荷。因此，在任一时刻，流入某一节点的电荷必等于流出该节点的电荷，即流入的电流等于流出的电流。

电路中由一封闭的曲线包围的部分称为一个闭合面，或称为广义节点，如图 1-7 中虚线所示。基尔霍夫电流定律也适用于集总参数电路中的任一闭合面。即任一时刻，流入任一闭合面的支路电流之和等于流出该闭合面的支路电流之和。例如，对图 1-7 中的闭合面，有 $i_1 + i_2 + i_3 = 0$。只需列出闭合面内部所有节点的 KCL 方程，再将它们相加，便可证明上述结论。

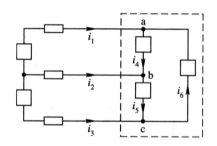

图 1-7 基尔霍夫电流定律用于闭合面

1.3.2 基尔霍夫电压定律

基尔霍夫电压定律(KVL，Kirchhoff's Voltage Law)：在集总参数电路中，任一时刻，任一回路的所有支路电压代数和为零。用数学式表达为

$$\sum u(t) = 0 \tag{1-6}$$

上式称为回路电压方程或 KVL 方程。对任一回路均可列出一个 KVL 方程，它是对组成该回路所有支路的电压的一个约束条件。注意求和时不能漏掉该回路中的任一支路电压。

式(1-6)是代数求和式，各项电压前冠有正号或者负号。任意选定回路的绕行方向后，支路电压参考方向与回路绕行方向一致时取正号，相反时取负号。例如，对图 1-8 中的回路 1，若选定回路绕行方向为顺时针方向，则该回路的 KVL 方程为

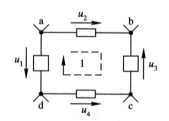

图 1-8 基尔霍夫电压定律的说明

$$-u_1 + u_2 - u_3 - u_4 = 0 \tag{1-7}$$

由于参考方向下各电压均是代数量，因此代入方程时应注意保留其正负号。图 1-8 中，若已知 $u_1 = 6$ V，$u_2 = -2$ V，$u_4 = -5$ V，将之代入 (1-7) 式，有

$$-6 + (-2) - u_3 - (-5) = 0$$

可求得

$$u_3 = -3 \text{ V}$$

基尔霍夫电压定律是集总参数电路中能量守恒规律的体现。单位正电荷从某点出发，沿一回路绕行一周回到原出发点，其能量变化为零。这说明单位正电荷沿途获得的能量总和与失去的能量总和相等。用电压来描述就是回路中的电位升之和等于电位降之和，即回路中所有电压的代数和为零。

基尔霍夫电压定律不仅适用于由支路构成的回路，也适用于不完全由支路构成的假想回路。图 1-8 中，节点 a、c 之间并未直接接有支路，但我们可假想 a、c 间接有一阻值为无穷大的电阻支路，故仍可将节点序列 abca 看做一个回路，其 KVL 方程为

$$u_2 - u_3 - u_{ac} = 0 \tag{1-8}$$

也可将 adca 看做一个回路，可得 KVL 方程为

$$u_1 + u_4 - u_{ac} = 0 \tag{1-9}$$

利用假想回路的 KVL 方程可求出任两节点间的电压。例如，由 (1-8)、(1-9) 式求得 $u_{ac} = u_2 - u_3$ 或 $u_{ac} = u_1 + u_4$。由 (1-7) 式知 $u_1 + u_4 = u_2 - u_3$。由此例可见，集总参数电路中两点间的电压等于这两点间任一条路径上的支路电压之代数和，它是单值的，与计算路径无关。这正是基尔霍夫电压定律之实质所在。

在电路中指定某一点作为参考电位点（即零电位点），则其余各点相对于该参考点的电压称为各点的电位。如图 1-9 电路中，若以 d 点作为参考电位点，则 u_a、u_b、u_c、u_e 分别表示 a、b、c、e 各点的电位。

电路中某两点的电压等于该两点的电位之差。图 1-9 中，有

$$u_{ab} = u_a - u_b$$

事实上，对 abda 假想回路列出 KVL 方程，便可推得上式。

将 (1-4) 式与 (1-6) 式比较可见，该两式在形式上是相似的，这种一一对应出现的事物称为对偶事物。认识事物的对偶性，可使我们在研究问题时举一反三，由此及彼，提高效率。对偶现象在电路中普遍存在。如前所述，(1-4) 式及

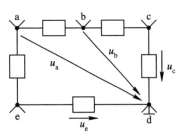

图 1-9　电位的概念

(1-6) 式是对偶方程，式中对应的变量电流和电压是对偶变量。该两个方程所描述的 KCL 及 KVL 是对偶定律。在今后的学习中我们还会逐渐认识电路的其他对偶现象。电路中的对偶现象通常可通过其数学描述的相似性表现出来。换言之，数学表达的相似性揭示了事物间的对偶性。

例 1-2　电路如图 1-10 所示，已知 $u_2 = 10$ V，$u_5 = -3$ V，$u_6 = 16$ V，$u_8 = 9$ V，$i_3 = -2$ A，$i_4 = 6$ A，$i_8 = 3$ A，求 u_{ab} 和 i_7。

解　从 a 点出发，依次通过第 2、5、8、6 号支路，到达 b 点，这 4 条支路构成 a、b 两点间的一条路径，u_{ab} 等于这 4 条支路电压的代数和，即

$$u_{ab} = u_2 - u_5 - u_8 + u_6 = 10 - (-3) - 9 + 16 = 20 \text{ V}$$

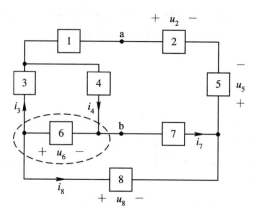

图 1-10 例 1-2 题图

在电路中做一封闭的曲线，如图 1-10 中虚线所示。由该闭合面的 KCL 方程得

$$i_7 = -i_3 + i_4 - i_8 = -(-2) + 6 - 3 = 5 \text{ A}$$

1.4 电阻电路的元件

本书所指的电路均为电路模型。电路模型由各种理想元件构成。理想元件简称为元件，它们具有严格的数学定义，每种元件反映着电路中的某种物理现象。电路元件分为无源元件和有源元件两大类。若某一元件接在任意电路中，从最初时刻到任意时刻所吸收的总能量不为负，或者说从最初时刻到任意时刻总的来看，它不对外提供能量，则称为无源元件；反之，则称为有源元件。

电路中若不含储能元件(如电感、电容等)，则称为电阻性电路(简称电阻电路)。电阻电路没有记忆功能，电路中的电流、电压关系均为代数方程，每时刻的响应仅与该时刻的激励有关。构成电阻电路的元件主要有电阻元件、独立源、受控源及理想运算放大器。

1.4.1 电阻元件

一个二端元件，若其端电流 i 和端电压 u 的关系为一代数方程，则称之为电阻元件。根据其 u、i 关系方程是否是线性方程及是否与时间 t 有关，电阻元件可分为线性电阻与非线性电阻，时变电阻与非时变电阻。本书内容仅涉及非时变电阻，这里先介绍非时变线性电阻，非线性电阻将在第 13 章介绍。

非时变线性电阻应用广泛，简称为电阻元件，它是满足欧姆定律的二端元件。电阻元件的电路符号如图 1-11(a)所示。在关联参考方向下，其端电压 $u(t)$ 和端电流 $i(t)$ 的关系(称为伏安特性或 $u-i$ 特性)为

$$u(t) = Ri(t) \tag{1-10}$$

式中，R 为正的常数，称为电阻元件的电阻。$u-i$ 特性可用图 1-11(b)表示，它是过原点且斜率为 R 的直线。

(1-10)式可改写为

$$i(t) = Gu(t) \tag{1-11}$$

其中，$G = 1/R$，称为电导。(1-10)式和(1-11)式是欧姆定律的两种数学表达式。

国际单位制中，电阻的单位是欧姆(简称欧，符号为 Ω)，1 欧姆＝1 伏特/1 安培。电导的单位为西门子(简称西，符号为 S)。电导反映了电阻元件导电能力的大小。

(1－10)式和(1－11)式是关联参考方向下电阻元件 u－i 特性的数学表达式。若采用图 1－12 所示的非关联参考方向，则其 u－i 特性应改写为

$$u(t) = -Ri(t) \tag{1－12}$$

$$i(t) = -Gu(t) \tag{1－13}$$

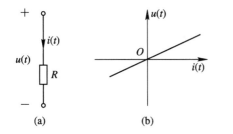
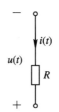

图 1－11　线性电阻元件及其 u－i 特性　　图 1－12　u、i 为非关联参考方向

关联参考方向下，电阻元件吸收的瞬时功率为 $p(t) = u(t)i(t)$，将(1－10)式或(1－11)式代入，电阻元件吸收的瞬时功率又可由下式计算：

$$p(t) = Ri^2(t) = Gu^2(t) \tag{1－14}$$

可见，任一时刻电阻吸收的功率非负，即电阻是无源元件而且是耗能元件。工程上选用电阻器件时，除要选择合适的电阻值外，还要考虑其额定功率，若电阻器件工作时所消耗的功率大于其额定功率，就有可能因过热而损坏。

若电阻元件的 $R \to \infty (G=0)$，则其电流恒为零，其伏安特性曲线与 u 轴重合，此时电阻元件相当于断开的导线，称为"开路"；若电阻元件的 $R=0 (G \to \infty)$，则其端电压恒为零，其伏安特性曲线与 i 轴重合，此时电阻元件相当于一段理想导线，称为"短路"。

电阻元件伏安特性的两种数学表达式(1－10)、(1－11)是对偶的，R 与 G 是对偶参数。

1.4.2　独立电源

独立电源又称为激励源，分为电压源和电流源。独立电源是有源元件。

1. 电压源

电压源是理想的二端元件，其端电压与其端电流无关，为一给定的恒定值(直流电压源)，或者为某一给定的时间函数(时变电压源)。电压源的符号如图 1－13(a)所示，其中虚线部分是电压源连接的任意外电路。电压源符号中，$u_s(t)$ 为电压源的给定电压函数，$u(t)$ 为它的端电压。若 $u(t)$ 与 $u_s(t)$ 的参考方向相同，则对于任意端电流 $i(t)$，电压源的特性方程为

$$u(t) = u_s(t) \tag{1－15}$$

在任一时刻 t，电压源的 u－i 特性如图 1－13(b)所示，它是一条平行于 i 轴的直线，即任一时刻电压源的端电压均与其端电流无关。

直流电压源也可用图 1－14 所示符号表示，其中长横线表示电压参考方向的高电位端，短横线表示参考方向的低电位端。

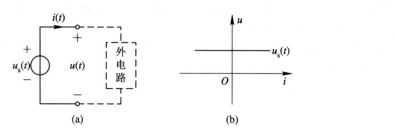

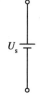

图 1-13　电压源及其 u-i 特性　　　　图 1-14　直流电压源

电压源有两个特征：一是其端电压为给定函数或常数，与其端电流的大小无关；二是电压源自身对其端电流没有任何约束。

若电压源的端电压和端电流取为非关联参考方向，如图 1-13(a)所示，则其提供的瞬时功率为

$$p(t) = u(t)i(t) \tag{1-16}$$

由于电压源允许 $i(t)$ 为任意值，因此若 $i(t)$ 为无穷大，则电压源可供出无穷大的功率，即电压源是无穷大的功率源。当然这种电源实际上是不存在的，在一定的条件下，电压源可作为实际电源的近似模型；而在某些场合，实际电源则需采用理想电源及电阻等元件的组合作为其模型。

由于电压源的电流大小和方向都不受电压源本身限制（在实际电路中，电压源的电流可能与电压反方向或者同方向），因此，由(1-16)式计算出来的 $p(t)$ 可能为正也可能为负。换言之，电路中的电压源有可能提供电能，也有可能消耗电能，这要视具体电路而定。在后一种情况下（如蓄电池充电），电压源相当于负载。

一个零值的电压源其端电压恒为零，相当于一条短路的支路。

2. 电流源

电流源是理想的二端元件，其端电流与端电压无关，为一恒定值（直流电流源）或者为某一给定的时间函数（时变电流源）。电流源的符号如图 1-15(a)所示。其中，虚线部分是电流源连接的任意外电路。电流源符号中 $i_s(t)$ 为电流源的给定电流函数（直流电流源也可表示为 I_s），$i(t)$ 为电流源的端电流。若 $i(t)$ 与 $i_s(t)$ 的参考方向相同，则对于任意端电压 u，电流源的特性方程为

$$i(t) = i_s(t) \tag{1-17}$$

在任一时刻 t，电流源的 u-i 特性如图 1-15(b)所示，它是一条平行于 u 轴的直线，即任一时刻电流源的端电流与其端电压无关。

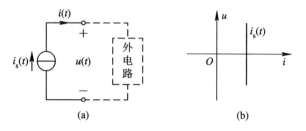

图 1-15　电流源及其 u-i 特性

电流源有两个特征：一是其端电流为给定函数或常数，与其端电压无关；二是电流源自身对其端电压没有任何约束。

若电流源的端电压和端电流取为非关联参考方向，如图 1-15(a)所示，则其提供的瞬时功率也是由(1-16)式确定的。由于 $p(t)$ 可为正也可为负，因此电流源在电路中也有供能和耗能两种可能的工作状态。理想电流源也是无穷大的功率源，在一定的条件下可作为实际电源的近似模型。

一个零值的电流源其端电流恒为零，相当于一条开路的支路。

电压源和电流源是对偶元件，它们的对偶变量具有相同特点，其中一个对偶变量(电压源的电压和电流源的电流)为给定函数，而另一个对偶变量(电压源的电流和电流源的电压)则不受元件本身约束。

例 1-3　电路如图 1-16 所示，已知 $i_s(t)=3$ A，$u_s(t)=5$ V，$R=5$ Ω，求电压源、电流源及电阻的功率 p_{us}、p_{is} 和 p_R。

解　这是一个单回路电路，且回路中串有一个电流源，因此该回路各元件电流已知。设电流源及电阻的电压分别为 u_1 和 u_2，根据 KVL 可列出回路电压方程：

$$u_1 + u_s + u_2 = 0$$

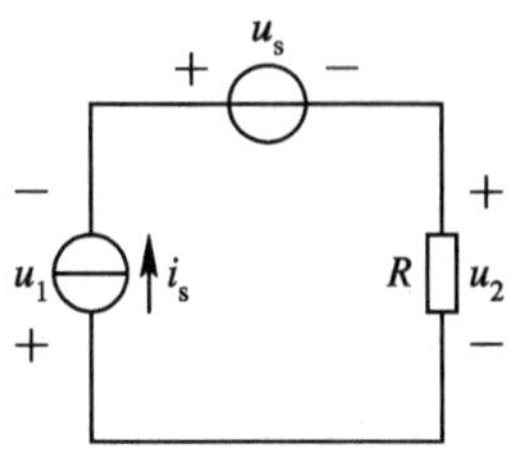

解得

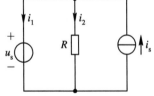

图 1-16　例 1-3 题图

$$u_1 = -u_s - u_2 = -u_s - i_s R = -5 - 3 \times 5 = -20 \text{ V}$$

$$p_{us} = i_s u_s = 3 \times 5 = 15 \text{ W} \qquad （关联参考方向，吸收 15 W）$$

$$p_{is} = i_s u_1 = 3 \times (-20) = -60 \text{ W} \qquad （关联参考方向，实际提供 60 W）$$

$$p_R = i_s^2 R = 3^2 \times 5 = 45 \text{ W} \qquad （吸收 45 W）$$

由该例结果可知，电路中各元件吸收的功率之和与供出的功率之和相等，即任一时刻，电路中的功率是平衡的。

例 1-4　电路如图 1-17 所示，已知 $i_s(t)=2$ A，$u_s(t)=5$ V，$R=10$ Ω，求电压源、电流源及电阻的功率 p_{us}、p_{is} 和 p_R。

解　电路中三个元件是并联的，其中有一个电压源，因此各元件电压已知。设电压源及电阻的电流分别为 i_1 和 i_2，根据 KCL 可列出节点电流方程：

$$i_1 + i_2 = i_s$$

解得

$$i_1 = i_s - i_2 = i_s - \frac{u_s}{R} = 2 - \frac{5}{10} = 1.5 \text{ A}$$

图 1-17　例 1-4 题图

$$p_{us} = i_1 u_s = 1.5 \times 5 = 7.5 \text{ W} \qquad （关联参考方向，吸收 7.5 W）$$

$$p_{is} = i_s u_s = 2 \times 5 = 10 \text{ W} \qquad （非关联参考方向，提供 10 W）$$

$$p_R = \frac{u_s^2}{R} = \frac{5^2}{10} = 2.5 \text{ W} \qquad （吸收 2.5 W）$$

可验证电路中各元件的功率平衡。

1.4.3　受控源

实际电路中存在着一条支路电流或电压受另一条支路电流或电压控制的现象。例如，

图 1-18(a)所示是一个三极管,其集电极电流 i_c 受基极电流 i_b 的控制,有 $i_c = \beta i_b$,其中 β 为电流放大系数;图 1-18(b)所示是它励直流发电机示意图,发电机的输出电压 U 与励磁电流 I_f 成正比,有 $U = kI_f$,k 为比例系数;图 1-18(c)是一个场效应管,漏极电流 i_d 受栅源极电压 u_{gs} 的控制,有 $i_d = g_m u_{gs}$,其中 g_m 为控制系数。受控源是人为定义的理想的控制元件,是构成实际电路中诸如三极管、场效应管等控制器件的电路模型的基本元件。

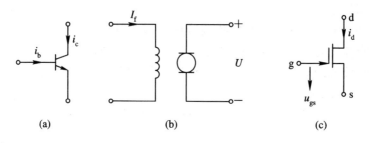

$$\text{(a)} \qquad\qquad \text{(b)} \qquad\qquad \text{(c)}$$

图 1-18   三极管、它励发电机及场效应管示意图

受控源由控制支路和被控支路构成,是二端口元件。控制支路所在端口称为输入端口,被控支路所在端口为输出端口。当控制变量为电路中某两点间的电压时(如图 1-18(c)中的 u_{gs}),不妨认为该两点间接有一条阻值为无穷大的电阻支路,控制电压是这条开路支路的电压;当控制变量是电路中某条支路的电流时(如图 1-18(a)中的 i_b 和图 1-18(b)中的 I_f),不妨认为该支路中串联有一条阻值为零的电阻支路,控制电流是这条短路支路的电流。在受控源的定义中,将控制支路规定为开路支路(当控制变量为电压时)和短路支路(当控制变量为电流时)。

当被控变量是控制变量的线性函数时,该受控源称为线性受控源;否则称为非线性受控源。本书只讨论线性受控源(简称受控源)。根据控制量及被控量是电压还是电流,有四种不同类型的受控源:电压控制电压源、电流控制电压源、电压控制电流源和电流控制电流源。

1. 受控电压源

若受控变量是电压,则称为受控电压源。根据控制量是电压或电流,分为电压控制电压源(VCVS,Voltage-Controlled Voltage Source)及电流控制电压源(CCVS,Current-Controlled Voltage Source),它们的符号分别如图 1-19(a)、(b)所示。受控源均采用菱形符号,以便与独立源相区别。

电压控制电压源输出端口的特性方程为

$$u_2 = \mu u_1$$

式中,μ 称为转移电压比,是一个无量纲的常数。

电流控制电压源输出端口的特性方程为

$$u_2 = r i_1$$

式中,r 是一个常量,与电阻的量纲相同,称为转移电阻。

由受控电压源输出端的特性方程看,受控电压源也具有与独立电压源相同的两个特征:一是输出支路的电压与该支路电流无关;二是输出支路的电流不受元件本身的约束。

受控电压源与独立电压源本质的不同在于独立电压源的电压是一给定的常数或独立的时间函数,它不受任何其他支路电流或电压的影响;而受控电压源的输出电压则受另一支路电压或电流的控制，它是该支路电压或电流的函数，当控制变量为零时，它也将为零。

2. 受控电流源

若受控变量是电流，则称为受控电流源。根据控制量是电压或电流，分为电压控制电流源（VCCS，Voltage-Controlled Current Source）及电流控制电流源（CCCS，Current-Controlled Current Source），它们的符号分别如图 1 - 19(c)、(d)所示。

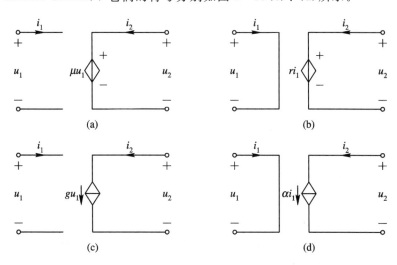

图 1 - 19　四种受控源

(a) VCVS；(b) CCVS；(c) VCCS；(d) CCCS

电压控制电流源输出端口的伏安特性方程为

$$i_2 = gu_1$$

式中，g 是一个常量，与电导的量纲相同，称为转移电导。

电流控制电流源输出端口的伏安特性方程为

$$i_2 = \alpha i_1$$

式中，α 称为转移电流比，是无量纲的常数。

受控电流源与独立电流源一样，也有两个特征：一是输出支路的电流与该支路电压无关，二是输出支路的电压不受元件本身的约束。但受控电流源与独立电流源有本质的区别，前者的输出电流受另一支路变量的控制，后者的电流则是给定的常数或时间函数。

由于受控源输入支路的电流、电压变量总有一个为零，因此输出支路的功率就是受控源的功率。设输出支路的电流和电压取为关联参考方向，则受控源吸收的瞬时功率为

$$p(t) = u_2(t)i_2(t)$$

$p(t)$可能为正，也可能为负，因此受控源在电路中可能是吸收功率也可能是提供功率。可以证明，受控源是有源元件。事实上，作为构成实际放大器件电路模型的核心元件，实际放大器件的有源性正是由受控源所体现的。

虽然受控源与独立源同是有源元件，但受控源不是激励源，若一个电阻电路中没有独立源，只有受控源，则电路中的电流和电压都将为零。四种受控源的特性方程都是线性代数方程，故可称之为线性二端口电阻性元件。

例 1 - 5　电路如图 1 - 20 所示，已知 $u_s = 10$ mV，$R_1 = 1$ kΩ，$R_2 = 2$ kΩ。(1) 求电压 u_o 和受控源的功率；(2) 若电路中独立电压源的电压为零，求受控源的功率。

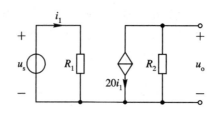

图 1 - 20　例 1 - 5 题图

解　(1) 由电路可得

$$i_1 = \frac{u_s}{R_1} = \frac{10 \times 10^{-3}}{10^3} = 10 \ \mu A$$

$$u_o = -20 i_1 R_2 = -20 \times 10^{-5} \times 2 \times 10^3 = -0.4 \ V$$

受控源吸收的功率为

$$p = 20 i_1 \times u_o = 20 \times 10^{-5} \times (-0.4) = -8 \times 10^{-5} \ W$$

即受控源实际供出 80 微瓦的功率。

(2) 若电路中 u_s 为零，则受控源的控制电流 i_1 等于零，分析可知，电路中各元件的电流和电压都为零，受控源的功率也为零。

*1.4.4　运算放大器

运算放大器简称运放，它是一种多端电子器件。运算放大器最初主要用于加减法、比例、微分、积分等运算电路中，其名称由此而来。由于其优良的特性，现已被广泛应用于各种电子线路及控制系统中。运放的内部构成及主要用途在电子线路课程中介绍，本课程主要介绍其电路模型。

运放的电路符号如图 1 - 21(a) 所示，它有"＋"、"－"两个输入端、一个输出端和一个接地端。运放工作时要接直流电压源，因此运放还有两个电源端。假设运放已接有适当的电源，则在分析中不必再考虑电源问题，因此这两个电源端未在图中画出。

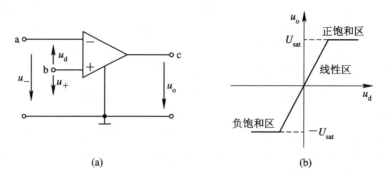

(a)　　　　　　　　　　(b)

图 1 - 21　运算放大器及其转移特性

图中，u_+、u_- 分别为"＋"、"－"输入端对地电压，称为同相输入和反相输入电压；u_o 为输出端对地电压，称为输出电压；u_d 称为差动输入电压，$u_d = u_+ - u_-$。

运放的电压转移特性即 u_o-u_d 特性如图 1-21(b)所示。其中，U_{sat}、$-U_{sat}$ 分别为正、负饱和电压，它们与运放所接的直流电源值有关。根据转移特性可将运放的工作区分为线性区和饱和区。运放工作在线性区时具有放大作用，其开环放大倍数（开环增益）为

$$A = \frac{u_o}{u_d} \tag{1-18}$$

实际运放的开环增益 A 可高达 $10^5 \sim 10^8$。

本书仅介绍运放工作在线性区时的电路模型。运放工作于线性区时，由于 u_o 与 u_d 成比例，因此从输出端看，运放相当于一个电压控制电压源，再考虑到实际运放的输出电阻不为零及输入电阻不为无穷大，实际运放的电路模型可用图 1-22(a)表示。其中，R_i 和 R_o 分别为运放的输入和输出电阻。通常实际运放的输入电阻很大（为数兆欧到数百兆欧），输出电阻很小（为数十欧到数百欧）。若近似认为 $R_i = \infty$，$R_o = 0$，则运放的电路模型可简化为如图 1-22(b)所示。

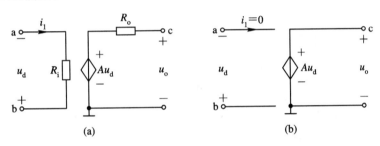

图 1-22　运算放大器的电路模型

由于实际运放的开环增益 A 很大，因此在工程计算时常常把实际运放近似看做理想运放。理想运放定义为 $R_i = \infty$，$R_o = 0$，$A = \infty$ 的运放，它是实际运放在一定条件下的近似。理想运放有两个特点：一是由于输入电阻无穷大，因此输入电流为零，称为输入端虚断路；二是由于开环增益 A 无穷大，而输出电压 u_o 为有限值，因此由(1-18)式可知，输入电压 u_d 为零，即两个输入端电位相等，称为输入端虚短路。由于理想运放的这两个特点同时存在，无法用常规理想元件构成其电路模型，因此在电路分析时，将理想运放作为一个基本元件。理想运放的符号如图

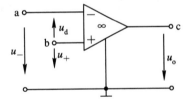

图 1-23　理想运算放大器

1-23 所示，它与实际运放的符号基本相似，只是在三角形内加了一个"∞"符号以示区别。

分析含理想运放的电路时要充分利用虚断路和虚短路这两个特点。图 1-24 所示是一个反相比例器电路。根据虚断路特性，有

$$i_1 = i_f$$

根据虚短路特性，有

$$u_{ab} = 0$$

于是可得

$$u_i = i_1 R_1$$

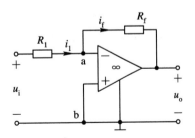

图 1-24　反相比例器电路

$$u_o = -i_f R_f = -i_1 R_f$$

可求得该电路输出电压与输入电压之比(称为闭环放大倍数)为

$$A_u = \frac{u_o}{u_i} = \frac{-i_1 R_f}{i_1 R_1} = -\frac{R_f}{R_1}$$

1.5 简单电路分析

1.5.1 电阻串、并联电路

图1-25所示为 n 个电阻的串联,串联电路中各元件电流相等。根据 KVL,有

$$u = i(R_1 + R_2 + R_3 + \cdots + R_n) = iR$$

则有

$$R = R_1 + R_2 + \cdots + R_n \qquad (1-19)$$

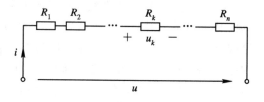

图1-25 电阻的串联

R 为 n 个串联电阻的等效电阻。若第 k 个电阻的电压 u_k 与总电压 u 的参考方向相同,则有分压公式:

$$u_k = iR_k = \frac{R_k}{R}u \qquad\qquad (1-20)$$

可见,在电阻串联电路中,当总电压一定时,某个串联电阻越大,分到的电压越大。将 (1-19) 式两边同乘电流平方,得

$$i^2 R = i^2 R_1 + i^2 R_2 + \cdots + i^2 R_n \qquad\qquad (1-21)$$

即串联电阻吸收的总功率等于各串联电阻吸收的功率之和,且电阻值越大,吸收的功率也就越大。

图1-26所示为 n 个电阻的并联,并联电阻的电压相等。根据 KCL,有

$$i = i_1 + i_2 + i_3 + \cdots + i_n = u\left(\frac{1}{R_1} + \frac{1}{R_2} + \cdots + \frac{1}{R_n}\right) = uG = \frac{u}{R}$$

则有

$$\left.\begin{array}{l} G = G_1 + G_2 + \cdots + G_n = \dfrac{1}{R_1} + \dfrac{1}{R_2} + \cdots + \dfrac{1}{R_n} \\[2mm] R = \dfrac{1}{G} = \dfrac{1}{1/R_1 + 1/R_2 + \cdots + 1/R_n} \end{array}\right\} \qquad (1-22)$$

其中,G 为 n 个并联电阻的等效电导;R 为 n 个并联电阻的等效电阻。若第 k 个电阻的电流 i_k 及总电流 i 的参考方向如图1-26所示,则有分流公式:

$$i_k = \frac{G_k}{G}i \qquad\qquad (1-23)$$

可见,在电阻并联电路中,当总电流一定时,某个并联电阻越小(电导越大),分到的电流就越大。将 (1-22) 式两边同乘电压平方,得

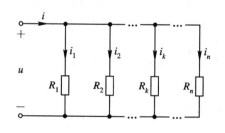

图1-26 电阻的并联

$$u^2 G = \frac{u^2}{R_1} + \frac{u^2}{R_2} + \cdots + \frac{u^2}{R_n} \qquad (1-24)$$

即并联电阻吸收的总功率等于各并联电阻吸收的功率之和,且电阻值越小,吸收的功率越大。

若只有两个电阻并联,即图 1-26 中 n 为 2,可推得等效电阻及分流公式为

$$R = \frac{R_1 R_2}{R_1 + R_2}, \quad i_1 = \frac{R_2}{R_1 + R_2}i, \quad i_2 = \frac{R_1}{R_1 + R_2}i$$

例 1-6 电路如图 1-27 所示,求等效电阻 R_{ab} 及 R_{cd}。

解 该电路无论从 a、b 端还是从 c、d 端看,都是电阻的串并联结构,可求得

$$R_{ab} = R_1 + R_3 /\!/ (R_2 + R_4) = 12 \ \Omega$$

$$R_{cd} = R_2 /\!/ (R_3 + R_4) = 4 \ \Omega$$

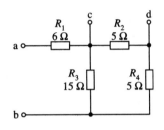

图 1-27　例 1-6 题图

若电路中只有一个独立源及若干电阻,且从电源端看进去电阻是串并联连接,则可采用串、并联等效变换及分流和分压公式求解电路。一般的做法是先求出电源端的等效电阻,再求电源端的电流或电压,然后用分流或分压公式求各支路的电流或电压。

例 1-7 电路如图 1-28 所示,已知 $U_s=30$ V,$R_1=R_2=R_6=3 \ \Omega$,$R_3=2 \ \Omega$,$R_4=8 \ \Omega$,$R_5=5 \ \Omega$,求 I、I_1 和 U_2。

解
$$R_a = R_5 + R_6 = 8 \ \Omega$$
$$R_b = R_4 /\!/ R_a = 4 \ \Omega$$
$$R_c = R_3 + R_b = 6 \ \Omega$$
$$R_d = R_2 /\!/ R_c = 2 \ \Omega$$
$$R = R_1 + R_d = 5 \ \Omega$$
$$I = \frac{U_s}{R} = \frac{30}{5} = 6 \text{ A}$$

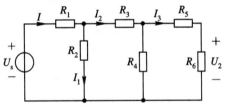

图 1-28　例 1-7 题图

$$I_1 = \frac{R_c}{R_2 + R_c}I = \frac{6}{3+6} \times 6 = 4 \text{ A}$$

$$I_2 = I - I_1 = 2 \text{ A}$$

$$I_3 = \frac{R_4}{R_4 + R_a}I_2 = \frac{8}{8+8} \times 2 = 1 \text{ A}$$

$$U_2 = I_3 \times R_6 = 3 \text{ V}$$

电阻的串联与电导的并联是对偶结构,前者的等效电阻与后者的等效电导计算公式对偶,前者的分压公式与后者的分流公式对偶,它们的功率计算式也对偶。

1.5.2　单回路及单节偶电路分析

单回路电路中各元件是串联的,若回路中有电流源,则电路中各元件的电流已知。现在考虑回路中只含电阻和电压源的情况,回路电流是未知量。列出该回路的 KVL 方程便可求解。

例 1-8 单回路电路如图 1-29 所示,已知 $U_{s1}=30$ V,$U_{s2}=50$ V,$R_1=R_2=5 \ \Omega$,$R_3=2 \ \Omega$,$R_4=8 \ \Omega$,求 I 及 U_{s1} 的功率。

解 设回路绕行方向与电流 I 的参考方向一致，将各电阻的电压用电流乘电阻表示，回路 KVL 方程为

$$IR_1 + IR_2 + IR_3 + IR_4 = U_{s1} - U_{s2}$$

列 KVL 方程时，习惯将电阻的电压写在等号左边，将电压源的已知电压写在等号右边。上式表明，该回路中各电阻的电压降的代数和等于各电压源的电位升的代数和。

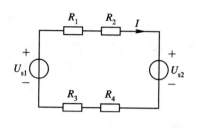

图 1-29 例 1-8 题图

由上式解得

$$I = \frac{U_{s1} - U_{s2}}{R_1 + R_2 + R_3 + R_4} = \frac{30 - 50}{5 + 5 + 2 + 8} = -1 \text{ A}$$

U_{s1} 的功率为

$$P = U_{s1} I = 30 \times (-1) = -30 \text{ W} \quad （非关联参考方向，实际吸收 30 W）$$

有两个节点的电路为单节偶电路。单节偶电路中各元件是并联的，若并联有电压源，则各元件的电压已知。现在考虑电路中只含电阻和电流源的情况，列出节点的 KCL 方程可求得元件电压。

例 1-9 电路如图 1-30 所示，求电压 U。

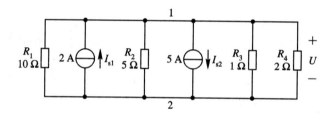

图 1-30 例 1-9 题图

解 将各电阻的电流用电压除以电阻来表示，节点 1 的 KCL 方程为

$$\frac{U}{R_1} + \frac{U}{R_2} + \frac{U}{R_3} + \frac{U}{R_4} = I_{s1} - I_{s2}$$

列 KCL 方程时，习惯将电阻的电流写在等号左边，将电流源的已知电流写在等号右边。由上式解得

$$U = \frac{I_{s1} - I_{s2}}{1/R_1 + 1/R_2 + 1/R_3 + 1/R_4} = \frac{2 - 5}{0.1 + 0.2 + 1 + 0.5} = -1.67 \text{ V}$$

1.5.3 电路中两点间电压的计算

在分析电路时，常遇到要计算两点之间电压的问题。计算两点间电压常用的方法有两种：一种方法是在两点间选择一条路径，计算路径上元件电压之代数和；另一种方法是选定电路中某点作为参考电位点，计算两点的电位差。

电路中 a、b 两点间的电压 u_{ab} 等于 a、b 间任一路径上所有元件电压的代数和。若元件电压的参考方向与路径方向（从 a 至 b 的方向为路径方向）一致，则取正号，反之取负号。

例 1-10 电路如图 1-31 所示，求电压 U_{ab}。

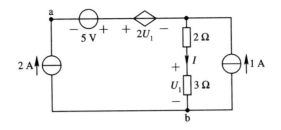

图 1-31　例 1-10 题图

解　对节点 b 列 KCL 方程，可求得
$$I = 2 + 1 = 3 \text{ A}$$

选择 a、b 间由电压源、受控电压源及两个电阻构成的路径计算 U_{ab}，有
$$U_{ab} = -5 + 2U_1 + 2I + 3I$$

将 $U_1 = 3I$ 代入上式，得
$$U_{ab} = -5 + 2 \times (3I) + 2I + 3I = -5 + 11I = -5 + 11 \times 3 = 28 \text{ V}$$

例 1-11　电路如图 1-32 所示，求电压 U_{ab}。

解　以节点 c 作为参考电位点，根据分压公式得

$$U_a = U_{ac} = \frac{4}{2+4} \times 6 = 4 \text{ V}$$

$$U_b = U_{bc} = \frac{2}{2+4} \times 6 = 2 \text{ V}$$

因此
$$U_{ab} = U_a - U_b = 4 - 2 = 2 \text{ V}$$

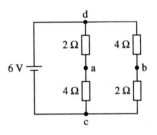

图 1-32　例 1-11 题图

以不同的点作为参考电位点，电路中各点的电位值将不一样，但两点的电位差，即两点间的电压却是唯一的，与参考电位点的选择无关。如上例中，若以 d 点为参考点，仍可求得 U_{ab} 为 2 V，读者可验证之。

习　　题

1-1　由某元件一端流入的电荷量为 $q = (6t^2 - 12t) \text{mC}$，求在 $t = 0$ 和 $t = 3$ s 时由该端流入的电流 i。

1-2　由某元件一端流入的电流为 $i = 6t^2 - 2t$ A，求从 $t = 1$ s 到 $t = 3$ s 由该端流入的电荷量。

1-3　一个二端元件的端电压恒为 6 V，如果有 3 A 的恒定电流从该元件的高电位流向低电位，求：

(1) 元件吸收的功率；

(2) 在 2 s 到 4 s 时间内元件吸收的能量。

1-4　一个二端元件吸收的电能 E 如习题 1-4 图所示。如果该元件的电流和电压为关联参考方向，且 $i = 0.1 \cos 1000\pi t$ A，求在 $t = 1$ ms 和 $t = 4$ ms 时元件上的电压。

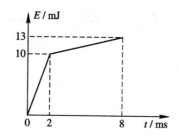

习题 1-4 图

1-5 求习题 1-5 图中各电源所提供的功率。

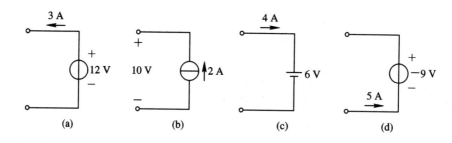

习题 1-5 图

1-6 按习题 1-6 图中所示的参考方向以及给定的值,计算各元件的功率,并说明元件是吸收功率还是发出功率。

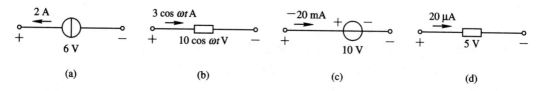

习题 1-6 图

1-7 一个电压源的端口电压为 $u=6\sin 2t$ V,如果从其电压参考极性的正端流出的电荷 $q=-2\cos 2t$ mC,求在任意时刻 t 电压源提供的功率及电压源在 0 到 t s 内提供的能量。

1-8 电流 $i=2$ A 从 $u=6$ V 的电池正极流入(电池正在被充电),求:

(1) 在 2 小时内电池被供给的能量;

(2) 在 2 小时内通过电池的电荷(注意单位的一致性,1 V=1 J/C)。

1-9 如果上题中,在 t 从 0 到 10 分钟内,电压 u 随 t 从 6 V 到 18 V 线性变化,$i=2$ A,求这段时间内:

(1) 电池被供给的能量;

(2) 通过电池的电荷。

1-10 一个 5 kΩ 电阻吸收的瞬时功率为 $2\sin^2 377t$ W,求 u 和 i。

1-11 求习题 1-11 图中各含源支路中的未知量。习题 1-11(d)图中的 P_{is} 表示电流源吸收的功率。

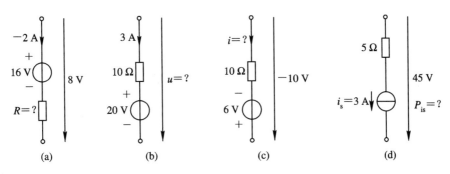

习题 1-11 图

1-12　求习题 1-12 图中的 i 和 u_{ab}。

1-13　根据习题 1-13 图中给定的电流，尽可能多地确定图中其他各元件的未知电流。

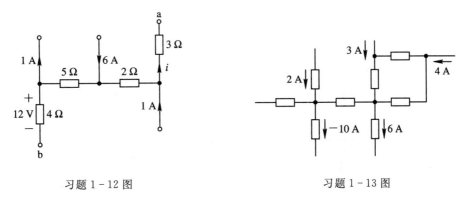

习题 1-12 图　　　　　　　　　　习题 1-13 图

1-14　求习题 1-14 图中的 i_1、i_2 和 u。

1-15　求习题 1-15 图中的 i。

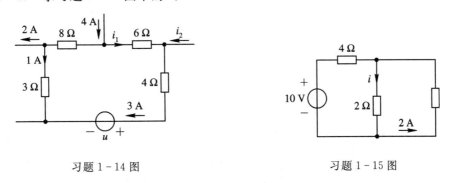

习题 1-14 图　　　　　　　　　　习题 1-15 图

1-16　一负载需要 4 A 电流，吸收功率 24 W，现只有一个 6 A 的电流源可用，求需与该负载并联电阻的大小。

1-17　求出习题 1-17 图所示电路中 5 Ω 电阻消耗的功率。

1-18　电路如习题 1-18 图所示：

(1) 求电压 u_x；

(2) 若图中电压源的给定电压为 U_s，求出 u_x 关于 U_s 的函数。

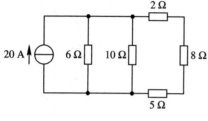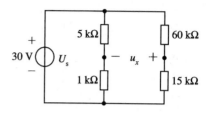

习题 1-17 图   习题 1-18 图

1-19 电路如习题 1-19 图所示，求电压源右边等效电阻 R_{ab} 和电压源发出的功率。

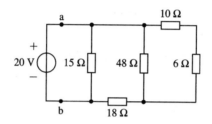

习题 1-19 图

1-20 电路如习题 1-20 图所示，求：

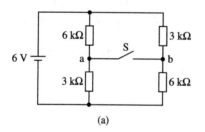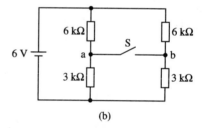

(a)   (b)

习题 1-20 图

(1) 开关 S 打开时，图(a)、(b)中的电压 u_{ab}；

(2) 开关 S 闭合时，图(a)、(b)中的电流 i_{ab}。

1-21 求出习题 1-21 图所示电路中的 i_o 和 i_g。

1-22 求习题 1-22 图所示电路中的 i_2 和 u。

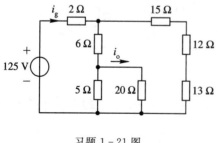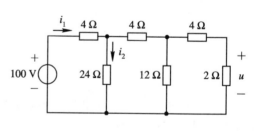

习题 1-21 图   习题 1-22 图

1-23 一分压器由一个 60 V 的电压源和一些 10 kΩ 的电阻组成，求当输出电压分别为 40 V 和 30 V 时所需电阻的最少数目。

1-24 一个内阻为 20 000 Ω/V 的电压表，其量程为 120 V，当所测量的电压为 90 V

时，电压表中流过的电流为多大？

1-25　电路如习题 1-25 图所示，图中 $u_1 = 4$ V，$R_2 = 11$ kΩ，如果一个负载电阻 $R = 5$ kΩ 连在 u_2 两端，求使电阻 R 中流过的电流为 3 mA 时对应的 R_1。

1-26　电路如习题 1-26 图所示，图中 $u_1 = 3$ V，求使 $i_1 = 1.5$ mA，$u_2 = -9$ V 的 R_1 和 R_2。

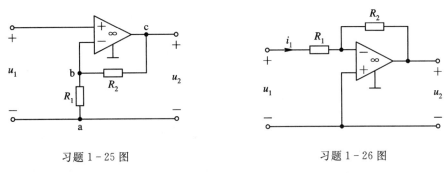

习题 1-25 图　　　　　　　　　　　　习题 1-26 图

1-27　电路如习题 1-27 图所示，求 u_1 及 8 Ω 电阻上消耗的功率。

1-28　电路如习题 1-28 图所示，求电导 G。

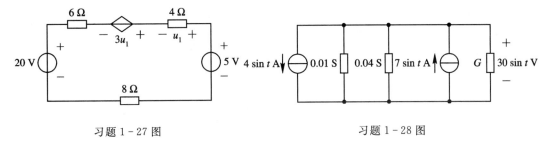

习题 1-27 图　　　　　　　　　　　习题 1-28 图

1-29　电路如习题 1-29 图所示，求电压 u。

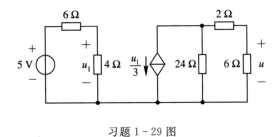

习题 1-29 图

第 2 章　电阻电路的等效变换

在电路分析中常采用一些等效变换，以达到简化电路的目的。例如，将多个电阻的串联或并联等效成一个电阻就是一种常用的简化手段。本章将先阐明等效变换的理论依据，然后介绍电路分析中其他一些常用的等效变换方法。

2.1　等效二端网络

电路中的二端网络又称为单端口网络或单口网络，它有两个端与电路其他部分(称为外电路)相联，它与外电路相关联的变量只有端口电流和端口电压。在图 2-1 中，N_1 就是一个二端网络。注意，N_1 内部与外电路内部之间不能有控制和受控的关系，否则 N_1 与外电路之间除了端口变量之外，还会有其他的关联，它就不是一个真正的二端网络。因此，若 N_1 中有受控源，则其控制量只能是 N_1 内部某支路的或端口的电流、电压；而且，外电路中受控源的控制量也不能在 N_1 内部。

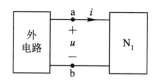

图 2-1　二端网络

若二端网络由电阻、独立源、受控源等元件构成，不包含储能元件，则称为二端电阻网络(本章简称二端网络)。从端口上看，可将二端网络视为一条广义支路，其特性由端口伏安关系所描述。二端网络对外电路的影响取决于它的端口伏安特性。如果有两个二端网络的内部结构不同，但其端口伏安特性却完全一样，则从外电路的角度来看，这两个二端网络的作用相同，它们是可以相互替代的。这就是等效变换的理论依据。

端口伏安特性相同的二端网络称为等效二端网络。电路中一个二端网络被其等效网络替换，称为电路的一次等效变换。等效变换后电路其他部分的工作状态不变。必须强调，等效仅是对外电路(未变部分)和端口而言的，而被变换的二端网络的内部电流、电压变量在变换前后已没有对应关系。在用等效变换法分析电路时，要充分注意这一点。

要证明两个二端网络是等效的，只需证明它们的端口伏安特性相等即可。值得注意的是，由于端口伏安特性方程与所选电流和电压的参考方向有关，因此只有当两个二端网络的端口电流、电压的参考方向对应相同且方程相等时，它们才是等效的。

列写某二端网络的端口伏安特性时，首先应将其从整个电路中分离出来，标出端电流和端口电压的参考方向，然后再求解。求解时，在端电流和端口电压这两个变量中，假设一个变量已知，从而求出另一个变量的表达式。至于是选择端口电流还是端口电压作为已知量，可针对具体的电路，从方便求解的角度选定。

例 2-1 求图 2-2 所示二端电路的端口伏安特性。

解 标出端电流和端口电压参考方向如图 2-2 所示。分析可知，若该电路端口电压已知，则两个电阻的电流容易求得，进而可得端电流表达式。因此，这里设端口电压 u 已知，相当于端口接一电压源，如图中虚线所连。可求得该二端电路的端口伏安特性为

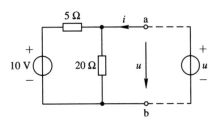

图 2-2 例 2-1 题图

$$i = \frac{u}{20} + \frac{u-10}{5} = 0.25u - 2$$

或

$$u = 8 + 4i$$

由上两式可分别构造出原网络的两个等效二端网络，如图 2-3(a)、(b)所示。

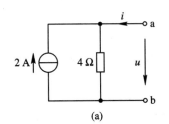 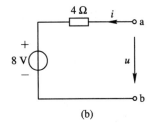

(a)　　　　　　　　　　　　　(b)

图 2-3 图 2-2 的等效电路

例 2-2 求图 2-4(a)所示二端电路的端口伏安特性。

解 标出端电流和端口电压参考方向如图 2-4(a)所示。分析可知，若该电路端口电流已知，则用并联电阻的分流公式，容易求得电流 i_1，进而容易写出端口电压表达式。因此，这里设端口电流 i 已知，相当于端口接一电流源，如图中虚线所连。由分流公式得

$$i_1 = \frac{3i}{6+3} = \frac{1}{3}i$$

而

$$u_1 = 3i_1 = 3 \times \frac{1}{3}i = 1 \times i$$

求得端口电压为

$$u = 5u_1 + (3+3)i_1 = 5i + 2i = 7i$$

由上式可得原二端电路的等效电路如图 2-4(b)所示。

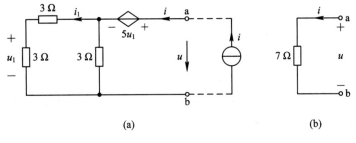

(a)　　　　　　　　　　　　　(b)

图 2-4 例 2-2 题图

例 2-1 的结果表明一个含独立源的二端网络可等效成一个电压源与电阻的串联网络，或者等效成一个电流源与电阻的并联网络；例 2-2 的结果表明一个不含独立源的二端网络可等效成一个电阻。这些结论具有普遍性，本书第 4 章将进一步讨论。

2.2　电压源、电流源串并联电路的等效变换

在工程实践中，有时会遇到电源串并联使用的情况，例如，将多个电源串联使用，以提高输出电压；将多个电源并联使用，以提高带负载的能力，等等。电路分析时，可对电源的串并联结构进行简化。

2.2.1　电压源的串联和并联

1. 电压源的串联

图 2-5(a)所示是 n 个电压源的串联，若将其看做一个二端网络，则对于任意端口电流 i，在图示参考方向下，根据 KVL 可求得其端口特性方程为

$$u = u_{s1} + u_{s2} + \cdots + u_{sn} \qquad (2-1)$$

由上式可见，该二端网络可等效成一个电压源，如图 2-5(b)所示。等效电压源的电压为

$$u_s = u_{s1} + u_{s2} + \cdots + u_{sn} \qquad (2-2)$$

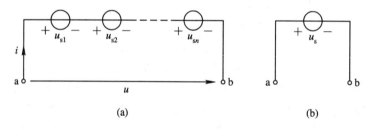

图 2-5　电压源的串联及其等效电路

2. 电压源的并联

电压相等的电压源可作极性一致的并联，图 2-6(a)所示是两个电压源的并联，其中 $u_{s1} = u_{s2}$。该二端网络可与图 2-6(b)所示电压源等效，等效电压源的电压为

$$u_s = u_{s1} = u_{s2} \qquad (2-3)$$

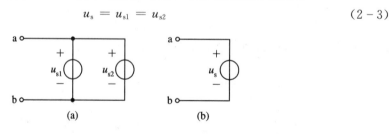

图 2-6　电压源的并联及其等效电路

工程上，电压不等或极性相反的实际电压源不能并联使用，否则将损坏电源。当某电路模型中出现两个电压不等或极性相反的理想电压源并联时，它们组成的回路将不满足 KVL，该电路无解。

3. 电压源与二端网络的并联

图 2-7(a)所示电路中，电压源与二端网络 N_1 并联，构成一个新的二端网络。N_1 可由电阻、独立源和受控源等元件构成，但它的等效网络不是理想电压源支路。图 2-7(a)、(b)所示的两个二端网络是等效的，因为它们的端口特性方程均为

$$u = u_s \quad （对于任意端电流 i） \tag{2-4}$$

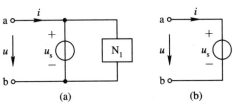

图 2-7　电压源与二端网络的并联及其等效电路

图 2-7(a)、(b)两个二端网络中，电压源的电压虽然相等，但流过两个电压源的电流一般并不相等。如前所述，两个二端网络等效是指其端口特性相同，对外电路等效，对内则没有等效关系。

2.2.2　电流源的并联和串联

1. 电流源的并联

图 2-8(a)所示是 n 个电流源并联的二端网络。对于任意端电压 u，在图示参考方向下，根据 KCL 可求得其端口特性方程为

$$i = i_{s1} + i_{s2} + \cdots + i_{sn} \tag{2-5}$$

由上式可见，该二端网络可等效成图 2-8(b)所示的电流源。等效电流源的电流为

$$i_s = i_{s1} + i_{s2} + \cdots + i_{sn} \tag{2-6}$$

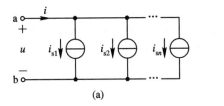

图 2-8　电流源的并联及其等效电路

2. 电流源的串联

电流相等的电流源可作方向一致的串联。图 2-9(a)所示是两个电流源的串联，其中 $i_{s1} = i_{s2}$。该二端网络可与图 2-9(b)所示电流源等效，其中

$$i_s = i_{s1} = i_{s2} \tag{2-7}$$

工程上，电流不等的实际电流源不能串联使用，也不能将两个相等的电流源作反方向串联，否则将损坏电源。当某电路模型中出现两个电流不等

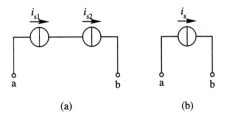

图 2-9　电流源的串联及其等效电路

的理想电流源串联时，KCL 将不成立，该电路无解。

3. 电流源与二端网络的串联

图 2-10(a)所示电路中，电流源与二端网络 N₁ 串联，构成一个新的二端网络。N₁ 可由电阻、独立源和受控源等元件构成，但它的等效网络不是理想电流源支路。图 2-10(a) 可等效成一个如图 2-10(b)所示的电流源。这两个二端网络有相同的端口特性方程：

$$i = i_s \quad （对于任意端口电压 u） \tag{2-8}$$

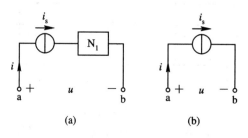

(a)   (b)

图 2-10 电流源与二端网络的串联及其等效电路

例 2-3 求图 2-11(a)、(b)所示两个二端电路的最简等效电路。

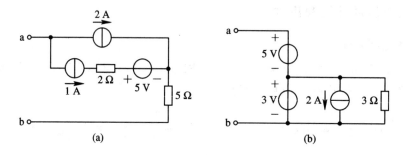

(a)   (b)

图 2-11 例 2-3 题图

解 将图 2-11(a)所示二端电路逐步化简，可求得其最简等效电路为一个 3 A 的电流源，其化简过程如图 2-12(a)所示。图 2-11(b)所示二端电路的最简等效电路为一个 8 V 的电压源，其化简过程如图 2-12(b)所示。

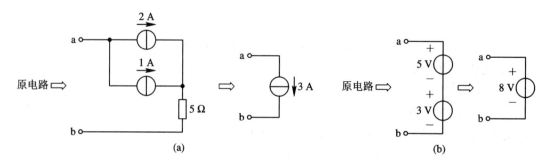

(a)   (b)

图 2-12 例 2-3 题解

例 2-4 求图 2-13(a)所示二端电路在图示参考方向下的端口伏安特性。

解 可将图 2-13(a)所示电路先作一些化简，再求其端口伏安特性。化简后的电路如

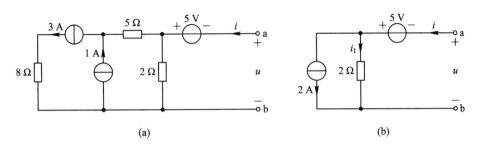

图 2 - 13　例 2 - 4 题图及其化简

图 2 - 13(b)所示,容易写出该电路的端口伏安特性为

$$u = -5 + 2i_1 = -5 + 2(i-2) = -9 + 2i$$

2.3　实际电源的两种模型及其等效变换

　　实际电源的输出电压会随着输出电流的增大而有所减小。设实际电源的端电流和端口电压采用非关联参考方向,如图 2 - 14(a)所示,则在任一时刻 t,它的伏安特性曲线如图 2 - 14(b)所示。其中,u_s 是电流为零时的电压,称为开路电压;i_s 是电压为零时的电流,称为短路电流。伏安特性曲线的斜率为负常数,用 $-R$ 表示,R 称为该实际电源的内阻,显然有

$$R = \frac{u_s}{i_s} \qquad (2-9)$$

　　由伏安特性曲线可得实际电源的端口特性方程为

$$u = u_s - Ri \qquad (2-10)$$

或

$$i = \frac{u_s}{R} - \frac{u}{R} = i_s - \frac{u}{R} \qquad (2-11)$$

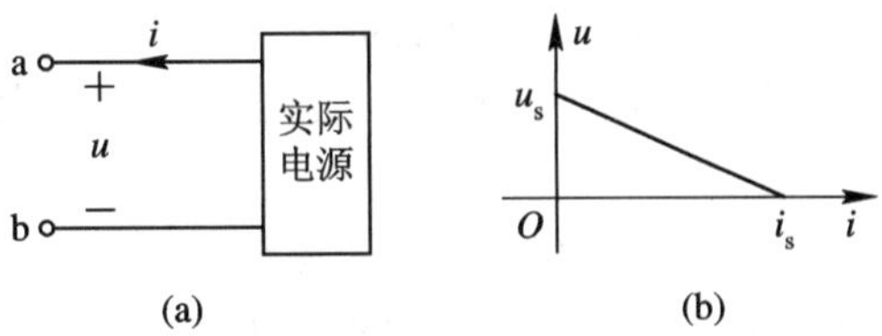

图 2 - 14　实际电源及其端口伏安特性

　　图 2 - 15(a)、(b)所示电路是实际电源的两种电路模型。图 2 - 15(a)是电压源与电阻的串联结构,称为戴维南模型或有伴电压源模型。其中,电压源的电压等于实际电源的开路电压 u_s,串联电阻等于实际电源的内阻 R,它的伏安特性即(2 - 10)式。图 2 - 15(b)是电流源与电阻的并联结构,称为诺顿模型或有伴电流源模型。其中,电流源的电流等于实际电源的短路电流 i_s,并联电阻也为 R。根据 KCL 可写出该并联电路的伏安特性,即(2 - 11)式。

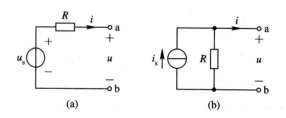

图 2-15　实际电源的戴维南模型和诺顿模型

　　由戴维南模型可见，实际电压源的内阻 R 越小，在 R 上产生的内部压降越小，其端口电压 u 受 i 的影响就越小，该电源就越接近理想电压源。由诺顿模型可知，实际电流源的内阻 R 越大，在 R 上的分流越小，其输出的端电流 i 受 u 的影响就越小，该电源就越接近理想电流源。

　　理论上讲，实际电源可采用上述两种模型中的任一种，但工程上一般对内阻小的电源采用戴维南模型，这种电源的特性较接近理想电压源，称之为实际电压源。内阻大的电源一般采用诺顿模型，这种电源的特性较接近理想电流源，称之为实际电流源。在使用中，实际电压源不能短路，实际电流源不能开路，否则，有可能损坏电源。

　　同一个电源的两种模型反映的是同一个端口特性，对外电路而言，它们是等效的，可以相互转换。等效转换时，两种模型的参数必须满足一定的关系：电阻 R 相等且 u_s 与 i_s 满足(2-9)式。两种模型的等效转换如图 2-16 所示，要注意电压源 u_s 及电流源 i_s 的参考方向。

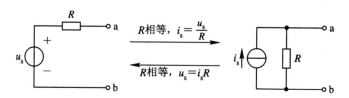

图 2-16　电源两种模型的等效转换

　　虽然等效的两种模型中电阻 R 相等，但两个电阻的工作状态并不相同，它们的电流、电压、功率一般都不等，等效是仅对外电路而言的。

　　理想电压源是内阻为零的电源，理想电流源是内阻为无穷大的电源，它们不能相互变换。

　　在电路分析中，也将一般的电压源串联电阻及电流源并联电阻两种结构分别称为有伴电压源和有伴电流源。两种有伴电源的等效变换可用于化简电路。

　　例 2-5　求图 2-17(a)所示电路中的电流 I。

　　解　利用有伴电压源和有伴电流源的等效变换，逐步将原电路化简，最终得到一个单回路电路。具体过程见图 2-17(b)、(c)、(d)。对图 2-17(d)中的单回路列 KVL 方程：

$$I(2+7+1) = 9-4$$

得

$$I = 0.5 \text{ A}$$

　　电源的等效变换可推广至受控源。但是对含受控源的电路进行化简时，要注意不能让控制量消失，否则电路将无法求解。

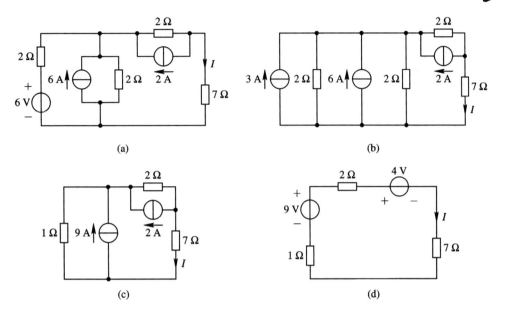

(a)　　　　　　　　　　　(b)

(c)　　　　　　　　　　　(d)

图 2-17　例 2-5 题图和求解过程

例 2-6　求图 2-18(a)所示二端电路的端口伏安特性。

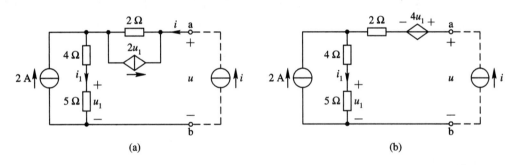

(a)　　　　　　　　　　　(b)

图 2-18　例 2-6 题图和求解过程

解　为求端口伏安特性，假设端电流 i 已知，相当于端口接有电流源，如图 2-18(a)中虚线所示。可对该电路先行化简，再求端口电压 u 的表达式。注意，电路中 2 A 电流源与电阻的并联结构不能变换成电压源与电阻的串联结构，否则控制量 u_1 将消失。但可将受控电流源与电阻的并联结构进行等效变换，变换后的电路如图 2-18(b)所示。由该电路可得

$$i_1 = i + 2, \quad u_1 = 5i_1 = 5i + 10$$

$$u = 4u_1 + 2i + (4+5)i_1 = 4(5i+10) + 2i + (4+5)(i+2)$$
$$= 58 + 31i$$

即在图示参考方向下，该二端电路的端口伏安特性为

$$u = 58 + 31i$$

例 2-7　电路如图 2-19(a)所示，求电流 i、8 V 电压源的功率 p_1 和受控电流源的功率 p_2。

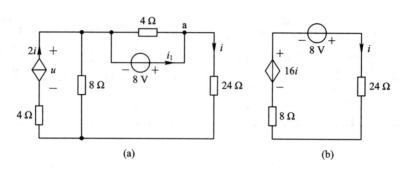

图 2-19 例 2-7 题图及其化简

解 求电流 i 时可先将电路化简。受控电流源与 $4\ \Omega$ 电阻的串联可等效成一个受控电流源；该受控电流源再与 $8\ \Omega$ 电阻并联，可转换为受控电压源与 $8\ \Omega$ 电阻串联；$8\ \mathrm{V}$ 电压源与 $4\ \Omega$ 电阻的并联可等效成一个 $8\ \mathrm{V}$ 电压源。简化后的电路如图 2-19(b)所示。对该单回路电路列一个 KVL 方程，有

$$24i + 8i - 16i = 8$$

求得

$$i = \frac{8}{16} = 0.5\ \mathrm{A}$$

要计算已变换部分的内部元件的电流、电压或功率，需回到原电路求解。在图 2-19(a)所示原电路中，对节点 a 列一个 KCL 方程，得

$$i_1 = i + \frac{8}{4} = 0.5 + 2 = 2.5\ \mathrm{A}$$

则 $8\ \mathrm{V}$ 电压源供出的功率为

$$p_1 = i_1 \times 8 = 2.5 \times 8 = 20\ \mathrm{W}$$

对由受控电流源及电压源和两个电阻构成的回路列一个 KVL 方程，得

$$u = -8 + 24i + 4 \times 2i = -8 + 32i = -8 + 32 \times 0.5 = 8\ \mathrm{V}$$

则受控电流源供出的功率为

$$p_2 = u \times 2i = 8 \times 2 \times 0.5 = 8\ \mathrm{W}$$

2.4 电阻星形连接与三角形连接的等效变换

二端网络的等效概念也适用于多端网络，当两个多端电阻网络的端子数相等且有相同的端口伏安特性方程时，它们对外电路是等效的。

图 2-20 中，N 是一个三端网络，它有三个端电流和三个端口电压。根据 KCL，有 $i_1 + i_2 + i_3 = 0$，即三个端电流中只有两个是独立的；根据 KVL，有 $u_{12} + u_{23} - u_{13} = 0$，即三个端口电压也只有两个是独立的。两个独立端电流和两个独立端口电压之间的关系就是三端网络的端口伏安特性方程。

图 2-21 所示为两个三端电阻网络。其中，图 2-21(a)网络为三个电阻的星形（Y 形、T 形）连接，图 2-21(b)网络为三

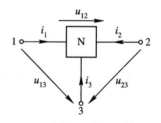

图 2-20 三端网络

个电阻的三角形($\triangle$形、π形)连接。这两种结构在三相电路、桥式电路等电路中比较常见。在电路分析时，有时需对这两种结构的三端电路进行等效互换以简化电路。下面分别列出两个网络的端口伏安特性方程，进而推导它们的等效条件。

图 2-21(a)所示的星形电阻网络中，以 i_1、i_2、u_{13}、u_{23} 为独立的端电流和端口电压变量，其端口特性方程为

$$\left.\begin{array}{l} u_{13} = R_1 i_1 + (i_1 + i_2)R_3 = (R_1 + R_3)i_1 + R_3 i_2 \\ u_{23} = R_2 i_2 + (i_1 + i_2)R_3 = R_3 i_1 + (R_2 + R_3)i_2 \end{array}\right\} \tag{2-12}$$

从(2-12)方程中解出 i_1 和 i_2，可得该网络另一形式的端口方程：

$$\left.\begin{array}{l} i_1 = \dfrac{(R_2 + R_3)u_{13}}{R_1 R_2 + R_1 R_3 + R_2 R_3} + \dfrac{-R_3 u_{23}}{R_1 R_2 + R_1 R_3 + R_2 R_3} \\[4mm] i_2 = \dfrac{-R_3 u_{13}}{R_1 R_2 + R_1 R_3 + R_2 R_3} + \dfrac{(R_1 + R_3)u_{23}}{R_1 R_2 + R_1 R_3 + R_2 R_3} \end{array}\right\} \tag{2-13}$$

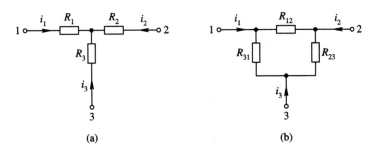

(a)　　　　　　　　　　　　　(b)

图 2-21　星形电阻网络和三角形电阻网络

图 2-21(b)所示的三角形电阻网络的端口特性方程为

$$\left.\begin{array}{l} i_1 = \dfrac{u_{13}}{R_{31}} + \dfrac{u_{13} - u_{23}}{R_{12}} = \left(\dfrac{1}{R_{31}} + \dfrac{1}{R_{12}}\right)u_{13} - \dfrac{1}{R_{12}}u_{23} \\[4mm] i_2 = \dfrac{u_{23}}{R_{23}} - \dfrac{u_{13} - u_{23}}{R_{12}} = -\dfrac{1}{R_{12}}u_{13} + \left(\dfrac{1}{R_{23}} + \dfrac{1}{R_{12}}\right)u_{23} \end{array}\right\} \tag{2-14}$$

从(2-14)方程中解出 u_{13} 和 u_{23}，可得其另一形式的端口方程：

$$\left.\begin{array}{l} u_{13} = \dfrac{(R_{31} R_{12} + R_{31} R_{23})i_1}{R_{12} + R_{23} + R_{31}} + \dfrac{R_{23} R_{31} i_2}{R_{12} + R_{23} + R_{31}} \\[4mm] u_{23} = \dfrac{R_{23} R_{31} i_1}{R_{12} + R_{23} + R_{31}} + \dfrac{(R_{23} R_{12} + R_{23} R_{31})i_2}{R_{12} + R_{23} + R_{31}} \end{array}\right\} \tag{2-15}$$

星形电阻网络与三角形电阻网络等效的条件是它们的端口特性相等。比较(2-12)式和(2-15)式的各项系数，有

$$\left.\begin{array}{l} R_1 + R_3 = \dfrac{R_{31} R_{12}}{R_{12} + R_{23} + R_{31}} + \dfrac{R_{31} R_{23}}{R_{12} + R_{23} + R_{31}} \\[4mm] R_3 = \dfrac{R_{23} R_{31}}{R_{12} + R_{23} + R_{31}} \\[4mm] R_2 + R_3 = \dfrac{R_{23} R_{12}}{R_{12} + R_{23} + R_{31}} + \dfrac{R_{31} R_{23}}{R_{12} + R_{23} + R_{31}} \end{array}\right\} \tag{2-16}$$

将上式中第 1 个和第 3 个方程分别减去第 2 个方程，求得

$$R_1 = \frac{R_{31}R_{12}}{R_{12} + R_{23} + R_{31}}$$

$$R_2 = \frac{R_{23}R_{12}}{R_{12} + R_{23} + R_{31}} \qquad\qquad (2-17)$$

$$R_3 = \frac{R_{23}R_{31}}{R_{12} + R_{23} + R_{31}}$$

上式就是由三角形连接电阻网络等效变换为星形连接电阻网络的计算公式。该公式可概括为：星形网络第 k 端的电阻等于三角形网络中连接到 k 端点的两邻边电阻之积除以三边电阻之和。

比较两个网络另一种形式的端口方程(2-13)式和(2-14)式，令它们的各项系数对应相等，可得

$$\frac{1}{R_{31}} + \frac{1}{R_{12}} = \frac{R_2}{R_1R_2 + R_1R_3 + R_2R_3} + \frac{R_3}{R_1R_2 + R_1R_3 + R_2R_3}$$

$$\frac{1}{R_{12}} = \frac{R_3}{R_1R_2 + R_1R_3 + R_2R_3} \qquad\qquad (2-18)$$

$$\frac{1}{R_{23}} + \frac{1}{R_{12}} = \frac{R_1}{R_1R_2 + R_1R_3 + R_2R_3} + \frac{R_3}{R_1R_2 + R_1R_3 + R_2R_3}$$

将上式中第 1 个和第 3 个方程分别减去第 2 个方程并化简，可得

$$R_{12} = R_1 + R_2 + \frac{R_1R_2}{R_3}$$

$$R_{23} = R_2 + R_3 + \frac{R_2R_3}{R_1} \qquad\qquad (2-19)$$

$$R_{31} = R_3 + R_1 + \frac{R_3R_1}{R_2}$$

上式是由星形连接的电阻网络等效变换为三角形连接的电阻网络的计算公式。该公式可概括为：三角形网络第 k、j 端之间的电阻等于星形网络第 k 端及第 j 端电阻相加，再加上该两电阻之积除以另一电阻。

由(2-17)式及(2-19)式可知，若三角形网络的三个电阻相等，则其等效星形网络的三个电阻也相等，反之亦然。这种情况下，它们的等效条件非常简单，为

$$R_Y = \frac{1}{3}R_\Delta \qquad 或者 \qquad R_\Delta = 3R_Y$$

这里，R_Y、R_Δ 分别表示星形及三角形网络中的每个电阻。

在某些电路中，利用电阻星形连接和三角形连接的等效互换，可简化电路。

例 2-8 电路如图 2-22(a)所示，已知 $R_1 = 1\ \Omega$，$R_2 = R_3 = 2\ \Omega$；$R_4 = 1\ \Omega$，$R_5 = R_6 = 2\ \Omega$，求电流源的端口电压 U。

解 原电路从电流源端看进去，各电阻的连接不是串并联结构，可以将 R_1、R_2 及 R_3 构成的星形网络等效变换成三角形网络。变换后的电路如图 2-22(b)所示，从电源端看，电阻已是串并联结构，其中：

$$R_{12} = R_1 + R_2 + \frac{R_1R_2}{R_3} = 1 + 2 + \frac{1\times2}{2} = 4\ \Omega$$

$$R_{23} = R_2 + R_3 + \frac{R_2 R_3}{R_1} = 2 + 2 + \frac{2 \times 2}{1} = 8 \ \Omega$$

$$R_{31} = R_3 + R_1 + \frac{R_3 R_1}{R_2} = 1 + 2 + \frac{1 \times 2}{2} = 4 \ \Omega$$

由图 2 - 22(b)所示可得

$$R_a = R_5 \ /\!/ \ R_{31}$$
$$R_b = R_4 \ /\!/ \ R_{23}$$
$$R_c = R_6 \ /\!/ \ R_{12}$$
$$R = R_a \ /\!/ \ (R_b + R_c)$$
$$U = I_s \times R$$

代入已知数据可得

$$U = \frac{5}{6} \ \text{V}$$

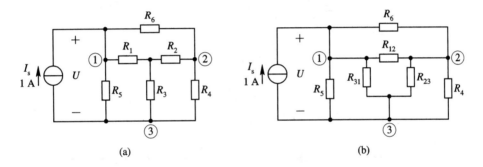

(a)　　　　　　　　　　　　(b)

图 2 - 22　例 2 - 8 题图及求解过程

习　　题

2 - 1　求习题 2 - 1 图所示二端电路的端口伏安特性。

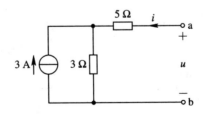

习题 2 - 1 图

2 - 2　已知某两个二端电路的端口电压和电流取为非关联参考方向，它们的端口伏安特性分别为 $u = 12 - 5i$，$i = -2 - 8u$，求它们的等效二端电路。

2 - 3　求习题 2 - 3 图所示电路中从电压源看进去的等效电阻和电流 i。

2 - 4　习题 2 - 4 图所示电路中，已知 15 Ω 电阻吸收的功率是 15 W，求 R。

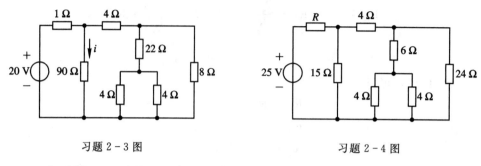

习题 2-3 图　　　　　　　　　　　习题 2-4 图

2-5　求习题 2-5 图所示电路的 i_1 和 i_2。

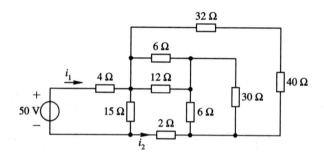

习题 2-5 图

2-6　化简习题 2-6 图所示各二端电路。

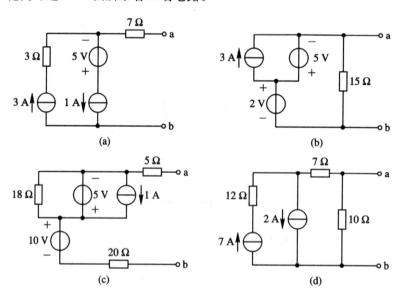

(a)　　　　　　　　　　　(b)

(c)　　　　　　　　　　　(d)

习题 2-6 图

2-7　求习题 2-7 图所示电路中的 u_1、u_2 和 i。

2-8　求习题 2-8 图所示电路中的 u_1。

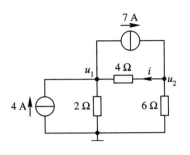

习题 2-7 图

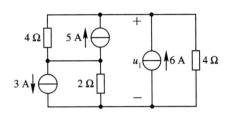

习题 2-8 图

2-9　利用电源变换求习题 2-9 图所示电路中的 i。

2-10　利用电源变换求习题 2-10 图所示电路中的 u_1。

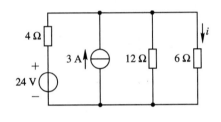

习题 2-9 图

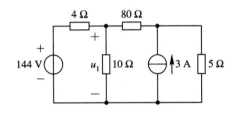

习题 2-10 图

2-11　求习题 2-11 图所示电路中的电流 i_o。

2-12　电路如习题 2-12 图所示，求：

（1）电路中的 u_o；

（2）300 V 电压源产生的功率；

（3）10 A 电流源产生的功率。

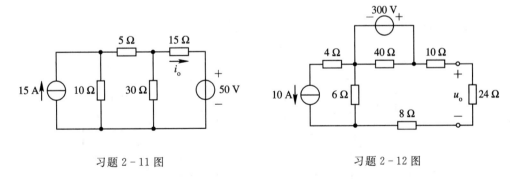

习题 2-11 图　　　　　　　　　　　　　习题 2-12 图

2-13　求习题 2-13 图所示电路中的电流 i_R。

2-14　求习题 2-14 图所示二端电路的端口伏安特性。

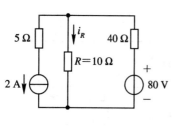

习题 2-13 图

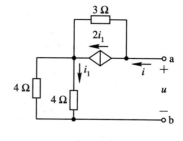

习题 2-14 图

2-15 习题 2-15 图所示电路中，$R_1 = 1.5\ \Omega$，$R_2 = 2\ \Omega$，求电压 u。

2-16 习题 2-16 图所示电路中，将 a、b 端左边电路化简，使原电路变换成单回路电路并求 I。

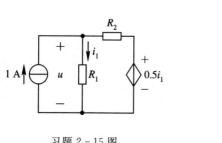

习题 2-15 图

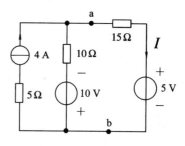

习题 2-16 图

2-17 将习题 2-17 图所示二端电路化简，并求端口伏安特性。

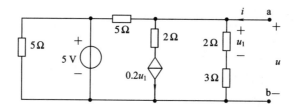

习题 2-17 图

2-18 求习题 2-18(a)、(b) 图所示二端电路的等效电阻 R_{ab}。

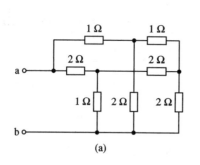

(a)

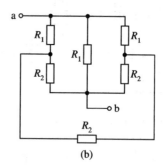

(b)

习题 2-18 图

第 3 章　线性电阻电路的一般分析法

本章介绍线性电阻电路的一般分析法。一般分析法是指对线性电阻电路普遍适用的，有较强系统性和规律性的方法。这类方法通常是选定电路中的一组变量，根据基尔霍夫定律及元件特性列出该组变量的独立方程，然后求解方程。根据所选变量的不同，常用的方法有支路分析法、节点分析法、网孔及回路分析法。

学习本章内容时，在理解各分析法原理的基础上，应重点掌握列写各种方程的规律和步骤。

3.1　KCL、KVL 方程的独立性

求解 k 个变量，需要一个方程数为 k 的独立方程组。所谓独立方程组，是指该组方程中的任一个方程都不可由其他方程的线性组合来表示。即任一方程都不可由其余方程的加、减、乘常数运算及其混合运算推得。若一组方程中的任一个方程都含有其余方程中所没有的变量，则该组方程一定是独立的。若在列写一组线性方程时，每写一个新方程，都让该方程含有以前方程没有的新变量，则这样写出来的方程组也一定是独立的。

求解电路依据的约束条件有两类：一类是元件伏安特性方程，每个元件方程反映一个元件的特性，显然，各元件的特性方程是相互独立的；另一类是基尔霍夫定律，这类条件是拓扑约束，它只与元件的互连方式有关，而与元件的性质无关。对每个节点可列出一个 KCL 方程，对每个回路也可列出一个 KVL 方程。由于基尔霍夫定律与元件性质无关，因此可用电路的图来探讨 KCL、KVL 方程的独立性。

3.1.1　电路的图

电路的图由点和线段构成，每一个点对应着电路中的一个节点，每条线段对应着电路中的一条支路。通常将图中的点和线段直接称为节点和支路。电路的图仅反映电路的拓扑结构，不能反映各支路的元件特性。例如，图 3 - 1(a)所示电路对应的图如图 3 - 1(b)所示。该电路的图共有 5 条支路、3 个节点，其中支路 1 是 u_{s1} 与 R_1 的串联支路。

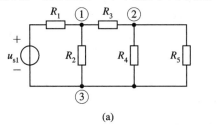
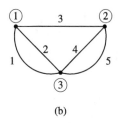

(a)　　　　　　　　　　　　　　(b)

图 3 - 1　电路的图示例

从图中的某一个节点出发，沿着一系列支路连续移动，到达另一节点，这一系列支路称为这两个节点间的一条路径。单条支路也是一条路径。若一条路径的起始节点和终止节点为同一个节点，则称为闭合路径，又称为回路。若图中任两节点之间都有路径相连通，则称为连通图，否则称为非连通图。若图中所有支路都标有方向（用箭头表示），则称为有向图。图中支路的方向通常代表着对应电路中该支路电流和电压的参考方向。

树是拓扑图中的一个重要概念。连通图 G 的一个树 T 定义为图 G 中满足如下三个条件的一个子图：

（1）T 包含 G 的全部节点；

（2）T 不含任一回路；

（3）T 是连通的。

一个连通图通常有许多不同的树，如图 3-2(a)所示是一个连通图，图(b)、(c)均是该连通图的树。对连通图 G，当确定其一个树 T 后，图 G 中的支路就可分为两类：一类是属于 T 的支路，称为树支；另一类是不属于 T 的支路，称为连支。对图 3-2(a)所示的连通图，若选定其树如图 3-2(b)所示，则 1、2、3、6 为树支，4、5、7、8 为连支。但是，若选定图 3-2(c)为树，则 5、6、7、8 为树支，1、2、3、4 为连支。

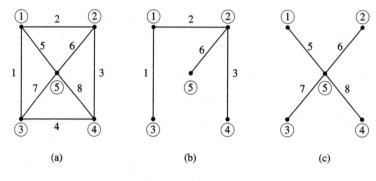

图 3-2 连通图及其树

同一个连通图 G 对应不同的树，其连支和树支会有所不同，但连支的数目及树支的数目是不变的。若连通图 G 有 n 个节点、b 条支路，则可证明其树支数为 $n-1$，连支数为 $l=b-n+1$。

假设将连通图 G 的全部支路移去，剩下它的 n 个节点。为了将 n 个节点连成一个树，首先用一条支路将两个节点连起来；随后每连入一个新的节点，就需增加一条支路；将全部 n 个节点连完，正好需要 $n-1$ 条支路。此时每两个节点间都有路径连通，若再在某两节点间增加一条支路，则该两节点间有两条不同的路径，这两条路径会构成一个回路，不符合树的定义。因此，具有 n 个节点的连通图 G 的任一个树都必须，且只能由 $n-1$ 条支路构成。因为一个连通图的树支和连支构成它的全部支路，所以连支数为 $l=b-(n-1)$。

若一个电路可画在一个平面上，且在非节点处不相交，则称之为平面电路，否则称为非平面电路。图 3-2(a)所示是一个平面电路的图，图 3-3 所示则是一个非平面电路的图。

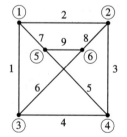

图 3-3 非平面电路的图

平面电路中含有网孔。所谓网孔，是指内部不含其他支路的回路。图 3-2(a)中，由支路 1、5、7 构成的回路是网孔，而由支路 1、5、8、4 构成的回路则不是网孔。

3.1.2 KCL 方程的独立性

图 3-4 所示是一个电路的有向图，其中各支路的箭头表示各支路电流的参考方向。列出该电路 4 个节点的 KCL 方程为

(1) $i_1 - i_4 - i_6 = 0$

(2) $-i_1 - i_2 + i_3 = 0$

(3) $i_2 + i_5 + i_6 = 0$

(4) $-i_3 + i_4 - i_5 = 0$

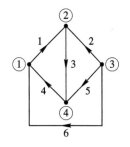

图 3-4 列写 KCL、KVL 方程示意图

观察可知，这 4 个方程中的任意 3 个方程是相互独立的。例如，方程(1)、(2)、(3)就是一组独立方程，该组的任一方程中都有一电流变量未被另两式涉及，因此任一方程都不可能由其余两式导出。再如(2)、(3)、(4)方程组等亦是如此。但是以上全部 4 个方程却不是一组独立方程，易见 4 个方程相加得零，即任一方程可由其余 3 个方程相加导出。由此可见，对具有 4 个节点的电路，依据 KCL 可得到的独立方程数为 $4-1=3$，即独立的 KCL 方程数与树支数相等。这一结果可推广到一般情况，有以下结论。

结论：对于有 n 个节点的连通网络，可得到 $n-1$ 个独立的节点 KCL 方程。与这些独立方程对应的节点称为独立节点，电路中任意选定的 $n-1$ 个节点都是独立节点。

* **证**：由于任一支路都接在两个节点之间，其电流从一个节点流出，流入另一节点，因此对所有 n 个节点列出 KCL 方程，每个支路电流会在两个方程中出现，且符号相反。将 n 个节点 KCL 方程相加，各支路电流正负相消，所得为零。即任一节点 KCL 方程都可由其余 $n-1$ 个方程相加再乘 -1 得到。因此，n 个节点 KCL 方程中的独立方程数不会超过 $n-1$ 个。下面证明其独立方程数正好为 $n-1$。

设电路 n 个节点的编号为 n_0，n_1，n_2，…，n_{n-1}。设想将全部支路移去，然后从节点 n_0 开始，依次连入 n_1，n_2，…，n_{n-1} 各节点，构成一个树。每连入一个新的节点，需增加一条树支。设联入节点 n_k 时所用的树支为支路 $d_k (k=1, 2, …, n-1)$。显然，d_k 必接在节点 n_k 及编号在 n_k 之前的某个节点间，d_k 不会与 n_k 之后的节点相连，因为这些节点此时尚未接入。因此，我们对原电路各节点列写 KCL 方程时，只需从节点 n_{n-1} 开始，编号逐次递减，即对 n_{n-1}，n_{n-2}，…，n_2，n_1 这 $n-1$ 个节点列方程，这样每写一个方程，都会有一个新的支路电流出现。例如，对节点 n_k 列方程时，方程中会出现支路 d_k 的电流，该电流在 n_{n-1}，n_{n-2}，…，n_{k+1} 节点的方程中是从未出现的。这样列写的 $n-1$ 个节点 KCL 方程必定是独立的。由于电路中任一节点都可选作 n_0，因此任意选定的 $n-1$ 个节点都是独立节点。

3.1.3 基尔霍夫电压定律方程的独立性

本节仍以图 3-4 为例讨论。设图中各支路的箭头表示各支路电压的参考方向。该电路共有 7 个回路，各回路的 KVL 方程为

(1) 支路 134 回路：$u_1 + u_3 + u_4 = 0$；

(2) 支路 532 回路：$-u_2 - u_3 + u_5 = 0$；

(3) 支路 1254 回路：$u_1 - u_2 + u_5 + u_4 = 0$；

(4) 支路 645 回路：$-u_4-u_5+u_6=0$；

(5) 支路 1356 回路：$u_1+u_3-u_5+u_6=0$；

(6) 支路 6432 回路：$-u_3-u_2+u_6-u_4=0$；

(7) 支路 126 回路：$u_1-u_2+u_6=0$。

观察可知，在以上 7 个方程中，最多可选出 3 个独立方程。例如，(1)、(2)、(4)这 3 个方程是一组独立方程，该组的任一方程中都有一电压变量未被另两式涉及，因此任一方程都不可能由其余两式导出。而方程(3)、(5)、(6)、(7)却都可由方程(1)、(2)、(4)导出。例如，(1)加(2)得(3)；(1)加(4)得(5)等。事实上，回路(3)包围着回路(1)、(2)，将回路(1)、(2)的方程相加，它们公共支路的电压 u_3 正负抵消，所得方程正好就是回路(3)的方程。在该电路中，回路(1)、(2)、(4)是其 3 个网孔。可见选择平面电路的网孔可列出独立的 KVL 方程。独立方程组的选择不是唯一的，在该电路的所有 7 个回路方程中，可选出多组独立方程。例如，方程(1)、(3)、(7)；方程(1)、(5)、(7)等都构成独立方程组，但各组中方程的个数都为 3。由以上分析可见，对具有 4 个节点、6 条支路的电路，依据 KVL 可得到的独立方程数为 $l=6-(4-1)$ 个，即独立的回路 KVL 方程数与连支数相等。这一结果可推广到一般情况，有以下结论。

结论：对于有 n 个节点、b 条支路的电路，可得到 $l=b-(n-1)$ 个独立的回路 KVL 方程。与这些独立方程对应的回路称为独立回路。平面电路中有 l 个网孔，它们是一组独立回路。

*证：这里仅以平面电路网孔为例，证明独立的回路 KVL 方程数与连支数相等。平面电路含有一系列网孔。若某条支路属于且仅属于一个网孔，则它就是靠边的支路，称之为边支路。任何一个含有回路的平面连通图都存在至少一条边支路。移去一条边支路，也就去掉了原电路的一个网孔（该边支路所属的网孔），但不会对其他网孔造成影响，剩余部分仍是包含全部节点的连通平面网络。除了去掉的那个网孔之外，其余网孔没有改变。

设一平面电路有 n 个节点、b 条支路，移去其一条边支路 b_1，相应去掉的网孔为 m_1。在剩余图中再找到其一条边支路 b_2（它不一定是原电路的边支路），将之移去，相应去掉的网孔为 m_2。依此方法，依次移去支路 b_3，b_4，…，依次去掉的网孔为 m_3，m_4，…，直至剩余图中不再有回路。此时，剩余图是包含全部节点且不含回路的连通图，即剩余图正好是一个树，其支路数为 $n-1$，因此移去的支路数必为 $l=b-(n-1)$。由于每条移去的支路对应着原图的一个网孔，因此证得原电路的网孔数为 $l=b-(n-1)$。这一过程可以用图 3-5 为例说明。

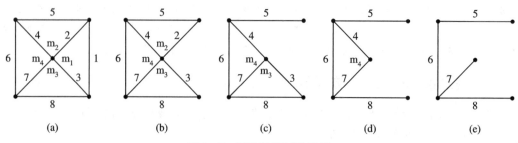

图 3-5　网孔数的证明示例

(a) 原网络；(b) 移去支路 1，去掉网孔 m_1；(c) 移去支路 2，去掉网孔 m_2；

(d) 移去支路 3，去掉网孔 m_3；(e) 移去支路 4，去掉网孔 m_4

现在证明 l 个网孔是独立回路。由于在以上过程中，移去的支路不会再出现在剩余的网孔中。即支路 b_k 属于网孔 m_k，也有可能属于编号小于 m_k 的某个网孔，但不会属于编号大于 m_k 的网孔。因此，我们在写网孔的 KVL 方程时，只需从 m_l 开始，编号依次递减列出各网孔方程，这样每写一个方程，都有一个新的支路电压出现。例如，对网孔 m_k 列方程时，方程中会出现支路 b_k 的电压，该电压在 m_l，m_{l-1}，$\cdots$，m_{k+1} 网孔的方程中是从未出现的。这样列写的 l 个网孔 KVL 方程必定是独立的，即 l 个网孔是独立回路。

平面电路中除网孔之外的其他任一回路必包围着两个或两个以上的网孔（称为该回路的内网孔），回路内部包围的各支路（称为内支路）是两个内网孔的公共支路。若各网孔列写 KVL 方程时采用相同的绕行方向（同为顺时针或同为逆时针），则每条内支路的电压必定在某两个内网孔 KVL 方程中出现，且符号相反。将某回路所有内网孔的 KVL 方程相加，内支路电压会正负相抵消，所得就是该回路自身的 KVL 方程。由此可见，任一回路 KVL 方程都可由若干个网孔 KVL 方程导出，电路的独立回路数不会大于网孔数。前已证得 l 个网孔是一组独立回路，故证得电路的独立回路数为 $l=b-(n-1)$。

独立回路的选择有多种方法。对平面电路而言，网孔是一种直观而方便的选择。另一种常用的方法是每选一个回路，都包含一条新支路，选满 l 个为止。在第 14 章还将介绍选择独立回路的一种系统方法：单连支回路法。

3.2　支路分析法

以各支路电流和（或）支路电压为变量列方程求解电路的方法称为支路分析法。支路分析法是最基本、最直接的电路分析法。支路分析法又分为 $2b$ 法、支路电流法和支路电压法。

1. $2b$ 法

由于电路的独立节点数等于树支数，独立回路数等于连支数，因此根据基尔霍夫定律可得到的独立方程总数等于支路数 b。再加上每条支路有一个伏安特性方程，因此由两类约束条件可获得的独立方程总数为 $2b$。这 $2b$ 个方程以支路电流和支路电压为变量，联立求解可求得各支路的电流和电压。这种分析法称为 $2b$ 法。

用 $2b$ 法分析电路，应先标出各支路电流和电压的参考方向。然后选定独立节点，列出各独立节点的 KCL 方程；选定独立回路，列出各独立回路的 KVL 方程；列出各支路的伏安特性方程。最后将以上 $2b$ 个方程联立求解，求出支路电流和电压。如有必要，可进一步计算功率等其他物理量。

例如，图 3-6(a) 所示电路中，若将电压源和电阻的串联结构作为一条支路，则该电路有 6 条支路、3 个独立节点和 3 个独立回路。该电路的图如图 3-6(b) 所示。图中，各支路方向为支路电流和电压的参考方向。

选定节点①、②、③为独立节点，其 KCL 方程为

$$\left. \begin{array}{r} i_1 + i_3 + i_6 = 0 \\ -i_3 + i_4 + i_5 = 0 \\ i_2 - i_5 - i_6 = 0 \end{array} \right\} \tag{3-1}$$

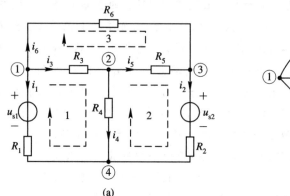

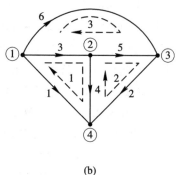

图 3-6 2b 法示例

选定 3 个网孔为独立回路，取顺时针方向为回路绕行方向，其 KVL 方程为

$$\left.\begin{array}{l} -u_1 + u_3 + u_4 = 0 \\ u_2 - u_4 + u_5 = 0 \\ -u_3 - u_5 + u_6 = 0 \end{array}\right\} \qquad (3-2)$$

支路伏安特性方程为

$$\left.\begin{array}{ll} u_1 = R_1 i_1 + u_{s1}, & u_4 = R_4 i_4 \\ u_2 = R_2 i_2 + u_{s2}, & u_5 = R_5 i_5 \\ u_3 = R_3 i_3, & u_6 = R_6 i_6 \end{array}\right\} \qquad (3-3)$$

将(3-1)、(3-2)、(3-3)方程组共 12 个方程联立求解，可得出各支路的电流和电压。

2. 支路电流法

若仅以各支路电流为变量列方程求解电路，则称为支路电流法。在前述 2b 个方程中，将支路伏安特性方程代入独立回路的 KVL 方程，消去支路电压，则可得到以支路电流为变量的 b 个独立方程。通常在写 KVL 方程时，直接将支路电压表示为支路电流的函数，省去中间的代入过程。

仍以图 3-6(a)所示电路为例，选定各支路电流的参考方向如图所示。选定网孔为独立回路，选定节点①、②、③为独立节点，列出独立节点的 KCL 方程为(3-1)式，各网孔的 KVL 方程为

$$\left.\begin{array}{l} -R_1 i_1 + R_3 i_3 + R_4 i_4 = u_{s1} \\ R_2 i_2 - R_4 i_4 + R_5 i_5 = -u_{s2} \\ -R_3 i_3 - R_5 i_5 + R_6 i_6 = 0 \end{array}\right\} \qquad (3-4)$$

(3-1)式和(3-4)式共 6 个方程就是支路电流方程组。将它们联立求解，可计算出 6 条支路的电流。

由(3-4)式可见，写 KVL 方程时要注意各项的正负号。顺着回路方向，方程左边以电压降为正，方程右边以电位升为正。通常将电阻电压写在等号左边。若某电流参考方向与回路方向一致，则该电流产生的电阻电压前应取正号；反之取负号。

若电路中存在电流源，则由于电流源的电压不能表示为其电流的函数，因此在 KVL 方程中不能被消去。即电流源的电压作为未知变量仍出现在 KVL 方程中。尽管方程中多

了未知电压变量，但由于电流源所在支路的电流是已知的，因此变量数仍与方程数相同。

例 3-1　电路如图 3-7 所示，已知 $u_{s1}=30\ V$，$u_{s2}=20\ V$，$R_1=18\ \Omega$，$R_2=4\ \Omega$，$i_{s3}=3\ A$，求 i_1、i_2 和 u_3。

解　选节点①为独立节点，网孔为独立回路，网孔绕行方向如图所示，则有如下一些方程。

节点①的 KCL 方程：

$$i_1 + i_2 = i_{s3}$$

网孔 1 的 KVL 方程：

$$R_1 i_1 + u_3 = u_{s1}$$

网孔 2 的 KVL 方程：

$$-R_2 i_2 - u_3 = -u_{s2}$$

代入已知数据，则有

$$\left.\begin{array}{l} i_1 + i_2 = 3 \\ 18i_1 + u_3 = 30 \\ -4i_2 - u_3 = -20 \end{array}\right\}$$

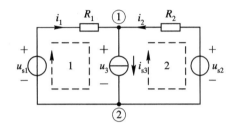

图 3-7　例 3-1 题图

解得

$$i_1 = 1\ A,\quad i_2 = 2\ A,\quad u_3 = 12\ V$$

3. 支路电压法

若仅以各支路电压为变量列方程求解电路，则称为支路电压法。在 $2b$ 个方程中，若将支路伏安特性方程代入独立节点的 KCL 方程，消去支路电流，则可得到以支路电压为变量的 b 个独立方程，可求出 b 个支路电压。通常在写 KCL 方程时，直接将支路电流表示为支路电压的函数，省去中间代入过程。

3.3　节点分析法

支路分析法直接以支路电流和(或)电压为未知变量列方程求解电路，所需方程多。若能将支路电压或电流用另一组数量较少的电路变量代替，则可减少联立方程数。节点分析法是用节点电压代替支路电压建立方程的电路分析法。

3.3.1　节点电压和节点方程

若电路中有 n 个节点，任选其中 $n-1$ 个节点为独立节点，剩下的一个非独立节点作为参考节点。各独立节点相对于参考节点的电压称为该节点的节点电压。节点电压的参考方向由独立节点指向参考节点。若将参考节点看做零电位点，则节点电压就是各独立节点的电位。一般将选定的参考节点用符号"⊥"表示。由基尔霍夫电压定律可知，任两个独立节点间的电压等于该两点电位(即节点电压)之差。图 3-8 所示电路中，若以节点④作为参考节点，则图中 u_{n1}、u_{n2}、u_{n3} 为 3 个节点电压，而独立节点间的电压分别为 $u_{12} = u_{n1} - u_{n2}$，$u_{13} = u_{n1} - u_{n3}$，$u_{23} = u_{n2} - u_{n3}$。由于任一支路或者是接在两个独立节点之间，或者是接在独立节点与参考节点之间，因此任一支路电压可由两个或一个节点电压求得。

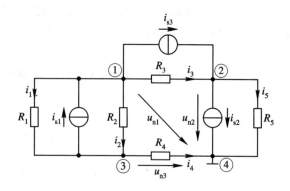

图 3-8　节点分析法示例

支路电压可用节点电压表示，故可用节点电压代替支路电压作为未知变量建立方程，求解电路。由于一般电路中，独立节点数远少于支路数，因此以节点电压为未知量所需的方程将远少于支路法所需的方程。求出各节点电压后，可方便地进一步算出支路电压、支路电流及功率等物理量。

为了求出 $n-1$ 个节点电压，必须列出 $n-1$ 个以节点电压为变量的独立方程。由于用节点电压表示支路电压是以 KVL 为依据的，因此节点电压自动满足基尔霍夫电压定律。将支路电压用节点电压表示之后，各回路的 KVL 方程将成为恒等式。因此，在建立节点电压方程时，所依据的约束条件只能是 KCL 和支路伏安特性。

若电路中只有电阻和电流源两种元件，则节点电压方程的建立比较简单。对 $n-1$ 个独立节点分别列写 KCL 方程，将方程中电阻的电流表示为节点电压的函数即可。以图 3-8 所示电路为例，该电路中只包含电阻和电流源支路，写某节点的 KCL 方程时，将与该节点相连的电阻支路电流及电流源的电流分列方程两边，左边以流出该节点的电流参考方向取正号，右边则以流入该节点的电流参考方向取正号。选择节点①、②、③为独立节点，在图示各支路电流参考方向下，各独立节点的 KCL 方程为

$$\left.\begin{array}{l} i_1 + i_2 + i_3 = i_{s1} - i_{s3} \\ - i_3 + i_5 = - i_{s2} + i_{s3} \\ - i_1 - i_2 + i_4 = - i_{s1} \end{array}\right\} \tag{3-5}$$

各电阻支路电流可表示为

$$\left.\begin{array}{l} i_1 = \dfrac{u_{n1} - u_{n3}}{R_1} \\[2mm] i_2 = \dfrac{u_{n1} - u_{n3}}{R_2} \\[2mm] i_3 = \dfrac{u_{n1} - u_{n2}}{R_3} \\[2mm] i_4 = \dfrac{u_{n3}}{R_4} \\[2mm] i_5 = \dfrac{u_{n2}}{R_5} \end{array}\right\} \tag{3-6}$$

将(3-6)式代入(3-5)式，移项整理后得到

$$\left.\begin{array}{l}\left(\dfrac{1}{R_1}+\dfrac{1}{R_2}+\dfrac{1}{R_3}\right)u_{n1}-\left(\dfrac{1}{R_3}\right)u_{n2}-\left(\dfrac{1}{R_1}+\dfrac{1}{R_2}\right)u_{n3}=i_{s1}-i_{s3}\\[2mm] -\left(\dfrac{1}{R_3}\right)u_{n1}+\left(\dfrac{1}{R_3}+\dfrac{1}{R_5}\right)u_{n2}=-i_{s2}+i_{s3}\\[2mm] -\left(\dfrac{1}{R_1}+\dfrac{1}{R_2}\right)u_{n1}+\left(\dfrac{1}{R_1}+\dfrac{1}{R_2}+\dfrac{1}{R_4}\right)u_{n3}=-i_{s1}\end{array}\right\} \qquad (3-7)$$

上式左边仍是各节点所连接的电阻支路电流代数和，只是已将各电阻电流表示为节点电压的函数。

(3-7)式便是依据节点 KCL 方程和元件特性建立的以节点电压为变量的独立方程组，将其简称为节点方程。观察(3-7)式，可发现节点方程中各项系数是有规律的，为便于叙述，将其写成一般形式

$$\left.\begin{array}{l}G_{11}u_{n1}+G_{12}u_{n2}+G_{13}u_{n3}=i_{s11}\\[1mm] G_{21}u_{n1}+G_{22}u_{n2}+G_{23}u_{n3}=i_{s22}\\[1mm] G_{31}u_{n1}+G_{32}u_{n2}+G_{33}u_{n3}=i_{s33}\end{array}\right\} \qquad (3-8)$$

上式左边主对角线上各项的系数 G_{11}、G_{22}、G_{33} 分别称为节点①、节点②和节点③的自电导，其值分别是与各节点连接的电阻(电导)支路的电导之和，即

$$G_{11}=\dfrac{1}{R_1}+\dfrac{1}{R_2}+\dfrac{1}{R_3}, \quad G_{22}=\dfrac{1}{R_3}+\dfrac{1}{R_5}, \quad G_{33}=\dfrac{1}{R_1}+\dfrac{1}{R_2}+\dfrac{1}{R_4}$$

(3-8)式左边非主对角线上各项的系数具有对称性，称为两个节点的互电导(如 $G_{13}=G_{31}$，称为节点①和节点③的互电导)，其值为连接对应两节点的公共电阻(电导)支路的电导之和的负值。(3-8)式中各互电导为

$$G_{13}=G_{31}=-\left(\dfrac{1}{R_1}+\dfrac{1}{R_2}\right), \quad G_{12}=G_{21}=-\left(\dfrac{1}{R_3}\right), \quad G_{23}=G_{32}=0$$

之所以有 $G_{23}=G_{32}=0$，是因为该电路中节点②和节点③之间没有公共的电阻支路。(3-7)式的右端项在(3-8)式中表示为 $i_{skk}(k=1,2,3)$，i_{skk} 等于与第 k 个节点相连接的各电流源电流的代数和，流入该节点的取正号，反之取负号。

(3-8)式表明：若电路中只包含电阻和电流源支路，则对节点 k，从电阻支路流出该节点的电流之代数和等于从电流源支路流入该节点的电流之代数和。电阻支路流出节点 k 的电流与本节点的电压 u_{nk} 以及各相邻节点的电压有关，且这两者的作用相反。本节点电压 u_{nk} 越高，相邻节点电压越低，从电阻支路流出节点 k 的电流就越大。反映在节点方程中是：自电导为正，互电导为负。

上述规律同样适用于具有 n 个节点的电路。利用这一规律可直接由电路列写节点方程的最终形式，省去一系列的中间过程。

例 3-2　电路如图 3-9 所示，已知 $R_1=R_3=10\ \Omega$，$R_2=R_5=5\ \Omega$，$R_4=R_6=2\ \Omega$，$i_{s1}=1\ \text{A}$，$i_{s2}=2\ \text{A}$，$i_{s3}=-0.5\ \text{A}$，求 i_4 及 i_5。

解　选定节点①、②为独立节点，节点③为参考节点，直接列出节点方程为

$$\left.\begin{array}{l}\left(\dfrac{1}{R_1}+\dfrac{1}{R_2}+\dfrac{1}{R_3}+\dfrac{1}{R_4}\right)u_{n1}-\left(\dfrac{1}{R_3}+\dfrac{1}{R_4}\right)u_{n2}=i_{s1}+i_{s3}\\[3mm] -\left(\dfrac{1}{R_3}+\dfrac{1}{R_4}\right)u_{n1}+\left(\dfrac{1}{R_3}+\dfrac{1}{R_4}+\dfrac{1}{R_5}+\dfrac{1}{R_6}\right)u_{n2}=i_{s2}-i_{s3}\end{array}\right\}$$

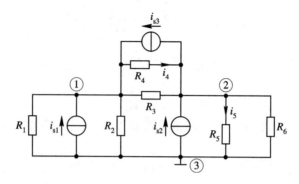

图 3-9　例 3-2 题图

代入已知数据，有

$$\left.\begin{array}{r} 0.9u_{n1} - 0.6u_{n2} = 0.5 \\ -0.6u_{n1} + 1.3u_{n2} = 2.5 \end{array}\right\}$$

解得，$u_{n1} = 2.65$ V，$u_{n2} = 3.15$ V，进一步求得

$$i_4 = \frac{u_{n1} - u_{n2}}{R_4} = \frac{2.65 - 3.15}{2} = -0.25 \text{ A}$$

$$i_5 = \frac{u_{n2}}{R_5} = \frac{3.15}{5} = 0.63 \text{ A}$$

3.3.2　含电压源电路的节点方程

当电路中包含有伴电压源支路时，可将该支路等效转换为有伴电流源支路，再列节点方程。当电路中含无伴电压源支路时，该支路不能转换为电流源，分两种情况处理：

（1）无伴电压源支路一端接在参考节点上。在这种情况下，与无伴电压源另一端相连的独立节点的电压由该电压源直接确定，该节点的方程可省略。列出其余独立节点的方程，求解即可。

（2）无伴电压源支路两端均接在非参考节点上。在这种情况下，列该电压源所在节点的方程时，该电压源的支路电流作为未知量保留在方程中。这样，独立方程数少于未知变量数。考虑到无伴电压源两端节点电压之差等于该电压源的给定电压，将此已知条件作为辅助方程列出，与节点方程联立求解即可。

例 3-3　电路如图 3-10 所示，求 i_1、i_2、i_3、i_4 及 i_5。

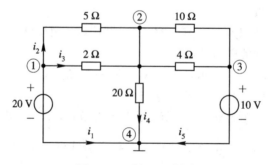

图 3-10　例 3-3 题图

解　选择节点④为参考节点。由于两个无伴电压源都有一端接在参考节点上，节点

①、③的节点电压已确定，即 $u_{n1} = 20$ V，$u_{n3} = 10$ V，因此只需列节点②的方程：

$$\left(\frac{1}{5} + \frac{1}{2} + \frac{1}{20} + \frac{1}{4} + \frac{1}{10}\right)u_{n2} - \left(\frac{1}{5} + \frac{1}{2}\right)u_{n1} - \left(\frac{1}{4} + \frac{1}{10}\right)u_{n3} = 0$$

将 u_{n1} 和 u_{n3} 代入，可得

$$u_{n2} = 15.91 \text{ V}$$

根据欧姆定律得

$$i_2 = \frac{u_{n1} - u_{n2}}{5} = \frac{20 - 15.91}{5} = 0.82 \text{ A}$$

$$i_3 = \frac{u_{n1} - u_{n2}}{2} = \frac{20 - 15.91}{2} = 2.05 \text{ A}$$

$$i_4 = \frac{u_{n2}}{20} = \frac{15.91}{20} = 0.80 \text{ A}$$

由基尔霍夫电流定律可得电压源的电流为

$$i_1 = -i_2 - i_3 = -2.87 \text{ A}$$
$$i_5 = -i_1 - i_4 = 2.07 \text{ A}$$

例 3 - 4 电路如图 3 - 11(a)所示，求 i_1 及 i_2。

解 首先将 10 V 电压源与 10 Ω 电阻的串联支路等效变换为电流源和电阻的并联支路，变换后的电路如图 3 - 11(b)所示。选定节点④为参考节点，此时节点①的电压已知，即

$$u_{n1} = 6 \text{ V}$$

现在只需对节点②、③列出方程即可。设 4 V 电压源的电流为 i_x，参考方向如图 3 - 11(b)所示。列节点 KCL 方程时，电阻的电流表示为节点电压的函数，仍按前述方法直接写出。电压源的电流作为未知量保留在方程中，注意方程左边是以流出节点的电流参考方向取正号的。可列出节点方程及辅助方程分别如下：

节点 ②　　　$-\left(\frac{1}{5}\right)u_{n1} + \left(\frac{1}{5} + \frac{1}{2}\right)u_{n2} + i_x = 0$

节点 ③　　　$-\left(\frac{1}{4}\right)u_{n1} + \left(\frac{1}{4} + \frac{1}{10}\right)u_{n3} - i_x = 1$

辅助方程　　$u_{n2} - u_{n3} = 4$

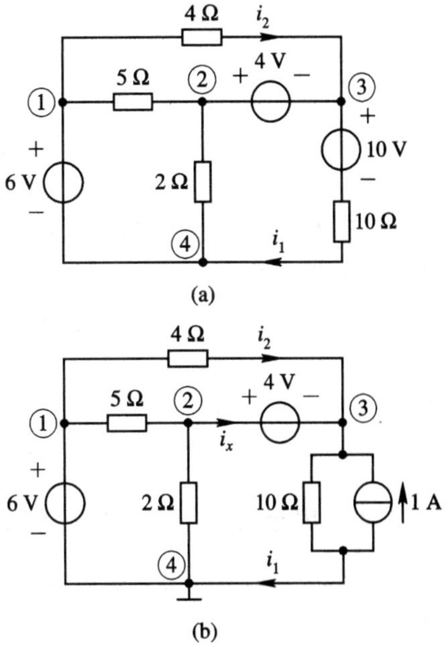

代入 u_{n1}，解得

$$u_{n2} = 4.8571 \text{ V}, \quad u_{n3} = 0.8571 \text{ V}$$

进一步计算得

$$i_1 = \frac{u_{n3} - 10}{10} = -0.9143 \text{ A}$$

$$i_2 = \frac{u_{n1} - u_{n3}}{4} = 1.2857 \text{ A}$$

图 3 - 11　例 3 - 4 题图及其等效变换

3.3.3 含受控源电路的节点方程

若电路中包含有受控电流源（电压源），则在列节点方程时将其作为独立电流源（电压源）一样处理。由于受控源的控制变量的引入，可能会使节点方程中未知量增多，此时，可增加辅助方程，将受控源的控制量表示为节点电压的函数。

例 3 – 5 电路如图 3 – 12 所示，已知 $R_1 = R_2 = R_3 = 10\ \Omega$，$i_s = 3.5\ \text{A}$，$\mu = 4$，$\alpha = 2$。以节点③为参考节点，求节点电压 u_{n1} 和 u_{n2}。

解 由于节点②与参考节点间有单独的受控电压源支路，因此有

$$u_{n2} = \mu u_2 \qquad (3 - 9)$$

现在只需列出节点①的方程：

$$\left(\frac{1}{R_1} + \frac{1}{R_2}\right)u_{n1} - \left(\frac{1}{R_2}\right)u_{n2} = i_s - \alpha i_3 \quad (3 - 10)$$

可见，(3 – 9)和(3 – 10)两个方程中含有受控源的控制量。列出以下辅助方程将控制量表示为节点电压的函数：

$$\left.\begin{array}{l} u_2 = u_{n1} - u_{n2} \\ i_3 = \dfrac{u_{n2}}{R_3} \end{array}\right\} \qquad (3 - 11)$$

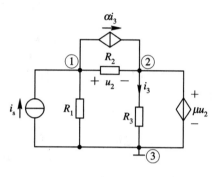

图 3 – 12 例 3 – 5 题图

将(3 – 11)式代入(3 – 9)和(3 – 10)两个方程中，消去 i_3 和 u_2，整理后可得

$$\left.\begin{array}{l} \mu u_{n1} - (\mu + 1)u_{n2} = 0 \\ \left(\dfrac{1}{R_1} + \dfrac{1}{R_2}\right)u_{n1} + \left(\dfrac{\alpha}{R_3} - \dfrac{1}{R_2}\right)u_{n2} = i_s \end{array}\right\}$$

代入已知数据，得

$$\left.\begin{array}{l} 4u_{n1} - 5u_{n2} = 0 \\ 0.2u_{n1} + 0.1u_{n2} = 3.5 \end{array}\right\}$$

解得节点电压为

$$u_{n1} = 12.5\ \text{V}, \quad u_{n2} = 10\ \text{V}$$

*3.3.4 用节点法分析含理想运放的电路

对较复杂的含理想运放的电路，可采用节点分析法求解。列节点方程时应注意以下几点：

(1) 理想运放的两个输入端电流为零（虚断路）；

(2) 理想运放的输出端相当于一个受控电压源，输出端所在节点的方程不要列出，以免引入未知的电流变量；

(3) 方程数目不够时，可利用理想运放的虚短路特点补充一个辅助方程。

例 3 – 6 电路如图 3 – 13 所示，求输出电压 u_o 与输入电压 u_1 及 u_2 的关系式。

解 设输入电压 u_1 及 u_2 为已知。电路中有 3 个未知的节点电压变量 u_{n1}、u_{n2} 及 u_o，省掉输出端的节点方程，只对节点①和节点②列出方程：

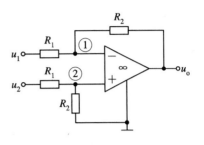

节点①　　$\left(\dfrac{1}{R_1} + \dfrac{1}{R_2}\right)u_{n1} - \left(\dfrac{1}{R_2}\right)u_o = \dfrac{u_1}{R_1}$

节点②　　$\left(\dfrac{1}{R_1} + \dfrac{1}{R_2}\right)u_{n2} = \dfrac{u_2}{R_1}$

补充一个辅助方程

$$u_{n1} = u_{n2}$$

用节点②方程减去节点①方程,并将辅助方程代入,求得

图 3-13　例 3-6 题图

$$u_o = \frac{R_2}{R_1}(u_2 - u_1)$$

可见,这是一个减法器电路。

3.4　网孔分析法和回路分析法

前面介绍的节点分析法用节点电压代替支路电压建立方程,从而可减少联立方程的个数。本节要介绍的网孔分析法和回路分析法则是用网孔电流和回路电流代替支路电流建立方程,目的也是减少联立方程的个数。

3.4.1　网孔电流和网孔方程

一个含有 b 条支路和 n 个节点的平面电路有 $l = b - (n-1)$ 个网孔。假设每个网孔分别有一个环行电流流动,将这种沿网孔流动的假想电流称为网孔电流。各支路电流等于流经该支路的网孔电流的代数和。网孔电流与支路电流参考方向一致的取正号,否则取负号。例如图 3-14 电路中,若 3 个网孔电流分别用 i_{m1}、i_{m2} 和 i_{m3} 表示,则根据图中标出的各网孔电流和各支路电流的参考方向,有

$$i_1 = i_{m1}, \quad i_2 = i_{m1} - i_{m2}, \quad i_3 = i_{m2}, \quad i_4 = i_{m2} + i_{m3}, \quad i_5 = i_{m3}$$

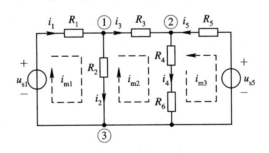

图 3-14　网孔电流示例

支路电流可用网孔电流表示,故可将网孔电流代替支路电流作为未知变量建立方程,求解电路。由于一般电路中,网孔数远少于支路数,因此以网孔电流为未知量所需的方程将远少于支路法所需的方程。求出各网孔电流后,可方便地进一步算出支路电流、支路电压及功率等。

为了求出 l 个网孔电流,必须列出 l 个以网孔电流为变量的独立方程。由于网孔电流是满足电流连续性的一组电流变量,当某网孔电流流经某节点时,它流入又流出该节点,

因此网孔电流变量自动满足基尔霍夫电流定律。将支路电流用网孔电流表示之后，各节点的 KCL 方程将成为恒等式。因此，在建立网孔电流方程时，所依据的约束条件只能是 KVL 和支路伏安特性。

若电路中只有电阻和电压源两种元件，则网孔电流方程的建立比较简单。对 l 个网孔分别列写 KVL 方程，将方程中电阻的电压表示为网孔电流的函数即可。以图 3-14 电路为例。首先，选定网孔电流的参考方向如图中虚线所示，并以网孔电流的参考方向作为回路的绕行方向。列网孔的 KVL 方程时，将电阻的电压与电压源的电压分列方程两边。在左边，元件电压降与回路绕行方向一致时取正号；在右边，元件电位升与回路绕行方向一致时取正号。列出电路中各网孔的 KVL 方程为

$$\left.\begin{aligned}
R_1 i_{m1} + R_2(i_{m1} - i_{m2}) &= u_{s1} \\
-R_2(i_{m1} - i_{m2}) + R_3 i_{m2} + (R_4 + R_6)(i_{m2} + i_{m3}) &= 0 \\
(R_4 + R_6)(i_{m2} + i_{m3}) + R_5 i_{m3} &= u_{s5}
\end{aligned}\right\} \quad (3-12)$$

整理后得

$$\left.\begin{aligned}
(R_1 + R_2)i_{m1} - R_2 i_{m2} &= u_{s1} \\
-R_2 i_{m1} + (R_2 + R_3 + R_4 + R_6)i_{m2} + (R_4 + R_6)i_{m3} &= 0 \\
(R_4 + R_6)i_{m2} + (R_4 + R_5 + R_6)i_{m3} &= u_{s5}
\end{aligned}\right\} \quad (3-13)$$

(3-13)式便是依据网孔 KVL 方程和元件特性建立的以网孔电流为变量的独立方程组，将其简称为网孔方程。观察(3-13)式，可发现网孔方程中各项系数是有规律的，为便于叙述，将其写成一般形式：

$$\left.\begin{aligned}
R_{11} i_{m1} + R_{12} i_{m2} + R_{13} i_{m3} &= u_{s11} \\
R_{21} i_{m1} + R_{22} i_{m2} + R_{23} i_{m3} &= u_{s22} \\
R_{31} i_{m1} + R_{32} i_{m2} + R_{33} i_{m3} &= u_{s33}
\end{aligned}\right\} \quad (3-14)$$

(3-14)式左边主对角线上各项的系数 R_{11}、R_{22}、R_{33} 分别称为网孔 1、网孔 2 和网孔 3 的自电阻，其值分别是各网孔所有电阻之和，即

$$R_{11} = R_1 + R_2, \quad R_{22} = R_2 + R_3 + R_4 + R_6, \quad R_{33} = R_4 + R_5 + R_6$$

(3-14)式左边非主对角线上各项的系数具有对称性，称为两个网孔的互电阻(例如，$R_{12} = R_{21}$ 称为网孔 1 和网孔 2 的互电阻)。互电阻的绝对值为两个网孔间公共电阻之和。若两个网孔电流通过公共电阻时参考方向一致，则互电阻取正号；否则，互电阻取负号。(3-14)式中，各互电阻为

$$R_{12} = R_{21} = -R_2, \quad R_{23} = R_{32} = R_4 + R_6, \quad R_{13} = R_{31} = 0$$

之所以有 $R_{13} = R_{31} = 0$，是因为该电路中第 1 和第 3 两个网孔没有公共的电阻支路。(3-13)式的右端项在(3-14)式中表示为 $u_{skk}(k=1, 2, 3)$，u_{skk} 等于第 k 个网孔中各电压源电位升的代数和。

(3-14)式表明：若电路中只包含电阻和电压源支路，对网孔 k 的方程而言，沿网孔绕行方向，网孔中所有电阻的电压降之代数和等于该网孔中所有电压源的电位升之代数和。电阻的电压降由该网孔本身的电流 i_{mk} 及所有相邻网孔电流共同作用所产生。本网孔电流 i_{mk} 在网孔 k 所有电阻支路上产生与网孔绕行方向一致的电压降，因此该方程中，i_{mk} 的系数(网孔 k 的自电阻 R_{kk})等于网孔 k 所有电阻之和，且取正号。某一相邻网孔 j 的电流 i_{mj} 在

k、j 网孔所有公共电阻上产生电压降，因此 k、j 网孔互电阻 R_{kj} 的绝对值等于该两网孔所有公共电阻之和。若 i_{mj} 和 i_{mk} 通过公共电阻时参考方向一致，则说明两个电流在公共电阻上产生电压降的参考方向一致，互电阻 R_{kj} 应取正号，否则取负号。如上例中，R_{23} 取正号，而 R_{12} 取负号。

上述规律同样适用于具有任意多个网孔的电路，利用它可由电路直接列写网孔方程。

例 3 - 7　电路如图 3 - 15 所示，已知 $R_1 = R_4 = 20\ \Omega$，$R_2 = R_3 = R_6 = 10\ \Omega$，$u_{s1} = u_{s6} = 20\ \mathrm{V}$，$u_{s5} = 30\ \mathrm{V}$，$u_{s4} = -10\ \mathrm{V}$，求 i_4 及 i_5。

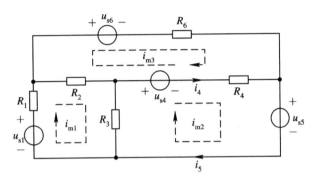

图 3 - 15　例 3 - 7 题图

解　选定 3 个网孔电流的参考方向均为顺时针方向，直接列出网孔方程为

$$\left.\begin{array}{l}(R_1 + R_2 + R_3)i_{m1} - R_3 i_{m2} - R_2 i_{m3} = u_{s1} \\ -R_3 i_{m1} + (R_3 + R_4)i_{m2} - R_4 i_{m3} = -u_{s4} - u_{s5} \\ -R_2 i_{m1} - R_4 i_{m2} + (R_2 + R_4 + R_6)i_{m3} = u_{s4} - u_{s6}\end{array}\right\}$$

代入已知数据，得

$$\left.\begin{array}{l}40 i_{m1} - 10 i_{m2} - 10 i_{m3} = 20 \\ -10 i_{m1} + 30 i_{m2} - 20 i_{m3} = -20 \\ -10 i_{m1} - 20 i_{m2} + 40 i_{m3} = -30\end{array}\right\}$$

解得

$$i_{m1} = -0.5238\ \mathrm{A}, \quad i_{m2} = -2.1429\ \mathrm{A}, \quad i_{m3} = -1.9524\ \mathrm{A}$$

进一步求得

$$i_4 = i_{m2} - i_{m3} = -0.1905\ \mathrm{A}$$
$$i_5 = i_{m2} = -2.1429\ \mathrm{A}$$

由上例可见，当各网孔电流参考方向都取顺（逆）时针方向时，所有互电阻均取负号。

3.4.2　含电流源电路的网孔方程

若电路中包含有伴电流源，可将其等效变换为有伴电压源，再列网孔方程。若电路中包含无伴电流源支路，则该支路不能转换为电压源，可分两种情况处理：

(1) 若无伴电流源支路仅属一个网孔，则该网孔电流可由该电流源直接确定，该网孔方程可省略。列出其余网孔方程，求解即可。

(2) 若无伴电流源支路属两个网孔，则列写该电流源所在两个网孔的 KVL 方程时，应把电流源的电压作为未知量保留在方程中。这样，独立方程数少于未知变量数。考虑到该电流源支路的电流是已知的,将这一已知条件作为辅助方程列出,与网孔方程联立求解即可。

例 3 - 8 电路如图 3 - 16 所示,求 i_1。

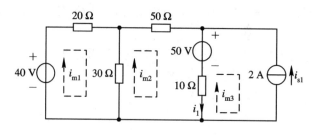

图 3 - 16 例 3 - 8 题图

解 选定 3 个网孔的电流参考方向如图中虚线所示,由于电流源 i_{s1} 仅属于第 3 个网孔,且其电流参考方向与 i_{m3} 的参考方向相反,故有 $i_{m3} = -i_{s1} = -2$ A。此时仅需列出网孔 1、2 的方程:

$$
\left.
\begin{array}{l}
50i_{m1} - 30i_{m2} = 40 \\
-30i_{m1} + 90i_{m2} - 10i_{m3} = -50
\end{array}
\right\}
$$

代入已知的网孔电流 i_{m3},解得

$$
i_{m1} = 0.4167 \text{ A}, \quad i_{m2} = -0.6389 \text{ A}
$$

所求支路电流为

$$
i_1 = i_{m2} - i_{m3} = 1.3611 \text{ A}
$$

例 3 - 9 图 3 - 17(a)所示电路中,已知 $R_2 = R_5 = 1 \ \Omega$,$R_1 = R_3 = R_6 = 2 \ \Omega$,$R_4 = 3 \ \Omega$,$i_{s1} = 3$ A,$i_{s2} = 7$ A,求 u_3 及 u_4。

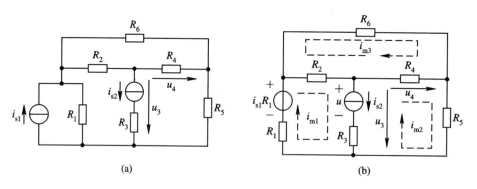

(a)   (b)

图 3 - 17 例 3 - 9 题图及其等效变换

解 首先将 i_{s1} 与 R_1 的并联结构等效变换为电压源和电阻的串联支路,转换后的电路如图 3 - 17(b)所示。设 i_{s2} 的电压为 u,参考方向如图所示。列网孔 KVL 方程时,将电阻和电流源支路的未知电压写在方程左边,其中电阻的电压按前述方法直接表示为网孔电流的函数。可列出网孔方程为

$$
\left.
\begin{array}{l}
(R_1 + R_2 + R_3)i_{m1} - R_3 i_{m2} - R_2 i_{m3} + u = i_{s1}R_1 \\
-R_3 i_{m1} + (R_3 + R_4 + R_5)i_{m2} - R_4 i_{m3} - u = 0 \\
-R_2 i_{m1} - R_4 i_{m2} + (R_2 + R_4 + R_6)i_{m3} = 0
\end{array}
\right\}
$$

辅助方程为

$$
i_{m1} - i_{m2} = i_{s2}
$$

代入已知数据，得

$$5i_{m1} - 2i_{m2} - i_{m3} + u = 6$$
$$-2i_{m1} + 6i_{m2} - 3i_{m3} - u = 0$$
$$-i_{m1} - 3i_{m2} + 6i_{m3} = 0$$
$$i_{m1} - i_{m2} = 7$$

解得

$$i_{m1} = 4.6154 \text{ A}, \quad i_{m2} = -2.3846 \text{ A}$$
$$i_{m3} = -0.4231 \text{ A}, \quad u = -22.2692 \text{ V}$$

所求支路电压为

$$u_3 = u + i_{s2}R_3 = -8.2692 \text{ V}$$
$$u_4 = (i_{m2} - i_{m3})R_4 = -5.8845 \text{ V}$$

3.4.3　含受控源电路的网孔方程

若电路中包含有受控电压源(电流源)，则在列网孔方程时将其作为独立电压源(电流源)一样处理。由于受控源控制量的引入，会使网孔方程中未知量增多，因此要增加辅助方程，一般将受控源的控制量表示为网孔电流的函数。

例 3 - 10　电路如图 3 - 18 所示，已知 $R_1 = R_2 = R_3 = 10 \text{ }\Omega$，$u_s = 20 \text{ V}$，$r = 5 \text{ }\Omega$，$g = 0.2 \text{ S}$，求电压 u。

解　两个网孔电流参考方向如图 3 - 18 中所示，由于受控电流源仅属于网孔 1，故有

$$i_{m1} = -gu_2 \qquad (3-15)$$

现仅需列出网孔 2 的方程：

$$-R_2 i_{m1} + (R_2 + R_3) i_{m2} = -ri_2 + u_s$$
$$(3-16)$$

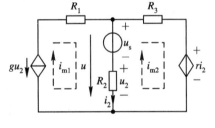

将受控源的控制量表示为网孔电流的函数，列出辅助方程：

$$\left. \begin{array}{l} i_2 = i_{m1} - i_{m2} \\ u_2 = (i_{m1} - i_{m2})R_2 \end{array} \right\} \qquad (3-17)$$

图 3 - 18　例 3 - 10 题图

将(3 - 17)式代入(3 - 15)和(3 - 16)两个方程中，消去 i_2 和 u_2，整理后可得

$$\left. \begin{array}{l} (1 + gR_2)i_{m1} - gR_2 i_{m2} = 0 \\ (r - R_2)i_{m1} + (R_2 + R_3 - r)i_{m2} = u_s \end{array} \right\}$$

代入数据，得

$$\left. \begin{array}{l} 3i_{m1} - 2i_{m2} = 0 \\ -5i_{m1} + 15i_{m2} = 20 \end{array} \right\}$$

解得　　　　　　　　$i_{m1} = 1.1429 \text{ A}, \quad i_{m2} = 1.7143 \text{ A}$

所求支路电压为

$$u = u_s + (i_{m1} - i_{m2})R_2 = 14.286 \text{ V}$$

*3.4.4　回路分析法

对于有 b 条支路 n 个节点的电路，可在电路中选择 $l = b - n + 1$ 个独立回路。假定每个

独立回路有一个回路电流，可以证明，任一支路电流等于流经该支路的所有独立回路电流的代数和。用回路电流代替支路电流建立方程求解电路的方法称为回路分析法。平面电路中，网孔是一组独立回路，因此网孔分析法是回路分析法的特例。回路分析法既可用于平面电路，也可用于非平面电路。

建立回路方程的原理、方法及解题步骤与网孔分析法相同。但有几点值得注意：

（1）选定的 l 个回路应是一组独立回路；

（2）由于任意选定的独立回路不如网孔直观，因此回路间的公共电阻应仔细观察，不能遗漏；

（3）某一支路可能属于好几个独立回路，求该支路电流时，应将所有流经该支路的独立回路电流代数求和，不能遗漏。

例如，对于图 3-19 所示电路，该电路有 6 条支路和4 个节点，因此应有 3 个独立回路。选定 3 个回路如图中虚线所示，由于 R_1、R_2 和 R_3 支路分别仅属于回路 1、2和 3，因此这 3 个回路是一组独立回路。将 3 个回路的电流分别用 i_{l1}、i_{l2} 及 i_{l3} 表示，取回路电流的参考方向与回路绕行方向一致。由于 R_4 和 R_5 是回路 1 和回路 2 的公共电阻，且 i_{l1}、i_{l2} 流过公共电阻时参考方向相同，因此回路 1、2 的互电阻为 $R_{12}=R_{21}=R_4+R_5$。回路 1 与回路 3 的公共电阻有 R_5 和 R_6，且 i_{l1}、i_{l3} 流过公共电阻时参考方向相反，故有互电阻 $R_{13}=R_{31}=-(R_5+R_6)$。同样可得到回路

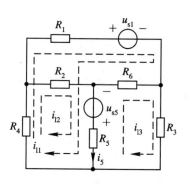

图 3-19 回路分析法示例

2、3 的互电阻为 $R_{23}=R_{32}=-R_5$。直接写出该电路的回路方程为

$$(R_1+R_6+R_5+R_4)i_{l1}+(R_5+R_4)i_{l2}-(R_6+R_5)i_{l3}=u_{s5}-u_{s1}$$
$$(R_5+R_4)i_{l1}+(R_2+R_5+R_4)i_{l2}-R_5 i_{l3}=u_{s5}$$
$$-(R_6+R_5)i_{l1}-R_5 i_{l2}+(R_6+R_3+R_5)i_{l3}=-u_{s5}$$

求出各回路电流之后，可进一步计算各支路电流和电压等。例如，要计算 R_5 的电流 i_5，由于 i_{l1}、i_{l2} 及 i_{l3} 均流经 R_5，根据 i_5 及各回路电流参考方向，有 $i_5=i_{l1}+i_{l2}-i_{l3}$。

若电路中包含电流源，选择独立回路时应尽量让电流源仅属于一个回路，这样电流源所在回路的回路电流就由电流源的已知电流确定，可省掉该回路方程，使电路求解更简便。

例 3-11 电路如图 3-20 所示，已知 $R_1=5\ \Omega$，$R_2=10\ \Omega$，$R_3=15\ \Omega$，$i_s=6\ A$，$\alpha=0.4$，求 R_3 的电流 i_1。

解 选定 3 个独立回路，如图中虚线所示，虚线的箭头方向为回路电流的参考方向。由于独立电流源及受控电流源分别仅属于回路 2 和回路 3，因此可直接写出：

$$i_{l2}=i_s \qquad\qquad (3-18)$$
$$i_{l3}=\alpha i_1=\alpha i_{l1} \qquad (3-19)$$

现在只需对回路 1 列出方程，有

$$(R_1+R_2+R_3)i_{l1}-R_2 i_{l2}+R_1 i_{l3}=0 \quad (3-20)$$

将(3-18)式、(3-19)式代入(3-20)式，得

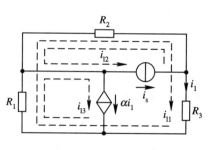

图 3-20 例 3-11 题图

$$(R_1 + R_2 + R_3 + \alpha R_1)i_{l1} = R_2 i_s$$

代入已知数据，解得

$$i_{l1} = 1.875 \text{ A}$$

所求 R_3 的电流为

$$i_1 = i_{l1} = 1.875 \text{ A}$$

　　本章介绍的是通过建立电路方程对电路进行求解的分析方法。根据建立方程时所采用变量的不同，可分为支路分析法、节点分析法、网孔分析法和回路分析法。其中，网孔分析法只能用于平面电路，其他方法可用于平面及非平面电路。在这些方法中，支路分析法最为直接，但方程数较多，适合于较简单电路的分析。节点分析法及回路（网孔）分析法比之支路分析法都能减少联立方程数，应用较广。这两种方法的选择应视具体电路而定，以能建立较简的方程为较佳的选择。若电路中独立节点数少于独立回路数，则一般选用节点法，反之则选回路（网孔）法较好。两者相同时，可考虑最终要求的变量是电流还是电压，若所求为支路电流，则一般选用回路（网孔）法较方便。此外，电路中含理想电流源和理想电压源的情况对方程的繁简影响较大，也是选择节点法或是回路（网孔）法要考虑的因素之一。

　　上一章介绍的等效变换和本章介绍的一般分析法是分析电路的两大类方法，前者较多地用于简单的、小型的电路；后者多用于复杂的、大型的电路，且特别适合于计算机编程求解。当然，这两种方法可混合使用。通常可将电路某些部分作适当变换，使电路简化，然后再用一般分析法列方程求解。

习　　题

　　3-1　用支路分析法求习题 3-1 图所示电路中的电流 i_R。

　　3-2　用支路分析法求习题 3-2 图所示电路中的电流 i。

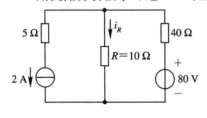

习题 3-1 图

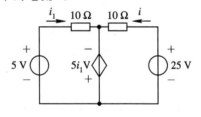

习题 3-2 图

　　3-3　用支路电流法计算习题 3-3 图所示电路中的支路电流 i_1、i_2 和 i_3。

　　3-4　用节点分析法求习题 3-4 图所示电路中的 u_1 和 u_2。

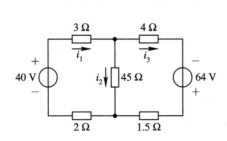

习题 3-3 图

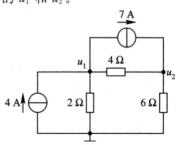

习题 3-4 图

3-5 用节点分析法求习题 3-5 图所示电路中的 i_1 和 i_2。

3-6 用节点分析法求习题 3-6 图所示电路中的 u_1、u_2 和 u_3。

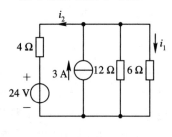

习题 3-5 图

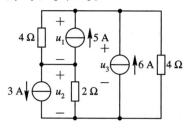

习题 3-6 图

3-7 习题 3-7 图所示电路中，假设元件 x 是一个上端为正极的 4 V 独立电压源，试用节点分析法求电压 u。

3-8 在习题 3-7 图中，假设元件 x 是一个上端为正极等于 $5i$ 的受控电压源，求 u。

3-9 用节点分析法求习题 3-9 图所示电路中的 i。

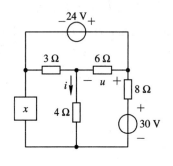

习题 3-7 图

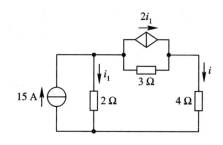

习题 3-9 图

3-10 用节点分析法求习题 3-10 图所示电路中的 u 和 i。

3-11 用节点分析法求习题 3-11 图所示电路中的 u_o。

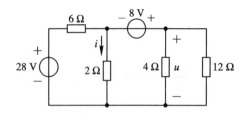

习题 3-10 图

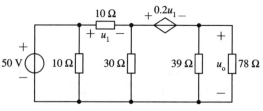

习题 3-11 图

3-12 电路如习题 3-12 图所示：

(1) 用节点分析法求独立源产生的功率；

(2) 通过计算其他元件吸收的总功率检验(1)中的结果。

3-13 用节点分析法计算习题 3-13 图所示电路中的 u_o 值。

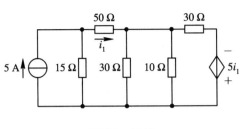

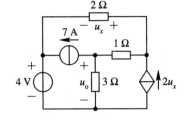

习题 3-12 图　　　　　　　　　　习题 3-13 图

3-14　用网孔分析法或回路分析法求习题 3-14 图所示电路中的 i_g。

3-15　用网孔分析法或回路分析法求习题 3-15 图所示电路中 4 Ω 电阻消耗的功率。

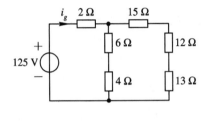

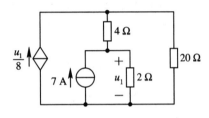

习题 3-14 图　　　　　　　　　　习题 3-15 图

3-16　用网孔分析法或回路分析法求习题 3-16 图中电流 i_R。

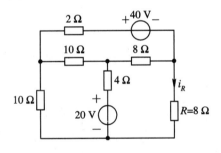

习题 3-16 图

3-17　习题 3-17 图所示电路,用网孔分析法求 $R=4\ \Omega$ 或 $R=12\ \Omega$ 两种情况下的 i_1 和 u。

3-18　用网孔分析法求习题 3-18 图所示电路中产生功率的元件,并求所产生的总功率。

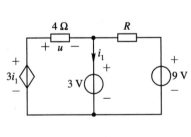

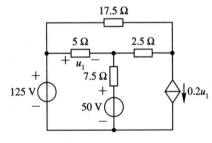

习题 3-17 图　　　　　　　　　　习题 3-18 图

3-19　用网孔分析法求习题 3-19 图所示电路中受控电压源产生的功率。

3-20　电路如习题 3-20 图所示,用网孔分析法求出 2 Ω 电阻消耗的功率。

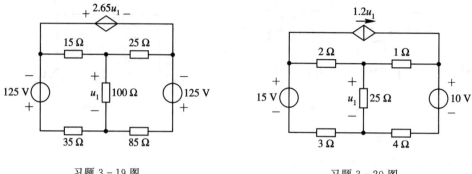

习题 3 - 19 图   习题 3 - 20 图

3 - 21 用回路分析法求习题 3 - 21 图电路中的 u。

3 - 22 电路如习题 3 - 22 图所示，用尽量少方程的分析法（回路法或节点法）求 u。

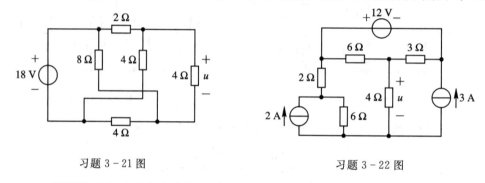

习题 3 - 21 图   习题 3 - 22 图

3 - 23 用网孔分析法或节点分析法求习题 3 - 23 图所示两个电路中的 i。

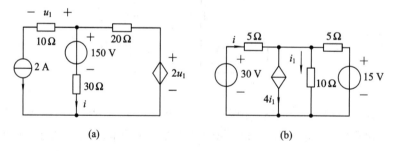

(a)   (b)

习题 3 - 23 图

3 - 24 计算习题 3 - 24 图所示电路中 20 V 电压源产生的功率。

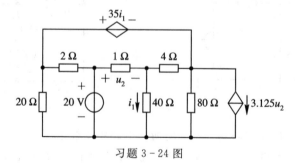

习题 3 - 24 图

第 4 章 电 路 定 理

本章将介绍叠加定理、替代定理、戴维南定理、诺顿定理、特勒根定理及互易定理。这是几个重要的电路定理，在对电路进行分析、计算和理论探讨时，起着重要的作用。

4.1 叠 加 定 理

叠加定理的本质是线性方程的叠加性在线性电路中的具体体现。

如有方程
$$f(x) = y \tag{4-1}$$

设
$$f(x_1) = y_1, \quad f(x_2) = y_2$$

对任意常数 k，若
$$f(kx_1) = ky_1 \tag{4-2}$$

成立，则方程 (4-1) 具有齐次性。若
$$f(x_1 + x_2) = y_1 + y_2 \tag{4-3}$$

成立，则方程 (4-1) 具有叠加性。叠加性和齐次性是线性方程的基本特性。

由线性元件和独立源构成的电路称为线性电路，线性电路的数学模型是线性方程。因此，线性电路具有齐次性和可加性。下面以线性电阻电路为例，介绍线性电路的这一基本性质。

线性电阻电路由线性电阻、线性受控源、独立电压源和电流源（称为激励）构成。若以支路电流和电压为变量列方程求解电路，则要将 KCL 方程、KVL 方程及支路伏安特性方程联立求解。若电路有 b 条支路，则共可得到 $2b$ 个独立方程。由于 KCL 方程、KVL 方程及线性元件的支路伏安特性方程中均只含有各支路电流和电压的一次项，因此这 $2b$ 个方程是支路电流和电压的一次方程组，或称为线性方程组，其一般形式为

$$\left. \begin{array}{l} a_{11}x_1 + a_{12}x_2 + \cdots + a_{12b}x_{2b} = c_1 \\ a_{21}x_1 + a_{22}x_2 + \cdots + a_{22b}x_{2b} = c_2 \\ \vdots \\ a_{2b1}x_1 + a_{2b2}x_2 + \cdots + a_{2b2b}x_{2b} = c_{2b} \end{array} \right\} \tag{4-4}$$

上式中，未知量 x_1，x_2，$\cdots$，x_{2b} 为各支路电流和电压；右端项 c_1，c_2，$\cdots$，c_{2b} 中的非零项为独立电压源和独立电流源的给定函数；$a_{ij}(i=1, 2, \cdots, 2b, j=1, 2, \cdots, 2b)$ 为各项系数，为实常数。

若满足 (4-4) 式的解为 $x_1=X_1$，$x_2=X_2$，$\cdots$，$x_{2b}=X_{2b}$，则将电路中所有独立源同时乘以常数 k，各支路电流和电压的解将变为 $x_1=kX_1$，$x_2=kX_2$，$\cdots$，$x_{2b}=kX_{2b}$，这是因为将 (4-4) 式两边各项同乘以常数 k，方程仍成立。

线性电路的齐次性：若将线性电路中的所有激励同时乘以常数 k，则该电路中任一电

流或电压响应也将乘以常数 k。

若线性电阻电路中只有一个激励源 e_1，则任一电流或电压响应 x_o 仅是 e_1 的函数。由齐次性可知，若 e_1 增大 k 倍，x_o 也将增大 k 倍，因此 x_o 与 e_1 之间是正比函数关系，即

$$x_o = d_1 e_1 \tag{4-5}$$

上式中，d_1 为 x_o 与 e_1 之间的比例系数。

当电路在一组激励下，即 $(4-4)$ 式右端项为 $c_1', c_2', \cdots, c_{2b}'$ 时，解得各支路的电流和电压为 $x_1', x_2', \cdots, x_{2b}'$，即

$$\left. \begin{aligned} a_{11}x_1' + a_{12}x_2' + \cdots + a_{12b}x_{2b}' &= c_1' \\ a_{21}x_1' + a_{22}x_2' + \cdots + a_{22b}x_{2b}' &= c_2' \\ &\vdots \\ a_{2b1}x_1' + a_{2b2}x_2' + \cdots + a_{2b2b}x_{2b}' &= c_{2b}' \end{aligned} \right\} \tag{4-6}$$

当在另一组激励下，即 $(4-4)$ 式右端项为 $c_1'', c_2'', \cdots, c_{2b}''$ 时，解得各支路的电流和电压为 $x_1'', x_2'', \cdots, x_{2b}''$，即

$$\left. \begin{aligned} a_{11}x_1'' + a_{12}x_2'' + \cdots + a_{12b}x_{2b}'' &= c_1'' \\ a_{21}x_1'' + a_{22}x_2'' + \cdots + a_{22b}x_{2b}'' &= c_2'' \\ &\vdots \\ a_{2b1}x_1'' + a_{2b2}x_2'' + \cdots + a_{2b2b}x_{2b}'' &= c_{2b}'' \end{aligned} \right\} \tag{4-7}$$

此时将 $(4-6)$ 式和 $(4-7)$ 式中各方程对应相加，可得

$$\left. \begin{aligned} a_{11}(x_1' + x_1'') + a_{12}(x_2' + x_2'') + \cdots + a_{12b}(x_{2b}' + x_{2b}'') &= c_1' + c_1'' \\ a_{21}(x_1' + x_1'') + a_{22}(x_2' + x_2'') + \cdots + a_{22b}(x_{2b}' + x_{2b}'') &= c_2' + c_2'' \\ &\vdots \\ a_{2b1}(x_1' + x_1'') + a_{2b2}(x_2' + x_2'') + \cdots + a_{2b2b}(x_{2b}' + x_{2b}'') &= c_{2b}' + c_{2b}'' \end{aligned} \right\} \tag{4-8}$$

由上式可见，电路在这两组激励共同作用下的各支路电流和电压响应为 $x_1 = x_1' + x_1''$，$x_2 = x_2' + x_2''$，$\cdots$，$x_{2b} = x_{2b}' + x_{2b}''$，它们是两组激励分别作用时各响应的和。用数学归纳法可证明，任意多组激励共同作用时，上述结果也成立。

叠加定理：线性电路在多组激励共同作用下的任一电流或电压响应等于每组激励单独作用时该电流或电压响应的代数和。

叠加定理反映了线性电路的可加性质。特别地，若线性电路中有 l 个独立电源，设它们分别为 $e_1, e_2, \cdots, e_l$，考虑 l 组激励情况，每组激励中只有一个独立源单独作用，其他独立源为零，则由叠加定理可知，l 个独立源共同作用下，该电路中任一电流或电压响应 x_o 等于每一独立源单独作用时该响应的叠加。设第 m 个独立源单独作用时该响应为 x_o^m，则所有 l 个独立源共同作用时，该响应为

$$x_o = \sum_{m=1}^{l} x_o^m \tag{4-9}$$

上式是叠加定理的数学表达式。

对于线性电阻电路，由(4-5)式有

$$x_o^m = d_m e_m \quad (m = 1, 2, \cdots, l)$$

则(4-9)式可写做：

$$x_o = \sum_{m=1}^{l} x_o^m = \sum_{m=1}^{l} d_m e_m \tag{4-10}$$

其中，$d_m(m=1, 2, \cdots, l)$为实常数。

(4-10)式表明：线性电阻电路中任一电流或电压响应是所有独立源的线性函数，它综合反映了线性电阻电路的齐次性和可加性。

前面的讨论较抽象，下面用一具体例子说明线性电阻电路的齐次性和可加性。若用支路电流法对图 4-1 所示电路进行计算，列出节点①的 KCL 方程和两个网孔的 KVL 方程如下：

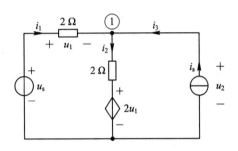

图 4-1 线性电路叠加性和齐次性示例

$$i_1 - i_2 + i_3 = 0$$
$$2i_1 + 2i_2 + 2u_1 = u_s$$
$$2i_2 + 2u_1 - u_2 = 0$$

考虑到 i_3 由电流源确定，受控源的控制量 u_1 可表示为电流的函数，有

$$i_3 = i_s$$
$$u_1 = 2i_1$$

以上 5 式构成线性方程组，联立求解可得该电路中各支路电流和电压为

$$i_1 = 0.125u_s - 0.25i_s$$
$$i_2 = 0.125u_s + 0.75i_s$$
$$i_3 = 0 \times u_s + i_s$$
$$u_2 = 0.75u_s + 0.5i_s$$

由此例结果可见，各支路电流和电压均是电路中两个独立电源的线性函数。各电流和电压都可看做由两个分量组成，其中一个分量由电压源 u_s 单独作用(i_s 为零)所产生；另一个分量则由电流源 i_s 单独作用(u_s 为零)所产生。两个电源共同作用的结果就是每个电源单独作用结果的叠加。若两个电源同时增大 K 倍，则各支路电流和电压也增大 K 倍。此例结果验证了线性电路的叠加性和齐次性。

如果一个线性电路有多个电源，较为复杂，而每个电源单独作用的电路又较简单，可考虑应用叠加定理计算该电路。但应用时要注意：

(1) 某一独立源单独作用时，其他独立源应为零，即其他独立电压源用一短路线代替，其他独立电流源用开路代替。其他元件(包括受控源)的参数及联接方式都不能改变。

(2) 叠加定理不适用于功率的计算，因为功率是电流、电压的二次函数。

例 4-1 图 4-2(a)所示电路中，已知 $u_s = 10$ V，$i_s = 4$ A，求 i_1、i_2 及 R_1 的功率 P。

解 电压源 u_s 单独作用时，电流源 i_s 用开路代替，电路如图 4-2(b)所示。由图可得

$$i_1' = i_2' = \frac{u_s}{6+4} = \frac{10}{10} = 1 \text{ A}$$

电流源 i_s 单独作用时，电压源 u_s 用短路代替，电路如图 4-1(c)所示。由分流公式可得

$$i_1'' = -\frac{4i_s}{6+4} = -\frac{4\times 4}{10} = -1.6 \text{ A}$$

$$i_2'' = \frac{6i_s}{6+4} = \frac{6\times 4}{10} = 2.4 \text{ A}$$

两个电源共同作用时(原电路)的解为

$$i_1 = i_1' + i_1'' = -0.6 \text{ A}$$

$$i_2 = i_2' + i_2'' = 3.4 \text{ A}$$

$$P = R_1 i_1^2 = 6\times(-0.6)^2 = 2.16 \text{ W}$$

注意：$P \neq R_1(i_1')^2 + R_1(i_1'')^2 = 21.36$ W。

例 4-2 用叠加定理求图 4-3(a)所示电路中的 i_1、u_2，计算电流源 i_s 产生的功率 P_s。

解 电压源 u_s 单独作用时，电流源 i_s 用开路代替，其余 (包括受控源)不变，电路如图 4-3(b)所示。列回路 KVL 方程：

$$(2+1)i_1' + 2i_1' = 10$$

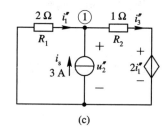

图 4-2 例 4-1 题图及求解

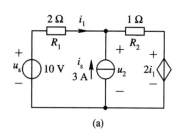 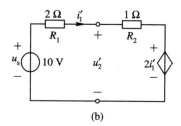

图 4-3 例 4-2 题图及求解

解得

$$i_1' = \frac{10}{5} = 2 \text{ A}$$

$$u_2' = -2\times i_1' + 10 = 6 \text{ V}$$

电流源 i_s 单独作用时，电压源 u_s 用短路代替，其余不变，电路如图 4-3(c)所示。列节点①的 KCL 方程：

$$\frac{u_2''}{R_1} + \frac{u_2'' - 2i_1''}{R_2} = i_s$$

及

$$i_1'' = \frac{-u_2''}{R_1}$$

代入数据，求得

$$u_2'' = 1.2 \text{ V}, \quad i_1'' = -0.6 \text{ A}$$

两个电源共同作用时(原电路)的解为

$$i_1 = i_1' + i_1'' = 1.4 \text{ A}$$

$$u_2 = u_2' + u_2'' = 7.2 \text{ V}$$

$$P_s = u_2 i_s = 7.2 \times 3 = 21.6 \text{ W}$$

齐次性和可加性是线性电路最基本的性质，在线性电路的理论研究中起着非常重要的作用。例如可用齐次性证明：就端口等效而言，不含独立源的线性电阻性二端网络可等效为一个电阻。

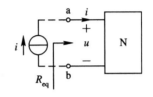

图 4-4 所示电路中，N 为一不含独立源的线性电阻性二端网络（可含有受控源），其端口电流和电压取为关联参考方向。在求其端口伏安关系时，设端电流 i 已知，相当于端口接一电流源，如图中虚线所示。由于 N 内部不含独立源，整个电路中只有端口电流源 i，根据齐次性，任一电流或电压响应与该电流源成正比，因此端口电压 u 可表示为

图 4-4 不含独立源线性二端电阻网络的等效电阻

$$u = ki \qquad (4-11)$$

其中，k 为常数。上式与线性电阻在电流与电压取关联参考方向时的伏安关系式 $u=Ri$ 相同。

结论：从端口上看，不含独立源的线性电阻性二端网络 N 可等效为一线性电阻，记为 R_{eq}，定义为

$$R_{eq} = \frac{u}{i} \qquad (4-12)$$

式中，u、i 分别为网络 N 的端口电压和电流，且 u、i 取为关联参考方向（如图 4-4 所示）。等效电阻 R_{eq} 又称为网络 N 的输入电阻 R_i。[①]

工程上常需计算二端电路的等效电阻。若二端电路是电阻的串并联结构，可用电阻的串并联公式求端口等效电阻。若电路较复杂，或者电路中含受控源，则需先求其端口伏安关系式，再用(4-12)式计算等效电阻。

例 4-3 求图 4-5 所示二端电路的等效电阻 R_{eq}。

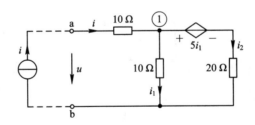

图 4-5 例 4-3 题图

解 先求该二端网络的端口伏安关系式。取端口电流与电压为关联参考方向，设 i 已知，相当于端口接一电流源，如图中虚线所示。采用支路电流法，列出节点①的 KCL 方程及右网孔的 KVL 方程为

$$i_1 + i_2 = i$$

———————————————

① 若二端网络内含受控源，其等效电阻 R_{eq} 可能为负数。

$$-10i_1 + 5i_1 + 20i_2 = 0$$

解得

$$i_1 = 0.8i$$

由左网孔的 KVL 方程求得

$$u = 10i + 10i_1 = 18i$$

得

$$R_{eq} = \frac{u}{i} = 18\ \Omega$$

4.2 替 代 定 理

替代定理：在有唯一解的集总参数电路中，已知其中第 k 条支路的端电压为 u_k（或已知其端电流为 i_k），用 $u_s = u_k$ 的电压源（或 $i_s = i_k$ 的电流源）替代该条支路，若替代后的电路也具有唯一解，则替代前后各支路的电流和电压不变。

证明：设原电路为 N，其中第 k 条支路电压为 u_k，将该支路用一电压源 $u_s = u_k$ 替代，替代后的电路为 Ñ。由于 N 与 Ñ 结构相同，因此它们的 KVL 及 KCL 方程相同。除第 k 条支路外的其他支路方程也相同。Ñ 中第 k 条支路为电压源，其电压已被给定与原电路 N 的第 k 条支路的电压相同（电压源的特性方程未对其电流有任何约束）。因此，满足原电路所有约束条件的支路电流和电压也将满足电路 Ñ 的所有约束条件，即原电路 N 的一组解亦是 Ñ 的一组解。又根据假定，替代前后电路都具有唯一解，故 N 与 Ñ 是同解电路。对于将支路 k 代之以电流源的情况，也可作类似证明。

以图 4-6(a) 所示的简单电路对替代定理作验证。电路中，将 R_3 与 u_{s3} 的串联看做一条支路。由图易得：$I_3 = -1$ A，$I_1 = I_2 = 0.5$ A，$U_3 = 4$ V。将该支路用一参考方向及数值与 U_3 一致的电压源替代，得图 4-6(b) 所示电路；或将该支路用一参考方向及数值与 I_3 一致的电流源替代，得图 4-6(c) 所示电路。容易验证，替代后的两个电路中所有支路电流和电压均与原电路相同。

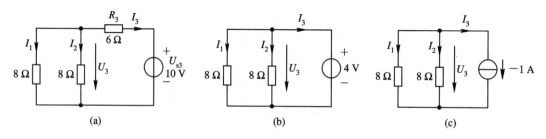

图 4-6 替代定理示例

替代定理中的支路可推广到二端网络、开路及短路支路。

若已知图 4-7(a) 所示电路中 a、b 两点间电压为 u_k，则可用一个数值和参考方向都与之相同的电压源取代它，如图 4-7(b) 所示。这是因为原图 a、b 间可视为接有一无穷大的电阻支路，根据替代定理，该电阻支路可被电压源替代。作为特例，若 a、b 两点间电压为零，则该两点间可连一条短路线（即代之以零值电压源）。

若已知图 4-8(a) 所示电路中流经 a、b 间导线的电流为 i_k，则可用一个数值和参考方向都与之相同的电流源取代它，如图 4 - 8(b)所示。这是因为原图 a、b 间的导线可视为阻值为零的电阻支路，根据替代定理，该电阻支路可被电流源替代。作为特例，若流经 a、b 间导线的电流为零，则该导线可以断开（即代之以零值电流源）。

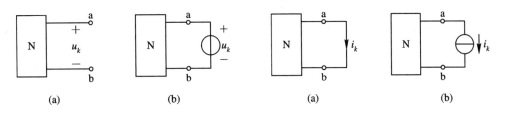

(a)   (b)   (a)   (b)

图 4 - 7 已知电压被电压源替代   图 4 - 8 已知电流被电流源替代

替代定理与等效变换不同。对二端网络进行等效变换是根据其端口伏安特性不变的原则进行的，二端网络的伏安特性只与其内部结构及参数有关，与电路其余部分无关；替代定理是根据已知的电流或电压进行的，与整个电路有关。

替代定理常用于分析动态电路和非线性电路，推导其他某些网络定理。替代定理也是大型网络撕裂分析法的理论依据。

例 4 - 4   图 4 - 9(a)所示电路中，二端网络 N 是一个电阻性网络，已知直流电压表的读数为 21 V，求 i_1。

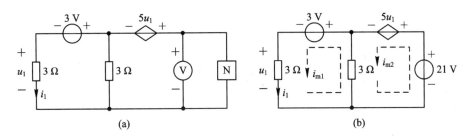

(a)   (b)

图 4 - 9 例 4 - 4 题图及求解

解   由于已通过测量得到电路中二端网络 N 的端电压为 21 V，因此根据替代定理，将二端网络 N 用一个电压源替代，得到如图 4 - 9(b)所示电路。用网孔法解该电路，根据图示网孔电流的参考方向，建立两个网孔方程，分别为

$$6i_{m1} - 3i_{m2} = -3$$
$$-3i_{m1} + 3i_{m2} = 21 - 5u_1$$

受控源的控制量用网孔电流表示为

$$u_1 = 3i_{m1}$$

以上三式联立求解可得

$$i_1 = i_{m1} = 1 \text{ A}$$

4.3 戴维南定理和诺顿定理

4.1 节已讨论过不含独立源线性电阻性二端网络的端口等效电阻，而本节将介绍的戴维南定理和诺顿定理是关于含独立源线性二端网络等效电路的两个定理。

4.3.1 戴维南定理

戴维南定理：一个由线性电阻、线性受控源和独立源构成的线性有源二端网络，对外部电路而言，可等效为一个电压源和一个线性电阻串联的电路。其中，电压源的电压等于该网络的端口开路电压 u_{oc}，串联的电阻等于该网络中所有独立源置零时所得网络的端口等效电阻 R_{eq}。

证明：设图 4-10(a)所示电路中的二端网络 N 由线性电阻元件、线性受控源和独立源构成，M 为任意外电路。为求网络 N 的等效电路，应先求其端口伏安特性。设端口电流 i 已知，根据替代定理，可将任意外电路 M 用一电流源替代，如图 4-10(b)所示。该电路中含有两组独立源，一是端口所接电流源，二是网络 N 内部的独立源。用叠加定理求端口电压 u。当 N 内部独立源单独作用时，令端口电流源为零，即端口开路，如图 4-10(c)所示，求得 $u' = u_{oc}$。当端口电流源单独作用时，令 N 内部独立源为零，所得无独立源二端电路用 N_0 表示，如图 4-10(d)所示，求得 $u'' = R_{eq}i$。其中，R_{eq} 为 N_0 的端口等效电阻。根据叠加定理，有：

$$u = u' + u'' = u_{oc} + R_{eq}i \tag{4-13}$$

上式即二端网络 N 的端口伏安关系式。根据该式可构造出网络 N 的等效电路为独立电压源 u_{oc} 与电阻 R_{eq} 的串联。对任意外电路 M 而言，图 4-10(a)与图 4-10(e)是等效的。

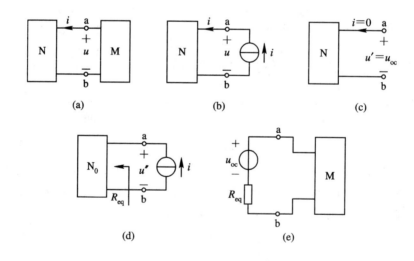

图 4-10 戴维南定理的证明

注意：等效电路中电压源的数值及参考方向均应与网络 N 的开路电压 u_{oc} 一致。

电压源 u_{oc} 与电阻 R_{eq} 的串联等效电路称为二端网络的戴维南等效电路。该等效电路与外电路无关，只取决于网络自身的结构和参数。

求二端网络戴维南等效电路的常用方法有两种：

(1) 分别求出该网络的端口开路电压 u_{oc} 及所有独立源置零时的端口等效电阻 R_{eq}；

(2) 直接求该网络的端口伏安关系式。

例 4-5 二端电路如图 4-11(a)所示，求其戴维南等效电路。

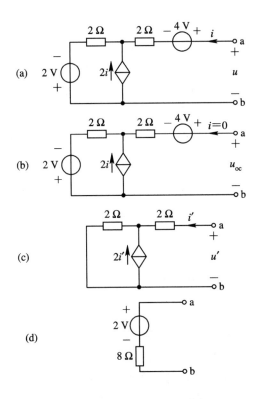

图 4-11 例 4-5 题图及求解

解 方法一

令二端电路端口电流为零，求开路电压 u_{oc}，电路如图 4-11(b)所示。由于端口电流及受控源电流均为零，可得

$$u_{oc} = 4 - 2 = 2 \text{ V}$$

令原二端电路内部独立源为零，其余不变，求等效电阻 R_{eq}，电路如图 4-11(c)所示。端口电流和电压分别用 i' 及 u' 表示，并取为关联参考方向。设电流 i' 已知，则端口电压为

$$u' = 2i' + 2(2i' + i') = 8i'$$

得

$$R_{eq} = \frac{u'}{i'} = 8 \ \Omega$$

原二端电路的戴维南等效电路如图 4-11(d)所示。

方法二

直接求出原二端网络的端口伏安关系。取该二端网络端口电压、电流参考方向如图 4-11(a)所示，设端口电流 i 已知，可求得端口电压表达式为

$$u = 4 + 2i + 2(2i + i) - 2 = 2 + 8i$$

上式即原网络端口伏安关系式，由此式可构造该二端网络的戴维南等效电路如图 4-11(d)所示。

在计算戴维南等效电路的过程中，可以应用前面介绍过的各种分析方法，如应用等效变换、叠加定理、节点法及网孔法等。

例4-6 求图4-12(a)所示二端电路的戴维南等效电路。

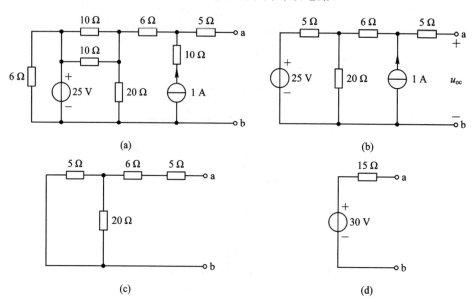

图4-12 例4-6题图及求解

解 先将该电路作一些简单的等效变换，简化后的电路如图4-12(b)所示。令端口电流为零，在图中标出 u_{oc} 的参考方向，应用叠加定理可求得

$$u_{oc} = \frac{20}{20+5} \times 25 + 1 \times \left(6 + \frac{20 \times 5}{20+5}\right) = 20 + 10 = 30 \text{ V}$$

令图4-12(b)所示电路的内部电源为零，得图4-12(c)所示电路。应用串、并联电阻的等效公式，求得

$$R_{eq} = 5 + 6 + \frac{20 \times 5}{20+5} = 15 \ \Omega$$

所求二端电路的戴维南等效电路如图4-12(d)所示。

戴维南定理常用来简化复杂电路中不需进行研究的部分，以利于电路其他部分的分析计算。

例4-7 求图4-13(a)所示电路 R_1 的电流 I。

解 将除 R_1 以外的部分看做二端电路，将它从原电路取出并令其端口电流为零，如图4-13(b)所示，由图得

$$I_1 = \frac{6-12}{3+6} = -\frac{2}{3} \text{A}$$

求得
$$U_{oc} = 4 + 12 + 6I_1 = 12 \text{ V}$$

令该二端电路内部所有独立源为零，得不含独立源的二端电路如图4-13(c)所示，从端口看，该电路是电阻的串并联结构，可求得

$$R_{eq} = 3 \ \Omega$$

原电路化简为如图4-13(d)所示，由图得

$$I = \frac{12}{3+1} = 3 \text{ A}$$

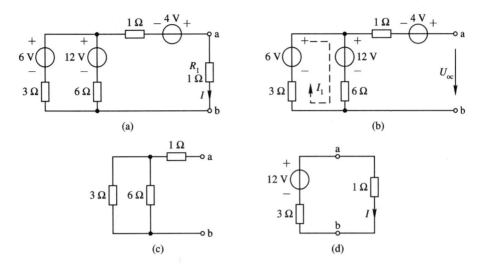

图 4 - 13 例 4 - 7 题图及求解

4.3.2 诺顿定理

诺顿定理：一个由线性电阻、线性受控源和独立源构成的线性有源二端网络，对外部电路而言，可等效为一个电流源和一个线性电阻并联的电路。其中，电流源的电流等于网络的端口短路电流 i_{sc}，并联的电阻等于网络中所有独立源置零时所得网络的端口等效电阻 R_{eq}。

诺顿定理可用图 4 - 14 加以说明。图 4 - 14(a) 中，N 为线性有源二端网络，M 为任一外电路。对外电路而言，图 4 - 14(b) 与图 4 - 14(a) 是等效的。图 4 - 14(b) 中的电流源 i_{sc} 及并联电阻 R_{eq} 分别由图 4 - 14(c) 和图 4 - 14(d) 求得。诺顿定理的证明与戴维南定理类似，留给读者练习。

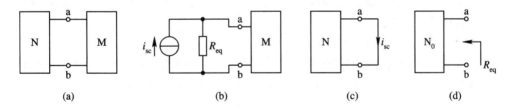

图 4 - 14 诺顿定理的说明

注意：等效电路中电流源的参考方向应与网络 N 的短路电流 i_{sc} 对应，如图 4 - 14 所示。

电流源 i_{sc} 与电阻 R_{eq} 的并联等效电路称为二端网络的诺顿等效电路。该等效电路与外电路无关，只取决于网络自身的结构和参数。

与计算戴维南等效电路类似，求二端电路的诺顿等效电路时，可分别计算 i_{sc} 和 R_{eq}，或者直接求出端口伏安关系式。在计算过程中可灵活应用前面介绍过的各种分析方法。

例 4 - 8 求图 4 - 15(a) 所示二端电路的诺顿等效电路。

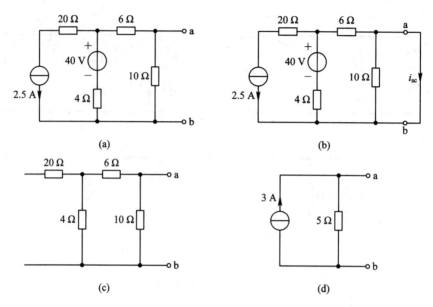

图 4-15 例 4-8 题图及求解

解 令端口短路，标出短路电流的参考方向，如图 4-15(b)所示。图中，10 Ω 电阻两端电压为零，没有电流通过，可视为开路。应用叠加定理可求得

$$i_{sc} = \frac{40}{4+6} - 2.5 \times \frac{4}{4+6} = 4 - 1 = 3 \text{ A}$$

令图 4-15(a)所示电路的内部电源为零，得图 4-15(c)所示电路。应用串、并联电阻的等效公式，求得

$$R_{eq} = \frac{10 \times (6+4)}{10 + (6+4)} = 5 \text{ Ω}$$

所求二端电路的诺顿等效电路如图 4-15(d)所示。

与戴维南定理一样，诺顿定理也常用来简化复杂电路中不需进行研究的部分，以方便其他部分的分析和计算。

例 4-9 求图 4-16(a)所示电路中 R_L 的电流 I_L。

解 将除 R_L 及 R_5 以外的部分看做二端电路，令 a、b 端短路，如图 4-16(b)所示，求端口短路电流。图中，R_1 与 R_3 并联，R_2 与 R_4 并联。由分流公式得

$$I_3 = \frac{R_1}{R_1 + R_3} I_s = 3 \text{ A}, \quad I_4 = \frac{R_2}{R_2 + R_4} I_s = 2 \text{ A}$$

得短路电流

$$I_{sc} = I_3 - I_4 = 1 \text{ A}$$

令该二端电路内部独立电源为零，其余不变，得不含独立源的二端电路如图 4-16(c)所示。从端口上看，该电路是电阻的串并联结构，可求得

$$R_{eq} = (R_1 + R_3) \mathbin{/\!/} (R_4 + R_2) = \frac{36}{7} \text{ Ω}$$

原电路化简为如图 4-16(d)所示，由分流公式得

$$I_L = \frac{R_{eq}}{R_{eq} + (R_5 + R_L)} I_{sc} = 0.125 \text{ A}$$

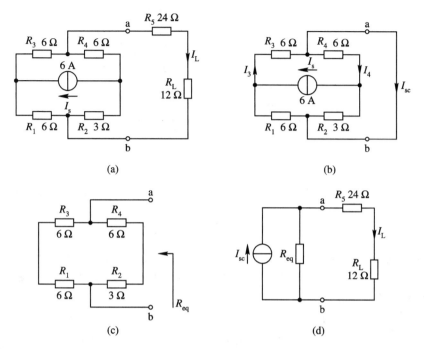

图 4 - 16 例 4 - 9 题图及求解

用戴维南定理或诺顿定理简化电路时,应根据具体情况划分二端电路。如上例中,若将 R_5 划到二端电路内,则求其诺顿等效电路会麻烦许多。在划分电路时还应注意被简化的二端电路与外电路之间不能有控制和被控的关系,即被简化的部分应是一个真正的二端网络。

一般情况下,一个二端网络可有戴维南等效电路,也可有诺顿等效电路。但若某二端网络 $R_{eq}=0$,则只可得到戴维南等效电路;若 $R_{eq}=\infty$,则只可得到诺顿等效电路。

同一个二端网络的戴维南等效电路和诺顿等效电路是可以相互转换的。设图 4 - 17(a)、(b)所示分别是某二端电路的戴维南等效电路和诺顿等效电路,在图示参考方向下,各参数之间有如下关系:

$$u_{oc} = R_{eq}i_{sc}, \quad i_{sc} = \frac{u_{oc}}{R_{eq}}, \quad R_{eq} = \frac{u_{oc}}{i_{sc}}$$

图 4 - 17 同一个二端网络的两种等效电路

可见,u_{oc}、i_{sc}、R_{eq} 三个参数只要知道任意两个,就可算得剩下的一个。在求二端电路的戴维南或诺顿等效电路时,可灵活处理,视电路具体情况,选择三个参数中容易计算的两个参数求解。在工程实践中,若被测二端网络允许端口开路和短路,则可通过测量其开路电压 u_{oc}、短路电流 i_{sc} 算得 R_{eq},从而得到其戴维南等效电路和诺顿等效电路。

4.3.3 最大功率传输条件

考虑含独立源线性电阻性二端网络 N 接有一可变的负载电阻 R_L,如图 4 - 18(a)所示。该负载吸收的功率与其电阻值有关。在电子工程中,常希望负载能获得最大功率,负载电阻满足什么条件时，它可获得最大功率呢？这是电路中的最大功率传输问题。

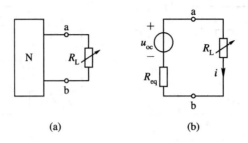

(a)   (b)

图 4-18 最大功率传输问题

将二端网络 N 用戴维南定理化简，得到如图 4-18(b)所示电路，负载吸收的功率为

$$p = R_L i^2 = R_L \frac{u_{oc}^2}{(R_{eq} + R_L)^2}$$

由上式可知，功率 p 是 R_L 的连续函数。若 $R_L \geqslant 0$，则 $p \geqslant 0$；当 $R_L = 0$ 或 $R_L = \infty$ 时，p 为零。因此，在 $0 < R_L < \infty$ 的区间内，存在函数 p 的最大值点，该最大值点必是极值点。求 p 对 R_L 的导数，并令该导数为零，有

$$\frac{dp}{dR_L} = \frac{u_{oc}^2 [(R_{eq} + R_L)^2 - 2R_L(R_{eq} + R_L)]}{(R_{eq} + R_L)^4} = \frac{u_{oc}^2 (R_{eq} - R_L)}{(R_{eq} + R_L)^3} = 0$$

得

$$R_L = R_{eq}$$

结论：当负载电阻与含源二端网络戴维南等效电路的 R_{eq} 相等时，负载电阻获得的功率达最大值。该最大功率为

$$p_{max} = \frac{u_{oc}^2}{4R_{eq}}$$

例 4-10 电路如图 4-19(a)所示，若 R_L 可变，问 R_L 为何值时可获得最大功率 p_{max}。求 p_{max} 及此时电压源 u_s 所产生的功率 p_s。

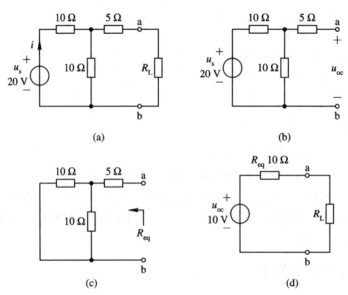

(a)   (b)

(c)   (d)

图 4-19 例 4-10 题图及求解

解　将除 R_L 以外的部分看做二端电路。由图 4-19(b)求得该二端电路的开路电压为

$$u_{oc} = \frac{10}{10+10} \times 20 = 10 \text{ V}$$

令内部独立源为零，由图 4-19(c)求得

$$R_{eq} = 5 + \frac{10 \times 10}{10+10} = 10 \ \Omega$$

原电路可化简为如图 4-19(d)所示电路。当 $R_L = R_{eq} = 10 \ \Omega$ 时，负载电阻可获得最大功率，可得

$$p_{max} = \frac{u_{oc}^2}{4R_{eq}} = \frac{10^2}{4 \times 10} = 2.5 \text{ W}$$

求 u_s 的功率还需回到原电路。当 $R_L = 10 \ \Omega$ 时，u_s 右边的等效电阻为

$$R = 10 + \frac{10 \times (5+10)}{10+(5+10)} = 16 \ \Omega$$

此时，电压源 u_s 所产生的功率为

$$p_s = u_s i = \frac{u_s^2}{R} = 25 \text{ W}$$

例 4-11　电路如图 4-20(a)所示，(1) 求 a、b 右边二端电路的戴维南等效电路；(2) 若 R 可调，则当 R 为多大时，其功率最大？求此最大功率。

解　(1) 先求 a、b 右边二端电路的开路电压，如图 4-20(b)所示。对回路列 KVL 方程，有

$$i_1(4+8+4) + 2u_1 = 12$$

将 $u_1 = 4i_1$ 代入上式，求得 $i_1 = 0.5$ A，因此开路电压为

$$u_{OC} = (8+4) \times i_1 = 6 \text{ V}$$

考虑到该电路的短路电流 i_{SC} 容易求得，因此先求 i_{SC}，再计算 R_{eq}。图 4-20(c)所示电路中，

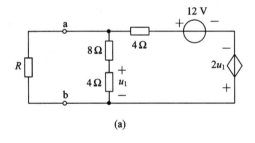 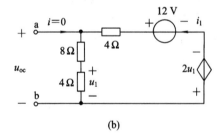

(a)　　　　　　　　(b)

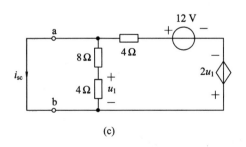 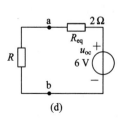

(c)　　　　　　　　(d)

图 4-20　例 4-11 题图及求解

显然有 $u_1 = 0$，因此受控电压源为零，求得

$$i_{sc} = \frac{12}{4} = 3 \text{ A}$$

进而求得

$$R_{eq} = \frac{u_{oc}}{i_{sc}} = \frac{6}{3} = 2 \text{ Ω}$$

(2) 将原电路中 a、b 右边二端电路用其戴维南等效电路代替，得到图 4-20(d) 所示电路，当 $R = R_{eq} = 2$ Ω 时，该电阻可获得最大功率，其最大功率为

$$p_{max} = \frac{u_{oc}^2}{4R_{eq}} = \frac{6^2}{4 \times 2} = 4.5 \text{ W}$$

*4.4 特 勒 根 定 理

特勒根定理 1：任意一个具有 n 个节点和 b 条支路的集总参数电路，令各支路电流和电压分别为 $i_1, i_2, \cdots, i_b$ 及 $u_1, u_2, \cdots, u_b$，且各支路电流和电压都取关联参考方向，则有

$$\sum_{k=1}^{b} u_k i_k = 0 \tag{4-14}$$

上式表明：一个电路在任一时刻，各支路吸收的功率的代数和为零，即电路任一时刻的功率是守恒的。特勒根定理 1 又称为特勒根功率定理。

为了方便，下面用一个简单的电路证明特勒根定理。设图 4-21 所示是与某电路对应的有向图。图中各支路的方向表示电路中各支路电流和电压的参考方向。该电路有 4 个节点，6 条支路。取节点 ⓪ 为参考节点，三个独立节点的电压分别为 u_{n1}、u_{n2} 和 u_{n3}，各支路电压和节点电压的关系为

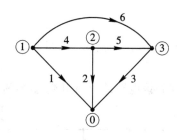

图 4-21　特勒根定理的证明

$$\left.\begin{array}{l} u_1 = u_{n1}, \quad u_2 = u_{n2}, \quad u_3 = u_{n3} \\ u_4 = u_{n1} - u_{n2}, \quad u_5 = u_{n2} - u_{n3}, \quad u_6 = u_{n1} - u_{n3} \end{array}\right\} \tag{4-15}$$

独立节点 ①、②、③ 的 KCL 方程为

$$\left.\begin{array}{l} i_1 + i_4 + i_6 = 0 \\ i_2 - i_4 + i_5 = 0 \\ i_3 - i_5 - i_6 = 0 \end{array}\right\} \tag{4-16}$$

将各支路电压用节点电压表达，则有

$$\begin{aligned} \sum_{k=1}^{6} u_k i_k &= u_1 i_1 + u_2 i_2 + u_3 i_3 + u_4 i_4 + u_5 i_5 + u_6 i_6 \\ &= u_{n1} i_1 + u_{n2} i_2 + u_{n3} i_3 + (u_{n1} - u_{n2}) i_4 + (u_{n2} - u_{n3}) i_5 + (u_{n1} - u_{n3}) i_6 \\ &= u_{n1}(i_1 + i_4 + i_6) + u_{n2}(i_2 - i_4 + i_5) + u_{n3}(i_3 - i_5 - i_6) \end{aligned}$$

上式各项括号中的电流分别为节点 ①、②、③ 所连接的支路电流代数和，将 (4-16) 式代入，可得

$$\sum_{k=1}^{6} u_k i_k = 0 \tag{4-17}$$

对任何具有 n 个节点和 b 条支路的电路，可用上述方法证明(4-14)式。

上面的证明过程只涉及基尔霍夫定律和电路的有向图，不涉及各支路的元件性质。若有两个电路，它们的支路元件性质可能不同，但它们的有向图相同，均如图 4-21 所示，则这两个电路的支路电压和支路电流都分别满足(4-15)式和(4-16)式。因此，一个电路的支路电压与另一个电路的支路电流对应乘积之和也满足(4-17)式。显然，这一结论可推广到一般电路。

特勒根定理 2：任意两个具有 n 个节点、b 条支路且有向图相同的集总参数电路，令其中一个电路的支路电流和电压表示为 $i_1, i_2, \cdots, i_b$ 及 $u_1, u_2, \cdots, u_b$，另一个电路的支路电流和电压表示为 $\hat{i}_1, \hat{i}_2, \cdots, \hat{i}_b$ 及 $\hat{u}_1, \hat{u}_2, \cdots, \hat{u}_b$，各支路电流和电压均取为关联参考方向，则有

$$\sum_{k=1}^{b} u_k \hat{i}_k = 0 \tag{4-18}$$

$$\sum_{k=1}^{b} \hat{u}_k i_k = 0 \tag{4-19}$$

上面两式左边各项是一个电路的支路电压与另一电路的支路电流相乘，虽具有功率的量纲，但并不表示真实的功率，称为似功率。特勒根定理 2 表达的是似功率守恒。特勒根定理 2 又称为特勒根似功率定理。

特勒根定理是基于基尔霍夫定律推出的，普遍适用于集总参数电路，在电路理论中常用于证明其他定理。

*4.5 互 易 定 理

互易定理是关于线性无源网络的一个重要定理。它指出：线性无源网络在单一激励的情况下，若将激励和响应互换位置且保持激励值不变，则响应值也不变。互易定理有三种形式。

设图 4-22 所示网络 N 内部是由线性电阻元件构成的无源网络(既无独立源也无受控源)；该网络的 1、1′ 及 2、2′ 两个端口分别接端口支路 1 和支路 2；设包括端口支路在内共有 b 条支路；图 4-22(a)中以支路 1 为激励源支路，支路 2 为响应支路，图 4-22(b)中以支路 2 为激励源，支路 1 为响应支路；将图 4-22(a)中各支路电流和电压表示为 $i_1, i_2,$

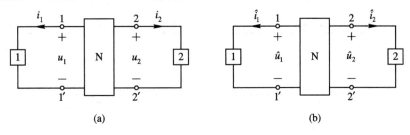

(a)   (b)

图 4-22 由线性电阻元件组成的无源网络 N

$\cdots$，i_b 及 u_1，u_2，$\cdots$，u_b，图 4-22(b)中各支路电流和电压表示为 $\hat{i}_1$，$\hat{i}_2$，$\cdots$，$\hat{i}_b$ 及 $\hat{u}_1$，$\hat{u}_2$，$\cdots$，$\hat{u}_b$，则该网络存在以下三种互易情况。

互易定理形式 1：将电压源激励和电流响应互换位置，若电压激励值不变，则电流响应值不变。例如，图 4-23(a)、(b)所示两个电路中，在图示参考方向下，若它们的电压源 u_s 相等，则有

$$\hat{i}_1 = i_2$$

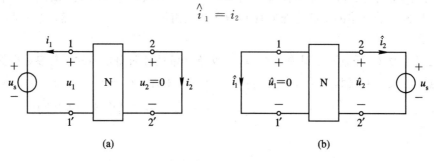

图 4-23　互易定理形式 1

互易定理形式 2：将电流源激励和电压响应互换位置，若电流激励值不变，则电压响应值不变。例如，图 4-24(a)、(b)所示两个电路中，在图示参考方向下，若它们的电流源 i_s 相等，则有

$$\hat{u}_1 = u_2$$

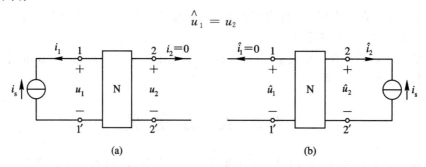

图 4-24　互易定理形式 2

互易定理形式 3：将电流源激励、电流响应换成电压源激励和电压响应，并将响应和激励的位置互换，若互换前后激励的数值相等，则互换前后响应的数值相同。例如，图 4-25 所示电路，在图示参考方向下，若图 4-25(a)中的 i_s 与图 4-25(b)中的 u_s 数值相等，则有

$$\hat{u}_1 \text{ 的值} = i_2 \text{ 的值}$$

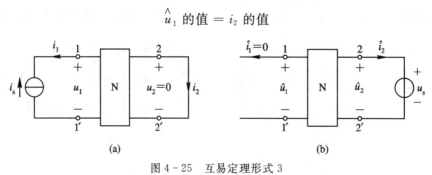

图 4-25　互易定理形式 3

互易定理可用特勒根似功率定理证明。设图 4-22(a)、(b)两个电路各支路电流及电压均取为关联参考方向。由于这两个电路的有向图相同，因此根据特勒根定理 2，有

$$u_1 \hat{i}_1 + u_2 \hat{i}_2 + \sum_{k=3}^{b} u_k \hat{i}_k = 0 \tag{4-20}$$

及

$$\hat{u}_1 i_1 + \hat{u}_2 i_2 + \sum_{k=3}^{b} \hat{u}_k i_k = 0 \tag{4-21}$$

图 4-22(a)电路中，第 k 条内部支路的方程为 $u_k = R_k i_k$，代入(4-20)式，有

$$u_1 \hat{i}_1 + u_2 \hat{i}_2 = -\sum_{k=3}^{b} u_k \hat{i}_k = -\sum_{k=3}^{b} R_k i_k \hat{i}_k \tag{4-22}$$

图 4-22(b)电路中，第 k 条内部支路的方程为 $\hat{u}_k = R_k \hat{i}_k$，代入(4-21)式，有

$$\hat{u}_1 i_1 + \hat{u}_2 i_2 = -\sum_{k=3}^{b} \hat{u}_k i_k = -\sum_{k=3}^{b} R_k \hat{i}_k i_k \tag{4-23}$$

比较(4-22)式和(4-23)式可得

$$u_1 \hat{i}_1 + u_2 \hat{i}_2 = \hat{u}_1 i_1 + \hat{u}_2 i_2 \tag{4-24}$$

上式是图 4-22(a)、(b)两个电路端口支路电流、电压应满足的关系。对于图 4-23 所示互易形式 1，有 $u_1 = u_s$、$u_2 = 0$、$\hat{u}_2 = u_s$、$\hat{u}_1 = 0$，代入(4-24)式得到

$$\hat{i}_1 = i_2$$

对于图 4-24 所示互易形式 2，有 $i_1 = -i_s$、$i_2 = 0$、$\hat{i}_2 = -i_s$、$\hat{i}_1 = 0$，代入(4-24)式得到

$$\hat{u}_1 = u_2$$

对于图 4-25 所示互易形式 3，有 $i_1 = -i_s$、$u_2 = 0$、$\hat{u}_2 = u_s$、$\hat{i}_1 = 0$，且 i_s 的值等于 u_s 的值，代入(4-24)式得到

$$\hat{u}_1 \text{ 的值} = i_2 \text{ 的值}$$

应用互易定理应注意互易前后激励与响应的参考方向。

例 4-12　电路如图 4-26(a)所示，求电流 i_x。

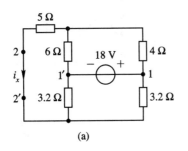 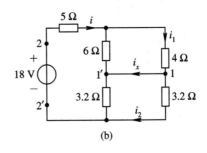

图 4-26　例 4-12 题图及求解

解　该电路只有一个激励源，其余元件为线性电阻，满足互易条件。将电压源所在支路看做端口支路 1，将流过电流 i_x 的导线看做端口支路 2。根据第一种形式的互易定理，电压源激励与电流响应可互换位置。激励和响应互换位置后得到图 4-26(b)所示电路。从电压源两端来看，电路其余部分为电阻的串并联结构，求得等效电阻为

$$R = 5 + \frac{6 \times 4}{6 + 4} = \frac{3.2 \times 3.2}{3.2 + 3.2} = 5 + 2.4 + 1.6 = 9 \ \Omega$$

求得有关支路电流为

$$i = \frac{18}{R} = \frac{18}{9} = 2 \ \text{A}$$

$$i_1 = \frac{6}{6 + 4} i = 0.6 \times 2 = 1.2 \ \text{A}$$

$$i_2 = \frac{3.2}{3.2 + 3.2} i = 0.5 \times 2 = 1 \ \text{A}$$

所求的电流响应为

$$i_x = i_1 - i_2 = 1.2 - 1 = 0.2 \ \text{A}$$

习　　题

4-1　用叠加定理求习题 4-1 图所示电路中的电流 i_R。

4-2　用叠加定理求习题 4-2 图所示电路中的电压 u_{ab}。

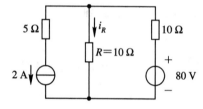

习题 4-1 图

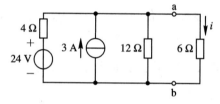

习题 4-2 图

4-3　用叠加定理求习题 4-3 图所示电路中的电流 i。

4-4　习题 4-4 图所示电路中，$R = 6 \ \Omega$，求 R 消耗的功率。

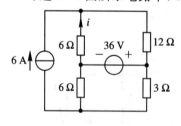

习题 4-3 图

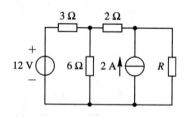

习题 4-4 图

4-5　习题 4-5 图所示电路中，$R_1 = 1.5 \ \Omega$，$R_2 = 2 \ \Omega$，求：

（1）从 a、b 端看进去的等效电阻；

（2）i_1 与 i_s 的函数关系。

4-6　求习题 4-6(a)、(b) 图所示二端电路的等效电阻。

4-7　用叠加定理求习题 4-7 图所示电路中的电压 u_2。

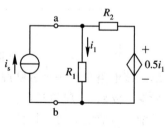

习题 4-5 图

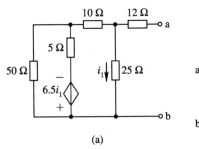

(a)

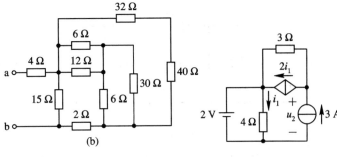

(b)

习题 4-6 图   习题 4-7 图

4-8 用戴维南定理化简习题 4-2 图所示电路,求 i。

4-9 用戴维南定理化简习题 4-9 图所示各电路,求各电路中的 i。

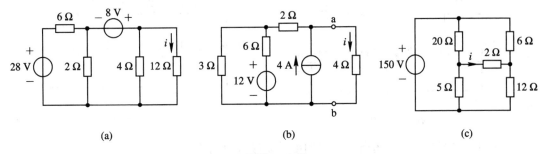

(a)   (b)   (c)

习题 4-9 图

4-10 电路如习题 4-10 图所示,求 a、b 端左边网络的诺顿等效电路,并求 i。

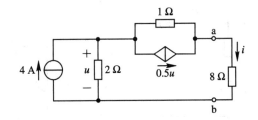

习题 4-10 图

4-11 求习题 4-11 图所示二端网络的戴维南等效电路。

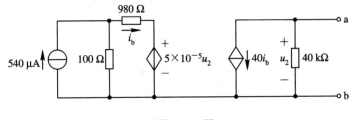

习题 4-11 图

4-12 求习题 4-12 图所示二端网络的诺顿等效电路。

4-13 电路如习题 4-13 图所示,当 R 取何值时,R 吸收的功率最大?求 R 消耗的最大功率。

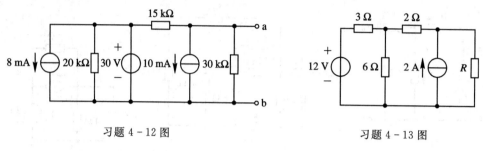

习题 4-12 图　　　　　　　习题 4-13 图

4-14　用戴维南定理化简习题 4-14 图所示电路，求电压 u。

4-15　求习题 4-15 图所示二端网络的戴维南等效电路。

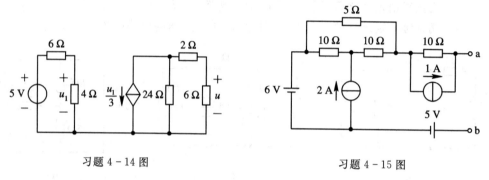

习题 4-14 图　　　　　　　习题 4-15 图

4-16　求习题 4-16 图所示二端网络的诺顿等效电路。

4-17　习题 4-17 图所示电路中的 R 可调，当 R 为多大时，其功率最大？求此最大功率。

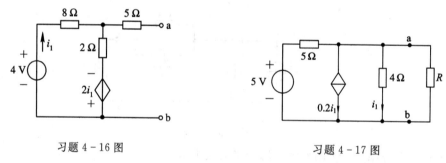

习题 4-16 图　　　　　　　习题 4-17 图

4-18　电路如习题 4-18 图所示，当 R 取何值时，R 吸收的功率最大？求此最大功率值。

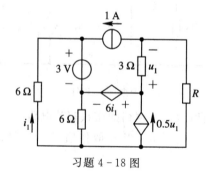

习题 4-18 图

第 5 章 　动态元件及动态电路导论

　　本书前几章讨论了电阻电路的分析方法，可以看到，电阻电路是用代数方程描述的。电阻电路在任一时刻 t 的响应只与同一时刻的激励有关，与过去的激励无关，因此，电阻电路是"无记忆"的，或者说是"即时的"。从本章起开始讨论动态电路，动态电路中包含电容和电感元件，其约束关系由微分方程描述。

　　由于电容、电感元件的伏安关系都涉及对电流、电压的微分或积分，因此称这样的元件为动态元件。至少包含一个动态元件的电路称为动态电路。动态电路在任一时刻的响应与初始时刻以前的全部激励有关，这是和电阻电路完全不同的概念。

　　电路中为什么要有动态元件呢？原因如下：

　　(1) 实现某种功能的需要。例如，电阻电路不能完成滤波，必须利用动态元件才能实现这一功能。我们常说的关于电容的隔直功能和旁路功能都是电阻电路不能实现的。

　　(2) 当信号变化很快时，一些实际器件已不能简单地用电阻模型来表示了。例如，电阻器不能用理想的电阻元件来表示，而要考虑电场和磁场的变化，因而需在模型中增添电感和电容等动态元件。

　　本书前面已指出，电路分析的基本依据是两类约束：拓扑约束和元件约束。电路的拓扑约束即基尔霍夫定律只取决于电路的连接方式，而与构成电路的元件性质无关。不论电阻电路还是动态电路，都要服从这一定律。为解决动态电路的分析问题，还需补充动态元件的元件约束，也就是电容、电感元件的电压、电流约束关系。本章将讨论电容、电感元件的定义、伏安关系，并引入记忆、状态等概念，同时介绍暂态、稳态、换路、原始状态、初始状态等概念，为动态电路的分析奠定基础。

5.1 　电 容 元 件

5.1.1 　(理想)电容元件的定义

　　电路理论中的电容元件是实际电容器的理想化模型。

　　电容器的物理结构是两块金属极板，中间用电介质隔开。由于理想介质是不导电的，因此在外电源的作用下，电容器两块极板上能分别存贮等量的异性电荷。外电源撤走后，由于介质的绝缘作用，电荷不能中和，因而能长久地存贮下去。在电荷建立的电场中自然贮藏着能量，因此，电容器是一种能够存贮电场能量的器件。理想的电容器具有存贮电荷从而在其中建立电场的作用，因此理想电容器应该是一种电荷与电压相约束的器件。

　　电容元件：一个二端元件，如果在任一时刻 t，它的电荷 $q(t)$ 与它的端电压 $u(t)$ 之间的关系可以用 u-q 平面上的一条曲线来确定，则此二端元件称为电容元件。

在某一时刻 t，$q(t)$ 和 $u(t)$ 所取的值分别称为电荷和电压在该时刻的瞬时值。因此，我们说电容元件的电荷瞬时值和电压瞬时值之间存在着一种代数关系。电容元件的符号如图 5-1 所示，图中所示为关联参考方向，即假定为正电位的极板上电荷也为正。

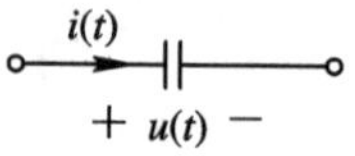

图 5-1 电容元件符号

如果 u-q 平面上的特性曲线是一条通过原点的直线，且不随时间而变，则此电容元件称为线性非时变电容元件，即

$$q(t) = Cu(t) \tag{5-1}$$

式中，C 为正值常数，称为电容。在国际单位中，电容的单位为法拉（简称为法，符号为 F）。其他常用的电容单位有皮法（pF）和微法（μF），$1 \text{ pF} = 10^{-12} \text{ F}$，$1 \text{ } \mu\text{F} = 10^{-6} \text{ F}$。习惯上，我们也常把电容元件简称为电容，并且，如不加说明，电容都指线性非时变电容。

在实际使用中，一个电容器除了标明它的电容量外，还需标明它的额定工作电压。由于介质的绝缘强度有限，因此每个电容器允许承受的电压是有限的，电压过高，介质就会被击穿从而变成导电体，丧失电容器的作用。所以，使用电容器时不应超过它的额定工作电压。

实际的电容都存在漏电现象。这是因为介质不可能是理想的，都具有一定的导电能力。在这种情况下，电容器模型中除了上述的理想电容元件外，还应包含电阻元件。

5.1.2 电容元件的伏安特性

虽然电容是根据 u-q 关系来定义的，但在电路分析中我们更关心元件的伏安关系（VAR），本节推导电容的 VAR。

电容如图 5-1 所示，在关联参考方向下，设电流依图方向注入极板，电荷量增加，有

$$i(t) = \frac{\mathrm{d}q}{\mathrm{d}t} \tag{5-2}$$

将 (5-1) 式代入 (5-2) 式得

$$i(t) = \frac{\mathrm{d}Cu(t)}{\mathrm{d}t} = C\frac{\mathrm{d}u(t)}{\mathrm{d}t} \tag{5-3}$$

这就是电容的 VAR，电流与电压是微分关系。若 u 与 i 的参考方向不一致，则需在 (5-3) 式右边加一负号。

(5-3) 式表明：在某一时刻，电容的电流取决于该时刻电容电压的变化率，而非电容电压本身。如果电压不变，那么 $\mathrm{d}u/\mathrm{d}t = 0$，即虽有电压，但电流为零，因此，电容有隔直流的作用，因为直流电压是不随时间变化的。

我们也可以把电容的电压 u 表示为电流 i 的函数。对 (5-3) 式积分可得

$$u(t) = \frac{1}{C}\int_{-\infty}^{t} i(\xi)\mathrm{d}\xi \tag{5-4}$$

如果只需要了解某一任意选定的初始时刻 t_0 以后电容电压的情况，则可以把 (5-4) 式写为

$$u(t) = \frac{1}{C}\int_{-\infty}^{t_0} i(\xi)\,\mathrm{d}\xi + \frac{1}{C}\int_{t_0}^{t} i(\xi)\,\mathrm{d}\xi = u(t_0) + \frac{1}{C}\int_{t_0}^{t} i(\xi)\,\mathrm{d}\xi \tag{5-5}$$

(5-5) 式是电容 VAR 的另一种表达，它表明：某一时刻 t，电容电压的数值并不取决于该时刻的电流值，而是取决于从 $-\infty$ 到 t 所有时刻的电流值，也就是说，与过去注入电容器的全部电流有关。这是因为电容电压取决于极板上聚集电荷的多少，而电荷的聚集是

电流从 $-\infty$ 到 t 长期作用的结果。当我们设定一个初始时刻 t_0 时，那么 t_0 时刻以前的电流作用对未来($t > t_0$ 时)产生的效果可由 $u(t_0)$，即电容的初始电压来反映。也就是说，如果我们知道了从初始时刻 t_0 开始作用的电流 $i(t)$ 以及电容的初始电压 $u(t_0)$，就能确定 $t \geqslant t_0$ 时的电容电压 $u(t)$ 了。

电容是聚集电荷的元件，(5-3)式和(5-4)式分别从电荷变化的角度和电荷积累的角度描述了电容的伏安关系。

例 5-1　电容 $C=1\ \mu\text{F}$，其电流和电压的参考方向一致，加在其上的电压 u_C 的波形如图 5-2(a)所示，试求电流并画出波形。

解　当 $0 \leqslant t \leqslant 0.5$ 时，$u_C = 2t\ \text{V}$；

当 $0.5 \leqslant t \leqslant 1.5$ 时，$u_C = 1\ \text{V}$；

当 $1.5 \leqslant t \leqslant 2$ 时，$u_C = -2t + 4\ \text{V}$；

当 $2 \leqslant t \leqslant 3$ 时，$u_C = t - 2\ \text{V}$；

当 $3 \leqslant t \leqslant 4$ 时，$u_C = -t + 4\ \text{V}$；

其他时刻，$u_C = 0$。

将以上 u_C 的表达式代入 $i = C\dfrac{\mathrm{d}u_C(t)}{\mathrm{d}t}$ 得：

当 $0 \leqslant t < 0.5$ 时，$i_C = 2\ \mu\text{A}$；

当 $0.5 \leqslant t < 1.5$ 时，$i_C = 0$；

当 $1.5 \leqslant t < 2$ 时，$i_C = -2\ \mu\text{A}$；

当 $2 \leqslant t < 3$ 时，$i_C = 1\ \mu\text{A}$；

当 $3 \leqslant t < 4$ 时，$i_C = -1\ \mu\text{A}$；

其他时刻，$i_C = 0$。

i_C 的波形如图 5-2(b)所示。

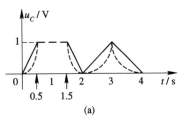

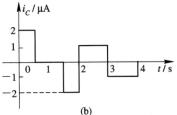

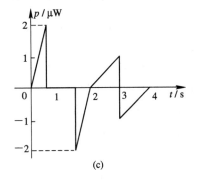

图 5-2　例 5-1 题图及求解

例 5-2　考虑漏电现象，电容器可以用一个电容 C 与一个漏电阻 R 并联的电路作为模型。若某电容器的模型如图 5-3(a)所示，其中 $C=0.1\ \mu\text{F}$，$R=150\ \text{k}\Omega$，外施电压如图 5-3(b)所示，试绘出电容器电流的波形。

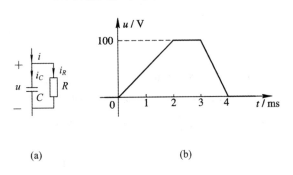

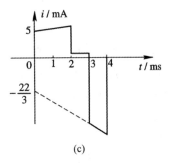

图 5-3　例 5-2 题图及求解

解　在图 5-3(a)所示参考方向下，有

$$i(t) = i_C(t) + i_R(t) = C\frac{\mathrm{d}u(t)}{\mathrm{d}t} + \frac{u(t)}{R}$$

当 $t < 0$ 时，$i(t) = 0$；

当 $0 \text{ ms} \leqslant t < 2 \text{ ms}$ 时，

$$i(t) = 0.1 \times 10^{-6} \times \frac{100}{2 \times 10^{-3}} + \frac{100t}{2 \times 10^{-3} \times 150 \times 10^{3}} = 5 \times 10^{-3} + \frac{t}{3} \text{ A};$$

当 $2 \text{ ms} \leqslant t < 3 \text{ ms}$ 时，

$$i(t) = 0 + \frac{100}{150 \times 10^{3}} = \frac{2}{3} \times 10^{-3} \text{ A};$$

当 $3 \text{ ms} \leqslant t < 4 \text{ ms}$ 时，

$$i(t) = 0.1 \times 10^{-6} \times \frac{-100}{1 \times 10^{-3}} + \frac{-10^{5}t + 400}{150 \times 10^{3}} = -\frac{22}{3} \times 10^{-3} - \frac{2t}{3} \text{ A};$$

当 $4 \text{ ms} \leqslant t$ 时，$i(t) = 0$。

如上所述可以画出电流 $i(t)$ 随时间 t 变化的波形图，见图 5 - 3(c)。从图中可知，电容电流在 $t=0$、$t=2$、$t=3$、$t=4$（单位毫秒）时发生了突变。

5.1.3 电容电压的连续性质和记忆性质

电容的 VAR(5-5)式反映了电容电压的两个重要特性，即电容电压的连续性质和记忆性质。

假定作用于 $1 \mu\text{F}$ 电容的电流波形如图 5 - 4(a)所示，若 $u(0) = 0$，则根据电容的 VAR 可以得到电容电压如图 5 - 4(b)所示。从图中可以看出，电容电流波形不连续而电容电压波形却是连续的，这是电容电压连续性质的表现。对例 5 - 1 所示的电容电流和电容电压加以比较，也不难看出这点。

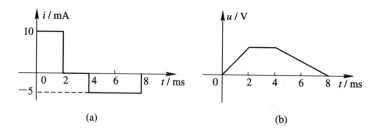

(a) (b)

图 5 - 4 $1 \mu\text{F}$ 电容的电流及电压波形

电容电压的连续性质可陈述如下：

若电容电流 $i(t)$ 在闭区间 $[t_a, t_b]$ 内为有界的，则电容电压 $u_C(t)$ 在开区间 (t_a, t_b) 内为时间变量 t 的连续函数，即在有限电容电流的前提下，电容电压不可能发生突然跳变。在动态电路分析中常常用到这一结论，但需要注意应用的前提，即当电容电流为无界时就不能运用。

（5 - 4）式还反映出电容电压的另一特性——记忆性质。因为电容电压取决于电流的全部历史，所以我们说电容电压有"记忆"电流的性质，电容是一种记忆元件。通常（5 - 5）式更具有实用价值，在含电容的动态电路分析中，知道电容的初始电压是一个常需具备的条件。

电容的初始电压可用附加电压源表示。设电容的初始电压 $u(t_0)=U$，如图5-5(a)所示，由(5-5)式可得

$$u(t) = u(t_0) + \frac{1}{C} \int_{t_0}^{t} i \, \mathrm{d}\xi = u(t_0) + u_1(t) = U + u_1(t) \quad (t \geq t_0)$$

由此可知：一个已被充电的电容，若已知 $u(t_0)=U$，则在 $t \geq t_0$ 时可等效为一个未充电的电容与电压源相串联的电路，电压源的电压值即为 t_0 时电容两端的电压 U，如图 5-5(b)所示。

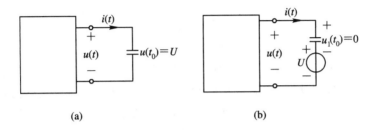

图 5-5　具有初始电压 U 的电容及其等效电路
(a) 具有初始电压 U 的电容；(b) 等效电路

5.1.4　电容元件的储能

如前所述，电容是一种储能元件。本节讨论电容的储能公式。

我们知道，任何元件的瞬时功率 p 可以计算如下：

$$p(t) = u(t) \cdot i(t) \tag{5-6}$$

当 u、i 采用关联参考方向时，上式代表元件吸收的功率。实际中，若 p 为正值，则表明该元件消耗或吸收功率；若 p 为负值，则表明该元件产生或释放功率。

如例 5-1 所示电容，把同一瞬间的电压和电流相乘可逐点绘出功率随时间变化的曲线，称为功率波形图，如图 5-2(c)所示。从功率波形图可见，功率可为正也可为负，这和电阻的功率总为正值是大不相同的。电容功率的这个特点表明：电容有时吸收功率，有时却又放出功率。考虑到能量与功率的关系：

$$p = \frac{\mathrm{d}E}{\mathrm{d}t} \tag{5-7}$$

因而，电容的能量 $E_C(t)$ 应为功率对时间 t 的积分，并由此绘出 E_C 的波形图，如图 5-2(a)中虚线所示(与 u 绘在一起)。我们可以看到，电容的能量总是为正值，但有时增长，有时减少。功率 p 为正值时能量增长，亦即电容吸收能量；功率 p 为负值时能量减少，亦即电容放出能量。在一段时期电容吸收了能量，但在另一段时期，却又把能量退还给了电源(或电路的其他部分)，由此表明电容仅仅是一种储能元件。

下面我们具体分析与电容的储能有关的因素。在 t_1 到 t_2 期间对电容 C 充电，电容电压为 $u(t)$，电流为 $i(t)$，则在此期间，供给电容的能量为

$$E_C(t_1, t_2) = \int_{t_1}^{t_2} p(\xi) \, \mathrm{d}\xi = \int_{t_1}^{t_2} u(\xi) i(\xi) \, \mathrm{d}\xi = \int_{t_1}^{t_2} C u(\xi) \frac{\mathrm{d}u}{\mathrm{d}\xi} \, \mathrm{d}\xi$$

$$= C \int_{u(t_1)}^{u(t_2)} u \, \mathrm{d}u = \frac{1}{2} C u^2 \bigg|_{u(t_1)}^{u(t_2)} = \frac{1}{2} C [u^2(t_2) - u^2(t_1)] \tag{5-8}$$

由(5-8)式可知：在 t_1 到 t_2 期间，供给电容的能量只与两个时间端点的电压值 $u(t_1)$ 和 $u(t_2)$ 有关，与在此期间的其他电压值无关。电容吸收的能量反映了电容储能的变化，若 t_1 时刻电容尚未充电，其电压和储能均为零，则由(5-8)式可得 t_2 时刻电容的储能为

$$E_C(t_2) = \frac{1}{2}Cu^2(t_2)$$

即电容 C 在某一时刻 t 的储能只与该时刻 t 的电压有关，有

$$E_C(t) = \frac{1}{2}Cu^2(t) \tag{5-9}$$

此为电容储能公式。电容电压反映了电容的储能状态。

由上述可知，正是电容的储能本质使电容电压具有记忆性质；正是在电容电流有界的条件下储能不能跃变，使电容电压具有连续性质。如果储能跃变（可理解为在无穷小的时间里，能量 E_C 从一个值跳变到另一个值），那么能量变化的速率，即功率 $p = \mathrm{d}E/\mathrm{d}t$ 将为无限大，这在电容电流为有界的条件下是不可能的。

5.1.5 电容元件的串并联

1. 电容元件的串联及等效电容

初始电压分别为 $u_1(0_-)$，$u_2(0_-)$，$\cdots$，$u_n(0_-)$ 的 n 个电容器，在 $t=0$ 时串联，并与电压为 $u(t)$（$u(t)$ 为任意波形）的电源相接，设电路中的电流为 $i(t)$，如图 5-6(a)所示。

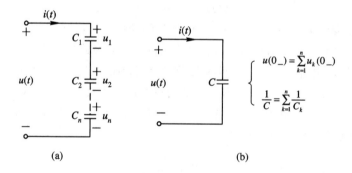

图 5-6 n 个电容器串联及其等效电路
（a）n 个电容器串联；（b）等效电路

这样，应用 KCL 有

$$i_k(t) = i(t) \quad (k = 1, 2, \cdots, n) \tag{5-10}$$

应用 KVL，有

$$u(t) = u_1(t) + u_2(t) + \cdots + u_n(t) \tag{5-11}$$

其中，任一电容器的特性方程为

$$u_k(t) = u_k(0_-) + \frac{1}{C_k}\int_{0_-}^{t} i_k(\xi)\,\mathrm{d}\xi \quad (k = 1, 2, \cdots, n) \tag{5-12}$$

将(5-10)式、(5-12)式代入(5-11)式，得

$$u(t) = \left[u_1(0_-) + \frac{1}{C_1} \int_{0_-}^{t} i(\xi)\, \mathrm{d}\xi \right] + \left[u_2(0_-) + \frac{1}{C_2} \int_{0_-}^{t} i(\xi)\, \mathrm{d}\xi \right] + \cdots$$

$$+ \left[u_n(0_-) + \frac{1}{C_n} \int_{0_-}^{t} i(\xi)\, \mathrm{d}\xi \right]$$

$$= \left[u_1(0_-) + u_2(0_-) + \cdots + u_n(0_-) \right]$$

$$+ \left[\frac{1}{C_1} + \frac{1}{C_2} + \cdots + \frac{1}{C_n} \right] \int_{0_-}^{t} i(\xi)\, \mathrm{d}\xi \tag{5-13}$$

定义

$$u(0_-) \stackrel{\mathrm{def}}{=\!=} u_1(0_-) + u_2(0_-) + \cdots + u_n(0_-) \tag{5-14}$$

为等效初始电压，使

$$\frac{1}{C} = \frac{1}{C_1} + \frac{1}{C_2} + \cdots + \frac{1}{C_n} \tag{5-15}$$

C 称为等效电容(这个关系与电阻并联相似)。将(5-14)式、(5-15)式代入(5-13)式得

$$u(t) = u(0_-) + \frac{1}{C} \int_{0_-}^{t} i(\xi)\, \mathrm{d}\xi \tag{5-16}$$

由此可得图 5-6(a)电路的等效电路如图 5-6(b)所示。

在电路分析中，常会遇到两个电容器串联的电路，这时其等效电容由(5-15)式得

$$C = \frac{C_1 C_2}{C_1 + C_2} \tag{5-17}$$

如果图 5-6(a)电路中电容器的初始电压都为零，则这时(5-16)式为

$$u(t) = \frac{1}{C} \int_{0_-}^{t} i(\xi)\, \mathrm{d}\xi$$

其中，任一电容器的特性方程为

$$u_k(t) = \frac{1}{C_k} \int_{0_-}^{t} i_k(\xi)\, \mathrm{d}\xi$$

比较上两式得

$$u_k(t) = \frac{1/C_k}{1/C} u(t) = \frac{C}{C_k} u(t) \tag{5-18}$$

(5-18)式指出，在所有串联电容器都是零初始电压的情况下，第 k 个电容器上分配到的电压与自身电容 C_k 成反比，这个关系与电阻分流公式相似。

对于两个电容器串联的电路，其分压公式由(5-18)式获得

$$\left. \begin{array}{l} u_1(t) = \dfrac{C_2}{C_1 + C_2} u(t) \\[3mm] u_2(t) = \dfrac{C_1}{C_1 + C_2} u(t) \end{array} \right\} \tag{5-19}$$

例 5-3　两个电容器，$C_1 = 1\ \mathrm{F}$，$u_1(0_-) = 0\ \mathrm{V}$，$C_2 = 2\ \mathrm{F}$，$u_2(0_-) = 2\ \mathrm{V}$，在 $t = 0$ 时串联，并与一电压源模型相接，如图 5-7(a)所示。已知当电路达稳态后，有 $i(t) = 0$。如果 $U_s = 20\ \mathrm{V}$，试计算稳态电压 $u_1(t)$ 与 $u_2(t)$。

解　将 $u_2(0_-)$ 用电压源 $U = 2\ \mathrm{V}$ 替代后的电路如图 5-7(b)所示，图 5-7(b)中，C_1、C_2 均为零初始电压，注意到 a、b 间的电压是 $u_2(t)$。设 C_2 上的电压为 $u_2'(t)$。在稳态时有

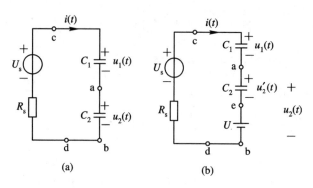

图 5 - 7　例 5 - 3 题图

$i(t) = 0$，于是有

$$u_{ce} = U_s - U = 20 - 2 = 18 \text{ V}$$

C_1、C_2 上的电压由(5 - 19)式的分压公式获得

$$u_1(t) = \frac{C_2}{C_1 + C_2} u_{ce} = \frac{2}{1+2} \times 18 = 12 \text{ V}$$

$$u_2^{'}(t) = \frac{C_1}{C_1 + C_2} u_{ce} = \frac{1}{1+2} \times 18 = 6 \text{ V}$$

于是，非零初始电容器 C_2 上的电压为

$$u_2(t) = u_2^{'}(t) + U = 6 + 2 = 8 \text{ V}$$

2. 电容元件的并联及等效电容

具有相同初始电压 $u_1(0_-) = u_2(0_-) = \cdots = u_n(0_-) = u(0_-)$ 的 n 个电容器，在 $t=0$ 时并联，并与端电压为 $u(t)$（$u(t)$ 为任意波形）的电源相接，如图 5 - 8(a)所示。

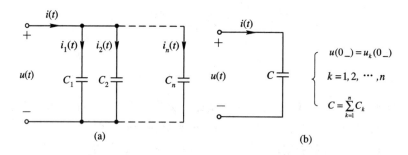

图 5 - 8　n 个电容并联及其等效电路

(a) n 个电容并联；(b) 等效电路

在图示参考方向下，应用 KVL，有

$$u_k(t) = u(t) \quad (k = 1, 2, \cdots, n) \tag{5 - 20}$$

应用 KCL，有

$$i(t) = i_1(t) + i_2(t) + \cdots + i_n(t) \tag{5 - 21}$$

考虑到(5 - 20)式，其中任一电容器的特性方程为

$$i_k(t) = C_k \frac{\mathrm{d}u_k}{\mathrm{d}t} = C_k \frac{\mathrm{d}u(t)}{\mathrm{d}t} \quad (k = 1, 2, \cdots, n) \tag{5 - 22}$$

将(5 - 22)式代入(5 - 21)式得

$$i(t) = C_1 \frac{\mathrm{d}u(t)}{\mathrm{d}t} + C_2 \frac{\mathrm{d}u(t)}{\mathrm{d}t} + \cdots + C_n \frac{\mathrm{d}u(t)}{\mathrm{d}t}$$

$$= (C_1 + C_2 + \cdots + C_n) \frac{\mathrm{d}u(t)}{\mathrm{d}t} \tag{5 - 23}$$

定义

$$C \stackrel{\mathrm{def}}{=\!=\!=} C_1 + C_2 + \cdots + C_n \tag{5 - 24}$$

为等效电容(这个关系与电阻串联相似)。将(5 - 24)式代入(5 - 23)式后得

$$i(t) = C \frac{\mathrm{d}u(t)}{\mathrm{d}t} \tag{5 - 25}$$

由此得到图 5 - 8(a)电路的等效电路如图 5 - 8(b)所示。

将(5 - 25)式中的 $\mathrm{d}u(t)/\mathrm{d}t$ 代入(5 - 22)式后,有

$$i_k(t) = \frac{C_k}{C} i(t) \tag{5 - 26}$$

(5 - 26)式指出:自总电流 $i(t)$ 中分入 k 支路的电流,与该支路电容成正比(这个关系与电阻分压相似)。

对于两个电容器并联的电路,其分流公式由(5 - 26)式获得

$$\left. \begin{aligned} i_1(t) &= \frac{C_1}{C_1 + C_2} i(t) \\ i_2(t) &= \frac{C_2}{C_1 + C_2} i(t) \end{aligned} \right\} \tag{5 - 27}$$

5.2 电 感 元 件

5.2.1 (理想)电感元件的定义

电路理论中的电感元件是实际电感器的理想化模型。

当导线中有电流流过时,在其周围即建立磁场。通常所说的电感线圈就是把导线绕成线圈,以增强线圈内部的磁场。磁场能够存储能量,因而电感线圈是一种能存贮磁场能量的器件。按集总假设,理想的电感器只具有产生磁通的作用而无其他作用,也就是说,理想电感器应是一种电流与磁链相约束的器件。

电感元件:一个二端元件,如果在任一时刻 t,它的电流 $i(t)$ 同它的磁链 $\psi(t)$ 之间的关系可用 i-ψ 平面上的一条曲线来确定,则此二端元件称为电感元件。

电感元件的符号如图 5 - 9 所示。在讨论 $i(t)$ 与 $\psi(t)$ 的关系时,通常采用关联的参考方向,即两者的参考方向应符合右手螺旋法则。我们假定电流的流入处标以磁链的＋号,这就表示,与元件对应的电感线圈中电流与磁链的参考方向符合右手螺旋法则。在图 5 - 9 中,＋、－ 号既表示磁链也表示电压的参考方向。

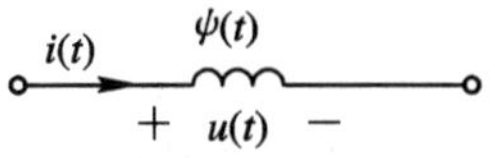

图 5 - 9 电感的符号

如果 i-ψ 平面上的特性曲线是一条通过原点的直线,且不随时间而变,则此电感元件称为线性非时变电感元件,即

$$\psi(t) = Li(t) \tag{5-28}$$

式中，L 为正值常数，称为电感。在国际单位中，电感的单位为亨利(简称为亨，符号为 H)。习惯上，我们也常把电感元件简称为电感，并且，如不加说明，电感都线性非时变电感。

实际的电感器除了具备上述的存贮磁能的主要性质外，还有一些能量损耗。这是因为构成电感器的导线并非理想，多少有点电阻。此时电感器的模型中除了上述的理想电感元件外，还应增添电阻元件。

在实际应用中，一个电感线圈除了标明它的电感值外，还应标明它的额定工作电流。电流过大，会使线圈过热或使线圈受到过大电磁力的作用而产生机械变形，甚至烧毁线圈。

为了使每单位电流产生的磁场增加，常在线圈中加入铁磁物质，其结果可以使同样的电流产生的磁链比不用铁磁物质时成百上千倍地增加，但这时 i-ψ 关系变为非线性的。

5.2.2　电感元件的伏安特性

虽然电感是根据 i-ψ 关系来定义的，但在电路分析中我们感兴趣的往往是它的伏安关系(VAR)。当通过电感的电流发生变化时，磁链也发生变化，根据电磁感应定律，电感两端将出现感应电压；当通过电感的电流不变时，磁链不发生变化，进而不会出现感应电压。这和电阻、电容元件完全不同，电阻是有电压就一定有电流；电容是电压变化才有电流；电感则是电流变化才有电压。

电磁感应定律：感应电压等于磁链的变化率。当电压的参考方向与磁链的参考方向符合右手螺旋法则时，可得

$$u = \frac{\mathrm{d}\psi}{\mathrm{d}t} \tag{5-29}$$

若电流与磁链的参考方向也符合右手螺旋法则，则可将(5-28)式的 i-ψ 关系代入(5-29)式，得

$$u = \frac{\mathrm{d}Li}{\mathrm{d}t} = L\frac{\mathrm{d}i}{\mathrm{d}t} \tag{5-30}$$

这就是电感的 VAR，其中涉及对电流的微分。(5-30)式必须在电流、电压参考方向一致时才能使用，若参考方向不一致，则需在该式前面加一负号。

(5-30)式表明：在某一时刻，电感的电压取决于该时刻电流的变化率，而不是电流本身。如果电流不变，那么 $\mathrm{d}i/\mathrm{d}t$ 为零，电感上的电压也为零，因此，电感对直流起着短路的作用。电感电流变化越快，即 $\mathrm{d}i/\mathrm{d}t$ 越大，感应电压就越大。

我们也可以把电感的电流 i 表示为电压 u 的函数。对(5-30)式积分，可得

$$i(t) = \frac{1}{L}\int_{-\infty}^{t} u(\xi)\,\mathrm{d}\xi = \frac{\psi(t)}{L} \tag{5-31}$$

在任选初始时刻 t_0 以后，(5-31)式可表示为

$$i(t) = \frac{1}{L}\int_{-\infty}^{t_0} u(\xi)\,\mathrm{d}\xi + \frac{1}{L}\int_{t_0}^{t} u(\xi)\,\mathrm{d}\xi = \frac{1}{L}\left[\psi(t_0) + \int_{t_0}^{t} u(\xi)\,\mathrm{d}\xi\right]$$

$$= i(t_0) + \frac{1}{L}\int_{t_0}^{t} u(\xi)\,\mathrm{d}\xi \quad (t \geqslant t_0) \tag{5-32}$$

上式告诉我们，在某一时刻 t 的电感电流值取决于其初始值 $i(t_0)$ 以及在 $[t_0,t]$ 区间内所有的电压值。(5-30)式和(5-32)式是电感 VAR 的两种表达式。

5.2.3 电感电流的连续性质和记忆性质

由上述电感的 VAR 可以看到，它与电容的 VAR 有极大的相似性，它们是对偶方程。电感和电容是对偶元件，电感的电流（电压）与电容的电压（电流）是对偶变量，L 和 C 是对偶参数。因此，电感电流与电容电压有许多相似的性质，如连续性与记忆性。在动态电路的诸电压、电流变量中，电容电压 $u_C(t)$ 和电感电流 $i_L(t)$ 占有特殊重要的地位，通常我们把这一对变量称为动态电路的状态变量。

与电容相似，电感的 VAR(5-32)式反映了电感电流的连续性质和记忆性质。

电感电流的连续性质可陈述如下：

若电感电压 $u(t)$ 在闭区间 $[t_a,t_b]$ 内为有界的，则电感电流 $i_L(t)$ 在开区间 (t_a,t_b) 内为时间 t 的连续函数，即在有限电感电压的前提下，电感电流不可能发生跳变。"电感电流不能跃变"在动态电路的分析中常常用到，但需注意应用的前提，即电感电压有界。

(5-31)式反映了电感电流的记忆性质。电感电流有"记忆"电压的性质，电感是一种记忆元件。(5-32)式是一个更具有实际意义，反映电感电流记忆性质的关系式。在该式中利用了初始电流 $i_L(t_0)$ 对 $t<t_0$ 时电压的记忆作用，使我们不需要知道 $t<t_0$ 时电压的具体情况，却能在确定 $t \geqslant t_0$ 的 $i_L(t)$ 时考虑到过去全部电压对它的影响。在含电感的动态电路分析中，知道电感的初始电流是一个重要的条件。

电感的初始电流可用附加电流源表示。设电感的初始电流为 $i(t_0)=I$，如图 5-10(a)所示，由(5-32)式可得

$$i(t) = i(t_0) + \frac{1}{L}\int_{t_0}^{t} u\, \mathrm{d}\xi = i(t_0) + i_1(t)$$
$$= I + i_1(t) \quad (t \geqslant t_0)$$

由此可知，一个具有初始电流的电感在 $t \geqslant t_0$ 时可等效为一个初始电流为零的电感与电流源的并联电路，电流源的电流值即为 t_0 时电感的电流 I，如图 5-10(b)所示。

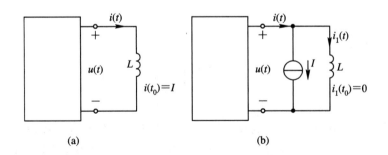

图 5-10 具有初始电流 I 的电感及其等效电路

(a) 具有初始电流 I 的电感；(b) 等效电路

例 5-4 若 2 H 电感的电压和电流参考方向一致，其电压波形如图 5-11(a)所示，已知 $i(0)=0$，求电感电流 $i(t)$，并绘出波形。

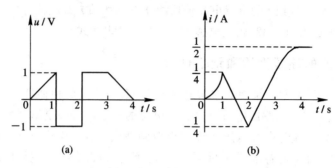

图 5-11 例 5-4 题图

解 由(5-32)式及电压波形可得：

当 0 s≤t≤1 s 时，

$$i(t) = i(0) + \frac{1}{2} \int_0^t \xi \, d\xi = \frac{t^2}{4} \, A$$

$$i(1) = \frac{1^2}{4} = \frac{1}{4} \, A$$

当 1 s≤t≤2 s 时，

$$i(t) = i(1) + \frac{1}{2} \int_1^t (-1) \, d\xi = \frac{1}{4} - \frac{t-1}{2} \, A$$

$$i(2) = \frac{1}{4} - \frac{2-1}{2} = -\frac{1}{4} \, A$$

当 2 s≤t≤3 s 时，

$$i(t) = i(2) + \frac{1}{2} \int_2^t (1) \, d\xi = -\frac{1}{4} + \frac{t-2}{2} \, A$$

$$i(3) = \frac{1}{4} \, A$$

当 3 s≤t≤4 s 时，

$$i(t) = i(3) + \frac{1}{2} \int_3^t (4-\xi) \, d\xi = \frac{1}{4} + 2(t-3) - \frac{1}{4}(t^2-9) \, A$$

$$i(4) = \frac{1}{2} \, A$$

当 4 s≤t 时，

$$i(t) = i(4) + \frac{1}{2} \int_4^t 0 \, d\xi = \frac{1}{2} \, A$$

绘出的电流波形见图 5-11(b)。

从本例所示的电流波形及电压波形可以看到：电压波形在 $t=1$ s 及 $t=2$ s 时有不连续点，但电流波形始终是连续的，从中也可以看出电感电流不能跳变，电压可以跳变。

5.2.4 电感元件的储能

电感是存储磁能的元件，储能公式的推导与 5.1 节中电容储能公式的推导类似(读者也可自行推导)。

在关联方向下，电感吸收的瞬时功率为

$$p(t) = u(t) \cdot i(t) \tag{5-33}$$

因此，在 t_1 到 t_2 期间所供给电感的能量可表示为

$$E_L(t_1, t_2) = \int_{t_1}^{t_2} u(\xi) i(\xi)\, \mathrm{d}\xi \tag{5-34}$$

对于线性电感，可将(5-30)式代入，得

$$E_L(t_1, t_2) = \int_{t_1}^{t_2} \left[L \frac{\mathrm{d}i(\xi)}{\mathrm{d}\xi} \right] i(\xi)\, \mathrm{d}\xi = \frac{1}{2} L \left[i^2(t_2) - i^2(t_1) \right] \tag{5-35}$$

此即为在 t_1 到 t_2 期间电感储能的改变量。

由此可知电感的储能公式为

$$E_L(t) = \frac{1}{2} L i^2(t) \tag{5-36}$$

上式表明，电感 L 在某一时刻 t 的储能只与该时刻的电流有关，电感电流反映了电感的储能状态。

5.2.5　电感元件的串并联

电感元件串联与并联公式的推导与电容元件相似，这里省略，仅给出电感串联、并联的公式(读者也可利用对偶关系推出)。

1. 电感串联公式

$L_1, L_2, \cdots, L_n$ 这 n 个电感相串联，其等效电感为

$$L = L_1 + L_2 + \cdots + L_n \tag{5-37}$$

分压公式为

$$u_k(t) = \frac{L_k}{L} u(t) \tag{5-38}$$

上式表明，第 k 个电感器上分到的电压 u_k 与其自身的电感 L_k 成正比(这个关系与电阻分压相似)。

2. 电感并联公式

$L_1, L_2, \cdots, L_n$ 这 n 个电感相并联，其等效电感为

$$\frac{1}{L} = \frac{1}{L_1} + \frac{1}{L_2} + \cdots + \frac{1}{L_n} \tag{5-39}$$

分流公式为

$$i_k(t) = \frac{1/L_k}{1/L} i(t) \tag{5-40}$$

上式表明，在所有电感器都是零初始电流的情况下，第 k 个电感器中分到的电流与自身电感 L_k 成反比(这个关系与电阻分流相似)。

对于两个电感器并联的电路，分流公式由(5-40)式获得

$$\left. \begin{aligned} i_1(t) &= \frac{L_2}{L_1 + L_2} i(t) \\ i_2(t) &= \frac{L_1}{L_1 + L_2} i(t) \end{aligned} \right\} \tag{5-41}$$

5.3 动态电路导论

5.3.1 动态电路的基本概念

在电阻电路的分析中，电路响应与激励之间的关系可用代数方程表征，其特点是响应仅与当时的激励有关。由上两节介绍的电容、电感性质知，当电路接有电容、电感等储能元件时，电路的响应与电路的历史状态有关，而且储能元件的电压和电流的约束关系是对时间变量 t 的微分或积分，因此含储能元件电路的方程都是微分方程。当电路元件都是线性非时变元件时，电路方程是线性常系数微分方程。

动态电路是指包含至少一个动态元件(电容或电感)的电路。动态电路中若含有一个独立的动态元件，则称为一阶电路，表征该一阶动态电路的电路方程为一阶常系数微分方程；动态电路中若含有两个独立的动态元件，则称为二阶电路(电路方程为二阶常系数微分方程)；若动态电路中含有三个或三个以上独立的动态元件，则称为高阶电路(电路方程为高阶常系数微分方程)。

动态电路的一个特征是当电路的结构或元件的参数发生改变时，如电路中电源或者无源元件断开或信号突然注入等，可能使电路改变原来的工作状态，而转变到另一个工作状态。这种转变往往需要经历一个过程，称为暂态，在工程上称为过渡过程。随着时间的推移，当电路中各个元件的电压和电流都不随时间改变，或都是与电源同频率的正弦量时，称这时的电路状态为稳态。根据电路的激励不同，可分为直流稳态电路和正弦稳态电路两类。在直流稳态电路中，各支路电压和电流均为恒定量，由于电感与电容的伏安关系为微分形式，因此直流稳态情况下，由 i_L 与 u_C 为恒定量，可得 $u_L = 0$，$i_C = 0$，即电感相当于短路，电容相当于开路。正弦稳态电路是指电路中电流、电压均为正弦交流量，本书第 9 章将介绍正弦稳态电路的求解。

把电路结构或者参数的改变所引起的电路变化统称为"换路"，若换路是在 $t = 0$ 时刻进行的(当然也可以设 $t = t_0$ 时刻进行)，则为了叙述的方便，把换路前趋近于换路的一瞬间记为 $t = 0_-$，把换路后的初始瞬间记为 $t = 0_+$，换路所经历的时间记为 0_- 到 0_+。

把动态电路中各电容电压和各电感电流在 $t = 0_+$ 时的数值集合称为电路的初始状态；把各电容电压和各电感电流在 $t = 0_-$ 时的数值集合称为电路的原始状态。如果在 $t = 0_+$ 时，各电容电压和电感电流均为零，则称为零初始状态，简称零状态。

下面以图 5-12 为例说明上述概念。在图 5-12(a)中，设电容原来没有充电，在 $t = 0$ 时刻，开关向上连到 a 点，电路进行了换路；在 $t = t_1$ 时刻，开关又移到 b 点，电路又进行换路。图 5-12(b)为电容电压 u_C 随时间 t 变化的曲线。从图(b)可以看到，由于在 $t = 0$ 时刻之前电容没有充电，因此电容电压的原始状态为 0，在 $t = 0$ 换路瞬间，即 $t = 0_+$ 时，电容电压的初始状态也为 0，即为零状态。随后电容被充电，电容电压随时间 t 增大，该过程即为暂态。当 $t = t'$ 时，电容电压被充电到电源电压值并保持不变，这时电路达到稳态。由于在 $t = t_1$ 时刻，电路又进行换路，电容电压又随时间变化，因此电路又进入暂态。

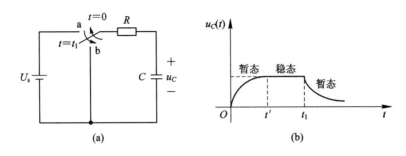

图 5 - 12　电路的暂态与稳态

5.3.2　换路定律及电路初始值的确定

用经典法求解常微分方程时，必须根据电路的初始条件来确定解答中的积分常数（定解）。设描述电路动态过程的微分方程为 n 阶，所谓初始条件，就是指电路中所求变量（电压或电流）及其 $n-1$ 阶导数在 $t=0_+$ 时的值，也称初始值。其中除独立电源的初始值外，电容电压 u_C 和电感电流 i_L 的初始值，即 $u_C(0_+)$ 和 $i_L(0_+)$ 称为独立的初始条件，其余称为非独立的初始条件。初始值的确定需要应用换路定律。

1. 换路定律

1）换路定律 1

若电路在 t_0 时刻换路，换路瞬间电容电流 i_C 为有限值，则

$$u_C(t_{0+}) = u_C(t_{0-}) \tag{5-42a}$$

$$q_C(t_{0+}) = q_C(t_{0-}) \tag{5-42b}$$

证明：对于线性电容来说，在任意时刻 t，它的电荷和电压可写为

$$q(t) = q(t_1) + \int_{t_1}^{t} i(\xi)\,\mathrm{d}\xi$$

$$u_C(t) = u_C(t_1) + \frac{1}{C}\int_{t_1}^{t} i(\xi)\,\mathrm{d}\xi$$

式中，q，u_C 分别为电容的电荷和电压。令 $t_1 = t_{0-}$，$t = t_{0+}$，得

$$q(t_{0+}) = q(t_{0-}) + \int_{t_{0-}}^{t_{0+}} i(\xi)\,\mathrm{d}\xi \tag{5-43a}$$

$$u_C(t_{0+}) = u_C(t_{0-}) + \frac{1}{C}\int_{t_{0-}}^{t_{0+}} i(\xi)\,\mathrm{d}\xi \qquad \qquad . \tag{5-43b}$$

从（5-43a）式和（5-43b）式可以看出，如果在换路前后，即 t_{0-} 到 t_{0+} 的瞬间，电流 $i_C(t)$ 为有限值，则式中右方的积分项将为零。也即在 t_{0-} 到 t_{0+} 的瞬间，电容上的电荷和电压不发生跃变。（5-42a）式和（5-42b）式得证。

对于一个 $t=t_{0-}$ 时不带电荷的电容来说，在换路瞬间电压不发生跃变的情况下，有 $u_C(t_{0+}) = u_C(t_{0-}) = 0$。可见，该瞬间电容相当于短路。

2）换路定律 2

若换路瞬间电感电压 u_L 为有限值，则

$$i_L(t_{0+}) = i_L(t_{0-}) \tag{5-44a}$$

$$\psi_L(t_{0+}) = \psi_L(t_{0-}) \tag{5-44b}$$

证明： 对于一个线性电感，其磁通链和电流可写为

$$\psi_L(t) = \psi_L(t_1) + \int_{t_1}^{t} u_L(\xi)\,\mathrm{d}\xi$$

$$i_L(t) = i_L(t_1) + \frac{1}{L}\int_{t_1}^{t} u_L(\xi)\,\mathrm{d}\xi$$

令 $t_1 = t_{0-}$，$t = t_{0+}$，得

$$\psi_L(t_{0+}) = \psi_L(t_{0-}) + \int_{t_{0-}}^{t_{0+}} u_L(\xi)\,\mathrm{d}\xi \qquad (5-45a)$$

$$i_L(t_{0+}) = i_L(t_{0-}) + \frac{1}{L}\int_{t_{0-}}^{t_{0+}} u_L(\xi)\,\mathrm{d}\xi \qquad (5-45b)$$

从 $(5-45a)$、$(5-45b)$ 式可看出，如果在换路前后，从 t_{0-} 到 t_{0+} 的瞬间，电压 $u(t)$ 为有限值，则式中右方积分项为零。也即在 t_{0-} 到 t_{0+} 的瞬间，电感中的磁通链和电流不发生跃变。$(5-44a)$ 式和 $(5-44b)$ 式得证。

对于一个 $t = t_{0-}$ 时电流为零的电感来说，在换路瞬间电流不发生跃变的情况下，有 $i_L(t_{0+}) = i_L(t_{0-}) = 0$。可见，该瞬间电感相当于开路。

应指出，电路在换路时，仅电容电压和电感电流受换路定律的约束不能跃变，而电容电流和电感电压以及电路中其他的电压、电流是可以跃变的。

2. 初始值（初始条件）的确定

根据换路定律，计算独立初始条件 $u_C(0_+)$ 和 $i_L(0_+)$，一般可以通过求解换路前的电路在 $t = 0_-$ 时刻的 $u_C(0_-)$ 和 $i_L(0_-)$ 来确定。对于电路中其他一些电压和电流的初始值（非独立初始条件），如电阻上的电压和电流、电容电流、电感电压等，由于这些量不满足换路定律所描述的 0_- 与 0_+ 时刻的等值规律，因此这些初始值的确定需由电路中的独立初始条件和 $t = 0_+$ 时刻的激励值确定，此时有必要引入 $t = 0_+$ 时刻等效电路的概念。具体步骤如下：

（1）根据换路前的电路求出 $u_C(0_-)$ 和 $i_L(0_-)$，依据换路定律确定 $u_C(0_+)$ 和 $i_L(0_+)$。

（2）画出 $t = 0_+$ 时刻的等效电路。即将每一电感用一电流源替换，其值为 $i_L(0_+)$；每一电容用一电压源替换，其值为 $u_C(0_+)$；电路中其他元件参数取 0_+ 时刻的数值。

（3）求解 $t = 0_+$ 时刻的等效电路即可得出所需要的初始电流和电压。

这里需要明确指出，$t = 0_+$ 时刻的等效电路仅在 0_+ 时刻有效，也即仅仅为了求取非独立初始条件。

例 5-5 如图 5-13(a) 所示电路，$t = 0$ 时刻开关 S 闭合，换路前电路处于稳态，求各支路电流和各元件电压的初始值。

解 （1）根据图 5-13(a)，计算出换路前的电感电流：

$$i_L(0_-) = \frac{6}{1+2} = 2\ \mathrm{mA}$$

根据换路定律，电感电流的初始值为

$$i_L(0_+) = i_L(0_-) = 2\ \mathrm{mA}$$

（2）作出 $t = 0_+$ 时刻的等效电路，如图 5-13(b) 所示，这时电感相当于一个 2 mA 电流源。

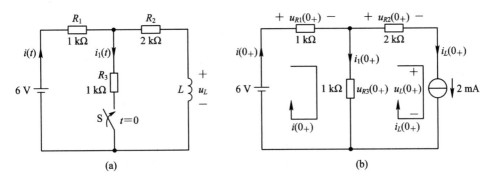

图 5 - 13 例 5 - 5 电路图

（a）电路图；（b）$t = 0_+$ 时刻的等效电路

（3）根据 $t = 0_+$ 时刻的等效电路，计算各支路电流和各元件电压的初始值。由于

$$i_L(0_+) = 2 \text{ mA}$$

因此

$$u_{R2}(0_+) = R_2 \cdot i_L(0_+) = 2 \times 10^3 \times 2 \times 10^{-3} = 4 \text{ V}$$

根据网孔法，有

$$(R_1 + R_3)i(0_+) - R_3 i_L(0_+) = 6$$

所以

$$i(0_+) = \frac{6 + R_3 i_L(0_+)}{R_1 + R_3} = \frac{6 + 1 \times 2}{1 + 1} = 4 \text{ mA}$$

则

$$u_{R1}(0_+) = i(0_+) \cdot R_1 = 4 \times 1 = 4 \text{ V}$$

根据 KCL，有

$$i_1(0_+) = i(0_+) - i_L(0_+) = 4 - 2 = 2 \text{ mA}$$

故

$$u_{R3}(0_+) = i_1(0_+) \cdot R_3 = 2 \times 1 = 2 \text{ V}$$
$$u_L(0_+) = u_{R3}(0_+) - u_{R2}(0_+) = 2 - 4 = -2 \text{ V}$$

例 5 - 6 如图 5 - 14(a)所示电路，$t = 0$ 时刻开关 S 闭合，换路前电路无储能，试计算各支路电流和各元件电压的初始值。

解 （1）根据题中所给定条件知，换路前电路无储能，故得出

$$i_L(0_-) = 0, \quad u_C(0_-) = 0$$

由换路定律可得

$$i_L(0_+) = 0, \quad u_C(0_+) = 0$$

（2）作出 $t = 0_+$ 时刻的等效电路，如图 5 - 14(b)所示，这时电容相当于短路，电感相当于开路。

（3）根据 $t = 0_+$ 时刻的等效电路，计算各支路电流和各元件电压的初始值。由于

$$i(0_+) = \frac{10}{4 + 6} = 1 \text{ A}$$

因此

$$u_{R1}(0_+) = R_1 \cdot i(0_+) = 4 \times 1 = 4 \text{ V}$$
$$u_{R3}(0_+) = R_3 \cdot i(0_+) = 6 \times 1 = 6 \text{ V}$$

$$u_{R2}(0_+) = R_2 \cdot i_L(0_+) = 0$$

$$u_L(0_+) = - u_{R2}(0_+) + u_{R3}(0_+) = 6 \text{ V}$$

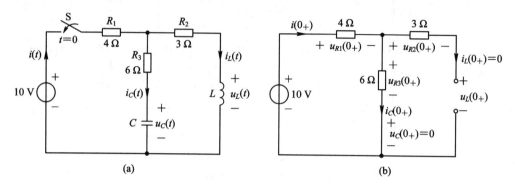

图 5-14　例 5-6 题图

(a) 电路图；(b) $t=0_+$ 时的等效电路

*5.4　一阶线性常系数微分方程的求解

由于电容和电感的 VAR 均含有电压或电流的微分形式，因此对动态电路的求解必将引入微分方程。本节和下节将简单回顾高等数学中微分方程的求解方法。

一阶线性常系数微分方程的一般表达式为

$$\frac{\mathrm{d}y(t)}{\mathrm{d}t} + a_1 y(t) = b_1 x(t) \tag{5-46}$$

由时域经典解法可知，非齐次方程(5-46)式的完全解由两部分组成：对应的齐次方程解与特解。齐次解满足(5-46)式右端为零时的齐次方程，即

$$\frac{\mathrm{d}y(t)}{\mathrm{d}t} + a_1 y(t) = 0 \tag{5-47}$$

齐次解的形式是 $ce^{\lambda t}$，令 $y(t) = ce^{\lambda t}$，代入(5-47)式有

$$c\lambda e^{\lambda t} + a_1 ce^{\lambda t} = 0$$

化简得

$$\lambda + a_1 = 0 \tag{5-48}$$

解得 $\lambda = -a_1$，于是得到

$$y_h(t) = ce^{-a_1 t}$$

这便是微分方程的齐次解形式，称(5-48)式为微分方程的特征方程，λ 为微分方程的特征根。

微分方程的特解 $y_p(t)$ 的函数形式与 $x(t)$ 的形式有关。将 $x(t)$ 代入(5-46)式的右端，化简后右端函数式称为"自由项"。通常由观察自由项试选特解函数式，代入方程后求得特解函数式中的待定系数，即可给出特解 $y_p(t)$。几种典型的 $x(t)$ 表达式对应的特解函数式列于表 5-1 中，供求解方程时参考。

其实，表 5-1 可以用于求解 n(自然数)阶微分方程的特解。

求出特解后非齐次微分方程的完全解为

$$y(t) = y_h(t) + y_p(t)$$

然后代入初始值 $y(0)$，便可得到微分方程的解。

表 5 - 1　几种典型函数对应的特解

$x(t)$表达式	$y(t)$的特解
E(常数)	k
t^p	$k_1 t^p + k_2 t^{p-1} + \cdots + k_p t + k_{p+1}$
e^{at}	$k e^{at}$
$\cos(\omega t)$	$k_1 \cos(\omega t) + k_2 \sin(\omega t)$
$\sin(\omega t)$	
$t^p e^{at} \cos(\omega t)$	$(k_1 t^p + \cdots + k_p t + k_{p+1}) e^{at} \cos(\omega t)$
$t^p e^{at} \sin(\omega t)$	$+ (l_1 t^p + \cdots + l_p t + l_{p+1}) e^{at} \sin(\omega t)$

注：(1) 表中 k，l 是待定系数。

(2) 若 $x(t)$ 由几种函数组合而成，则特解也为其相应的组合。

(3) 若表中所列特解与齐次解重复，则应在特解中增加一项：t 倍乘表中特解。若这种重复形式有 p 次(特征根为 p 重根)，则依次增加倍乘 t，t^2，$\cdots$，t^p 诸项。例如，$x(t) = e^{at}$，而齐次解也是 e^{at}(特征根 $\lambda = a$)，则特解为 $k_0 t e^{at} + k_1 e^{at}$。若 a 是 p 重根，则特解为 $(k_0 t^p + k_1 t^{p-1} + \cdots + k_p) e^{at}$。

例 5 - 7　给定微分方程式为

$$\frac{dy(t)}{dt} + 2y(t) = e^{-t}$$

并已知初始条件 $y(0) = 2$，求微分方程的解。

解　特征方程为

$$\lambda + 2 = 0$$

解得 $\lambda = -2$。

齐次解为

$$y_h(t) = A e^{-2t} \quad （A 为待定系数）$$

查表 5 - 1 后，令特解 $y_p(t) = k e^{-t}$，代入给定微分方程式得

$$-k e^{-t} + 2k e^{-t} = e^{-t}$$

解得 $k = 1$，特解为

$$y_p(t) = e^{-t}$$

综上，完全解形式为

$$y(t) = A e^{-2t} + e^{-t}$$

将初始条件 $y(0) = 2$ 代入上式，得

$$y(0) = A + 1 = 2$$

得 $A = 1$，因此完全解为

$$y(t) = e^{-2t} + e^{-t}$$

例 5 - 8　给定微分方程式为

$$2\frac{\mathrm{d}y}{\mathrm{d}t} + 3y = 6$$

并已知初始条件 $y(0)=9$，求微分方程的解。

解 特征方程为

$$2\lambda + 3 = 0$$

解得特征根 $\lambda = -1.5$，于是得齐次解

$$y_h = Ae^{-1.5t} \quad (A \text{ 为待定系数})$$

由于微分方程的右端项为常数，因此令方程的特解为

$$y_p = Q \quad (Q \text{ 为常数})$$

代入微分方程有 $3Q=6$，即 $Q=2$。方程的通解为

$$y(t) = y_h + y_p = Ae^{-1.5t} + 2$$

代入初始条件，求得 $A=7$，微分方程在给定初始条件下的解为

$$y(t) = 7e^{-1.5t} + 2$$

＊5.5 二阶线性常系数微分方程的求解

二阶线性常系数微分方程的一般表达式为

$$\frac{\mathrm{d}^2 y(t)}{\mathrm{d}t^2} + a_1\frac{\mathrm{d}y(t)}{\mathrm{d}t} + a_2 y(t) = b_1 x(t) \tag{5-49}$$

由时域经典解法可知，方程(5-49)的完全解由两部分组成：齐次解与特解。齐次解满足(5-49)式右端为零时的齐次方程，即

$$\frac{\mathrm{d}^2 y(t)}{\mathrm{d}t^2} + a_1\frac{\mathrm{d}y(t)}{\mathrm{d}t} + a_2 y(t) = 0 \tag{5-50}$$

其对应的特征方程为

$$\lambda^2 + a_1\lambda + a_2 = 0 \tag{5-51}$$

由此求解得到特征根为

$$\lambda_{1,2} = -\frac{a_1}{2} \pm \sqrt{\left(\frac{a_1}{2}\right)^2 - a_2} \tag{5-52}$$

令

$$\alpha = \frac{a_1}{2}, \quad \beta = \sqrt{a_2 - \left(\frac{a_1}{2}\right)^2}$$

当 a_1, a_2 的取值不同时，特征根可能出现以下三种情况：

(1) $a_1 > 2\sqrt{a_2}$ 时，λ_1、λ_2 为两个不相等的实根，此时有

$$y_h(t) = A_1 e^{\lambda_1 t} + A_2 e^{\lambda_2 t}$$

(2) $a_1 = 2\sqrt{a_2}$ 时，λ_1、λ_2 为两个相等的实根，此时有

$$y_h(t) = A_1 e^{\lambda t} + A_2 t e^{\lambda t}$$

(3) $a_1 < 2\sqrt{a_2}$ 时，λ_1、λ_2 为共轭复数根，此时有

$$y_h(t) = e^{-\alpha t}[A_1 \cos(\beta t) + A_2 \sin(\beta t)]$$

这便是二阶微分方程的齐次解形式。

微分方程的特解 $y_p(t)$ 的函数形式与 $x(t)$ 的形式有关，通常也是通过观察右端自由项试选特解，代入方程后求得特解函数式中的待定系数，即可给出特解 $y_p(t)$。几种典型的 $x(t)$ 表达式对应的特解函数式可参看表 5 - 1。

例 5 - 9　给定微分方程式为

$$\frac{d^2 y(t)}{dt^2} + 3\frac{dy(t)}{dt} + 2y(t) = x(t) \tag{A}$$

已知 $y(0)=0$，$\dfrac{dy(t)}{dt}\Big|_{t=0}=0$，求：

(1) $x(t)=t^2$；

(2) $x(t)=e^t$ 时对应的完全解。

解　微分方程对应的特征方程为

$$\lambda^2 + 3\lambda + 2 = 0$$

求得特征根为

$$\lambda_1 = -1, \quad \lambda_2 = -2$$

齐次解为

$$y_h(t) = A_1 e^{-t} + A_2 e^{-2t}$$

当 $x(t)=t^2$ 时，查表 5 - 1 可知其对应特解形式为

$$y_p(t) = k_1 t^2 + k_2 t + k_3$$

这里 k_1，k_2，k_3 为待定系数。将上式代入(A)式，得

$$2k_1 t^2 + (6k_1 + 2k_2)t + (2k_1 + 3k_2 + 2k_3) = t^2$$

等式两端各对应幂次的系数应相等，于是有

$$\begin{cases} 2k_1 = 1 \\ 6k_1 + 2k_2 = 0 \\ 2k_1 + 3k_2 + 2k_3 = 0 \end{cases} \Rightarrow \begin{cases} k_1 = \dfrac{1}{2} \\ k_2 = -\dfrac{3}{2} \\ k_3 = \dfrac{7}{4} \end{cases}$$

则

$$y_p(t) = \frac{1}{2}t^2 - \frac{3}{2}t + \frac{7}{4}$$

完全解为

$$y(t) = A_1 e^{-t} + A_2 e^{-2t} + \frac{1}{2}t^2 - \frac{3}{2}t + \frac{7}{4} \tag{B}$$

将 $y(0)=0$ 代入(B)式，得

$$y(0) = A_1 + A_2 + \frac{7}{4} = 0 \tag{C}$$

将(B)式对 t 求导，得

$$\frac{dy(t)}{dt} = -A_1 e^{-t} - 2A_2 e^{-2t} + t - \frac{3}{2} = 0$$

将 $\dfrac{dy(t)}{dt}\Big|_{t=0}=0$ 代入上式，得

$$-A_1 - 2A_2 - \frac{3}{2} = 0 \qquad\qquad (D)$$

联立(C)、(D)式,得

$$A_1 = -2, \quad A_2 = \frac{1}{4}$$

完全解为

$$y(t) = -2e^{-t} + \frac{1}{4}e^{-2t} + \frac{1}{2}t^2 - \frac{3}{2}t + \frac{7}{4}$$

当 $x(t) = e^t$ 时,查表 5-1 可知其对应特解形式为 $y_p(t) = ke^t$,将此式代入(A)式,得

$$ke^t + 3ke^t + 2ke^t = e^t$$

则

$$k = \frac{1}{6}$$

$$y_p(t) = \frac{1}{6}e^t$$

完全解为

$$y(t) = A_1 e^{-t} + A_2 e^{-2t} + \frac{1}{6}e^t \qquad\qquad (E)$$

将 $y(0) = 0$ 代入(E)式,得

$$A_1 + A_2 + \frac{1}{6} = 0 \qquad\qquad (F)$$

将(E)式对 t 求导,得

$$\frac{dy(t)}{dt} = -A_1 e^{-t} - 2A_2 e^{-2t} + \frac{1}{6}e^t$$

将 $\left.\dfrac{dy(t)}{dt}\right|_{t=0} = 0$ 代入上式,得

$$-A_1 - 2A_2 + \frac{1}{6} = 0 \qquad\qquad (G)$$

联立(F)、(G)两式,得

$$A_1 = -\frac{1}{2}, \quad A_2 = \frac{1}{3}$$

完全解为

$$y(t) = -\frac{1}{2}e^{-t} + \frac{1}{3}e^{-2t} + \frac{1}{6}e^t$$

习　　题

5-1　已知电容 $C = 1\ \text{mF}$,无初始储能,通过电容的电流波形如习题 5-1 图所示,试求与电流参考方向关联的电容电压,并画出波形图。

5-2　已知电感 $L = 0.5\ \text{H}$ 上的电流波形如习题 5-2 图所示,试求电感电压,并画出波形图。

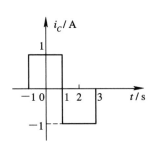

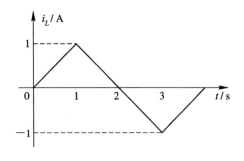

习题 5 - 1 图　　　　　　　　　　　　　　习题 5 - 2 图

5 - 3　作用于 25 μF 电容的电流如习题 5 - 3 图所示，若 $u_C(0)=0$，试确定 $t=17$ ms 和 $t=40$ ms 时的电容电压、吸收功率以及储能。

5 - 4　习题 5 - 4 图所示电路处于直流稳态，试计算电容和电感贮存的能量。

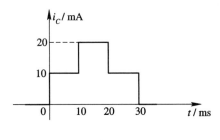

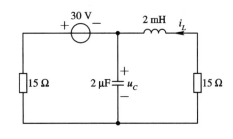

习题 5 - 3 图　　　　　　　　　　　　　　习题 5 - 4 图

5 - 5　为什么电容元件可以隔开直流分量？电感元件在恒定直流电路中为什么最终可以等效为短路？

5 - 6　习题 5 - 6 图电路中的开关闭合已经很久，$t=0$ 时断开开关，试求 $u_C(0_+)$ 和 $u(0_+)$。

5 - 7　习题 5 - 7 图电路中的开关闭合已经很久，$t=0$ 时断开开关，试求 $i_L(0_-)$ 和 $i(0_+)$。

5 - 8　习题 5 - 8 图电路中的开关闭合已经很久，$t=0$ 时断开开关，试求 $u_C(0_+)$ 和 $i_L(0_+)$。

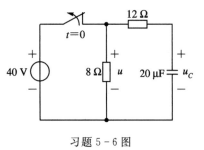

习题 5 - 6 图

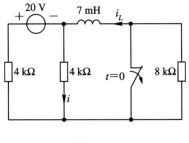

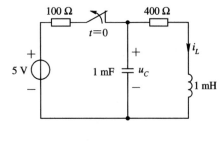

习题 5 - 7 图　　　　　　　　　　　　　习题 5 - 8 图

5 - 9　求解下列一阶线性常系数微分方程：

(1) $\dfrac{\mathrm{d}y(t)}{\mathrm{d}t}+y(t)=\mathrm{e}^{-t}$, $y(0)=1$;

(2) $\dfrac{\mathrm{d}y(t)}{\mathrm{d}t}+y(t)=\mathrm{e}^{-t}\cos t$, $y(0)=1$;

(3) $5\dfrac{\mathrm{d}y(t)}{\mathrm{d}t}+10y(t)=0$, $y(0)=2$;

(4) $2\dfrac{\mathrm{d}y(t)}{\mathrm{d}t}+6y(t)=18$, $y(0)=5$。

5-10 求解下列二阶线性常系数微分方程:

(1) $\dfrac{\mathrm{d}^2 y(t)}{\mathrm{d}t^2}+\dfrac{\mathrm{d}y(t)}{\mathrm{d}t}+y(t)=\mathrm{e}^{-t}$, $y(0)=0$, $\left.\dfrac{\mathrm{d}y(t)}{\mathrm{d}t}\right|_{t=0}=0$;

(2) $\dfrac{\mathrm{d}^2 y(t)}{\mathrm{d}t^2}+2\dfrac{\mathrm{d}y(t)}{\mathrm{d}t}+y(t)=\cos t$, $y(0)=0$, $\left.\dfrac{\mathrm{d}y(t)}{\mathrm{d}t}\right|_{t=0}=0$;

(3) $\dfrac{\mathrm{d}^2 y(t)}{\mathrm{d}t^2}+3\dfrac{\mathrm{d}y(t)}{\mathrm{d}t}+2y=8$, $y(0)=2$, $\left.\dfrac{\mathrm{d}y(t)}{\mathrm{d}t}\right|_{t=0}=0$。

第 6 章 一 阶 电 路

电阻电路和动态电路都受到 KCL 和 KVL 的约束。研究动态电路的经典方法为求解微分方程法。我们经常遇到的只含一个动态元件的线性、非时变电路,其描述方程为一阶线性常系数微分方程。

本章研究一阶电路,重点为无电源一阶电路和具有恒定激励源的一阶电路,分析方法为求解一阶线性常系数微分方程。在此基础上推出适用于分析激励电源为常数的一阶电路的三要素法。关于用叠加原理求解电路的方法也是本章的另一线索。同时,本章还将介绍有关动态电路的一些基本概念:零输入响应和零状态响应;暂态和稳态;时间常数和固有频率等。

6.1 线性与时不变性

本章所研究的动态电路都只限于线性、非时变的。那么一个动态电路满足什么条件时,才是线性与非时变的呢?下面分别叙述。

将一个动态电路的激励源从中拿去,剩下的部分构成一个双端口网络,一个端口接输入,另一个端口输出响应。当该系统满足均匀性与叠加性时,称之为线性系统。均匀性与叠加性的意义是:对于给定的系统,若 $x_1(t)$、$y_1(t)$ 和 $x_2(t)$、$y_2(t)$ 分别代表两对激励与响应,则当激励源为 $c_1 x_1(t) + c_2 x_2(t)$ 时(c_1,c_2 分别是常数),系统的响应为 $c_1 y_1(t) + c_2 y_2(t)$。此特性示意于图 6-1 中。

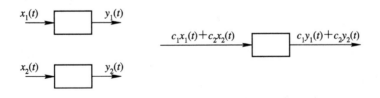

图 6-1 线性系统的均匀性与叠加性

对于时不变系统(非时变性),在同样初始状态下,系统响应与激励施加于系统的时刻无关。若激励 $x(t)$ 产生响应 $y(t)$,则激励 $x(t-t_0)$ 产生的响应为 $y(t-t_0)$。此特性如图 6-2 所示。这表明激励延迟 t_0,响应也延迟 t_0。

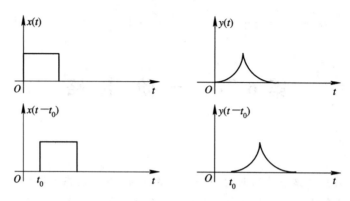

图 6 - 2 时不变系统特性

例 6 - 1 下面每个系统中，$x(t)$表示激励，$y(t)$表示响应。判断每个激励与响应的关系是否为线性的？是否为时不变的？

(1) $y(t) = 2x(t) + 3$；

(2) $y(t) = x(t) \sin\left(\dfrac{2\pi}{7}t + \dfrac{\pi}{6}\right)$；

(3) $y(t) = [x(t)]^2$；

(4) $y(t) = 2x(t)$。

解 (1) 令
$$y_1(t) = 2x_1(t) + 3, \quad y_2(t) = 2x_2(t) + 3$$
则当输入为 $c_1 x_1(t) + c_2 x_2(t)$ 时，输出 $y(t)$ 为
$$y(t) = 2[c_1 x_1(t) + c_2 x_2(t)] + 3 \neq c_1 y_1(t) + c_2 y_2(t)$$
所以该系统是非线性的。

当输入为 $x(t - t_0)$ 时，输出 $y(t)$ 为
$$y(t) = 2x(t - t_0) + 3 = y(t - t_0)$$
所以该系统是时不变的。

(2) 令
$$y_1(t) = x_1(t) \sin\left(\frac{2\pi}{7}t + \frac{\pi}{6}\right), \quad y_2(t) = x_2(t) \sin\left(\frac{2\pi}{7}t + \frac{\pi}{6}\right)$$
则当输入为 $c_1 x_1(t) + c_2 x_2(t)$ 时，输出 $y(t)$ 为
$$y(t) = [c_1 x_1(t) + c_2 x_2(t)] \sin\left(\frac{2\pi}{7}t + \frac{\pi}{6}\right) = c_1 y_1(t) + c_2 y_2(t)$$
所以该系统是线性的。

当输入为 $x(t - t_0)$ 时，输出 $y(t)$ 为
$$y(t) = x(t - t_0) \sin\left(\frac{2\pi}{7}t + \frac{\pi}{6}\right) \neq y(t - t_0)$$
所以该系统是时变的。

(3) 令
$$y_1(t) = [x_1(t)]^2, \quad y_2(t) = [x_2(t)]^2$$
则当输入为 $c_1 x_1(t) + c_2 x_2(t)$ 时，输出 $y(t)$ 为

$$y(t) = [c_1 x_1(t) + c_2 x_2(t)]^2 = c_1^2 [x_1(t)]^2 + 2c_1 c_2 x_1(t) x_2(t) + c_2^2 [x_2(t)]^2$$
$$\neq c_1 y_1(t) + c_2 y_2(t)$$

所以该系统是非线性的。

当输入为 $x(t-t_0)$ 时，输出 $y(t)$ 为
$$y(t) = [x(t-t_0)]^2 = y(t-t_0)$$

所以该系统是时不变的。

（4）令
$$y_1(t) = 2x_1(t), \quad y_2(t) = 2x_2(t)$$

则当输入为 $c_1 x_1(t) + c_2 x_2(t)$ 时，输出 $y(t)$ 为
$$y(t) = 2[c_1 x_1(t) + c_2 x_2(t)] = c_1 y_1(t) + c_2 y_2(t)$$

所以该系统是线性的。

当输入为 $x(t-t_0)$ 时，输出 $y(t)$ 为
$$y(t) = 2x(t-t_0) = y(t-t_0)$$

所以该系统是时不变的。

6.2 一阶电路的零输入响应

6.2.1 一阶 RC 电路的零输入响应

零输入响应：指电路在没有外加输入时的响应。没有输入，哪来的响应？原因就在于初始时刻电路中动态元件（电容、电感）已经贮有能量，也即意味着在初始时刻前，一定有电源作用过。因为我们研究的是初始时刻以后的电路响应，所以如果在初始时刻后，电路内已无电源作用，那么，电路的响应就是零输入响应。在研究动态电路的响应时，都是指在某一具体的初始时刻以后的响应，这一初始时刻常被选为时间的起点，即 $t=0$。

设电路如图 6-3(a)所示，在 $t<0$ 时，开关 S_1 一直闭合，因而电容 C 被电压源充电到电压 U_0。在 $t=0$ 时，开关 S_1 打开而开关 S_2 同时闭合，假定开关动作瞬时完成。开关的动作常称为"换路"。这样，通过换路，我们便得到如图 6-3(b)所示的电路，在该电路中，当 $t \geqslant 0$ 时电路中虽无电源，但仍可能有电流、电压存在，构成零输入响应。

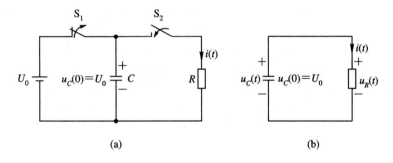

(a)   **(b)**

图 6-3 RC 零输入响应

(a) $t<0$ 时的电路；(b) $t \geqslant 0$ 时的电路

先从物理概念上对以上电路进行定性的分析。在 $t=0$ 的瞬间，电容与电压源脱离而改为与电阻相连接，但电容电压不能突变。这是因为：如果在换路瞬间电压立即由原来的 U_0 值改变为其他数值，发生跃变，那么流过电容的电流将为无限大，电阻电压也将为无限大，而在该电路中并无其他能提供无限大电压的电源，使得电路中各电压能满足 KVL 条件。因而，电流只能为有界的，电容电压不能跃变。所以有 $u_C(0_+)=u_C(0_-)=u_C(0)=U_0$，因此，此刻通过电阻的电流为 U_0/R，而 $i_R(0_-)=0\neq i_R(0_+)=U_0/R$，也即电路中电流发生了突变。之后电容通过 R 放电，电容上电压将逐渐减小，最后降为零，电流也相应地从 U_0/R 值逐渐下降至零。在这个过程中，初始时刻电压为 U_0 的电容所存贮的能量逐渐被电阻所消耗，转化为热能。

下面定量分析。设备元件参考方向如图 6-3(b) 所示，列微分方程为

$$-u_C(t)+u_R(t)=0$$

$$-u_C-RC\frac{\mathrm{d}u_C}{\mathrm{d}t}=0 \qquad (电容的电压和电流为非关联参考方向)$$

$$RC\lambda+1=0 \qquad (特征方程)$$

$$\lambda=-\frac{1}{RC} \qquad (\lambda 为特征根)$$

$$u_C(t)=k\mathrm{e}^{-\frac{1}{RC}t} \qquad (k 为常数)$$

将初始条件 $u_C(0)=U_0$ 代入上式，得

$$U_0=k\mathrm{e}^0=k$$

则

$$u_C(t)=U_0\mathrm{e}^{-\frac{1}{RC}t} \qquad (t\geqslant 0)$$

于是

$$i(t)=-C\frac{\mathrm{d}u_C}{\mathrm{d}t}=\frac{U_0}{R}\mathrm{e}^{-\frac{1}{RC}t} \qquad (t\geqslant 0)$$

如果取 $U_0=1$ V，$RC=0.25$ s，那么得到的 $u_C(t)$ 波形如图 6-4 所示。电路中的电流波形与电压波形大致相当，只是幅度差一个常数而已。量纲分析可知，当 R 的单位是欧姆、C 的单位是法拉时，RC 的单位是秒。在这里记 $\tau=RC$，τ 称为时间常数。τ 越大，电压幅度衰减越慢；τ 越小，电压幅度衰减越快。工程上近似认为经过 $3\tau\sim5\tau$ 时间，电压可以衰减到零。

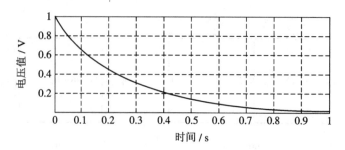

图 6-4 电容电压的零输入响应波形

例 6-2 电路如图 6-5 所示，已知 $R_1=9$ Ω，$R_2=4$ Ω，$R_3=8$ Ω，$R_4=3$ Ω，$R_5=1$ Ω，$t=0$ 时开关打开，求 $u_{ab}(t)$，$t\geqslant0$。

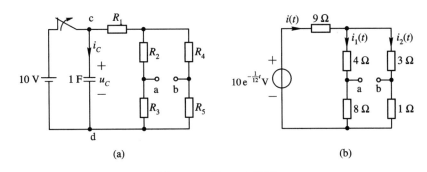

图 6 - 5　例 6 - 2 题图

(a) $t<0$ 时的电路；(b) $t\geqslant0$ 时的电路

解　先计算 c、d 两点间的电阻：

$$R_{cd} = \frac{(4+8)\times(3+1)}{(4+8)+(3+1)} + 9 = 12 \ \Omega$$

从而有

$$\tau = R_{cd}C = 12\times1 = 12 \ s$$

$$u_C(t) = u_C(0) \ e^{-\frac{t}{12}} = 10 \ e^{-\frac{t}{12}} \ V$$

根据替代定理，可用电压为 $u_C(t)$ 的电压源替代电容，得电阻电路如图6-5(b)所示，从而有

$$i(t) = \frac{10 \ e^{-\frac{t}{12}}}{12} = \frac{5}{6} \ e^{-\frac{t}{12}} \ A$$

$$i_1(t) = \frac{5}{6} \ e^{-\frac{t}{12}} \left(\frac{4}{12+4}\right) = \frac{5}{24} e^{-\frac{t}{12}} \ A$$

$$i_2(t) = \frac{5}{6} \ e^{-\frac{t}{12}} \left(\frac{12}{12+4}\right) = \frac{15}{24} \ e^{-\frac{t}{12}} \ A$$

$$u_{ab}(t) = -4i_1(t) + 3i_2(t) = \frac{25}{24} \ e^{-\frac{t}{12}} \ V \quad (t\geqslant0)$$

6.2.2　一阶 *RL* 电路的零输入响应

另一类典型的一阶电路是 *RL* 电路，电路如图 6 - 6 所示。在 $t<0$ 时，电路如图 6 - 6(a)所示，开关 S_1 与 b 相连，S_2 打开，电感 *L* 由电流源 I_0 供电。设在 $t=0$ 时，S_1 迅速投向 c 端，S_2 同时闭合，这样，电感 *L* 便与电阻相连接，电路如图 6 - 6(b)所示。

现定性分析，电路如图 6 - 6(b)所示，在 S_2 动作瞬间，由于电感电流不能跃变，因而仍然具有电流 I_0，该电流将随着时间的推移而逐渐下降直至为零。在这一过程中，初始时刻电感存贮的磁能逐渐被电阻消耗，转化为热能。

现定量分析。由图中参考方向，并根据 KVL 列方程，有

$$u_L(t) - u_R(t) = 0$$

$$L\frac{di_L}{dt} + Ri_L = 0 \quad (t\geqslant0)$$

$$L\lambda + R = 0$$

$$\lambda = -\frac{R}{L}$$

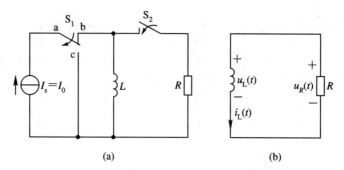

$$\text{(a)} \qquad\qquad\qquad \text{(b)}$$

图 6 - 6 具有初始电流 I_0 的电感与电阻相连接

(a) $t < 0$ 时的电路；(b) $t \geqslant 0$ 时的电路

$$i_L = k\mathrm{e}^{-\frac{R}{L}t} \quad (k \text{ 为常数})$$

将初始条件 $i_L(0) = I_0$ 代入上式，得

$$I_0 = k\mathrm{e}^0 = k$$

$$i_L = I_0 \mathrm{e}^{-\frac{R}{L}t}$$

若取 $I_0 = 1$ A，$L/R = 0.25$ s，则其电流波形也如图 6 - 4 所示。从图中可以看出，随着时间的增加，电流 i_L 在逐渐减小，直至为零。量纲分析可知，当 R 的单位是欧姆，L 的单位是亨利时，L/R 的单位是秒。在这里记 $\tau = L/R$，τ 为时间常数。τ 越大，电流幅度衰减越慢；τ 越小，电流幅度衰减越快。

例 6 - 3 如图 6 - 7(a)所示，电路已处于稳态，当 $t = 0$ 时，开关 S_1 打开，开关 S_2 闭合，求 $t \geqslant 0$ 时的 $i_L(t)$ 和 $u_R(t)$。

解 在 $t = 0$ 时刻前，电路处于稳态，说明电感已有初始电流，即

$$i_L(0_-) = \frac{15}{3+2} = 3 \text{ A}$$

可画出开关 S_2 闭合后的电路图如图 6 - 7(b)所示，由此图列微分方程，得

$$L\frac{\mathrm{d}i_L}{\mathrm{d}t} + i_L(6+2) = 0$$

$$i_L(0_-) = i_L(0_+) = 3$$

$$L\lambda + 8 = 0$$

$$\lambda = -4$$

$$i_L(t) = k\mathrm{e}^{-4t}$$

代入初始条件 $i_L(0) = i_L(0_+) = 3$，得

$$i_L(0) = k\mathrm{e}^0 = 3$$

$$k = 3$$

$$i_L(t) = 3\mathrm{e}^{-4t} \text{ A}$$

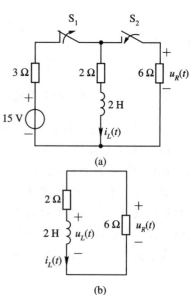

$$\text{(a)}$$

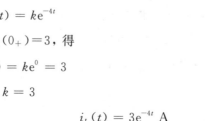

$$\text{(b)}$$

图 6 - 7 例 6 - 3 题图

$$u_R(t) = -i_L(t) \times 6 = -18e^{-4t} \text{ V}$$

例 6 - 4　电路如图 6 - 8 所示，已知 $i_L(0_+) = 3$ A，求 $t \geq 0$ 时的 $i_L(t)$ 和 $u_R(t)$。

解
$$\begin{cases} L\dfrac{di_L(t)}{dt} + 2i_L(t) = u_R(t) \\ \dfrac{u_R(t)}{6} + \dfrac{u_R(t)}{3} = -i_L(t) \end{cases}$$

$$\frac{di_L(t)}{dt} + 2i_L(t) = 0$$
$$\lambda + 2 = 0$$
$$\lambda = -2$$
$$i_L(t) = ke^{-2t} \text{ A}$$

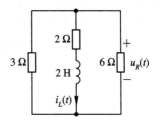

图 6 - 8　例 6 - 4 题图

代入初始条件 $i_L(0) = 3$，得 $k = 3$，有

$$i_L(t) = 3e^{-2t} \text{ A}$$

从而

$$u_R(t) = 2i_L(t) + L\frac{di_L(t)}{dt} = 2 \times 3e^{-2t} + 2 \times 3 \times (-2)e^{-2t} = -6e^{-2t} \text{ V}$$

　　初始状态可以认为是电路的激励。从 $u_C(t)$ 和 $i_L(t)$ 的表达式可以看到：若初始状态增大至 α 倍，则零输入响应也增大至 α 倍。这种初始状态和零输入响应之间的正比关系称为线性动态电路的零输入比例性，是线性动态电路激励与响应呈线性关系的反映。

　　最后还要指出：由于 $\tau = -1/\lambda$，即 $\lambda = -1/\tau$，显然特征根具有时间倒数或频率的量纲，故称为固有频率。以上例题中的特征根 λ（固有频率）为负值，表明响应是按指数规律衰减的。

6.3　恒定电源作用下一阶电路的零状态响应

6.3.1　恒定电源作用下一阶 RC 电路的零状态响应

　　零状态响应：指零初始状态的响应。这是在零初始状态下，由在初始时刻开始施加于电路的输入所产生的响应。其实，这就是我们常常遇到的问题，即在电路的输入端加上激励，然后求其在输出端的响应。

　　设直流一阶电路如图 6 - 9 所示，电流源在 $t = 0$ 时刻加入电路，求其输出响应 $u_C(t)$。在定量分析前，我们先从物理概念上定性阐明接上电流源之后，电容上电压 $u_C(t)$ 的变化趋势。由于流过电容上的电流只能为有界的，因此电容电压不能跃变，从而有 $u_C(0_+) = u_C(0_-) = 0$，所以在初始时刻流过电阻 R 上的电流为零，相当于在零时刻（仅仅是一个时间点而不是一个时间段），电阻被电容短路，所有电流均流过电容。随

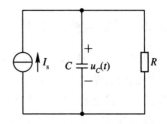

图 6 - 9　电流源与 RC 电路相连

着时间的推移，电容上逐渐积累了电荷，形成电压，也即 $u_C(t)$ 不再为零，这时电阻 R 上会有电流流过。随着电容电压的逐渐增长，流过电阻的电流也在逐渐增长，又因为总电流 I_s

为常量，所以流过电容的电流将逐渐减少。随着时间的延长，将会出现所有电流都流过电阻，电容如同开路的现象，这时充电停止（理论上说充电永不停止，但实际中，在数秒或是数毫秒内将完成对电容的充电过程，这取决于时间常数 τ），电容电压 $u_c \approx RI_s$。当直流电路中各个元件的电压和电流都不随时间变化时，我们说电路进入了直流稳态。

现定量计算。在 $t=0$ 时刻后，三个元件的电压是一样的，均为 u_C，列微分方程，得

$$C\frac{\mathrm{d}u_C}{\mathrm{d}t} + \frac{1}{R}u_C = I_s \quad (t \geqslant 0) \tag{6-1}$$

其中，I_s 为常量。因为初始状态为零，因此得微分方程的初始条件为

$$u_C(0) = 0 \tag{6-2}$$

即有

$$C\lambda + \frac{1}{R} = 0$$

$$\lambda = -\frac{1}{CR}$$

齐次解为

$$u_{Ch} = k\mathrm{e}^{-\frac{1}{RC}t} \quad (t \geqslant 0) \tag{6-3}$$

令特解为 $u_{Cp}=Q$（Q 为常数），将之代入（6-1）式，得

$$C\frac{\mathrm{d}Q}{\mathrm{d}t} + \frac{1}{R}Q = I_s$$

$$C \times 0 + \frac{Q}{R} = I_s$$

$$Q = I_s R$$

从而特解

$$u_{Cp} = Q = I_s R \quad (t \geqslant 0) \tag{6-4}$$

微分方程的完全解为

$$u_C(t) = u_{Ch} + u_{Cp} = k\mathrm{e}^{-\frac{1}{RC}t} + I_s R \tag{6-5}$$

将初始条件（6-2）式代入（6-5）式，得

$$u_C(0) = k\mathrm{e}^0 + I_s R = k + I_s R = 0$$

$$k = -I_s R$$

将 k 的值代入（6-5）式，得

$$u_C(t) = I_s R(1 - \mathrm{e}^{-\frac{1}{RC}t}) \quad (t \geqslant 0)$$

6.3.2 恒定电源作用下一阶 RL 电路的零状态响应

如图 6-10 所示 RL 电路，电感电流的零状态响应也可作类似的分析。设开关在 $t=0$ 时闭合，由于电感电流不能跃变，因此在 $t=0_+$ 时刻，电感电流仍为零，所以电阻上没有压降，全部电压在 $t=0_+$ 时刻施加在 L 上，此时相当于电感断路；在电感电压的作用下，电流 i_L 快速增长，于是电阻上形成电压；随着时间的推移，电流越来越大，电阻电压也就越来越大，又因为总电压 U_s 为常量，所以电感电压越来越小；最终电流增大到约为 U_s/R，则电

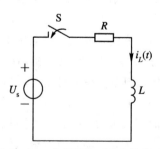

图 6-10 电压源与 RL 电路相连

阻电压约为 U_s，电感电压约为零，相当于短路。至此，电路进入直流稳态。经过类似 RC 电路零状态响应的求解步骤（请读者自行推导），可求得

$$i_L(t) = \frac{U_s}{R}(1 - e^{-\frac{R}{L}t}) \quad (t \geqslant 0) \tag{6-6}$$

例 6 - 5　如图 6 - 11 所示，当 $t = 0$ 时，开关 S 闭合，电感无初始储能，求 $t \geqslant 0$ 时的 $i_L(t)$ 和 $u_R(t)$。

解　由图列微分方程组，得

$$\begin{cases} u_R(t) + 3i(t) = 15 \\ u_R(t) = L\dfrac{di_L(t)}{dt} + 2i_L(t) \\ i(t) = i_L(t) + \dfrac{u_R(t)}{6} \end{cases}$$

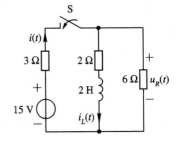

图 6 - 11　例 6 - 5 题图

解此方程组得

$$\frac{di_L(t)}{dt} + 2i_L(t) = 5 \tag{6-7}$$

$$\lambda + 2 = 0$$

$$\lambda = -2$$

$$i_{Lh} = ke^{-2t} \text{ A}$$

令特解 $i_{Lp} = Q$（Q 为常数），将之代入微分方程（6 - 7）式得

$$Q = \frac{5}{2}$$

从而有

$$i_L(t) = i_{Lh} + i_{Lp} = \left(ke^{-2t} + \frac{5}{2}\right) \text{ A} \tag{6-8}$$

将初始条件 $i_L(0) = 0$ 代入（6 - 8）式，得

$$i_L(0) = ke^0 + \frac{5}{2} = 0$$

$$k = -\frac{5}{2}$$

$$i_L(t) = \frac{5}{2}(1 - e^{-2t}) \text{ A}$$

$$\begin{aligned} u_R(t) &= 2i_L(t) + L\frac{di_L(t)}{dt} \\ &= 2 \times \frac{5}{2}(1 - e^{-2t}) + 2 \times \frac{5}{2} \times \frac{d(1 - e^{-2t})}{dt} \\ &= 5(1 + e^{-2t}) \text{ V} \end{aligned}$$

从 $u_C(t)$ 和 $i_L(t)$ 的表达式可以看到：若外施激励增加至 α 倍，则零状态响应也增大至 α 倍。这种外施激励和零状态响应之间的正比关系称为线性动态电路的零状态比例性，是线性动态电路激励与响应呈线性关系的反映。若有多个独立电源作用于电路，则可以运用叠加定理求出零状态响应。

6.3.3　零状态响应中的固有响应分量与强制响应分量

从 $u_C(t)$ 和 $i_L(t)$ 的表达式可知，RC 和 RL 电路的零状态响应都包含两项。

响应中的一项是齐次微分方程的通解，为 $k\mathrm{e}^{-\lambda t}$ 的形式，这一响应分量的变化形式总是按指数规律衰减的，衰减的快慢由时间常数 τ 来确定，而 τ 的大小由电路本身的参数所决定。虽然 k 的数值与输入有关，但输入的大小不能改变它的函数形式，因此这一分量称为固有响应分量，它反映了电路本身的固有性质。当 $t \to \infty$ 时，这一响应分量 $k\mathrm{e}^{-t} \to 0$，因此，又称为暂态响应。

响应中的另一项是非齐次微分方程的特解，它与激励的变化规律相同，即取决于输入，因此，这一分量称为强制响应。当 $t \to \infty$ 时，暂态响应分量已衰减为零，这时零状态响应就只有强制分量存在，因此，这一分量又称为稳态响应。在恒定电源作用下的一阶电路中，稳态响应是一恒定的直流量，称为直流稳态。

6.4 恒定电源作用下一阶电路的全响应和线性动态电路的叠加定理

全响应就是电路在初始状态和电源输入共同作用下的响应。

求解全响应的问题仍然需要解非齐次微分方程，因此前面求解一阶电路零状态响应的方法同样适用于求解电路的全响应，只是初始条件不同而已。下面以 RC 电路为例，讨论全响应的计算问题。

如图 6-12 所示电路，在开关闭合之前电容 C 已充电，其电压为 U_0，开关闭合后，直流电压源 U_s 接入电路。根据 KVL，有

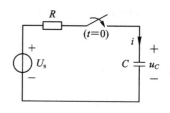

图 6-12 RC 电路

$$RC\frac{\mathrm{d}u_C}{\mathrm{d}t} + u_C = U_s$$

由换路定律可知初始条件为

$$u_C(0_+) = u_C(0_-) = U_0$$

方程的通解为

$$u_C(t) = u_{Ch} + u_{Cp} = k\mathrm{e}^{-\frac{t}{RC}} + U_s \qquad (6-9)$$

代入初始值，可求得

$$k = U_0 - U_s$$

故得所求响应为

$$u_C(t) = \underbrace{(U_0 - U_s)\mathrm{e}^{-\frac{t}{RC}}}_{\substack{\text{固有响应}\\(\text{暂态响应})}} + \underbrace{U_s}_{\substack{\text{强制响应}\\(\text{稳态响应})}} \qquad (t \geqslant 0) \qquad (6-10)$$

若图 6-12 所示电路中的 $U_s = 0$，则由 6.2 节所述方法可求得

$$u_{C1}(t) = U_0\mathrm{e}^{-\frac{t}{RC}} \quad (t \geqslant 0)$$

此即为该电路电容电压的零输入响应。如果在图 6-12 所示电路中，令 $U_0 = 0$，则由 6.3 节所述方法可求得

$$u_{C2}(t) = U_s(1 - \mathrm{e}^{-\frac{t}{RC}}) \quad (t \geqslant 0)$$

此即为该电路电容电压的零状态响应。显然

$$u_{C1}(t) + u_{C2}(t) = u_C(t) = (U_0 - U_s)\mathrm{e}^{-\frac{t}{RC}} + U_s \quad (t \geqslant 0)$$

这也就是说，

$$u_C(t) = \underbrace{U_0 \mathrm{e}^{-\frac{t}{RC}}}_{\text{零输入响应}} + \underbrace{U_s(1 - \mathrm{e}^{-\frac{t}{RC}})}_{\text{零状态响应}} \quad (t \geqslant 0)$$

由上述可见，完全响应为零输入响应与零状态响应之和。对于线性动态电路来说，这是一个普遍的规律。零输入响应是由非零初始状态产生的，相应地，电容的非零初始电压和电感的非零初始电流也可看成是一种输入，第 5 章电容、电感的等效电路就表明这一点。因此，线性动态电路的完全响应是来自电源的输入和来自初始状态的输入分别作用时所产生的响应的代数和，也就是说，完全响应是零输入响应和零状态响应之和。这一结论来源于线性电路的叠加性而又为动态电路所独有，称为线性动态电路的叠加定理。

例 6 - 6 如图 6 - 13 所示，当 $t = 0$ 时，开关 S 闭合，电感有初始储能，$i_L(0_+) = 3$ A，求 $t \geqslant 0$ 时，$i_L(t)$ 的零输入响应和零状态响应及其固有响应分量和强制响应分量，并判断 $i_L(t)$ 中的暂态响应和稳态响应，求出完全响应，同时求出 $u_R(t)$。

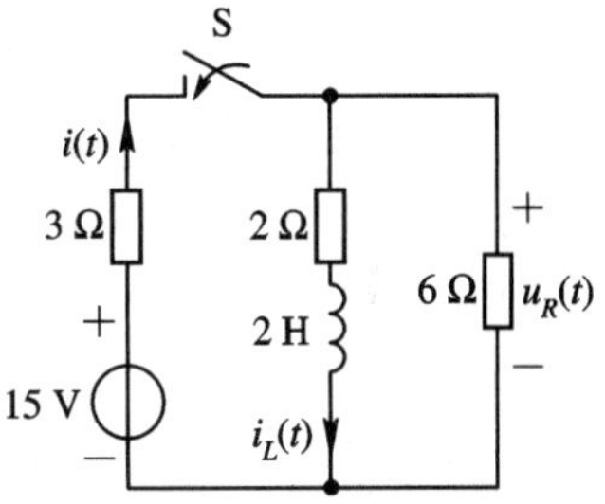

解 该题与例 6 - 5 几乎一样，不一样的仅是电感有初始储能，所以方程组也是一样的。化简后的微分方程如下：

$$\frac{\mathrm{d}i_L(t)}{\mathrm{d}t} + 2i_L(t) = 5$$

图 6 - 13 例 6 - 6 题图

先求其固有响应分量，也即求齐次方程解，易得 $i_{Lh}(t) = k\mathrm{e}^{-2t}$。再求其强制响应分量，也即求方程特解。

令特解 $i_{Lp} = Q$（Q 为常数），代入微分方程，得

$$Q = \frac{5}{2}$$

从而有

$$i_L(t) = i_{Lh} + i_{Lp} = k\mathrm{e}^{-2t} + \frac{5}{2} \ \text{A}$$

将初始条件 $i_L(0) = 3$ A 代入上式，得

$$i_L(0) = k\mathrm{e}^0 + \frac{5}{2} = 3 \Rightarrow k = \frac{1}{2}$$

$$i_L(t) = \underbrace{\frac{1}{2}\mathrm{e}^{-2t}}_{\substack{\text{固有响应}\\ \text{（暂态响应）}}} + \underbrace{\frac{5}{2}}_{\substack{\text{强制响应}\\ \text{（稳态响应）}}} = \underbrace{\underbrace{\frac{5}{2}(1 - \mathrm{e}^{-2t})}_{\text{零状态响应}} + \underbrace{3\mathrm{e}^{-2t}}_{\text{零输入响应}}}_{\text{完全响应}} \ \text{A}$$

其实，例 6 - 5 求的就是本题的零状态响应，例 6 - 4 求的就是本题的零输入响应。

另有

$$u_R(t) = 2i_L(t) + L\frac{\mathrm{d}i_L(t)}{\mathrm{d}t} = 2 \times \left(\frac{1}{2}\mathrm{e}^{-2t} + \frac{5}{2}\right) + 2 \times \frac{1}{2}\frac{\mathrm{d}(\mathrm{e}^{-2t} + 5)}{\mathrm{d}t}$$

$$= 5 - \mathrm{e}^{-2t} \ \text{V} = \underbrace{-6\mathrm{e}^{-2t}}_{\text{零输入响应}} + \underbrace{5(1 + \mathrm{e}^{-2t})}_{\text{零状态响应}} \ \text{V}$$

从结果可以看出，完全响应可以看成是零状态响应加零输入响应，也可以看成固有响应和强制响应之和，同时亦可以看成暂态响应与稳态响应之和。在直流电源激励下的稳定电路中，固有响应等于暂态响应，强制响应等于稳态响应。

需要指出的是：无论是把全响应分解为暂态分量与稳态分量的叠加还是分解为零输入响应与零状态响应的叠加，都是为了分析方便所做的人为的分解。把全响应分解为稳态分量与暂态分量之和，是着眼于电路的工作状态；把全响应分解为零输入响应与零状态响应之和，是着眼于电路的因果关系。

由上述分析可知，求线性时不变动态电路的完全响应，可以采用两种方法。一种方法是应用动态电路的叠加定理，分别计算出电路在仅有初始储能激励作用下的零输入响应和在外加激励作用下的零状态响应，完全响应就是两者之和。对于具有多个电源激励电路的完全响应，也可以用叠加定理。另一种方法是直接求解电路的微分方程，分别求出齐次微分方程的通解（即暂态响应分量）和非齐次微分方程的特解（即稳态响应分量），完全响应也是两者之和，最后由初始条件来确定常数 k。

例 6-7 如图 6-14 所示电路，$t=0$ 时刻开关 S 打开，$u_C(0)=5$ V，求 $t \geq 0$ 时电路的完全响应 $u_C(t)$。

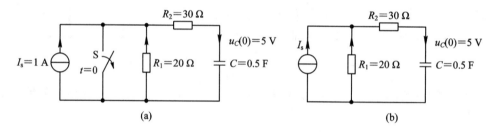

图 6-14 例 6-7 题图

解 作 $t \geq 0$ 的电路图，如图 6-14(b) 所示。本例用两种方法解题。

解法一：完全响应是零输入响应与零状态响应之和。

（1）依图 6-14(b) 知，$I_s=0$ 时，$u_C(0)=5$ V，则电路的零输入响应为

$$u_C'(t) = u_C(0)e^{-\frac{t}{RC}} = 5e^{-\frac{t}{\tau}}$$

又因

$$\tau = RC = (30+20) \times 0.5 = 25 \text{ s}$$

故得出

$$u_C'(t) = 5e^{-0.04t} \text{ V} \quad (t \geq 0) \tag{6-11}$$

（2）依图 6-14(b) 所示电路知，$u_C(0)=0$ V 时电路的零状态响应为

$$u_C''(t) = 20(1-e^{-0.04t}) \text{ V} \quad (t \geq 0) \tag{6-12}$$

（3）电路的完全响应电容电压为

$$u_C(t) = u_C'(t) + u_C''(t) = 5e^{-0.04t} + 20(1-e^{-0.04t}) = 20 - 15e^{-0.04t} \text{ V} \quad (t \geq 0) \tag{6-13}$$

解法二：直接求解微分方程，完全响应是暂态响应与稳态响应之和。

依据图 6-14(b) 所示电路列出 $t \geq 0$ 时，以 $u_C(t)$ 为响应变量的微分方程为

$$(R_1+R_2)C\frac{du_C(t)}{dt} + u_C(t) = R_1 I_s$$

将各元件参数代入上式，得出电路方程为

$$25\frac{\mathrm{d}u_C(t)}{\mathrm{d}t} + u_C(t) = 20$$

$$u_C(0) = 5 \text{ V}$$

(1) 齐次微分方程的通解，即暂态响应为

$$u_{Ch}(t) = k\mathrm{e}^{-\frac{t}{\tau}} = k\mathrm{e}^{-0.04t} \text{ V} \quad (t \geqslant 0)$$

(2) 非齐次微分方程的特解，即稳态响应为

$$u_{Cp}(t) = 20 \text{ V} \quad (t \geqslant 0)$$

(3) 完全解为

$$u_C(t) = u_{Ch}(t) + u_{Cp}(t) = k\mathrm{e}^{-0.04t} + 20 \text{ V} \quad (t \geqslant 0)$$

根据初始条件 $u_C(0)=5$ V，确定积分常数值 k。当 $t=0$ 时有

$$u_C(0) = k + 20 = 5$$

得

$$k = -15 \text{ V}$$

最后，求出电路的完全响应电容电压为

$$u_C(t) = 20 - 15\mathrm{e}^{-0.04t} \text{ V} \quad (t \geqslant 0) \tag{6-14}$$

6.5　复杂一阶电路的分析方法

6.5.1　分解分析法

分解分析法的思路如图 6-15 所示：我们总可以将一个动态电路分解为两个单口网络，其中一个网络仅含电源和电阻元件（包括受控源），另一个只含动态元件；然后，我们将含源电阻网络用戴维南定理化简为电压源与电阻的串联电路或用诺顿定理将之化简为电流源与电阻的并联电路。

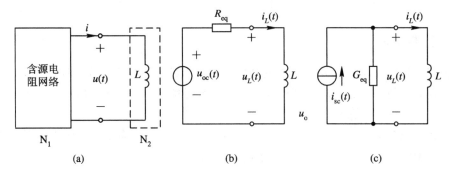

图 6-15　分解分析法原理图

(a) 单一电感元件的电路；(b) 用戴维南定理化简；(c) 用诺顿定理化简

图 6-15(b) 中，$u_{oc}(t)$ 是含源电阻网络端口开路电压，R_{eq} 是戴维南等效电阻；图 6-15(c) 中，$i_{sc}(t)$ 是含源电阻网络端口短路电流，G_{eq} 是诺顿等效电导。

对于含电容 C 的一阶电路，也可作类似化简。

利用化简后的电路可方便地列方程求出电容电压 u_C 和电感电流 i_L，若还需要计算电路中其他的电流、电压，则回到原电路进一步计算。由于电容电压或电感电流已求得，因此在后续的计算中可将电容用一个电压源替代或将电感用一个电流源替代。原电路作这样的

替代后成为一个电阻性的电路，可利用前几章介绍的电阻电路的各种分析方法求解。

例 6 - 8 题目与电路图均如例 6 - 6 所示，用分解分析法求该题。

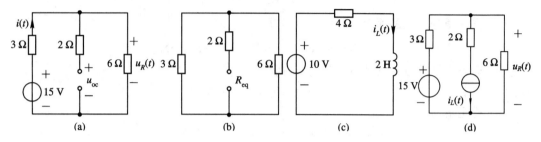

图 6 - 16 例 6 - 8 求解过程用图

(a) 求开路电压；(b) 求等效电阻；(c) 等效电路；(d) 电流源替代电感的等效电路

解 求解 u_{oc} 及 R_{eq} 的电路如图 6 - 16(a)、(b)所示。

$$u_{oc} = \frac{6}{3+6} \times 15 = 10 \text{ V}$$

$$R_{eq} = 2 + \frac{3 \times 6}{3+6} = 4 \ \Omega$$

等效电路如图 6 - 16(c)所示，列方程得

$$\frac{di_L(t)}{dt} + 2i_L(t) = 5$$

在例 6 - 6 中已解以上微分方程，求得电感电流为

$$i_L(t) = 0.5e^{-2t} + 2.5 \text{ A}$$

回到原电路计算 u_R，将图 6 - 13 电路中的电感用一个电流源替代，如图 6 - 16(d)所示。可求得

$$u_R(t) = \left(\frac{15}{3} - i_L\right) \times \frac{3 \times 6}{3+6} = 10 - 2i_L = 5 - e^{-2t} \text{ V}$$

6.5.2 三要素法

以上对一阶线性动态电路的分析主要是求解一阶线性常系数微分方程，当合理使用分解分析法时，将使得电路的求解变得较为简单。下面我们介绍求解一阶线性动态电路的另一个重要方法——三要素法。

当输入为直流时，图 6 - 15(b) 及 6 - 15(c) 中的 $u_{oc}(t)$ 及 $i_{sc}(t)$ 均为常数。如以图 6 - 15(b)为例，且令 $u_{oc}(t) = U$，则可列出其对应的微分方程为

$$L \frac{di_L(t)}{dt} + R_{eq}i_L(t) = U \tag{6-15}$$

由此可得

$$i_L(t) = ke^{-\frac{R_{eq}}{L}t} + \frac{U}{R_{eq}} \tag{6-16}$$

若令 $L/R_{eq} = \tau$，代入(6 - 16)式得

$$i_L(t) = ke^{-\frac{t}{\tau}} + \frac{U}{R_{eq}} \tag{6-17}$$

由(6 - 17)式可知

$$i_L(0_+) = k + \frac{U}{R_{eq}} \tag{6-18}$$

$$i_L(\infty) = \frac{U}{R_{eq}} \tag{6-19}$$

由(6-18)式和(6-19)式得

$$k = i_L(0_+) - i_L(\infty) \tag{6-20}$$

将(6-19)式、(6-20)式代入(6-17)式得

$$i_L(t) = [i_L(0_+) - i_L(\infty)]e^{-\frac{t}{\tau}} + i_L(\infty) \tag{6-21}$$

也就是说，通过计算 $i_L(0_+)$、$i_L(\infty)$ 和时间常数 τ 就可以求得电感电流 $i_L(t)$，而不必去求解微分方程。对于电容电路，也有类似的公式：

$$u_C(t) = [u_C(0_+) - u_C(\infty)]e^{-\frac{t}{\tau}} + u_C(\infty) \tag{6-22}$$

这便是求解一阶线性电路的三要素法公式。根据理论推导还可以得出重要结论[①]：直流一阶电路中任一支路电流、电压也能表示为(6-21)式或(6-22)式的形式；同一电路中的各电压、电流具有相同的时间常数。这些统称为一阶线性电路的三要素法。

特别需要注意的是，三要素法不适用于交流电源的电路，只可用于恒定电源的电路。如果电路中的电源为零，即零输入情况，也可用三要素法求解。

三要素法可按下列步骤进行：

(1) 初始值 $u_C(0_+)$ 和 $i_L(0_+)$ 的计算。

① 根据 $t<0$ 的电路，计算出 $t=0_-$ 时刻的电容电压 $u_C(0_-)$ 和电感电流 $i_L(0_-)$；

② 根据换路定律确定 $u_C(0_+)$ 和 $i_L(0_+)$；

③ 假如还要计算其他变量在 0_+ 时刻的初始值，画出 0_+ 等效电路求解。

(2) 稳态值 $u_C(\infty)$ 和 $i_L(\infty)$ 的计算。根据 $t>0$ 的电路，将电容用开路代替，电感用短路代替，得到一个直流电阻电路，再从此电路中计算出稳态值 $u_C(\infty)$、$i_L(\infty)$ 和其他变量的稳态值。

(3) 时间常数 τ 的计算。先计算与电容或电感连接的线性电阻单口网络的戴维南等效电阻 R_{eq}，然后用 $\tau = R_{eq}C$ 或 $\tau = L/R_{eq}$ 计算出时间常数。

(4) 将 $u_C(0_+)$、$u_C(\infty)$、τ 代入(6-22)式或将 $i_L(0_+)$、$i_L(\infty)$、τ 代入(6-21)式得到 u_C 或 i_L 的表达式。其他变量的表达式也可根据其初值、稳态值及时间常数 τ 直接写出。

例 6-9　电路如图 6-17(a)所示，换路前已达稳态，求换路后的 i 和 u。

解　由换路前的电路可求得

$$u_C(0_+) = u_C(0_-) = 2 \times (5+3) = 16 \text{ V}$$

换路后电路如图 6-17(b)所示，电容左边二端电路的戴维南等效电阻为 $R_{eq} = 2+3 = 5 \text{ }\Omega$，因此电路的时间常数为

$$\tau = R_{eq}C = 5 \times 0.2 = 1 \text{ s}$$

$t=0_+$ 时刻的等效电路如图 6-17(c)所示，由该电路可求得

$$i(0_+) = -4 \text{ A}, \quad u(0_+) = 12 \text{ V}$$

———————————————

① 具体推导过程见《电路分析基础(第三版)》，李瀚荪编，高等教育出版社，86～87 页。

电路进入稳态后，电容相当于开路，如图 6-17(d)所示，由该电路可求得

$$i(\infty) = -2 \text{ A}, \quad u(\infty) = 6 \text{ V}$$

由三要素公式可直接写出 i 和 u 的表达式如下：

$$i(t) = i(\infty) + [i(0_+) - i(\infty)]e^{-\frac{t}{\tau}} = -2 + (-4 + 2)e^{-t} = -2 - 2e^{-t} \text{ A} \quad (t \geqslant 0)$$

$$u(t) = u(\infty) + [u(0_+) - u(\infty)]e^{-\frac{t}{\tau}} = 6 + (12 - 6)e^{-t} = 6 + 6e^{-t} \text{ V} \quad (t \geqslant 0)$$

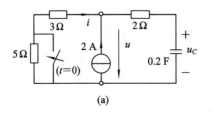
(a)

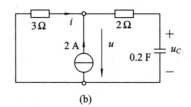
(b)

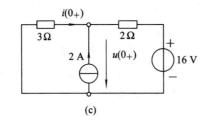
(c)

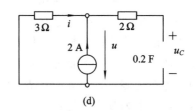
(d)

图 6-17 例 6-9 题图及求解

可将三要素法和分解分析法综合使用，先将电路化简，再用三要素法求解。

例 6-10 题目与电路图均如例 6-6 所示，用三要素法并结合分解分析法求解该题。

解 由例 6-8 可知经过戴维南定理化简后得图6-16(c)，为便于分析，重新画于右方，见图 6-18。

由题目条件知 $i_L(0_+) = 3$ A，求 $i_L(\infty)$ 时，令电感短路，所以有

$$i_L(\infty) = \frac{10}{4} = 2.5 \text{ A}$$

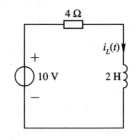

图 6-18 例 6-10 题图

时间常数

$$\tau = \frac{L}{R_{\text{eq}}} = \frac{2}{4} = 0.5 \text{ s}$$

根据(6-21)式，得

$$i_L(t) = (3 - 2.5)e^{-\frac{t}{0.5}} + 2.5 = 0.5e^{-2t} + 2.5 \text{ A}$$

该结果与例 6-6 求得的完全响应结果一致。

若要求零状态响应，可令 $i_L(0_+) = 0$，再代入(6-21)式得

$$i_L(t) = (0 - 2.5)e^{-\frac{t}{0.5}} + 2.5 = 2.5(1 - e^{-2t}) \text{ A}$$

若要求零输入响应，可以移去图 6-18 中的 10 V 电压源，则有 $i_L(\infty) = 0$，将其代入 (6-21)式可得

$$i_L(t) = (3 - 0)e^{-\frac{t}{0.5}} + 0 = 3e^{-2t} \text{ A}$$

以上所求的结果均与例 6-6 相同，求出 i_L 后，回到原电路可进一步计算 u_R，后续计算请读者自己完成。

例 6 – 11 如图 6 – 19(a)所示电路已处于稳态，在 $t=0$ 时，开关 S 闭合，求 $t \geqslant 0$ 时的 $i(t)$。

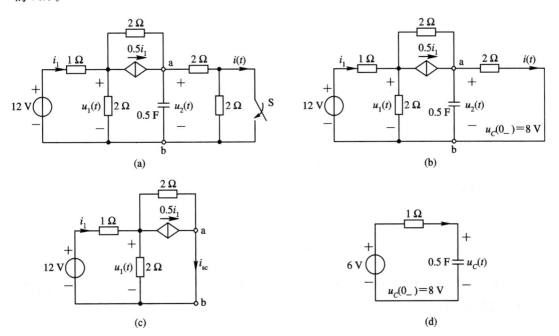

图 6 – 19 例 6 – 11 题图及求解

(a) 开关动作前；(b) 开关动作后；(c) 求等效电阻电路；(d) 求电容电压电路

解 为求出开关动作前电容电压的初始值，也即开关动作前的 $u_C(0_-)$ 值，可将电容用开路代替，也即将图 6 – 19(a)中的电容移去，再求 u_{ab}。根据节点分析法，有

$$
\left.
\begin{aligned}
\left(1+\frac{1}{2}+\frac{1}{2}\right)u_1 - \frac{1}{2}u_2 &= 12 - 0.5i_1 \\
-\frac{1}{2}u_1 + \left(\frac{1}{2}+\frac{1}{4}\right)u_2 &= 0.5i_1 \\
i_1 + u_1 &= 12
\end{aligned}
\right\}
$$

解上面的方程组得 $u_2 = 8\text{ V}$，也就是 $u_C(0_-)=8\text{ V}$。开关闭合后，电路如图 6 – 19(b)所示，这时用分解分析法，将电容从电路中分离出来求出剩下部分的戴维南等效电路。

(1) 求开路电压 u_{oc}。由节点分析法有

$$
\left.
\begin{aligned}
\left(1+\frac{1}{2}+\frac{1}{2}\right)u_1 - \frac{1}{2}u_2 &= 12 - 0.5i_1 \\
-\frac{1}{2}u_1 + \left(\frac{1}{2}+\frac{1}{2}\right)u_2 &= 0.5i_1 \\
i_1 + u_1 &= 12
\end{aligned}
\right\}
$$

解该方程得 $u_2 = 6\text{ V} = u_{oc}$。

(2) 求等效电阻 R_{eq}，见图 6 – 19(c)，由节点分析法有

$$
\left.
\begin{aligned}
\left(1+\frac{1}{2}+\frac{1}{2}\right)u_1 &= 12 - 0.5i_1 \\
u_1 + i_1 &= 12
\end{aligned}
\right\}
$$

解得

$$u_1 = 4 \text{ V}, \quad i_1 = 8 \text{ A}$$

$$i_{sc} = 0.5i_1 + \frac{u_1}{2} = 6 \text{ A}$$

$$R_{eq} = \frac{u_{oc}}{i_{sc}} = \frac{6}{6} = 1 \text{ } \Omega$$

求电容电压的简化电路如图 6-19(d)所示，然后用三要素法求解。

$$u_C(0_+) = u_C(0_-) = 8 \text{ V}$$

$$u_C(\infty) = 6 \text{ V}$$

$$\tau = R_{eq}C = 1 \times 0.5 = 0.5 \text{ s}$$

将上面三式代入(6-22)式得

$$u_C(t) = (8-6)e^{-2t} + 6 = 2e^{-2t} + 6 \text{ V}$$

进一步算得

$$i(t) = \frac{u_C(t)}{2} = 3 + e^{-2t} \text{ A}$$

从求解过程可以看到，本题利用三要素法先解出状态变量 $u_C(t)$，然后求解 $i(t)$，这样比直接用三要素法计算 $i(t)$ 更简便。

6.6 阶跃函数和阶跃响应

6.6.1 阶跃函数

单位阶跃信号的波形如图 6-20(a)所示，通常以符号 $u(t)$ 表示，有

$$u(t) = \begin{cases} 0 & (t < 0) \\ 1 & (t > 0) \end{cases} \tag{6-23}$$

在跳变点 $t=0$ 处，函数未定义，或在 $t=0$ 处规定函数值 $u(0)=1/2$。

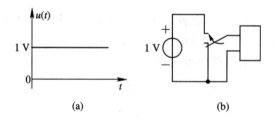

图 6-20 单位阶跃函数

单位阶跃函数的物理背景是，在 $t=0$ 时刻对某一电路接入单位电源(可以是直流电压源或直流电流源)，并且无限持续下去。图 6-20(b)表示了接入 1 V 直流电压源的情况，在接入端口处电压为阶跃信号 $u(t)$。

如果接入电源的时间推迟到 $t=t_0$ 时刻($t_0 > 0$)，那么可用一个"延时的单位阶跃函数"来表示，波形如图 6-21 所示。这时有

$$u(t-t_0) = \begin{cases} 0 & (t < t_0) \\ 1 & (t > t_0) \end{cases} \qquad (6-24)$$

矩形脉冲可利用阶跃及其延时信号来表示，如两矩形
脉冲信号波形如图 6-22(a)、(b)所示，则有

$$s_1(t) = u(t) - u(t-T)$$

$$s_2(t) = u\left(t + \frac{T}{2}\right) - u\left(t - \frac{T}{2}\right)$$

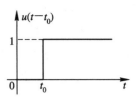

图 6-21 延时的单位阶跃函数

用阶跃函数可以鲜明地表现出信号的单边特性，即信号在某接入时刻 t_0 以前的幅度为
零。利用阶跃函数的这一特性，可以较方便地以数学表达式描述各种信号的接入特性。如
定时长单边指数信号，见图 6-22(c)，有

$$f(t) = \mathrm{e}^{-t}[u(t) - u(t-t_0)]$$

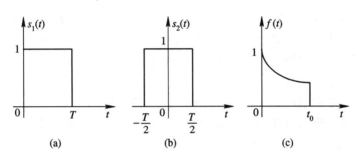

图 6-22 用阶跃函数表示信号

(a) 矩形脉冲 1；(b) 矩形脉冲 2；(c) 定时长指数信号

例 6-12 电路如图 6-23 所示，试求 $t \geqslant 0$ 时电感电流 $i_L(t)$。

解 图中阶跃电压为 $10u(-t)$ V，表示在 $t < 0$ 时直流电压源作用于电路，当 $t \geqslant 0$
时，电压源将移去；阶跃电流源 $2u(t)$ A 表示当 $t \geqslant 0$ 时，直流电流源开始作用于电路。根据
三要素法计算本题，步骤如下：

(1) 计算电感电流的初始值 $i_L(0_+)$：

$$i_L(0_+) = i_L(0_-) = \frac{10}{10+10} = 0.5 \text{ A}$$

(2) 计算电感电流的稳态值 $i_L(\infty)$：

$$i_L(\infty) = \frac{-10}{10+10} \times 2 = -1 \text{ A}$$

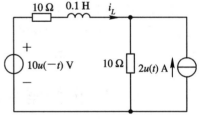

图 6-23 例 6-12 题图

(3) 计算电路的时间常数 τ：

$$\tau = \frac{L}{R_{eq}} = \frac{0.1}{10+10} = 0.005 \text{ s} = 5 \text{ ms} \quad (R_{eq} \text{ 为等效电阻})$$

(4) 根据三要素公式(6-21)式得

$$i_L(t) = [0.5 - (-1)]\mathrm{e}^{-200t} - 1 = 1.5\mathrm{e}^{-200t} - 1 \text{ A}$$

本例中，利用两个阶跃电源表示了电路的换路情况。

6.6.2 阶跃响应

电路对单位阶跃电源的零状态响应称为单位阶跃响应，用 $s(t)$ 表示。一阶电路的阶跃

响应可用三要素法求解。

例 6 - 13 求如图 6 - 24 所示电路的单位阶跃响应 $i(t)$。

解 $u_s = u(t)$, $u_C(0_-) = 0$

$$u_C(0_+) = u_C(0_-) = 0$$

$$i(0_+) = \frac{1}{2} = 0.5 \text{ A}$$

$$i(\infty) = \frac{1}{3} \text{ A}$$

$$\tau = RC = \frac{2}{3} \times 2 = \frac{4}{3} \text{ s}$$

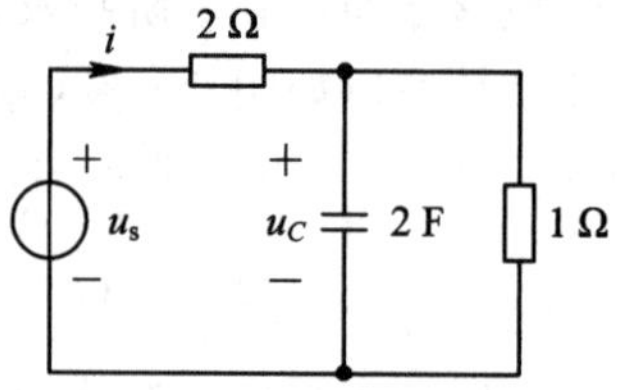

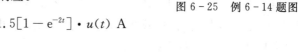

图 6 - 24　例 6 - 13 题图

$$i(t) = \left[\frac{1}{3} + \left(\frac{1}{2} - \frac{1}{3}\right)e^{-0.75t}\right]u(t) = \left(\frac{1}{3} + \frac{1}{6}e^{-0.75t}\right)u(t) \text{ A}$$

需要指出的是，由于线性电路具有叠加性，因此如果电路的输入是幅度为 A 的阶跃信号，则根据零状态比例性可知 $As(t)$ 即为该电路的零状态响应。但如果电路在阶跃信号输入的时刻不是零状态，电路的完全响应就应包括电路的阶跃响应和零输入响应之和，这一点在电路分析时要予以注意。

例 6 - 14 如图 6 - 25 所示电路，已知 $i(0) = 2$ A，求 $i(t)$。

解 （1）先求零输入响应。初始状态激励信号在 $t = 0$ 时刻作用于电路所产生的响应为

$$i'(t) = i(0)e^{-\frac{t}{\tau}}u(t) = 2e^{-2t}u(t) \text{ A}$$

其中，

$$\tau = \frac{L}{R} = \frac{3}{6} = \frac{1}{2} \text{ s}$$

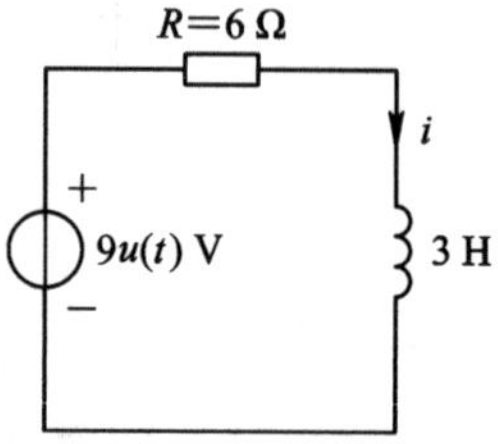

（2）求阶跃信号作用下的零状态响应。

$$i''(t) = \frac{9}{6}\left[1 - e^{-2t}\right] \cdot u(t) = 1.5\left[1 - e^{-2t}\right] \cdot u(t) \text{ A}$$

图 6 - 25　例 6 - 14 题图

（3）电路的完全响应为

$$i(t) = i'(t) + i''(t) = 2e^{-2t}u(t) + 1.5\left[1 - e^{-2t}\right] \cdot u(t) \text{ A}$$

$$= (1.5 + 0.5e^{-2t}) \cdot u(t) \text{ A}$$

6.7　分段常量信号作用下一阶电路的响应

在电路中，我们常遇到如图 6 - 26 所示的信号作用于电路的情形，这类信号称为分段常量信号。运用阶跃函数和延时阶跃函数，分段常量信号可以表示为一系列阶跃函数之和。将分段常量信号分解为阶跃信号后，即可以按直流一阶电路处理。

根据 6.1 节知识，对于线性、非时变电路，由于电路的参数不随时间变化，因此，若单位阶跃信号作用下的响应为 $s(t)$，则该电路在延时阶跃信号 $u(t-t_0)$ 作用下的响应即为 $s(t-t_0)$（非时变性）；该电路在 $Au(t-t_0)$ 信号作用下的响应为 $As(t-t_0)$（叠加性）。

图 6 - 26(b)所示的信号作用于图 6 - 26(a)所示的 RC 串联电路时，由于图 6 - 26(b) 中的信号可以分解为下面所示的若干个延迟阶跃信号的叠加：

$$u_s(t) = u(t) + 2u(t - t_1) - 4u(t - t_2) + 3u(t - t_3) - 2u(t - t_4)$$

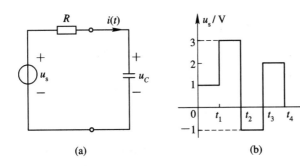

图 6-26　RC 串联电路在分段恒定信号激励下的零状态响应

因此，其电容电压 $u_C(t)$ 的零状态响应可以表示为

$$u_C(t) = s(t) + 2s(t - t_1) - 4s(t - t_2) + 3s(t - t_3) - 2s(t - t_4)$$

其中：

$$s(t) = (1 - e^{-\frac{t}{RC}})u(t)$$

$$s(t - t_1) = (1 - e^{-\frac{t-t_1}{RC}})u(t - t_1)$$

$$s(t - t_2) = (1 - e^{-\frac{t-t_2}{RC}})u(t - t_2)$$

$$s(t - t_3) = (1 - e^{-\frac{t-t_3}{RC}})u(t - t_3)$$

$$s(t - t_4) = (1 - e^{-\frac{t-t_4}{RC}})u(t - t_4)$$

因此，若一阶电路中的电源是方波或其他分段常量信号，则可采用叠加法对电路加以分析。

6.7.1　叠加分析法

根据叠加定理，各阶跃信号分量单独作用于电路的零状态响应之和即为该分段常量信号作用下电路的零状态响应。因此可用叠加分析法对这类问题进行分析，具体方法如下：

（1）将分段常量信号 $f(t)$ 分解：

$$f(t) = \sum_{k=1}^{L} F_k u(t - t_k)$$

（2）计算电路对每一分量的零状态响应　　$F_k s(t - t_k)(k=1, 2, \cdots, L)$。

（3）叠加，求得电路对信号 $f(t)$ 总的零状态响应：

$$零状态响应 = \sum_{k=1}^{L} F_k s(t - t_k)$$

（4）如电路原始状态不为零，则求出电路的零输入响应，从而得到全响应：

$$全响应 = 零状态响应 + 零输入响应$$

例 6-15　电路如图 6-27 所示，求零状态响应 $i(t)$，并求 $i(0_-) = -1$ A 时的全响应 $i(t)$。

解　　　　　　$u_s(t) = 5u(t) - 5u(t - t_0)$ V

$5u(t)$ 单独作用时的零状态响应为

$$i'(t) = 2.5(1 - e^{-2t})u(t) \text{ A}$$

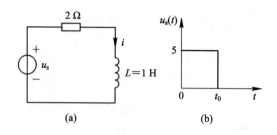

图 6-27 例 6-15 题图

$-5u(t-t_0)$ 单独作用时的零状态响应为

$$i''(t) = -2.5[1 - e^{-2(t-t_0)}]u(t-t_0) \text{ A}$$

又由于 $i(0_-) = -1$ A，因此电路的零输入响应为

$$i'''(t) = -e^{-2t}u(t) \text{ A}$$

总的零状态响应为

$$i(t) = i'(t) + i''(t) = 2.5(1 - e^{-2t})u(t) - 2.5[1 - e^{-2(t-t_0)}]u(t-t_0) \text{ A}$$

全响应为

$$i(t) = i'(t) + i''(t) + i'''(t) = (2.5 - 3.5e^{-2t})u(t) - 2.5[1 - e^{-2(t-t_0)}]u(t-t_0) \text{ A}$$

6.7.2 子区间分析法（分段分析法）

分段常量信号作用下的一阶电路还可以按照另外一种观点来进行分析，即子区间分析法。设分段常量信号在 $t=0$ 时作用于电路，我们可以把 $0 \leqslant t < \infty$ 这段时间划分为若干子区间 $[t_j, t_{j+1})$，$j=1, 2, \cdots$，使在每一段区间内输入信号为一常量。这样，就可以把原电路分解为不同的恒定电源作用下的一阶电路序列，其中每一个恒定电源作用下的一阶电路均可以使用三要素法进行分析。在每个子区间开始时，电路相当于进行一次换路，需要注意每一个子区间的初始值的计算。由于在两个子区间交接时刻 t_j，输入信号发生跃变，因而除了电容电压 u_C、电感电流 i_L 能保持连续不变外，其他电流、电压一般都要发生跃变。同时需要注意在子区间 $[t_j, t_{j+1})$ 内，电压、电流的初始值应是该区间初始时刻，即 $t=t_{j+}$ 时的数值。

例 6-16 电路如图 6-27 所示，已知 $i(0_-) = -1$ A，求 $i(t)(t \geqslant 0)$。

解 $t=0$ 时第一次换路，接入 5 V 电压源，有

$$i(0_+) = i(0_-) = -1 \text{ A}$$

$$i(\infty) = 2.5 \text{ A}, \quad \tau = \frac{1}{2} \text{ s}$$

$$i(t) = 2.5 - 3.5e^{-2t} \text{ A} \quad (0 \leqslant t \leqslant t_0)$$

$t=t_0$ 时第二次换路，电压源变为零，有

$$i(t_{0+}) = i(t_{0-}) = 2.5 - 3.5e^{-2t_0} \text{ A}$$

$$i(\infty) = 0 \text{ A}, \quad \tau = \frac{1}{2} \text{ s}$$

$$i(t) = i(\infty) + [i(t_{0+}) - i(\infty)]e^{\frac{t-t_0}{\tau}} = (2.5 - 3.5e^{-2t_0})e^{-2(t-t_0)} \text{ A} \quad (t > t_0)$$

例 6-17 电路如图 6-28 所示，已知 $u_C(0_-) = 0$，电容 $C = 1$ F，求 $u_C(t)$ 和 $i(t)(t \geqslant 0)$。

解 本例虽不是分段信号作用问题，但经过两次换路，也可采用分段分析法。注意两次换路后电路的时间常数不同。

$t=0$ 时刻第一次换路，有

$$R = 1\ \Omega, \quad \tau = 1\ \text{s}$$

$$u_C(t) = 1 - \text{e}^{-t}\ \text{V} \quad (0 \leqslant t < \ln 2)$$

$$i(t) = \text{e}^{-t}\ \text{A} \quad (0 \leqslant t < \ln 2)$$

$t = \ln 2$ 时刻第二次换路，有

$$u_C(\ln 2_+) = u_C(\ln 2_-) = 1 - \text{e}^{-\ln 2} = 0.5\ \text{V}$$

$$i(\ln 2_+) = \frac{1 - 0.5}{1} - \frac{0.5}{1/3} = -1\ \text{A}$$

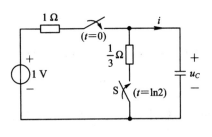

图 6-28 例 6-17 题图

$$u_C(\infty) = \frac{1/3}{1 + 1/3} \times 1 = 0.25\ \text{V}$$

$$i(\infty) = 0$$

$$R = \frac{1}{4}\ \Omega, \quad \tau = \frac{1}{4}\ \text{s}$$

$$u_C(t) = 0.25 + (0.5 - 0.25)\text{e}^{-4(t-\ln 2)}\ \text{V} \quad (t \geqslant \ln 2)$$

$$i(t) = -\text{e}^{-4(t-\ln 2)}\ \text{A} \quad (t \geqslant \ln 2)$$

*6.8 正弦信号激励下一阶电路的响应

本节讨论一阶电路在正弦信号激励下的响应。对于图 6-29 所示的 RL 串联电路，在正弦电压源 $u_s(t) = U_{sm}\cos(\omega t + \varphi_u)$ 的激励下，假设电感初始电流 $i(0_+) = 0$，以电感电流 $i(t)$ 为变量的电路方程为

$$L\frac{\text{d}i}{\text{d}t} + Ri = U_{sm}\cos(\omega t + \varphi_u) \quad (t \geqslant 0) \quad (6-25)$$

这是一个线性常系数非齐次一阶微分方程。它的解答由两部分组成

$$i(t) = i_h(t) + i_p(t) \quad (6-26)$$

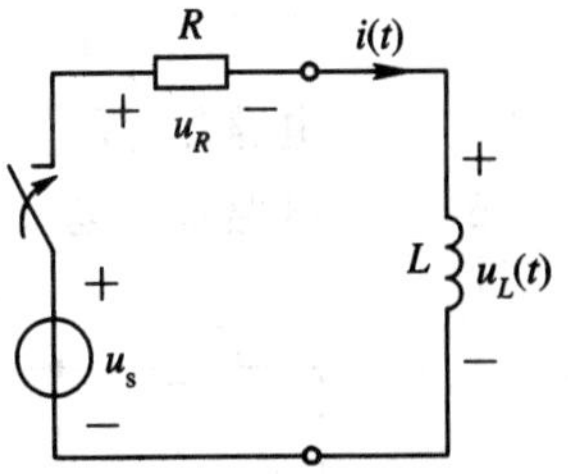

$i_h(t)$ 是对应于齐次微分方程的通解，其解的形式为

图 6-29 RL 串联电路

$$i_h(t) = k\text{e}^{-\frac{R}{L}t} = k\text{e}^{-\frac{t}{\tau}} \quad (6-27)$$

式中，$\tau = L/R$，是电路的时间常数；k 是待定系数，由初始条件和输入共同确定。$i_p(t)$ 是非齐次微分方程的特解，其解的形式为

$$i_p(t) = k_1\cos(\omega t + \varphi_u) + k_2\sin(\omega t + \varphi_u) \quad (6-28)$$

将 (6-28) 式代入 (6-25) 式中得

$$k_1 = \frac{RU_{sm}}{R^2 + \omega^2 L^2}$$

$$k_2 = \frac{\omega L U_{sm}}{R^2 + \omega^2 L^2}$$

将上两式代入 (6-28) 式得

$$i_{\mathrm{p}}(t) = \frac{U_{\mathrm{sm}}}{R^2 + \omega^2 L^2}[R\cos(\omega t + \varphi_u) + L\omega\sin(\omega t + \varphi_u)]$$

$$= \frac{U_{\mathrm{sm}}}{\sqrt{R^2 + \omega^2 L^2}}\cos\left(\omega t + \varphi_u - \arctan\frac{\omega L}{R}\right) \tag{6-29}$$

将(6-27)式、(6-29)式代入(6-26)式得

$$i(t) = k\mathrm{e}^{-\frac{R}{L}t} + \frac{U_{\mathrm{sm}}}{\sqrt{R^2 + \omega^2 L^2}}\cos\left(\omega t + \varphi_u - \arctan\frac{\omega L}{R}\right) \tag{6-30}$$

将初始条件 $i(0_+) = 0$ 代入(6-30)式得

$$k = -\frac{U_{\mathrm{sm}}}{\sqrt{R^2 + \omega^2 L^2}}\cos\left(\varphi_u - \arctan\frac{\omega L}{R}\right)$$

最后得到电感电流的表达式为

$$i(t) = -I_{\mathrm{m}}\cos\left(\varphi_u - \arctan\frac{\omega L}{R}\right)\mathrm{e}^{-\frac{R}{L}t} + I_{\mathrm{m}}\cos\left(\omega t + \varphi_u - \arctan\frac{\omega L}{R}\right) \tag{6-31}$$

其中，

$$I_{\mathrm{m}} = \frac{U_{\mathrm{sm}}}{\sqrt{R^2 + \omega^2 L^2}}$$

由此式可以看出，在一阶电路时间常数 $\tau > 0$ 的情况下，电感电流的第一项是一个衰减的指数函数，它经过 $3\tau \sim 5\tau$ 的时间基本衰减到零，也即暂态响应；电感电流的第二项是一个按正弦规律变化的函数，其角频率与激励正弦电源相同，称为正弦稳态响应。当正弦信号激励作用于 RC 电路时，电容电压的变化规律与上述电感电流类似。

习　　题

6-1　电路如习题6-1图所示，列出以电感电流为变量的一阶微分方程。

6-2　电路如习题6-2图所示，列出以电感电流为变量的一阶微分方程。

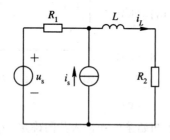

习题6-1图

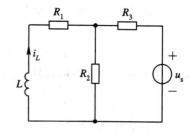

习题6-2图

6-3　电路如习题6-3图所示，列出以电容电流为变量的一阶微分方程。

6-4　习题6-4图所示电路的开关闭合已经很久了，$t=0$ 时断开开关，试求 $t \geqslant 0$ 的电流 $i(t)$，并判断该响应是零状态响应还是零输入响应。

6-5　电路如习题6-5图所示，开关接在 a 点时间已久，$t=0$ 时开关接至 b 点，试求 $t \geqslant 0$ 时的电容电压 $u_C(t)$，

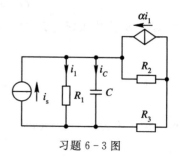

习题6-3图

并判断该响应是零状态响应还是零输入响应。

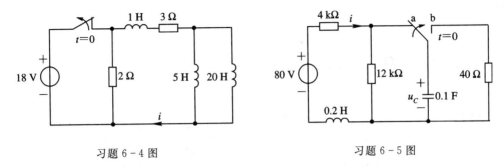

习题 6-4 图　　　　　　　　　　　习题 6-5 图

6-6　电路如习题 6-6 图所示，开关闭合在 a 端已经很久了，$t=0$ 时开关接至 b 端，试求 $t \geqslant 0$ 时的电容电压 $u_C(t)$ 和电阻电流 $i(t)$，并判断该响应是零状态响应还是零输入响应。

6-7　电路如习题 6-7 图所示，开关断开已经很久了，$t=0$ 时闭合开关，试求 $t \geqslant 0$ 时的电感电流 $i_L(t)$ 和电阻电压 $u(t)$，并判断该响应是零状态响应还是零输入响应。

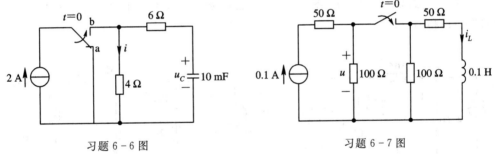

习题 6-6 图　　　　　　　　　　　习题 6-7 图

6-8　电路如习题 6-8 图所示，开关断开已经很久了，$t=0$ 时闭合开关，试求 $t \geqslant 0$ 时的电感电流 $i_L(t)$。

6-9　电路如习题 6-9 图所示，开关闭合在 a 端已经很久了，$t=0$ 时开关接至 b 端。求 $t \geqslant 0$ 时电压 $u(t)$ 的零输入响应、零状态响应和全响应，并判断 $u(t)$ 中的暂态响应分量和稳态响应分量。

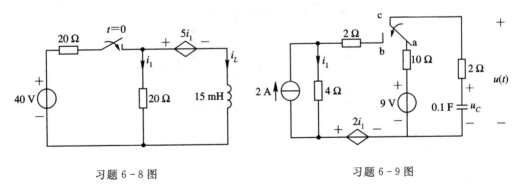

习题 6-8 图　　　　　　　　　　　习题 6-9 图

6-10　电路如习题 6-10 图所示，已知 $u_C(0_-)=12$ V，$t=0$ 时闭合开关，试求 $t \geqslant 0$ 时电容电压 $u_C(t)$ 的零输入响应、零状态响应和全响应，并判断 $u_C(t)$ 中的暂态响应和稳态响应及其固有响应分量和强制响应分量。

6-11 习题6-11图所示电路在换路前已达稳态，当 $t=0$ 时开关闭合，求 $t \geqslant 0$ 时的 $i(t)$。

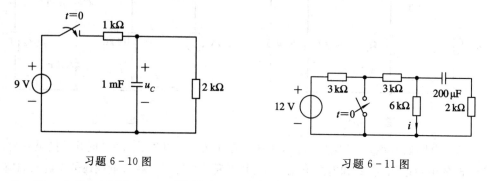

习题6-10图 习题6-11图

6-12 电路如习题6-12图所示，开关闭合前电路已进入稳态，求开关闭合后的 $i_L(t)$ 并画出波形图。

6-13 电路如习题6-13图所示，开关已经断开很久了，当 $t=0$ 时开关闭合，求 $t \geqslant 0$ 时的 $i_L(t)$ 和 $i(t)$。

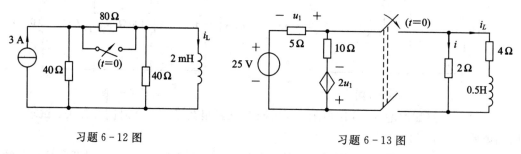

习题6-12图 习题6-13图

6-14 电路如习题6-14图所示，电流源 $3u(t)$ mA 为阶跃电源，试求 $t \geqslant 0$ 时的电感电流 $i_L(t)$。

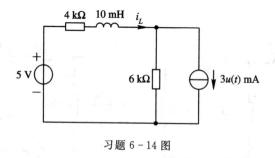

习题6-14图

第 7 章 二 阶 电 路

由二阶微分方程描述的电路称为二阶电路。当电路中包含一个电容和一个电感，或两个电容，或两个电感时[①]，用以描述其变化规律的方程为二阶微分方程，因此这类电路称为二阶电路。如同一阶电路一样，二阶电路中可包含任意数目的电阻、独立源和受控源。分析二阶电路的二阶微分方程的求法是本章的重点。

7.1 *RLC* 串联电路的零输入响应

7.1.1 *RLC* 串联电路的二阶微分方程

本节通过 R、L、C 串联电路的放电过程来研究二阶电路的零输入响应。电路如图 7-1 所示，假设电容的初始电压为 $u_C(0)$，电感的初始电流为 $i_L(0)$，参考方向如图 7-1 所示。由 KVL 可列出方程：

$$u_R(t) + u_L(t) + u_C(t) = 0 \qquad (7-1)$$

代入电容、电阻和电感的电压电流关系 VAR：

$$i(t) = i_L(t) = i_C(t) = C\frac{du_C(t)}{dt}$$

$$u_R(t) = Ri(t) = RC\frac{du_C(t)}{dt}$$

$$u_L(t) = L\frac{di(t)}{dt} = LC\frac{d^2 u_C(t)}{dt^2}$$

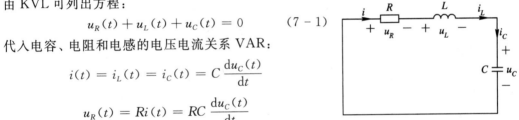

图 7-1 *RLC* 串联二阶电路

得到以下微分方程：

$$LC\frac{d^2 u_C(t)}{dt^2} + RC\frac{du_C(t)}{dt} + u_C(t) = 0 \qquad (7-2)$$

(7-2)式是一个以 $u_C(t)$ 为未知量的 R、L、C 串联电路放电过程的微分方程，它是一个线性齐次常系数二阶微分方程。其特征方程为

$$LC\lambda^2 + RC\lambda + 1 = 0 \qquad (7-3)$$

解得

$$\lambda_{1,2} = -\frac{R}{2L} \pm \sqrt{\left(\frac{R}{2L}\right)^2 - \frac{1}{LC}} \qquad (7-4)$$

---

① 两电容不能串联、并联或在电路中与电压源构成回路，否则仍属一阶电路。对两电感也有类似的要求，它们不能串联、并联或在电路中与电流源构成割集。参看李瀚荪编写的《电路分析基础(第三版)》(高等教育出版社)一书第 8-7 节中的例 9-4。

其中，λ_1、λ_2 为微分方程的特征根，也称为电路的固有频率。当电路元件参数 R、L、C 的量值不同时，特征根可能出现以下三种情况：

(1) $R > 2\sqrt{L/C}$ 时，λ_1、λ_2 为两个不相等的负实根；

(2) $R = 2\sqrt{L/C}$ 时，λ_1、λ_2 为两个相等的负实根；

(3) $R < 2\sqrt{L/C}$ 时，λ_1、λ_2 为共轭复数根。

当两个特征根为不相等的负实根时，称电路是过阻尼的；当两个特征根为相等的负实根时，称电路是临界阻尼的；当两个特征根为共轭复数根时，称电路是欠阻尼的。以下分别讨论这三种情况。

7.1.2 过阻尼情况

当 $R > 2\sqrt{L/C}$ 时，电路的固有频率 λ_1、λ_2 为两个不相同的负实数，齐次微分方程的解具有如下的形式：

$$u_C(t) = k_1 \mathrm{e}^{\lambda_1 t} + k_2 \mathrm{e}^{\lambda_2 t} \tag{7-5}$$

式中的两个常数 k_1 和 k_2 由初始条件 $i_L(0)$ 和 $u_C(0)$ 确定。

令 $t=0$，代入(7-5)式得

$$u_C(0) = k_1 + k_2 \tag{7-6}$$

(7-5)式两边对 t 求导，得

$$C\frac{\mathrm{d}u_C(t)}{\mathrm{d}t} = Ck_1\lambda_1\mathrm{e}^{\lambda_1 t} + Ck_2\lambda_2\mathrm{e}^{\lambda_2 t}$$

$$i_L(t) = i_C(t) = Ck_1\lambda_1\mathrm{e}^{\lambda_1 t} + Ck_2\lambda_2\mathrm{e}^{\lambda_2 t}$$

令 $t=0$，代入上式，得

$$i_L(0) = Ck_1\lambda_1 + Ck_2\lambda_2 \tag{7-7}$$

联立(7-6)式、(7-7)式可得

$$k_1 = \frac{1}{\lambda_2 - \lambda_1}\left[\lambda_2 u_C(0) - \frac{i_L(0)}{C}\right]$$

$$k_2 = \frac{1}{\lambda_1 - \lambda_2}\left[\lambda_1 u_C(0) - \frac{i_L(0)}{C}\right]$$

将 k_1、k_2 的计算结果代入(7-5)式得到电容电压的零输入响应，进一步计算可以得到电感电流的零输入响应。

例 7-1 电路如图 7-1 所示，已知 $R = 3\ \Omega$，$L = 0.5\ \text{H}$，$C = 0.25\ \text{F}$，$u_C(0) = 2\ \text{V}$，$i_L(0) = 1\ \text{A}$，求电容电压和电感电流的零输入响应。

解 将已知条件代入(7-4)式，计算固有频率：

$$\lambda_{1,2} = -\frac{R}{2L} \pm \sqrt{\left(\frac{R}{2L}\right)^2 - \frac{1}{LC}} = -3 \pm \sqrt{3^2 - 8}$$

得 $\lambda_1 = -2$，$\lambda_2 = -4$，代入(7-5)式得

$$u_C(t) = k_1\mathrm{e}^{-2t} + k_2\mathrm{e}^{-4t} \qquad (t \geqslant 0)$$

将 $u_C(0) = 2\ \text{V}$ 代入(7-6)式，$i_L(0) = 1\ \text{A}$ 代入(7-7)式得

$$u_C(0) = k_1 + k_2 = 2$$

$$i_L(0) = -2 \times 0.25k_1 - 4 \times 0.25k_2 = 1$$

联立以上两方程得 $k_1 = 6$, $k_2 = -4$, 则有

$$u_C(t) = 6e^{-2t} - 4e^{-4t} \text{ V} \quad (t \geqslant 0)$$

$$i_L(t) = i_C(t) = C\frac{du_C(t)}{dt} = -3e^{-2t} + 4e^{-4t} \text{ A} \quad (t \geqslant 0)$$

用 Matlab 画出的电容电压和电感电流的波形如图 7 - 2 所示。从波形图可以看出，在 $t > 0$ 以后，电感电流减少，电感放出它贮存的磁场能量，一部分以热能的形式被电阻所消耗，另一部分转变为电场能量，使电容电压增加。到电感电流变为零时，电容电压达到最大值，此时电感放出全部磁场能量，在该时刻之前电容一直在吸收能量。此后，电容放出电场能量，一部分被电阻消耗，另一部分转变为磁场能量，但此段时间，流经电感的电流方向与开始时相反。当电感电流达到负的最大值后，电感和电容均放出能量供给电阻消耗，直到电阻将电容和电感的初始储能全部消耗完为止(转换为热能)。因此，过阻尼情况是一种非振荡的放电过程。

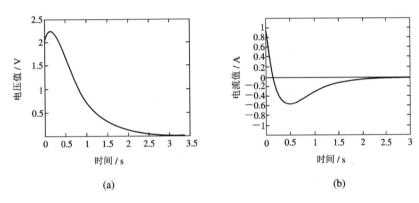

图 7 - 2 过阻尼情况

(a) 电容电压的波形；(b) 电感电流的波形

7.1.3 临界阻尼情况

当 $R = 2\sqrt{L/C}$ 时，电路的固有频率 λ_1、λ_2 为两个相同的负实数，令 $\lambda_1 = \lambda_2 = \lambda$，齐次微分方程的解为

$$u_C(t) = k_1 e^{\lambda t} + k_2 t e^{\lambda t} \tag{7 - 8}$$

令 $t = 0$，代入(7 - 8)式得

$$u_C(0) = k_1 \tag{7 - 9}$$

(7 - 8)式两边对 t 求导得

$$C\frac{du_C(t)}{dt} = Ck_1\lambda e^{\lambda t} + Ck_2 e^{\lambda t} + Ck_2\lambda t e^{\lambda t}$$

$$i_L(t) = i_C(t) = Ck_1\lambda e^{\lambda t} + Ck_2 e^{\lambda t} + Ck_2\lambda t e^{\lambda t}$$

令 $t = 0$，代入上式，得

$$i_L(0) = Ck_1\lambda + Ck_2 \tag{7 - 10}$$

由(7 - 9)式、(7 - 10)式可得

$$k_1 = u_C(0)$$

$$k_2 = \frac{i_L(0)}{C} - \lambda u_C(0)$$

将 k_1、k_2 的计算结果代入(7-8)式得到电容电压的零输入响应，进一步计算可以得到电感电流的零输入响应。

例 7-2 电路如图 7-1 所示，已知 $R=1\ \Omega$，$L=0.25\ \text{H}$，$C=1\ \text{F}$，$u_C(0)=-1\ \text{V}$，$i_L(0)=0$，求电容电压和电感电流的零输入响应。

解 将 R、L、C 的值代入(7-4)式，计算固有频率：

$$\lambda_{1,2} = -\frac{R}{2L} \pm \sqrt{\left(\frac{R}{2L}\right)^2 - \frac{1}{LC}} = -2 \pm \sqrt{2^2 - 4} = -2 \quad (\text{二重根})$$

将 $\lambda = \lambda_1 = \lambda_2 = -2$ 代入(7-8)式得

$$u_C(t) = k_1 e^{-2t} + k_2 t e^{-2t} \quad (t \geqslant 0)$$

将 $u_C(0)=-1\ \text{V}$ 代入(7-9)式，$i_L(0)=0$ 代入(7-10)式得

$$u_C(0) = k_1 = -1$$
$$i_L(0) = k_1(-2) + k_2 = 0$$

联立解得 $k_1=-1$，$k_2=-2$，则有

$$u_C(t) = -e^{-2t} - 2te^{-2t}\ \text{V} \quad (t \geqslant 0)$$
$$i_L(t) = i_C(t) = C\frac{\mathrm{d}u_C(t)}{\mathrm{d}t}$$
$$= 2e^{-2t} - 2e^{-2t} + 4te^{-2t}$$
$$= 4te^{-2t}\ \text{A} \quad (t \geqslant 0)$$

根据以上两个表达式画出的电容电压和电感电流波形如图 7-3 所示。由图可见，临界阻尼情况仍然是非振荡性的，若电阻稍稍减小而使得电路固有频率为一对共轭复根时，响应将变为振荡性的，如下节所述。因此，临界阻尼情况是响应为非振荡和振荡性的临界状态。

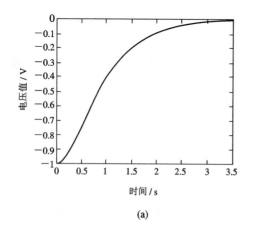 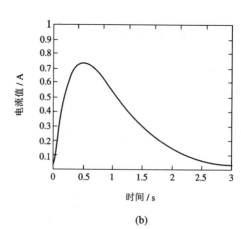

图 7-3 临界阻尼情况
（a）电容电压的波形；（b）电感电流的波形

7.1.4　欠阻尼情况

当 $R < 2\sqrt{L/C}$ 时，电路的固有频率 λ_1 和 λ_2 为两个共轭复数根。它们可以表示为

$$\lambda_{1,2} = -\frac{R}{2L} \pm \sqrt{\left(\frac{R}{2L}\right)^2 - \frac{1}{LC}} = -\alpha \pm j\sqrt{\omega_0^2 - \alpha^2} = -\alpha \pm j\omega_d$$

其中，$\alpha = R/(2L)$，为衰减系数；$\omega_0 = 1/\sqrt{LC}$，为谐振角频率；$\omega_d = \sqrt{\omega_0^2 - \alpha^2}$，为衰减谐振角频率。

此时齐次微分方程的解为

$$u_C(t) = e^{-\alpha t}[k_1 \cos(\omega_d t) + k_2 \sin(\omega_d t)] = k e^{-\alpha t} \cos(\omega_d t + \varphi) \qquad (7-11)$$

式中，$k = \sqrt{k_1^2 + k_2^2}$；$\varphi = -\arctan\dfrac{k_2}{k_1}$。

两个常数 k_1 和 k_2 由初始条件 $i_L(0)$ 和 $u_C(0)$ 确定后，代入(7-11)式得到电容电压的零输入响应，进一步计算可以得到电感电流的零输入响应。

例 7-3　电路如图 7-1 所示，已知 $R = 6\ \Omega$，$L = 1\ H$，$C = 0.04\ F$，$u_C(0) = 3\ V$，$i_L(0) = 0.28\ A$，求电容电压和电感电流的零输入响应。

解　将 R、L、C 的值代入(7-4)式，计算固有频率：

$$\lambda_{1,2} = -\frac{R}{2L} \pm \sqrt{\left(\frac{R}{2L}\right)^2 - \frac{1}{LC}} = -3 \pm \sqrt{3^2 - \frac{1}{0.04}} = -3 \pm j4$$

将固有频率 $\lambda_1 = -3 + j4$，$\lambda_2 = -3 - j4$ 代入(7-11)式得

$$u_C(t) = e^{-3t}[k_1 \cos(4t) + k_2 \sin(4t)] \quad (t \geqslant 0) \qquad (A)$$

将初始条件 $u_C(0) = 3\ V$ 代入(A)式得

$$u_C(0) = e^0[k_1 \cos(0) + k_2 \sin(0)] = k_1 = 3$$

(A)式两边对 t 求导得

$$\frac{du_C(t)}{dt} = -3e^{-3t}[k_1 \cos(4t) + k_2 \sin(4t)] + e^{-3t}[-4k_1 \sin(4t) + 4k_2 \cos(4t)]$$

$$= [(-3k_1 + 4k_2)\cos(4t) + (-3k_2 - 4k_1)\sin(4t)]e^{-3t}$$

上式两端乘以 C，得

$$i_L(t) = C[(-3k_1 + 4k_2)\cos(4t) + (-3k_2 - 4k_1)\sin(4t)]e^{-3t}$$

将 $i_L(0) = 0.28$ 代入上式得

$$i_L(0) = 0.04(-3k_1 + 4k_2)e^0 = 0.28$$

$$-3k_1 + 4k_2 = 7$$

由 $k_1 = 3$，解得 $k_2 = 4$，则有

$$u_C(t) = e^{-3t}[3\cos(4t) + 4\sin(4t)]$$

$$\approx 5\,e^{-3t}\cos(4t - 53.1°)\ V \quad (t \geqslant 0)$$

$$i_L(t) = C\frac{du_C(t)}{dt} = 0.04e^{-3t}[7\cos(4t) - 24\sin(4t)]$$

$$\approx e^{-3t}\cos(4t + 73.74°)\ A \quad (t \geqslant 0)$$

电容电压和电感电流的波形如图 7-4(a)和图 7-4(b)所示。

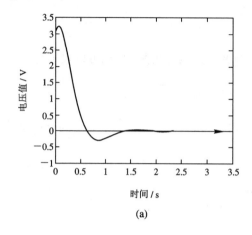
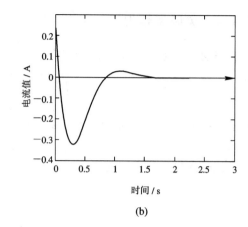

(a)　　　　　　　　　　　　　　(b)

图 7 - 4　欠阻尼情况(1)

(a) 衰减系数为 3 的电容电压波形；(b) 衰减系数为 3 的电感电流波形

从(7 - 11)式和图 7 - 4 可以看出，欠阻尼情况的特点是能量在电容与电感之间交换，形成衰减振荡。电阻越小，单位时间消耗能量越少，曲线衰减越慢。当例 7 - 3 中电阻由 $R=6\ \Omega$ 减小到 $R=1\ \Omega$ 时，衰减系数由 3 变为 0.5，此时电容电压和电感电流的波形曲线如图 7 - 5(a) 和图 7 - 5(b) 所示，由图可以看出，曲线衰减明显变慢。假如电阻等于零，这时衰减系数也为零，电容电压和电感电流将形成无衰减的等幅振荡。

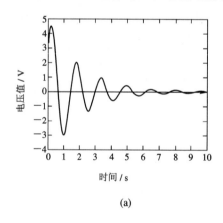
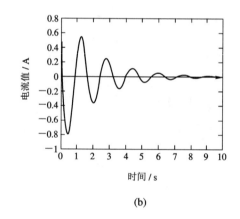

(a)　　　　　　　　　　　　　　(b)

图 7 - 5　欠阻尼情况(2)

(a) 衰减系数为 0.5 时的电容电压波形；(b) 衰减系数为 0.5 时的电感电流波形

7.1.5　零阻尼情况

当二阶电路中没有耗能元件(电阻)时，电路中将没有能量损耗，能量在电容和电感之间交换，总能量不会减少，形成等振幅振荡。电容电压和电感电流的相位差为 90°，当电容电压为零时，电场储能为零，电感电流达到最大值，全部能量贮存于磁场中；而当电感电流为零时，磁场储能为零，电容电压达到最大值，全部能量贮存于电场中。

例 7 - 4　电路如图 7 - 1 所示，已知 $R=0\ \Omega$，$L=1\ H$，$C=0.04\ F$，$u_C(0)=3\ V$，$i_L(0)=0.28\ A$，求电容电压和电感电流的零输入响应。

解 将 R、L、C 的值代入 $(7-4)$ 式，计算固有频率：

$$\lambda_{1,2} = -\frac{R}{2L} \pm \sqrt{\left(\frac{R}{2L}\right)^2 - \frac{1}{LC}} = \pm j5$$

将 $\lambda_1 = j5$，$\lambda_2 = -j5$ 代入 $(7-11)$ 式得

$$u_C(t) = k_1 \cos(5t) + k_2 \sin(5t) \quad (t \geqslant 0)$$

由初始条件 $u_C(0) = 3 \text{ V}$，$i_L(0) = 0.28 \text{ A}$ 可解得 $k_1 = 3$，$k_2 = 1.4$，则有

$$u_C(t) = 3\cos(5t) + 1.4\sin(5t) \approx 3.31\cos(5t - 25°) \text{ V} \quad (t \geqslant 0)$$

$$i_L(t) = C\frac{\mathrm{d}u_C(t)}{\mathrm{d}t} = 0.04[7\cos(5t) - 15\sin(5t)]$$

$$\approx 0.66\cos(5t + 65°) \text{ A} \quad (t \geqslant 0)$$

此时，电容电压和电感电流的波形如图 $7-6$ 所示。从电容电压和电感电流的表达式和波形曲线可见，由于电路中没有耗能元件，因此输出响应永不会衰减到零，而是保持一种等幅振荡状态。

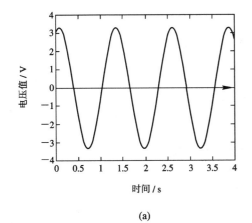

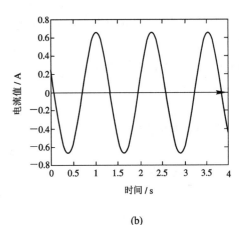

(a) **(b)**

图 $7-6$ 无阻尼情况

（a）电容电压波形；（b）电感电流波形

7.2 恒定电源作用下 *RLC* 串联电路的全响应

具有直流激励的 RLC 串联电路如图 $7-7$ 所示，其中 $u_s(t) = U_s$，可以利用初始条件 $u_C(0) = U_0$ 和 $i_L(0) = I_0$ 来求解非齐次微分方程，得到全响应。可列出电路的微分方程为

$$LC\frac{\mathrm{d}^2 u_C}{\mathrm{d}t^2} + RC\frac{\mathrm{d}u_C}{\mathrm{d}t} + u_C = U_s \quad (t \geqslant 0)$$

$$(7-12)$$

上式的解由对应齐次微分方程的通解与非齐次方程的特解之和组成：

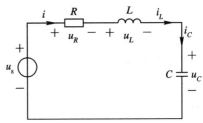

图 $7-7$ *RLC* 串联二阶电路

$$u_C(t) = u_{Ch}(t) + u_{Cp}(t)$$

电路的固有频率为

$$\lambda_{1,2} = -\frac{R}{2L} \pm \sqrt{\left(\frac{R}{2L}\right)^2 - \frac{1}{LC}}$$

由上节所述，电路中会有下列几种情况：

（1）当电路为过阻尼时，固有频率 $\lambda_1 \neq \lambda_2$（负实根），对应齐次微分方程的通解为

$$u_{Ch}(t) = k_1 e^{\lambda_1 t} + k_2 e^{\lambda_2 t}$$

（2）当电路为临界阻尼时，固有频率 $\lambda_1 = \lambda_2 = \lambda$，对应齐次微分方程的通解为

$$u_{Ch}(t) = k_1 e^{\lambda t} + k_2 t e^{\lambda t}$$

（3）当电路为欠阻尼时，固有频率 λ_1、λ_2 为两个共轭复根，对应齐次微分方程的通解为

$$u_{Ch}(t) = e^{-at}[k_1 \cos(\omega_d t) + k_2 \sin(\omega_d t)]$$

（4）当电路无阻尼时，固有频率 λ_1、λ_2 为两个共轭虚根，对应齐次微分方程的通解为

$$u_{Ch}(t) = k_1 \cos(\omega_0 t) + k_2 \sin(\omega_0 t)$$

由观察可知，非齐次微分方程的特解为

$$u_{Cp}(t) = U_s$$

因此(7-12)式的解分别为

（1）过阻尼时，

$$u_C(t) = k_1 e^{\lambda_1 t} + k_2 e^{\lambda_2 t} + U_s$$

（2）临界阻尼时，

$$u_C(t) = k_1 e^{\lambda t} + k_2 t e^{\lambda t} + U_s$$

（3）欠阻尼时，

$$u_C(t) = e^{-at}[k_1 \cos(\omega_d t) + k_2 \sin(\omega_d t)] + U_s$$

（4）无阻尼时，

$$u_C(t) = k_1 \cos(\omega_0 t) + k_2 \sin(\omega_0 t) + U_s$$

将初始条件代入以上各式可求得常数 k_1、k_2，得到电容电压的全响应，进一步计算可以得到电感电流的全响应。

例 7-5 电路如图 7-7 所示，已知 $R = 4\ \Omega$，$L = 1\ H$，$C = 1/3\ F$，$u_s(t) = 2\ V$，$u_C(0) = 6\ V$，$i_L(0) = 4\ A$，求 $t \geqslant 0$ 时电容电压和电感电流的全响应。

解 计算固有频率：

$$\lambda_{1,2} = -\frac{R}{2L} \pm \sqrt{\left(\frac{R}{2L}\right)^2 - \frac{1}{LC}} = -2 \pm \sqrt{2^2 - 3} = -2 \pm 1$$

得

$$\lambda_1 = -3, \quad \lambda_2 = -1$$

u_{Ch} 具有如下形式：

$$u_{Ch}(t) = k_1 e^{-3t} + k_2 e^{-t}$$

特解为

$$u_{Cp}(t) = 2\ V$$

电容电压的解为

$$u_C(t) = k_1 e^{-3t} + k_2 e^{-t} + 2 \tag{A}$$

将 $u_C(0) = 6$ V 代入上式得

$$u_C(0) = k_1 + k_2 + 2 = 6 \qquad\qquad (B)$$

让(A)式两边对 t 求导，再同时乘以常数 C 得

$$i_L(t) = -3Ck_1 e^{-3t} - Ck_2 e^{-t}$$

将 $i_L(0) = 4$ A 代入上式得

$$i_L(0) = -3 \times \frac{1}{3} k_1 - \frac{1}{3} k_2 = 4 \qquad\qquad (C)$$

联立(B)、(C)两式求得 $k_1 = -8$，$k_2 = 12$，代入(A)式得电容电压的全响应为

$$u_C(t) = -8e^{-3t} + 12e^{-t} + 2 \text{ V} \quad (t \geqslant 0)$$

进而求得电感电流的全响应为

$$i_L(t) = i_C(t) = C \frac{\mathrm{d}u_C(t)}{\mathrm{d}t} = -4e^{-t} + 8e^{-3t} \text{ A} \quad (t \geqslant 0)$$

例 7 - 6　电路如图 7 - 7 所示，已知 $R = 6$ Ω，$L = 1$ H，$C = 0.04$ F，$u_C(0) = 3$ V，$i_L(0) = 0.28$ A，$u_s(t) = u(t)$（$u(t)$ 为单位阶跃信号），求电容电压和电感电流的零状态响应和全响应。

解　由于例 7 - 3 已经求解了该题的零输入响应，因此现在只需求解零状态响应，然后根据叠加定理就可以求出全响应。

由例 7 - 3 的计算可知

$$u_{Ch}(t) = e^{-3t}[k_1 \cos(4t) + k_2 \sin(4t)]$$

特解为

$$u_{Cp}(t) = 1 \text{ V}$$

电容电压的解为

$$u_C(t) = e^{-3t}[k_1 \cos(4t) + k_2 \sin(4t)] + 1$$

因为是求零状态响应，所以将 $u_C(0) = 0$，$i_L(0) = 0$ 代入上式，并求得 $k_1 = -1$，$k_2 = -0.75$，于是得到电容电压的零状态响应为

$$u_C'(t) = e^{-3t}[-\cos(4t) - 0.75 \sin(4t)] + 1$$

由于零输入响应为（由例 7 - 3 得）

$$u_C''(t) = e^{-3t}[3 \cos(4t) + 4 \sin(4t)]$$

因此全响应为

$$\begin{aligned}
u_C(t) &= u_C'(t) + u_C''(t) \\
&= e^{-3t}[3 \cos(4t) + 4 \sin(4t)] + e^{-3t}[-\cos(4t) - 0.75 \sin(4t)] + 1 \\
&= e^{-3t}[2 \cos(4t) + 3.25 \sin(4t)] + 1 \text{ V} \quad (t \geqslant 0)
\end{aligned}$$

电感电流的全响应为

$$i_L(t) = i_C(t) = C \frac{\mathrm{d}u_C(t)}{\mathrm{d}t} = 0.04 e^{-3t}[7 \cos(4t) - 17.75 \sin(4t)] \text{ A} \qquad t \geqslant 0$$

电容电压的零状态、零输入、全响应以及电感电流的零状态、零输入、全响应的波形曲线如图 7 - 8 所示。

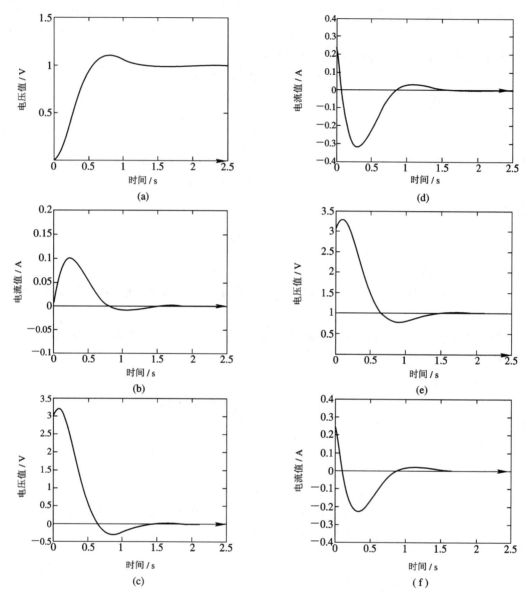

图 7 - 8   例 7 - 6 电容电压和电感电流波形曲线

（a）电容电压零状态响应；（b）电感电流零状态响应；（c）电容电压零输入响应；

（d）电感电流零输入响应；（e）电容电压全响应；（f）电感电流全响应

*7.3   恒定电源作用下 *GLC* 并联电路的全响应

GLC 并联电路如图 7 - 9 所示，由图可得

$$i_R(t) + i_L(t) + i_C(t) = i_s(t)$$

代入电容、电阻和电感的 VAR：

$$u(t) = u_L(t) = u_C(t) = L\frac{\mathrm{d}i_L(t)}{\mathrm{d}t}$$

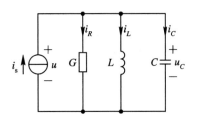

图 7 - 9 GLC 并联二阶电路

$$i_R(t) = Gu(t) = GL\frac{\mathrm{d}i_L(t)}{\mathrm{d}t}$$

$$i_C(t) = C\frac{\mathrm{d}u(t)}{\mathrm{d}t} = LC\frac{\mathrm{d}^2 i_L(t)}{\mathrm{d}t^2}$$

得到以下微分方程：

$$LC\frac{\mathrm{d}^2 i_L(t)}{\mathrm{d}t^2} + GL\frac{\mathrm{d}i_L(t)}{\mathrm{d}t} + i_L(t) = i_s(t)$$

$$(7-13)$$

这是一个常系数非齐次线性二阶微分方程，其特征方程为

$$LC\lambda^2 + GL\lambda + 1 = 0$$

由此得到特征根

$$\lambda_{1,2} = -\frac{G}{2C} \pm \sqrt{\left(\frac{G}{2C}\right)^2 - \frac{1}{LC}}$$

$$(7-14)$$

当电路元件参数 G、L、C 的量值不同时，特征根可能出现以下三种情况：

(1) $G > 2\sqrt{C/L}$ 时，λ_1、λ_2 为两个不相等的负实根；

(2) $G = 2\sqrt{C/L}$ 时，λ_1、λ_2 为两个相等的负实根；

(3) $G < 2\sqrt{C/L}$ 时，λ_1、λ_2 为共轭复数根。

当两个特征根为不相等的负实根时，称电路是过阻尼的；当两个特征根为相等的负实根时，称电路是临界阻尼的；当两个特征根为共轭复数根时，称电路是欠阻尼的。这三种响应的计算与 RLC 串联电路相似，下面举例说明。

例 7 - 7 电路如图 7 - 9 所示，已知 $G = 3\,\mathrm{S}$，$L = 0.25\,\mathrm{H}$，$C = 0.5\,\mathrm{F}$，$i_s(t) = u(t)\,\mathrm{A}$（单位阶跃函数），求 $t \geq 0$ 时电容电压和电感电流的零状态响应。

解 将 G、L、C 的值代入(7 - 14)式计算固有频率：

$$\lambda_{1,2} = -\frac{G}{2C} \pm \sqrt{\left(\frac{G}{2C}\right)^2 - \frac{1}{LC}} = -3 \pm \sqrt{3^2 - 8}$$

得

$$\lambda_1 = -2, \quad \lambda_2 = -4$$

电感电流为

$$i_L(t) = k_1 \mathrm{e}^{-2t} + k_2 \mathrm{e}^{-4t} + 1\,\mathrm{A}$$

由于是求零状态响应，因此 $u_C(0) = 0$，$i_L(0) = 0$，将它们代入上式得

$$i_L(0) = k_1 + k_2 + 1 = 0$$

$$u_C(0) = -2Lk_1 - 4Lk_2 = 0$$

以上两式联立解得 $k_1 = -2$，$k_2 = 1$，最后得到电感电流和电容电压：

$$i_L(t) = -2\mathrm{e}^{-2t} + \mathrm{e}^{-4t} + 1\,\mathrm{A} \quad (t \geq 0)$$

$$u_L(t) = u_C(t) = L\frac{\mathrm{d}i_L(t)}{\mathrm{d}t} = \mathrm{e}^{-2t} - \mathrm{e}^{-4t}\,\mathrm{V} \quad (t \geq 0)$$

例 7 - 8 电路如图 7 - 9 所示，已知 $G = 0.1\,\mathrm{S}$，$L = 1\,\mathrm{H}$，$C = 1\,\mathrm{F}$，$i_s(t) = u(t)\,\mathrm{A}$，求 $t \geq 0$ 时电感电流的零状态响应。

解 计算固有频率：

$$\lambda_{1,2} = -\frac{G}{2C} \pm \sqrt{\left(\frac{G}{2C}\right)^2 - \frac{1}{LC}} = -\frac{1}{20} \pm \sqrt{\frac{1}{400} - 1} \approx -0.05 \pm j$$

这是共轭复数，电感电流为

$$i_L(t) = e^{-0.05t}(k_1 \cos t + k_2 \sin t) + 1 \text{ A}$$

由于是求零状态响应，因此 $u_C(0)=0$，$i_L(0)=0$，将它们代入上式得

$$i_L(0) = k_1 + 1 = 0$$
$$u_C(0) = -0.05Lk_1 + Lk_2 = 0$$

由此可得 $k_1 = -1$，$k_2 = -0.05$，最后得到电感电流为

$$i_L(t) = 1 - e^{-0.05t}(\cos t + 0.05 \sin t) \text{ A}$$

电感电流波形如图 7-10 所示。由图可见，由于电路的衰减系数小，因此过渡过程较长。经过衰减振荡的过渡过程，电感电流最终进入稳态，其稳态值为 1 A。即进入稳态后，电感相当于短路，电流源的电流全部流经电感。

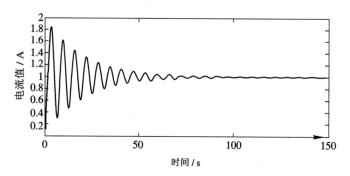

图 7-10 衰减系数为 0.05 的电感电流波形

习 题

7-1 电路如习题 7-1 图所示，已知 $u_C(0)=1$ V，$i_L(0)=1$ A，试求 $t \geqslant 0$ 时电容电压 $u_C(t)$ 和电感电流 $i_L(t)$ 的零输入响应，并画出波形。

7-2 电路如习题 7-2 图所示，已知 $u_C(0)=6$ V，$i_L(0)=0$，试求 $t \geqslant 0$ 时电容电压 $u_C(t)$ 和电感电流 $i_L(t)$ 的零输入响应，并画出波形。

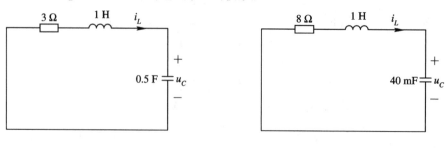

习题 7-1 图   习题 7-2 图

7-3 如习题 7-3 图所示电路原来处于零状态，$t=0$ 时闭合开关，试求 $t \geqslant 0$ 时电容电压 $u_C(t)$ 和电感电流 $i_L(t)$ 的零状态响应。

7-4 电路如习题7-4图所示，试求电容电压 $u_C(t)$ 和电感电流 $i_L(t)$ 的零状态响应。

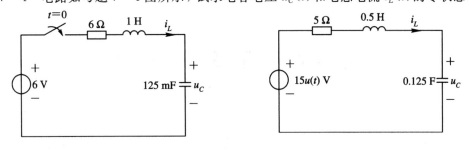

习题 7-3 图　　　　　　　　　　　　习题 7-4 图

7-5 电路如习题7-5图所示，已知 $u_C(0)=2$ V，$i_L(0)=1$ A，试求 $t \geqslant 0$ 时电容电压 $u_C(t)$ 和电感电流 $i_L(t)$ 的零输入响应。

7-6 电路如习题7-6图所示，试求电容电压 $u_C(t)$ 和电感电流 $i_L(t)$ 的单位阶跃响应。

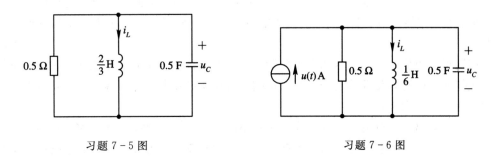

习题 7-5 图　　　　　　　　　　　　习题 7-6 图

第8章 相量法基础

正弦电流电路是应用很广的一类电路，相量法是分析正弦电流电路的基础。本章主要介绍正弦电压和电流的三要素、有效值及相量表示，基尔霍夫定律的相量形式，元件伏安特性的相量形式等。

8.1 正弦电压和电流

正弦交流电的应用极为广泛。工农业生产中普遍使用的电源是发电厂送出的正弦交流电；发送电台广播信号、电视信号、无线电通信信号所采用的载波也大多是高频或超高频正弦波。

按照正弦规律变化的电压和电流分别称为正弦电压和正弦电流。正弦电流、电压等按正弦规律变化的物理量简称为正弦量。正弦量可用正弦函数或余弦函数表示，本书中一般采用余弦函数表示正弦量。

当线性电路中所有的激励源均为同一频率的正弦交流电源时，若电路是稳定的，则电路进入稳态后，电路中各电流和电压都是与电源同频率的正弦量，此时的电路称为正弦电流电路或正弦交流电路，简称交流电路。

正弦电流电路的分析是电路理论的一个重要内容，正弦电流电路的分析方法也是分析非正弦电流电路及对线性电路进行频域分析的基础。

图 8-1 所示表示正弦电流电路中的一条支路，该支路电流在指定的参考方向下的数学表达式为

$$i = I_{\mathrm{m}} \cos(\omega t + \theta_i) \qquad (8-1)$$

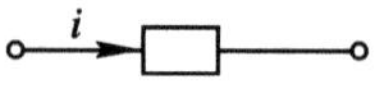

图 8-1 正弦电流电路中的一条支路

式中，I_{m} 是正弦电流 i 在变化过程中可达到的最大值，称为电流 i 的振幅或幅值；$\omega t + \theta_i$ 是正弦电流 i 的瞬时相角，简称相角或相位，单位为弧度（rad）或度（°）。

瞬时相角是随时间而变化的，它反映了正弦量的变化进程。相角每变化 2π 弧度，正弦量就经过了一个周期的循环。相角随时间而变化的速度为 ω，即

$$\frac{\mathrm{d}}{\mathrm{d}t}(\omega t + \theta_i) = \omega$$

其中，ω 称为正弦量的角频率，单位为弧度/秒（rad/s）。ω 反映着正弦量变化的快慢。正弦量的周期 T（变化一周所需时间）及频率 f（每秒变化的周数）也反映了正弦量的变化快慢。它们的关系为

$$\omega = 2\pi f, \quad T = \frac{1}{f} = \frac{2\pi}{\omega}$$

其中，周期 T 的单位为秒(s)；频率 f 的单位为赫兹(Hz)，简称赫。无线电工程中，常采用千赫兹(kHz)、兆赫兹(MHz)、吉赫兹(GHz)为频率的单位，它们之间的换算关系如下：

$$1 \text{ kHz} = 10^3 \text{ Hz}, \quad 1 \text{ MHz} = 10^6 \text{ Hz}, \quad 1 \text{ GHz} = 10^9 \text{ Hz}$$

我国供电系统交流电的频率为 50 Hz。

(8-1)式中，θ_i 为正弦电流在时间为零时的相角，称为初相角或初相位。初相位一般在主值范围取值，即 $|\theta_i| \leqslant \pi$。初相角与计时起点的选择有关。在分析正弦电流电路时要确定一个计时起点，计时起点一旦确定，电路中各正弦电流和电压的初相位也就确定了。图 8-2(a)、(b)、(c)所示分别为 $\theta_i = 0$、$\theta_i > 0$ 及 $\theta_i < 0$ 三种情况下正弦电流 i 的波形图。为方便起见，作正弦量波形图时，常以 ωt 为横轴坐标。

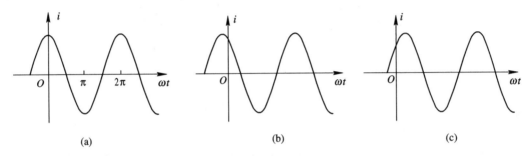

图 8-2　正弦电流的波形

(a) $\theta_i = 0$；(b) $\theta_i > 0$；(c) $\theta_i < 0$

正弦量的振幅、初相位及角频率一旦确定，其变化规律就完全确定了，因此将振幅、初相位和角频率称为正弦量的三要素。

在正弦电流电路的分析中，常要比较同频率正弦量的相位，计算它们的相位差。设两个同频率正弦电压分别为

$$u_1 = U_{m1} \cos(\omega t + \theta_1), \quad u_2 = U_{m2} \cos(\omega t + \theta_2)$$

则 u_1 与 u_2 的相位差为

$$\varphi = (\omega t + \theta_1) - (\omega t + \theta_2) = \theta_1 - \theta_2$$

可见，同频率正弦量在任何时刻的相位差等于其初相位之差。相位差一般也在主值范围取值，即 $|\varphi| \leqslant \pi$。

相位差可反映同频率正弦量变化进程之间的差别。

若相位差 $\varphi = \theta_1 - \theta_2 > 0$，则说明 u_1 比 u_2 在相位进程上超前了 φ 角度，简称 u_1 超前 u_2。在这种情况下，u_1 的进程先于 u_2，u_1 比 u_2 先到达最大值，先过零点等，波形如图 8-3(a) 所示。

若相位差 $\varphi = \theta_1 - \theta_2 < 0$，则说明 u_1 在相位上滞后于 u_2 一个 φ 角度，简称 u_1 滞后 u_2。

若相位差 $\varphi = \theta_1 - \theta_2 = 0$，则称 u_1 与 u_2 同相位(简称同相)。这种情况下，两个正弦量进程相同，同时到达最大值，也同时过零点，波形如图 8-3(b) 所示。

若相位差 $\varphi = \theta_1 - \theta_2 = \pm \pi$，则两个正弦量相位差了半个周期，它们的正、负半周正好错开，这种情况称 u_1 与 u_2 反相，波形如图 8-3(c) 所示。

若相位差 $\varphi = \theta_1 - \theta_2 = \pm \dfrac{\pi}{2}$，则两个正弦量相位差了四分之一个周期，当其中一个到达最大值时，另一个到达零值。此种情况称 u_1 与 u_2 正交，波形如图 8-3(d) 所示。

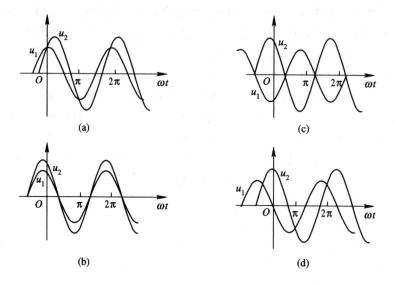

图 8-3　同频率正弦量的相位差

(a) $\varphi = \theta_1 - \theta_2 > 0$；(b) $\varphi = \theta_1 - \theta_2 = 0$；(c) $\varphi = \theta_1 - \theta_2 = \pm \pi$；(d) $\varphi = \theta_1 - \theta_2 = \dfrac{\pi}{2}$

当计时起点改变时，两个同频率正弦量的初相位会改变，由于两者初相位的改变量相同，因此它们的相位差仍保持不变。同频率正弦量之间的相位差与计时起点的选择无关。

周期电流 i 的有效值(用大写字母 I 表示)定义为

$$I = \sqrt{\frac{1}{T} \int_0^T i^2 \, dt} \tag{8-2}$$

上式中，T 为电流 i 的周期。由上式可见，电流 i 的有效值是其瞬时值的平方在一个周期内的平均值的平方根。因此，有效值又被称为均方根值。

有效值的概念是由平均作功能力等效的角度引出的。设周期电流 i 及直流电流 I_{DC} 分别流过相同阻值的电阻 R。当电流 i 流过 R 时，电阻在一个周期 T 时间内消耗的总电能为

$$E_1 = \int_0^T p(t) \, dt = \int_0^T R i^2 \, dt = R \int_0^T i^2 \, dt \tag{8-3}$$

当电流 I_{DC} 流过 R 时，该电阻在同样的 T 时间内消耗的总电能为

$$E_2 = \int_0^T p(t) \, dt = \int_0^T R I_{DC}^2 \, dt = R I_{DC}^2 T \tag{8-4}$$

比较上两式可知，若电流 i 的均方根值(有效值)等于 I_{DC}，则 $E_1 = E_2$，该两电流的平均作功能力相同。

将正弦电流瞬时表达式代入(8-2)式，可得正弦电流的有效值：

$$I = \sqrt{\frac{1}{T} \int_0^T \left[I_m \cos(\omega t + \theta_i) \right]^2 \, dt} = \sqrt{\frac{I_m^2}{T} \int_0^T \frac{1 + \cos 2(\omega t + \theta_i)}{2} \, dt} = \frac{1}{\sqrt{2}} I_m \tag{8-5}$$

同理可得正弦电压 u 的有效值 U 为

$$U = \frac{1}{\sqrt{2}} U_m \tag{8-6}$$

由(8-5)式、(8-6)式可知，正弦量的振幅是其有效值的 $\sqrt{2}$ 倍。因此，正弦电流、电

压又可表达为

$$i = \sqrt{2}I \cos(\omega t + \theta_i)$$

$$u = \sqrt{2}U \cos(\omega t + \theta_u)$$

工程上提到的正弦量的大小一般是指有效值。例如，电网提供的(220 V 和 380 V)电压、一般交流电器的额定电流和电压、普通交流电压表和交流电流表的读数等都是指有效值。

例 8 - 1 已知 $u = -12 \cos(100\pi t + 60°)$ V，$i = 2 \sin(100\pi t - 150°)$ A，求 u、i 的振幅、有效值、初相位、频率及 u 与 i 的相位差。

解 首先将电压 u 和电流 i 的表达式改写为如下基本形式：

$$u = 12 \cos(100\pi t + 60° - 180°) = 12 \cos(100\pi t - 120°) \text{ V}$$

$$i = 2 \cos(100\pi t - 150° - 90°) = 2 \cos(100\pi t - 240°) = 2 \cos(100\pi t + 120°) \text{ A}$$

则 u、i 的振幅分别为

$$U_m = 12 \text{ V}, \quad I_m = 2 \text{ A}$$

u、i 的有效值分别为

$$U = \frac{12}{\sqrt{2}} = 8.485 \text{ V}, \quad I = \frac{2}{\sqrt{2}} = 1.414 \text{ A}$$

u、i 的初相位分别为

$$\theta_u = -120°, \quad \theta_i = 120°$$

u、i 的频率相同，它们的角频率 ω 及频率 f 分别为

$$\omega = 100\pi \text{ rad/s}, \quad f = \frac{\omega}{2\pi} = 50 \text{ Hz}$$

u 与 i 的相位差为 $\varphi = -120° - 120° = -240°$，应取 $\varphi = -240° + 360° = 120°$，电压 u 超前电流 i 1/3 个周期。

8.2 正弦量的相量表示

正弦电流电路中的各电流和电压都是同频率的正弦量，分析电路时，直接对这些正弦量进行求导、积分、求和运算等是很不方便的。相量法是利用欧拉公式将正弦量与复变量联系起来，将正弦量的求导、积分、求和运算等转变为复变量的代数运算的方法，它简化了正弦电流电路的计算。

8.2.1 复数运算

复数 A 是复平面上的一个点，如图 8 - 4 所示。由原点指向该点的向量是复数 A 的向量表示。复数 A 的直角坐标表达式为

$$A = a_1 + ja_2 \qquad (8 - 7)$$

其中，a_1、a_2 分别称为 A 的实部和虚部；$j = \sqrt{-1}$，称为虚数单位。复数 A 的极坐标表达式为

$$A = a\angle\theta \qquad (8 - 8)$$

其中，a 为图 8 - 4 中向量的长度，称为 A 的模，它总取非负值；θ 为向量与正实轴的夹角，称为 A 的辐角。

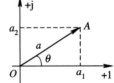

图 8 - 4 复数 A 的复平面表示

复数的两种坐标可以相互转换。由图 8-4 可见：

$$a_1 = a \cos\theta, \quad a_2 = a \sin\theta \qquad (8-9)$$

$$a = \sqrt{a_1^2 + a_2^2}, \quad \theta = \arctan\frac{a_2}{a_1} \qquad (8-10)$$

将(8-9)式代入(8-7)式，复数可表达为三角形式：

$$A = a \cos\theta + ja \sin\theta \qquad (8-11)$$

利用欧拉公式：

$$e^{j\theta} = \cos\theta + j \sin\theta \qquad (8-12)$$

可将复数的三角形式变换为指数形式：

$$A = ae^{j\theta} \qquad (8-13)$$

做复数的加减运算时，要将复数用直角坐标表示。设 $A = a_1 + ja_2$，$B = b_1 + jb_2$，则有

$$A \pm B = (a_1 \pm b_1) + j(a_2 \pm b_2)$$

复数的加减运算也可用作图法完成，过程如图 8-5(a)、(b)所示。

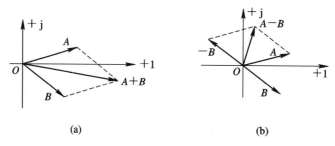

(a)　　　　　　　　　　　(b)

图 8-5　复数向量的加减运算

做复数的乘、除运算时，常将复数表示为极坐标或指数形式。设 $A = ae^{j\theta_a} = a\angle\theta_a$，$B = be^{j\theta_b} = b\angle\theta_b$，则有

$$AB = ae^{j\theta_a}be^{j\theta_b} = abe^{j(\theta_a + \theta_b)}, \quad AB = a\angle\theta_a b\angle\theta_b = ab\angle(\theta_a + \theta_b)$$

$$\frac{A}{B} = \frac{ae^{j\theta_a}}{be^{j\theta_b}} = \frac{a}{b}e^{j(\theta_a - \theta_b)}, \quad \frac{A}{B} = \frac{a\angle\theta_a}{b\angle\theta_b} = \frac{a}{b}\angle(\theta_a - \theta_b)$$

若采用直角坐标形式，则有

$$AB = (a_1 + ja_2)(b_1 + jb_2) = (a_1b_1 - a_2b_2) + j(a_1b_2 + a_2b_1)$$

$$\frac{A}{B} = \frac{a_1 + ja_2}{b_1 + jb_2} = \frac{(a_1 + ja_2)(b_1 - jb_2)}{(b_1 + jb_2)(b_1 - jb_2)} = \frac{a_1b_1 + a_2b_2}{b_1^2 + b_2^2} + j\frac{a_2b_1 - a_1b_2}{b_1^2 + b_2^2}$$

例 8-2 已知 $A = -20 - j40$，$B = 13\angle112.6°$，求 $A+B$ 和 AB 的极坐标形式。

解

$$B = 13\angle112.6° = 13\cos112.6° + j13\sin112.6° = -5 + j12$$

$$A + B = (-20 - j40) + (-5 + j12) = -25 - j28 = 37.54\angle-131.76°$$

$$A = -20 - j40 = 44.72\angle-116.6°$$

$$AB = 44.72\angle-116.6° \times 13\angle112.6° = 581.36\angle-4°$$

8.2.2　正弦量的相量表示

以正弦电流为例，设 $i = I_m\cos(\omega t + \theta_i)$，根据欧拉公式，即(8-12)式，有

$$i = I_{\mathrm{m}} \cos(\omega t + \theta_i) = \mathrm{Re}[I_{\mathrm{m}} \mathrm{e}^{\mathrm{j}(\omega t + \theta_i)}] = \mathrm{Re}[I_{\mathrm{m}} \mathrm{e}^{\mathrm{j}\theta_i} \mathrm{e}^{\mathrm{j}\omega t}] \tag{8-14}$$

上式中，Re[ ]是取复数实部的运算。上式将正弦量与复指数函数联系起来。可见，用余弦函数表示的正弦量可表示为一复指数函数的实部，该复指数函数的复常数因子($I_{\mathrm{m}} \mathrm{e}^{\mathrm{j}\theta_i}$)包含了正弦量的两个要素：振幅和初相位。在正弦电流电路中，各电流及电压的频率与电源的频率相同，这是已知的。因此，正弦电流电路中的电流和电压由其振幅和初相位唯一确定，即由其对应的复变函数的复常数因子确定。

将(8-14)式中的复常数因子定义为正弦电流的振幅相量，记为

$$\dot{I}_{\mathrm{m}} = I_{\mathrm{m}} \mathrm{e}^{\mathrm{j}\theta_i} = I_{\mathrm{m}} \angle \theta_i \tag{8-15}$$

定义正弦电流的有效值相量为

$$\dot{I} = I \mathrm{e}^{\mathrm{j}\theta_i} = I \angle \theta_i \tag{8-16}$$

显然有 $\dot{I}_{\mathrm{m}} = \sqrt{2}\dot{I}$。振幅相量和有效值相量都简称为相量，根据相量符号是否有下标 m 加以区分。同理可定义正弦电压及其他正弦量的相量。

相量是复数，其运算与一般复数运算相同。每一相量都对应着一个正弦量，这是其与一般复数的不同之处，因此在相量的符号上方加一个小圆点以示区别。相量也可用复平面的向量图表示，称为正弦量的相量图。利用相量图可直观地看出各正弦量之间的相位关系。

由正弦量时间表达式可直接写出它的相量，或由相量直接写出与之对应的正弦量的时间函数。

例 8-3 已知 $u = 311.1 \sin\left(314t + \dfrac{\pi}{6}\right)$ V，$i = 1.414 \cos\left(314t + \dfrac{\pi}{6}\right)$ A，求相量 $\dot{U}$、$\dot{I}$，并画出相量图。

解 先将电压表示为余弦函数：

$$u = 311.1 \cos\left(314t + \frac{\pi}{6} - \frac{\pi}{2}\right) = 311.1 \cos\left(314t - \frac{\pi}{3}\right)$$

$$= 220\sqrt{2} \cos\left(314t - \frac{\pi}{3}\right) \text{ V}$$

则有

$$U = 220 \text{ V}, \quad \theta_u = -\frac{\pi}{3} \text{ rad}, \quad \dot{U} = 220 \angle -\frac{\pi}{3} \text{ V}$$

电流的有效值 $I = \dfrac{1.414}{\sqrt{2}} = 1$ A，初相位 $\theta_i = \dfrac{\pi}{6}$ rad，电流的相量为

$$\dot{I} = 1 \angle \frac{\pi}{6} \text{ A}$$

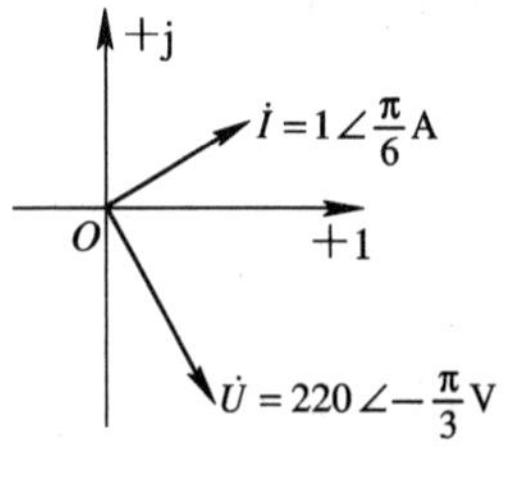

图 8-6 例 8-3 相量图

电压与电流的相量图如图 8-6 所示。图中，电流及电压相量采用不同的长度比例。由图可见，电流 i 比电压 u 超前 $\dfrac{\pi}{2}$ 弧度。

例 8-4 已知 $\dot{I} = 0.1 \angle -\dfrac{\pi}{3}$ A，正弦电流的频率为 $f = 1$ kHz，求正弦电流的时间函数表达式。

解 由已知相量可直接得出

$$I_m = \sqrt{2} \times 0.1 = 0.1414\ \text{A}, \quad \theta_i = -\frac{\pi}{3}\ \text{rad}$$

由已知频率算得

$$\omega = 2\pi f = 6283\ \text{rad/s}$$

正弦电流时间函数表达式为

$$i = I_m \cos(\omega t + \theta_i) = 0.1414 \cos\left(6283t - \frac{\pi}{3}\right)\ \text{A}$$

正弦量的时间函数表达式与其相量之间有一个简单的
对应关系，但这两者一个是时间函数，另一个是复数，它们
不可用等号直接连接。由(8-14)式可知，正弦电流与其相
量的关系为

$$i = I_m \cos(\omega t + \theta_i) = \text{Re}[\dot{I}_m e^{j\omega t}]$$
$$= \text{Re}[\sqrt{2}\dot{I} e^{j\omega t}] \qquad (8-17)$$

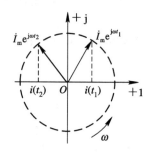

图 8-7　旋转相量

上式中，$\dot{I}_m e^{j\omega t}$ 的模不变，辐角随时间而增加，画在复平面
上是一个以原点为中心，以角速度 ω 逆时针旋转的复数（模
为 I_m），称为旋转相量。正弦量在任一时刻的瞬时值，等于
对应旋转相量同一时刻在实轴上的投影，如图 8-7 所示。

8.3　基尔霍夫定律的相量形式

分析正弦电流电路的依据仍是基尔霍夫定律及元件伏安特性方程这两类约束条件。由
于正弦电流电路中各电流和电压都是同频率的正弦量，因此可用相量表示。若能得到电路
中各电流、电压相量之间的约束方程，直接对相量方程求解，则可将正弦量的求解转化为
相量（复数）的求解，使正弦电流电路的计算简化。本节和下节将介绍正弦电流电路中两类
约束条件的相量形式。

对电路中任一节点，基尔霍夫电流定律可表达为

$$\sum i(t) = 0 \qquad (8-18)$$

在正弦电流电路中，将各正弦电流用其相量表示，可得

$$\sum i(t) = \sum \text{Re}[\dot{I}_m e^{j\omega t}] = 0$$

因为多个复数的实部之和等于这些复数先求和再取实部；又因为各电流频率相同，可将 $e^{j\omega t}$
提到求和符号的外面，所以

$$\sum i(t) = \sum \text{Re}[\dot{I}_m e^{j\omega t}] = \text{Re}\left[e^{j\omega t} \sum \dot{I}_m\right] = \text{Re}\left[e^{j\omega t} \sum \sqrt{2}\dot{I}\right] = 0$$

由于 $e^{j\omega t}$ 不恒为零，所以有

$$\sum \dot{I}_m = 0, \quad \sum \dot{I} = 0 \qquad (8-19)$$

上式表明：在正弦电流电路中，任一节点所连接的所有支路电流的相量之代数和等于
零。这是基尔霍夫电流定律的相量形式。

对电路中任一回路，基尔霍夫电压定律可表达为

$$\sum u(t) = 0 \qquad (8-20)$$

由于正弦电流电路中各电压是同频率的正弦量，同理可推得

$$\sum \dot{U}_{\mathrm{m}} = 0, \quad \sum \dot{U} = 0 \tag{8-21}$$

上式表明：在正弦电流电路中，沿任一回路选定的绕行方向，该回路中所有支路电压的相量之代数和等于零。这是基尔霍夫电压定律的相量形式。

将(8-18)式与(8-19)式、(8-20)式与(8-21)式比较可知，基尔霍夫定律的相量方程与它的时域方程具有相同的形式。

值得注意的是，(8-19)式和(8-21)式是复数方程，它表达的是支路电流相量及支路电压相量所应满足的约束条件，不是振幅(或有效值)的约束条件。在正弦电流电路中，回路中各支路电压或节点所连各支路电流的振幅(有效值)代数和一般并不为零，这是因为各正弦量波形之间存在相位差，一般不会在同一瞬时到达最大值。

例 8-5　图 8-8(a)所示为某正弦电流电路中的一部分，已知 $i_1 = \sqrt{2} \times 4 \cos(314t + 90°)$ A，$i_2 = \sqrt{2} \times 3 \cos(314t)$ A，求电流 i_3。

解　由已知条件得

$$\dot{I}_1 = 4\angle 90° = \mathrm{j}4 \text{ A}, \quad \dot{I}_2 = 3\angle 0° = 3 \text{ A}$$

根据 KCL 的相量形式，有

$$\dot{I}_3 = \dot{I}_1 + \dot{I}_2 = 3 + \mathrm{j}4 = 5\angle 53.13° \text{ A} \quad (注意：I_1 + I_2 \neq I_3)$$

从而可得 i_3 的时域表达式为

$$i_3 = \sqrt{2} \times 5 \cos(314t + 53.13°) \text{ A}$$

各电流的相量图如图 8-8(b)所示，各电流的波形如图 8-8(c)所示。

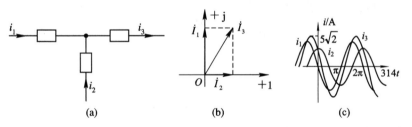

图 8-8　例 8-5 题图及相量图

例 8-6　图 8-9 所示为某正弦电流电路中的一部分，已知 $u_{\mathrm{ab}} = \sqrt{2} \times 10 \cos(\omega t - 120°)$ V，$u_{\mathrm{bc}} = \sqrt{2} \times 8 \sin(\omega t + 120°)$ V，求电压 u_{ac}。

解　首先将 u_{bc} 改写成余弦函数：

$$u_{\mathrm{bc}} = \sqrt{2} \times 8 \sin(\omega t + 120°)$$

$$= \sqrt{2} \times 8 \cos(\omega t + 30°) \text{ V}$$

图 8-9　例 8-6 题图

由已知电压的时间函数得

$$\dot{U}_{\mathrm{ab}} = 10\angle -120° \text{ V}, \quad \dot{U}_{\mathrm{bc}} = 8\angle 30° \text{ V}$$

根据 KVL 的相量形式，有

$$\dot{U}_{\mathrm{ac}} = \dot{U}_{\mathrm{ab}} + \dot{U}_{\mathrm{bc}} = 10\angle -120° + 8\angle 30°$$

$$= (-5 - \mathrm{j}8.66) + (6.93 + \mathrm{j}4)$$

$$= 1.93 - \mathrm{j}4.66 = 5.04\angle -67.5° \text{ V}$$

从而可得 u_{ac} 的时域表达式为

$$u_{ac} = \sqrt{2} \times 5.04 \cos(\omega t - 67.5°) \text{ V}$$

由上两例可见，相量法可将同频率正弦量的求和运算转换为对应相量的求和运算，使计算简化。

8.4 电路元件伏安特性的相量形式

正弦电流电路中各元件的电压和电流均为同频率的正弦量，设二端元件电压、电流及其相量分别为

$$\left.\begin{aligned} u = \sqrt{2}U \cos(\omega t + \theta_u) = \text{Re}[\sqrt{2}\dot{U}e^{j\omega t}], \quad \dot{U} = U\angle\theta_u \\ i = \sqrt{2}I \cos(\omega t + \theta_i) = \text{Re}[\sqrt{2}\dot{I}e^{j\omega t}], \quad \dot{I} = I\angle\theta_i \end{aligned}\right\} \quad (8-22)$$

本节介绍各基本元件电压相量与电流相量之间的关系，即元件伏安特性的相量形式。

8.4.1 电阻元件

线性电阻元件满足欧姆定律，在图 8-10(a)所示电流、电压关联参考方向下，其伏安特性为

$$u(t) = Ri(t) \quad (8-23)$$

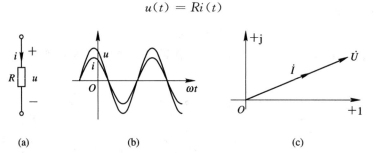

(a)　　　　　　(b)　　　　　　　(c)

图 8-10　电阻元件的正弦电压与电流

正弦电流电路中，将电阻的电压和电流用(8-22)式表示，代入(8-23)式，有

$$\text{Re}[\sqrt{2}\dot{U}e^{j\omega t}] = R\,\text{Re}[\sqrt{2}\dot{I}e^{j\omega t}]$$

由复数运算规则可知，复数的实部乘以实常数，等于该复数先乘实常数再取实部。因此，上式可写做：

$$\text{Re}[\sqrt{2}\dot{U}e^{j\omega t}] = \text{Re}[\sqrt{2}R\dot{I}e^{j\omega t}]$$

可得

$$\dot{U} = R\dot{I}, \quad \dot{U}_m = R\dot{I}_m \quad (8-24)$$

上式即电阻元件伏安特性的相量形式。该式又可写做：

$$U\angle\theta_u = RI\angle\theta_i, \quad U_m\angle\theta_u = RI_m\angle\theta_i$$

即

$$\left.\begin{aligned} U = RI \text{ 或 } U_m = RI_m \\ \theta_u = \theta_i \end{aligned}\right\} \quad (8-25)$$

由上式可见，正弦电流电路中，电阻的电压和电流相位相同，它们的振幅(或有效值)

之比等于 R。图 8-10(b)、(c)所示分别给出了电阻电压与电流的波形及相量图。

8.4.2 电感元件

线性电感元件在图 8-11(a)所示电流、电压关联参考方向下,其伏安特性为

$$u(t) = L\frac{\mathrm{d}i(t)}{\mathrm{d}t} \tag{8-26}$$

正弦电流电路中,将电感的电压和电流用(8-22)式表示,代入(8-26)式,有

$$\mathrm{Re}[\sqrt{2}\dot{U}e^{\mathrm{j}\omega t}] = L\frac{\mathrm{d}}{\mathrm{d}t}\mathrm{Re}[\sqrt{2}\dot{I}e^{\mathrm{j}\omega t}]$$

由欧拉公式及复数运算规则可证明,将一个复指数函数取实部后对 t 求导,等于该复指数函数对 t 求导后再取实部。因此,上式可写做:

$$\mathrm{Re}[\sqrt{2}\dot{U}e^{\mathrm{j}\omega t}] = \mathrm{Re}\left[\sqrt{2}L\dot{I}\frac{\mathrm{d}}{\mathrm{d}t}e^{\mathrm{j}\omega t}\right] = \mathrm{Re}[\sqrt{2}\mathrm{j}\omega L\dot{I}e^{\mathrm{j}\omega t}]$$

可得
$$\left.\begin{array}{l}\dot{U} = \mathrm{j}\omega L\dot{I}\\[4pt]\dot{U}_{\mathrm{m}} = \mathrm{j}\omega L\dot{I}_{\mathrm{m}}\end{array}\right\} \tag{8-27}$$

上式即电感元件伏安特性的相量形式。该式又可写做:

$$U\angle\theta_u = \omega LI\angle\left(\theta_i + \frac{\pi}{2}\right), \quad U_{\mathrm{m}}\angle\theta_u = \omega LI_{\mathrm{m}}\angle\left(\theta_i + \frac{\pi}{2}\right)$$

即
$$\left.\begin{array}{l}U = \omega LI \text{ 或 } U_{\mathrm{m}} = \omega LI_{\mathrm{m}}\\[6pt]\theta_u = \theta_i + \dfrac{\pi}{2}\end{array}\right\} \tag{8-28}$$

由上式可见,正弦电流电路中,电感的电压超前电流 $\pi/2$ 弧度。图 8-11(b)、(c)所示分别是电感电压与电流的波形图和相量图。由图可见,当电感电压到达最大值时,电感电流正好到达零点。

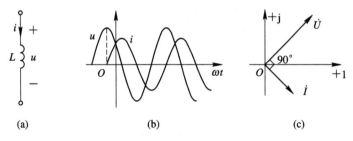

(a)   (b)   (c)

图 8-11 电感元件的正弦电压与电流

电感的电压与电流振幅(或有效值)之比等于 ωL,这一比值反映电感元件对于正弦电流的一种阻碍作用,ω 越大,阻碍作用越强。若 $\omega\to\infty$,则电流趋于零,电感相当于开路;若 $\omega=0$(直流情况),则 $\omega L=0$,电感相当于短路。

将(8-27)式与(8-26)式比较可见,相量法将正弦量的求导运算转换为其相量乘 $\mathrm{j}\omega$ 的运算,将正弦量的微分方程转换为相量的代数方程。

8.4.3 电容元件

线性电容元件在图 8-12(a)所示电流、电压关联参考方向下,其伏安特性为

$$i(t) = C\frac{\mathrm{d}u(t)}{\mathrm{d}t} \tag{8-29}$$

正弦电流电路中,将电容的电压和电流用(8-22)式表示,代入(8-29)式,有

$$\mathrm{Re}[\sqrt{2}\dot{I}\mathrm{e}^{\mathrm{j}\omega t}] = C\frac{\mathrm{d}}{\mathrm{d}t}\,\mathrm{Re}[\sqrt{2}\dot{U}\mathrm{e}^{\mathrm{j}\omega t}] = \mathrm{Re}\Big[\sqrt{2}C\dot{U}\frac{\mathrm{d}}{\mathrm{d}t}\mathrm{e}^{\mathrm{j}\omega t}\Big] = \mathrm{Re}[\sqrt{2}\mathrm{j}\omega C\dot{U}\mathrm{e}^{\mathrm{j}\omega t}]$$

可得

$$\dot{I} = \mathrm{j}\omega C\dot{U}, \quad \dot{I}_\mathrm{m} = \mathrm{j}\omega C\dot{U}_\mathrm{m} \tag{8-30}$$

即

$$\dot{U} = -\mathrm{j}\frac{1}{\omega C}\dot{I}, \quad \dot{U}_\mathrm{m} = -\mathrm{j}\frac{1}{\omega C}\dot{I}_\mathrm{m} \tag{8-31}$$

(8-30)式和(8-31)式即电容元件伏安特性的相量形式。(8-31)式也可写做:

$$U\angle\theta_u = \frac{1}{\omega C}I\angle\Big(\theta_i - \frac{\pi}{2}\Big), \quad U_\mathrm{m}\angle\theta_u = \frac{1}{\omega C}I_\mathrm{m}\angle\Big(\theta_i - \frac{\pi}{2}\Big)$$

即

$$\left.\begin{array}{l} U = \dfrac{1}{\omega C}I \quad \text{或} \quad U_\mathrm{m} = \dfrac{1}{\omega C}I_\mathrm{m} \\[3mm] \theta_u = \theta_i - \dfrac{\pi}{2} \end{array}\right\} \tag{8-32}$$

由上式中的相位方程可见,正弦电流电路中,电容的电压滞后电流 $\pi/2$ 弧度。图 8-12(b)、(c)所示分别是电容电压与电流的波形图和相量图。

由(8-32)式中的振幅(或有效值)方程可知,电容电压与电流振幅(或有效值)之比等于 $1/(\omega C)$,这一比值反映电容元件对于正弦电流的一种阻碍作用,它与频率成反比。ω 越小,阻碍作用越强。若 $\omega = 0$(直流情况),则电容相当于开路;若 $\omega \to \infty$,则 $1/(\omega C) = 0$,电容相当于短路。

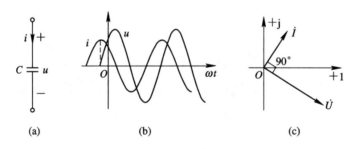

(a)　　　　　　　(b)　　　　　　　(c)

图 8-12　电容元件的正弦电压与电流

8.4.4　受控源

四种受控源的时域方程为

$$\left.\begin{array}{ll} \text{VCVS} & u_2(t) = \mu u_1(t) \\ \text{CCVS} & u_2(t) = ri_1(t) \\ \text{VCCS} & i_2(t) = gu_1(t) \\ \text{CCCS} & i_2(t) = \alpha i_1(t) \end{array}\right\} \tag{8-33}$$

在正弦电流电路中,各电流、电压均为同频率的正弦量,可用相量表示。容易推得各受控源的相量方程为

$$\left.\begin{array}{ll} \text{VCVS} & \dot{U}_2 = \mu \dot{U}_1 \\ \text{CCVS} & \dot{U}_2 = r \dot{I}_1 \\ \text{VCCS} & \dot{I}_2 = g \dot{U}_1 \\ \text{CCCS} & \dot{I}_2 = \alpha \dot{I}_1 \end{array}\right\} \tag{8-34}$$

可见，受控源的相量方程与其时域方程形式相同。

利用两类约束条件的相量形式分析正弦电流电路，通过对相量（复数）的代数运算即可求解电路。

例 8 - 7　图 8 - 13 所示正弦电流电路中，已知 $i = \sqrt{2} \times 0.2 \cos(1000t)$ A，求电压 u。

解　由于 $\dot{I} = 0.2 \angle 0°$ A，因此

$$\dot{U}_R = R \dot{I} = 100 \times 0.2 \angle 0° = 20 \text{ V}$$

$$\dot{U}_L = j \omega L \dot{I} = j 1000 \times 0.3 \times 0.2 \angle 0° = j60 \text{ V}$$

$$\dot{U} = \dot{U}_R + \dot{U}_L = 20 + j60 = 63.25 \angle 71.57°$$

得

$$u = \sqrt{2} \times 63.25 \cos(1000t + 71.57°) \text{ V}$$

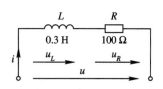

图 8 - 13　例 8 - 7 题图

例 8 - 8　图 8 - 14 所示为正弦电流电路中的一个电感元件，已知正弦电流 i 的有效值为 2 A，分别计算当电路中电源角频率 ω 为 100 rad/s 和 1000 rad/s 时的电感电压 u 的有效值。

解　本题只需要计算电压有效值，利用电感相量形式伏安特性中有效值关系计算即可。当 $\omega = 100$ rad/s 时，由(8 - 28)式可得

$$U = \omega L I = 100 \times 0.1 \times 2 = 20 \text{ V}$$

当 $\omega = 1000$ rad/s 时，有

$$U = \omega L I = 1000 \times 0.1 \times 2 = 200 \text{ V}$$

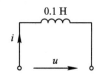

图 8 - 14　例 8 - 8 题图

习　　题

8 - 1　已知一正弦电压 $u = 170 \cos(120\pi t - 60°)$ V，求该电压的振幅、频率、周期及 $t = 0$ 之后第一次出现峰值的时间。

8 - 2　一个振幅为 10 A 的正弦电流在 $t = 150$ μs 时等于零，并在该时刻的增长速率为 2×10^4 πA/s，求该电流 i 的角频率及表达式。

8 - 3　计算下列各正弦量的相位差：

(1) $u = 100 \cos(314t + 87°)$ V，$i = 1.2 \cos(314t - 12°)$ A；

(2) $u_1 = 6 \cos(1000t + 10°)$ V，$u_2 = -9 \cos(1000t + 95°)$ V；

(3) $u_1 = 50 \sin(\omega t + 10°)$ V，$u_2 = 40 \cos(\omega t - 15°)$ V；

(4) $u = 80 \cos(\omega t + 100°)$ V，$i = 2 \cos(\omega t - 100°)$ A。

8 - 4　已知 $A = 75 - j50$，$B = 25 + j5$，求 $A \times B$ 及 A/B。

8 - 5　已知 $A = 90 \angle -33.7°$，$B = 25.5 \angle 11.3°$，求 $A + B$，$A - B$，$A \times B$ 及 A/B。

8 - 6　已知 $A = 29 - j73$，$B = 64 + j55$，$C = 49 - j22$，求 $(A \times C)/B$。

8-7 计算 $B=\dfrac{[(25+j15)+(45-j50)]\times(33-j29)}{(62+j70)-(32+j100)}$。

8-8 求下列正弦量的振幅相量和有效值相量：

(1) $u_1=50\cos(\omega t+10°)$ V；

(2) $u_2=-100\cos(\omega t+90°)$ V；

(3) $i_1=1.5\sin(\omega t-135°)$ A。

8-9 已知 $\omega=1000$ rad/s，写出下列相量代表的正弦量：

(1) $\dot U_{1m}=100\angle20°$ V；

(2) $\dot U_2=10\angle-30°$ V；

(3) $\dot I_{1m}=0.5+j0.5$ A；

(4) $\dot I_2=3+j4$ A。

8-10 已知 $u_1=220\sqrt{2}\sin(314t-120°)$ V，$u_2=220\sqrt{2}\cos(314t+30°)$ V：

(1) 画出它们的波形；

(2) 写出它们的相量，画出相量图，并确定它们的相位差；

(3) 将 u_2 的参考方向反向，重新回答(1)和(2)。

8-11 已知一支路的电压和电流分别为 $u=10\sin(1000t-20°)$ V 和 $i=2\cos(1000t-50°)$ A：

(1) 画出它们的波形和相量图；

(2) 求它们的相位差和比值 $\dot U/\dot I$。

8-12 已知 $u_1=47\cos\omega t$ V，$u_2=33\cos(\omega t+20°)$ V，求 u_1+u_2，并画出相量图。

8-13 正弦电流电路如习题 8-13 图所示，已知 $u_1=50\cos\omega t$ V，$u_2=30\cos(\omega t+25°)$ V，$u_3=25\cos(\omega t-90°)$ V，求 u_{ab}，并画出相量图。

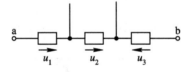

习题 8-13 图

8-14 两个具有相同频率的正弦交流信号发生器，它们的输出电压峰值分别为 $U_{m1}=100$ mV 和 $U_{m2}=75$ mV，如果 u_2 滞后 u_1 的相位为 25°，求当两发生器串联时输出电压 u_1+u_2 的峰值。

8-15 正弦电流电路如习题 8-15 图所示，已知 $\dot I_1=12\angle125°$ A，$\dot I_2=10\angle0°$ A，$\dot I_3=15\angle86°$ A，求 $\dot I_4$，并画出相量图。

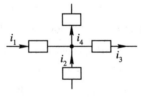

习题 8-15 图

第 9 章 正弦电流电路的分析

　　本章介绍正弦电流电路的相量分析法。首先引入阻抗、导纳的概念，介绍电路相量模型的建立和分析方法，再讨论正弦电路的瞬时功率、平均功率、无功功率、视在功率、复功率及功率因素等概念，最后介绍三相电路的分析。

9.1　阻抗与导纳及相量模型

　　第 8 章介绍的三种基本无源元件电阻、电感和电容的伏安特性相量形式为

$$\left.\begin{aligned}\dot{U} &= R\dot{I} \\ \dot{U} &= \mathrm{j}\omega L\dot{I} \\ \dot{U} &= -\mathrm{j}\,\frac{1}{\omega C}\dot{I}\end{aligned}\right\} \tag{9-1}$$

由上式可见，电阻、电感和电容的电压相量与电流相量之比等于一个复数。为便于研究，将(9-1)式写成统一的形式：

$$\dot{U} = Z\dot{I} \tag{9-2}$$

或

$$\dot{I} = Y\dot{U} \tag{9-3}$$

式中，Z 和 Y 分别称为元件的阻抗和导纳。由上两式可见，电阻、电感及电容元件伏安特性的相量表达式与欧姆定律的数学表达式相似。

　　正弦电流电路中，将各电流和电压用相量表示，电阻、电感及电容元件的参数用阻抗或导纳表示，所得到的电路图称为正弦电流电路的相量模型，它反映电路中各电流、电压相量之间的关系。原电路图称为电路的时域模型，反映各电流和电压瞬时值之间的关系。

　　通过对电路相量模型的求解，可得到待求电流或电压的相量。相量模型的求解依据为两类约束条件的相量方程，这些相量方程与电阻电路两类约束条件的时域方程相比，形式上是相同的，差别仅在于后者是实数方程，前者是复数方程；后者电流、电压为时间函数，前者电流、电压用相量表示；后者的无源支路为电阻或电导，前者的无源支路(包括电阻、电感和电容元件)用阻抗或导纳表示。

　　由于约束方程在形式上相同，因此本书前几章所介绍的电阻电路的各种分析方法及电路定理都可用于分析正弦电流电路的相量模型。例如串、并联阻抗的等效变换，串、并联阻抗的分压和分流公式，两种有伴电源支路的等效变换，节点分析法，网孔分析法，戴维南定理，叠加定理等。在各种方法、定理的叙述、结论及公式中将电阻换成阻抗，将电导换成导纳，将电流和电压换成电流和电压的相量即可。

　　线性电阻电路中，不含独立源二端网络的端口电压和电流之比为一实数，称之为该网

络的等效电阻。类似地，在正弦电流电路中，不含独立源二端网络的端口电压相量和电流相量之比为一复数，将它定义为该网络的等效阻抗。

设图 9-1 所示 N_0 为正弦电流电路中不含独立源的二端网络(本节中简称二端网络)，其端口电压和电流分别表示为

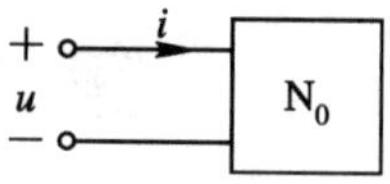

$$u = \sqrt{2}U \cos(\omega t + \theta_u)$$

图 9-1 不含独立源二端网络

$$i = \sqrt{2}I \cos(\omega t + \theta_i)$$

电压和电流对应的相量为

$$\dot{U} = U\angle\theta_u, \quad \dot{I} = I\angle\theta_i$$

二端网络 N_0 的等效阻抗(简称阻抗)定义为

$$Z = \frac{\dot{U}}{\dot{I}} \tag{9-4}$$

Z 是复数，可表示为

$$Z = |Z| \angle\varphi_Z = R + jX$$

上式中，$|Z|$ 是阻抗 Z 的模；φ_Z 是阻抗 Z 的辐角，称为阻抗角；R 是阻抗 Z 的实部，称为网络 N_0 的等效电阻；X 是阻抗 Z 的虚部，称为网络 N_0 的等效电抗。Z、$|Z|$、R、X 的单位均为欧姆。

(9-4)式可写为

$$U\angle\theta_u = |Z| \angle\varphi_Z \times I\angle\theta_i$$

即

$$U = |Z| I$$

$$\theta_u = \theta_i + \varphi_Z$$

以上两式表明，不含独立源二端网络的端口电压和电流有效值之比等于阻抗的模$|Z|$，它们的相位差等于阻抗角 φ_Z。阻抗 Z 全面地反映了正弦电流电路中二端电路的端口电压和电流之间的关系。

对二端网络，若其阻抗角 $\varphi_Z > 0$，则 $\theta_u > \theta_i$，端口电压超前于端口电流，称该二端网络呈感性；若 $\varphi_Z < 0$，则 $\theta_u < \theta_i$，电流超前于电压，称该二端网络呈容性；若 $\varphi_Z = 0$，则电流与电压同相，称该二端网络呈电阻性。

阻抗的倒数称为导纳。二端网络 N_0 的等效导纳(简称导纳)定义为

$$Y = \frac{\dot{I}}{\dot{U}} \tag{9-5}$$

Y 可表示为

$$Y = |Y| \angle\varphi_Y = G + jB$$

上式中，$|Y|$ 是导纳 Y 的模；φ_Y 称为导纳角；G 称为网络 N_0 的等效电导；B 称为网络 N_0 的等效电纳。Y、$|Y|$、G、B 的单位均为西门子。

对同一个二端网络，有

$$Y = \frac{1}{Z}, \quad |Y| = \frac{1}{|Z|}, \quad \varphi_Y = -\varphi_Z \tag{9-6}$$

导纳 Y 也可全面地反映正弦电流电路中二端电路的端口电压和电流之间的关系。

例 9-1 不含独立源的二端网络 N_0 如图 9-1 所示，已知其端口电压和电流分别为 $u=\sqrt{2}\times100\cos(314t+60°)$ V，$i=\sqrt{2}\times5\sin(314t+120°)$ A，求该二端网络的阻抗和导纳，并判断该二端网络呈感性还是容性。

解　首先将电流表达式改写成余弦函数：

$$i=\sqrt{2}\times5\sin(314t+120°)=\sqrt{2}\times5\cos(314t+30°)\text{ A}$$

由已知条件得

$$\dot{U}=100\angle60°\text{ V},\quad \dot{I}=5\angle30°\text{ A}$$

则所求阻抗和导纳为

$$Z=\frac{\dot{U}}{\dot{I}}=\frac{100\angle60°}{5\angle30°}=20\angle30°\ \Omega$$

$$Y=\frac{1}{Z}=\frac{1}{20\angle30°}=0.05\angle-30°\text{ S}$$

由于阻抗角大于零，说明电压是超前电流的，因此这个二端电路端口呈感性。

二端网络的阻抗和导纳一般与频率及网络内的元件参数有关。对于单个的电阻、电感、电容元件，由 (9-1) 式可得

电阻元件　　$Z_R=R$，　$Y_R=\dfrac{1}{R}$

电感元件　　$Z_L=j\omega L=jX_L$，　$Y_L=-j\dfrac{1}{\omega L}=jB_L$

电容元件　　$Z_C=-j\dfrac{1}{\omega C}=jX_C$，　$Y_C=j\omega C=jB_C$

电感和电容是电抗元件。以上各式中 $X_L=\omega L$，$X_C=-\dfrac{1}{\omega C}$ 分别为电感和电容的电抗，简称感抗和容抗；$B_L=-\dfrac{1}{\omega L}$，$B_C=\omega C$ 分别为电感和电容的电纳，简称感纳和容纳。

正弦电流电路中，若已知二端网络 N_0 的等效阻抗为 $Z=R+jX$，则对电路其他部分而言，网络 N_0 可等效为一个电阻和一个电抗元件的串联，称为网络 N_0 的串联等效相量模型，如图 9-2(a) 所示。图中方框为一个电抗元件 jX，该电抗元件是电感还是电容，取决于该二端网络的等效电抗 X 是大于零还是小于零。

若已知二端网络 N_0 的等效导纳 $Y=G+jB$，可构造其并联等效相量模型如图 9-2(b) 所示。图中，G 为一电导，方框为一个导纳为 jB 的电抗元件。该电抗元件是电容还是电感，取决于该二端网络的等效电纳 B 是大于零还是小于零。

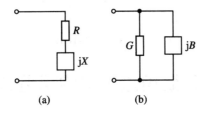

(a)　　　　(b)

图 9-2　二端网络的串联、并联等效相量模型

二端网络的串联和并联等效相量模型可相互转换，等效的条件是

$$R + jX = \frac{1}{G + jB}$$

计算时应注意，R 与 G、X 与 B 一般并不互为倒数。

由于二端网络的阻抗和导纳一般与频率有关，因此网络的端口性质（感性、容性或电阻性）以及等效相量模型中的参数一般会随频率的变化而变化。

例 9 - 2　正弦电流电路中，二端网络如图 9 - 3(a) 所示，分别求 $\omega_1 = 1000 \text{ rad/s}$ 与 $\omega_2 = 2000 \text{ rad/s}$ 两种工作频率下该网络的并联等效相量模型，并判断两种频率下该网络的端口性质。

解　端口等效阻抗：

$$Z = R + j\omega L - j\frac{1}{\omega C}$$

（1）若 $\omega = \omega_1 = 1000 \text{ rad/s}$，则有

$$Z_1 = R + j\omega_1 L - j\frac{1}{\omega_1 C} = 100 + j\left(1000 \times 0.3 - \frac{1}{1000 \times 2 \times 10^{-6}}\right) = 100 - j200 \ \Omega$$

从而等效导纳为

$$Y_1 = \frac{1}{Z_1} = \frac{1}{100 - j200} = \frac{1}{500} + j\frac{1}{250}\text{S} = G_1 + jB_1$$

等效并联相量模型如图 9 - 3(b) 所示。由于 $B_1 > 0$，因此该等效相量模型中的电抗元件是电容。分析可知，在该频率下，阻抗角小于零，网络端口呈容性。

（2）若 $\omega = \omega_2 = 2000 \text{ rad/s}$，则有

$$Z_2 = R + j\omega_2 L - j\frac{1}{\omega_2 C} = 100 + j\left(2000 \times 0.3 - \frac{1}{2000 \times 2 \times 10^{-6}}\right) = 100 + j350 \ \Omega$$

从而等效导纳为

$$Y_2 = \frac{1}{Z_2} = \frac{1}{100 + j350} = \frac{1}{1325} - j\frac{3.5}{1325}\text{S}$$

等效并联相量模型如图 9 - 3(c) 所示。由于 $B_2 < 0$，因此该等效相量模型中的电抗元件是电感。分析可知，在该频率下，阻抗角大于零，网络端口呈感性。

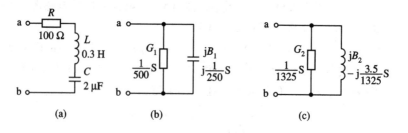

图 9 - 3　例 9 - 2 题图及求解

9.2　正弦电流电路的相量分析法

9.2.1　相量分析法的一般步骤

用相量法分析正弦电流电路的一般步骤是：由电路的时域模型画出相量模型；求解相

量模型(电阻电路的各种分析方法均可用于求解相量模型)，得到所求电流和电压的相量；根据正弦量和其相量的对应关系得到所求的正弦电流和电压。

分析正弦电流电路时要规定一个计时起点。若已知电源的时间函数表达式，则意味着计时起点已经给出。工程中求解电路时，一般是已知电源的频率和有效值，电源初相位未定。这种情况下可在电路中选定一个电流或电压作为参考正弦量，令该正弦量的初相位为零，即该正弦量到达最大值的时刻被设定为整个电路的计时起点。参考正弦量对应的相量称为参考相量。由于电路中同频率正弦量之间的关系与计时起点无关，因此参考正弦量的选择可以是任意的，一般以方便电路的求解为原则来选择。

例 9 - 3　正弦电流电路如图 9 - 4(a)所示，已知正弦电源 $u(t)$ 的频率 $f = 800$ Hz，有效值 $U = 2$ V。求：(1) 有效值 I、U_R；(2) u 与 u_R 的相位差。

解　画出该电路的相量模型，如图 9 - 4(b)所示。令 $\dot{U}$ 为参考相量，即

$$\dot{U} = 2\angle 0° \text{ V}$$

电感的阻抗为

$$j\omega L = j2\pi f L = j25.1 \text{ }\Omega$$

则

$$\dot{I} = \frac{\dot{U}}{R + j\omega L} = \frac{2}{10 + j25.1} = \frac{2}{27\angle 68.3°} = 0.074\angle -68.3° \text{ A}$$

$$\dot{U}_R = R\dot{I} = 0.74\angle -68.3° \text{ V}$$

即所求

$$I = 0.074 \text{ A}, \quad U_R = 0.74 \text{ V}$$

u 与 u_R 的相位差为

$$\varphi = 0° - (-68.3°) = 68.3°$$

即 u 超前 u_R 的相角为 $68.3°$。

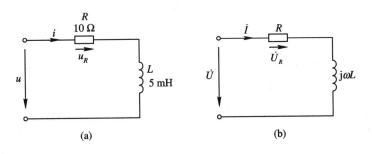

图 9 - 4　例 9 - 3 题图及相量模型

9.2.2　阻抗的串、并联电路分析

图 9 - 5 所示电路中，每个方框为一个阻抗，共有 n 个阻抗相串联。与串联电阻的计算公式类同，n 个阻抗串联的端口等效阻抗为

$$Z = Z_1 + Z_2 + \cdots + Z_n$$

图示参考方向下的分压公式为

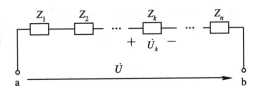

图 9 - 5　阻抗的串联

$$\dot{U}_k = \frac{Z_k}{Z}\dot{U}$$

图 9-6 所示为 n 个导纳相并联，端口等效导纳为

$$Y = Y_1 + Y_2 + \cdots + Y_n$$

图示参考方向下的分流公式为

$$\dot{I}_k = \frac{Y_k}{Y}\dot{I}$$

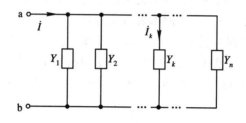

图 9-6 导纳的并联

若是两个阻抗并联，则有

$$Z = \frac{Z_1 Z_2}{Z_1 + Z_2}, \quad \dot{I}_1 = \frac{Z_2}{Z_1 + Z_2}\dot{I}$$

若电路的相量模型中只有一个电源，阻抗是串并联结构，则可利用阻抗的串、并联等效变换及分流和分压公式求解。

例 9-4 正弦电流电路如图 9-7(a) 所示，已知 $u_s = \sqrt{2} \times 10 \cos 1000t$ V。(1) 求电压 u_L 及电流 i_R 和 i_C；(2) 若电容 C 可变，调节电容使电流 i 与 u_s 同相位，求电容 C 的值。

解 (1) 画出该电路的相量模型，如图 9-7(b) 所示。由题可得

$$\dot{U}_s = 10\angle 0° \text{ V}$$
$$j\omega L = j1000 \times 0.5 = j500 \ \Omega$$

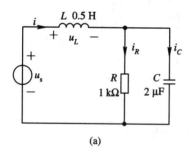
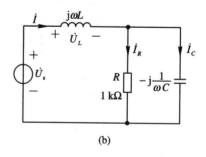

(a)   (b)

图 9-7 例 9-4 题图及相量模型

图中电阻和电容并联的等效阻抗为

$$Z_{RC} = \frac{R\left(-j\dfrac{1}{\omega C}\right)}{R - j\dfrac{1}{\omega C}} = \frac{R}{1 + jR\omega C} = \frac{1000}{1 + j2} = 200 - j400 \ \Omega$$

电源端右边网络的等效阻抗为

$$Z = j\omega L + Z_{RC} = 200 + j100 = \sqrt{5} \times 100\angle 26.57° \ \Omega$$

可求得

$$\dot I = \frac{\dot U_s}{Z} = \frac{10\angle 0°}{\sqrt 5 \times 100 \angle 26.57°} = 4.47 \times 10^{-2} \angle -26.57° \text{ A}$$

$$\dot U_L = \mathrm j\omega L \dot I = \mathrm j 500 \times 4.47 \times 10^{-2} \angle -26.57° = 22.35 \angle 63.43° \text{ V}$$

由分流公式得

$$\dot I_R = \frac{-\mathrm j \dfrac{1}{\omega C}}{R - \mathrm j \dfrac{1}{\omega C}} \dot I = \frac{1}{1 + \mathrm j R\omega C} \dot I = \frac{1}{1 + \mathrm j 2} \times 4.47 \times 10^{-2} \angle -26.57°$$

$$= \frac{1}{\sqrt 5 \angle 63.43°} \times 4.47 \times 10^{-2} \angle -26.57° = 0.02 \angle -90° \text{ A}$$

$$\dot I_C = \frac{R}{R - \mathrm j \dfrac{1}{\omega C}} \dot I = \frac{\mathrm j R\omega C}{1 + \mathrm j R\omega C} \dot I = \frac{\mathrm j 2}{1 + \mathrm j 2} \times 4.47 \times 10^{-2} \angle -26.57°$$

$$= \frac{2 \angle 90°}{\sqrt 5 \angle 63.43°} \times 4.47 \times 10^{-2} \angle -26.57° = 0.04 \angle 0° \text{ A}$$

于是

$$u_L = \sqrt 2 \times 22.35 \cos(1000t + 63.43°) \text{ V}$$

$$i_R = \sqrt 2 \times 0.02 \cos(1000t - 90°) \text{ A}$$

$$i_C = \sqrt 2 \times 0.04 \cos(1000t) \text{ A}$$

（2）网络等效阻抗为

$$Z = \mathrm j\omega L + Z_{RC} = \mathrm j\omega L + \frac{R\left(-\mathrm j\dfrac{1}{\omega C}\right)}{R - \mathrm j\dfrac{1}{\omega C}} = \mathrm j\omega L + \frac{R}{1 + \mathrm j R\omega C} = \mathrm j\omega L + \frac{R(1 - \mathrm j R\omega C)}{1 + (R\omega C)^2}$$

要使电流 i 与 u_s 同相位，阻抗角应为零，即阻抗虚部为零。令上式虚部等于零，得

$$\omega L - \frac{R^2 \omega C}{1 + (R\omega C)^2} = 0$$

代入已知参数，可求得电容应为 $C = 1\ \mu\text{F}$。

RLC 串联电路及 RLC 并联电路是正弦电流电路中比较常见的结构，下面分别对这两种电路进行讨论。

图 9-8(a)所示是 RLC 串联电路的相量模型，端口等效阻抗为

$$Z = R + \mathrm j\omega L - \mathrm j\frac{1}{\omega C} = R + \mathrm j\left(\omega L - \frac{1}{\omega C}\right) = R + \mathrm j X$$

该电路的端口性质决定于等效电抗 $X = \omega L - 1/(\omega C)$ 的正负。若 $X > 0$（即 $\omega L > 1/(\omega C)$），则阻抗角 $\varphi_Z > 0$，电路呈感性；若 $X < 0$（即 $\omega L < 1/(\omega C)$），则阻抗角 $\varphi_Z < 0$，电路呈容性；若 $X = 0$（即 $\omega L = 1/(\omega C)$），则阻抗角 $\varphi_Z = 0$，电路呈电阻性。

若已知端电流相量，则各元件电压相量为

$$\dot U_R = R\dot I, \quad \dot U_L = \mathrm j\omega L \dot I, \quad \dot U_C = -\mathrm j\frac{1}{\omega C}\dot I$$

令

$$\dot U_X = \dot U_L + \dot U_C = \mathrm j\left(\omega L - \frac{1}{\omega C}\right)\dot I = \mathrm j X \dot I$$

称 $\dot{U}_X$ 为电抗电压相量。端口电压为

$$\dot{U} = \dot{U}_R + \dot{U}_L + \dot{U}_C = \dot{U}_R + \dot{U}_X$$

电路呈感性或容性情况下的电流、电压相量图分别如图 9-8(b)、(c)所示。图中以电流 $\dot{I}$ 作为参考相量，并省略了坐标轴。由相量图可见，电阻电压与电流同相，电感电压超前电流 $\pi/2$，电容电压滞后电流 $\pi/2$。电感电压与电容电压正好反相。

当电路呈感性时（见图 9-8(b)），由于 $\omega L > 1/(\omega C)$，因此 $U_L > U_C$，$\dot{U}_X$ 与 $\dot{U}_L$ 同相。当电路呈容性时（见图 9-8(c)），$\dot{U}_X$ 与 $\dot{U}_C$ 同相。两种情况下的相量图中都存在一个电压三角形，$\dot{U}_R$ 与 $\dot{U}_X$ 分别为三角形的两条直角边，总电压 $\dot{U}$ 则为斜边。电压有效值的关系为

$$U = \sqrt{U_R^2 + U_X^2}$$

由图可见，U_R 或 U_X 都不可能大于总电压 U，但 U_L 或 U_C 却有可能大于 U。

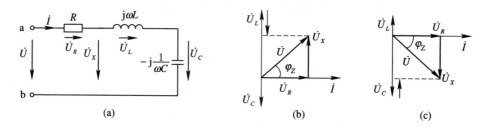

图 9-8 RLC 串联电路的相量模型及相量图

例 9-5 正弦电流电路的相量模型如图 9-8(a)所示，已知 $R = 30\ \Omega$，$\omega L = 100\ \Omega$，$1/(\omega C) = 60\ \Omega$，电容电压有效值为 $U_C = 60\ \text{V}$，求端口电压有效值 U。

解 本题利用 RLC 串联电路电压三角形的关系求解较为简便。

由已知条件求得端电流、电阻电压、电感电压有效值为

$$I = \frac{U_C}{1/(\omega C)} = \frac{60}{60} = 1\ \text{A}, \quad U_R = RI = 30\ \text{V}, \quad U_L = \omega LI = 100\ \text{V}$$

电抗电压有效值为

$$U_X = |U_L - U_C| = |100 - 60| = 40\ \text{V}$$

由电压三角形关系求得

$$U = \sqrt{U_R^2 + U_X^2} = \sqrt{30^2 + 40^2} = 50\ \text{V}$$

图 9-9(a)所示是 RLC 并联电路的相量模型，端口等效导纳为

$$Y = G + \text{j}\omega C - \text{j}\frac{1}{\omega L} = G + \text{j}\left(\omega C - \frac{1}{\omega L}\right) = G + \text{j}B$$

该电路的端口性质取决于等效电纳 $B = \omega C - 1/(\omega L)$ 的正负。若 $B > 0$（即 $\omega C > 1/(\omega L)$），则导纳角 $\varphi_Y > 0$，端电流超前于端口电压，电路呈容性；若 $B < 0$，则 $\varphi_Y < 0$，端电流滞后于端口电压，电路呈感性；若 $B = 0$，则 $\varphi_Y = 0$，端电流与端口电压同相，电路呈电阻性。

若已知端口电压相量，则各元件电流相量为

$$\dot{I}_G = G\dot{U}, \quad \dot{I}_C = \text{j}\omega C\dot{U}, \quad \dot{I}_L = -\text{j}\frac{1}{\omega L}\dot{U}$$

令

$$\dot{I}_X = \dot{I}_L + \dot{I}_C = \text{j}\left(\omega C - \frac{1}{\omega L}\right)\dot{U} = \text{j}B\dot{U}$$

称 $\dot{I}_X$ 为电抗电流相量。端电流为

$$\dot{I} = \dot{I}_G + \dot{I}_L + \dot{I}_C = \dot{I}_G + \dot{I}_X$$

电路呈容性或感性时的电流、电压相量图分别如图 9-9(b)、(c)所示。图中以电压 $\dot{U}$ 作为参考相量并省去了坐标轴。由图可见，电阻电流与电压同相，电容电流超前电压 $\pi/2$，电感电流滞后电压 $\pi/2$。电感电流与电容电流反相。

当电路呈容性时(见图 9-9(b))，由于 $\omega C > 1/(\omega L)$，故 $I_C > I_L$，$\dot{I}_X$ 与 $\dot{I}_C$ 同相。当电路呈感性时(见图 9-9(c))，$\dot{I}_X$ 与 $\dot{I}_L$ 同相。两种情况下的相量图都有一个电流三角形，$\dot{I}_G$、$\dot{I}_X$ 与 $\dot{I}$ 组成该直角三角形的三条边，它们有效值的关系为

$$I = \sqrt{I_G^2 + I_X^2}$$

由图可见，I_G 或 I_X 都不可能大于总电流 I，但 I_L 或 I_C 却有可能大于 I。

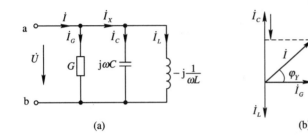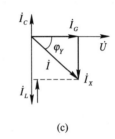

图 9-9 RLC 并联电路的相量模型及相量图

例 9-6 正弦电流电路的相量模型如图 9-9(a)所示，已知有关电流有效值为 $I=5$ A，$I_G=3$ A，$I_L=7$ A，求电容电流的有效值 I_C。

解 由 RLC 并联电路的电流三角形关系，得电抗电流的有效值为

$$I_X = \sqrt{I^2 - I_G^2} = \sqrt{5^2 - 3^2} = 4 \text{ A}$$

由于该电路中电感电流与电容电流反相，因此有

$$I_X = |\dot{I}_L + \dot{I}_C| = |I_L - I_C| = 4 \text{ A}$$

即

$$I_L - I_C = \pm 4 \text{ A}$$

由上式可得电容电流有效值的两个解分别为

$$I_{C1} = I_L + 4 = 7 + 4 = 11 \text{ A}$$
$$I_{C2} = I_L - 4 = 7 - 4 = 3 \text{ A}$$

第一个解对应的电路端口呈容性，其相量图与图 9-9(b)类似；第二个解对应的电路端口呈感性，其相量图与图 9-9(c)类似。

在求解例 9-5 和例 9-6 的过程中，分别利用了串联电路相量图中的电压三角形和并联电路相量图中的电流三角形。对于较复杂的 RLC 串、并联电路分析，也可将相量图作为辅助手段。作相量图时，串联电路宜选电流作为参考相量，并联电路宜选电压作为参考相量，并且注意 RLC 三种元件的电压和电流相量关系(特别是相位关系)要画准确。

例 9-7 正弦电流电路的相量模型如图 9-10(a)所示，已知 $R=\omega L$，端口电压和端电流的有效值分别为 $U=100$ V，$I=\sqrt{2}$ A，电压滞后电流 45°，求 R、ωL 及 $1/(\omega C)$。

解 本题需先求出各元件的电压和电流有效值，进而求各电阻或电抗。以端电流 $\dot{I}$ 作

为参考相量，由于 $R=\omega L$，电阻和电感并联后的阻抗角为 45°，因此 $\dot{U}_1$ 比 $\dot{I}$ 超前 45°；由电容 VAR 知，$\dot{U}_C$ 比 $\dot{I}$ 滞后 90°；又由于 $\dot{U}=\dot{U}_C+\dot{U}_1$，且已知 $\dot{U}$ 比 $\dot{I}$ 滞后 45°，可作出电压相量图如图 9-10(b)所示。由图可见，$\dot{U}$、$\dot{U}_1$ 及 $\dot{U}_C$ 构成了一个等腰直角三角形，可得

$$U_1 = U = 100 \text{ V}$$

$$U_C = \sqrt{2}U = \sqrt{2} \times 100 \text{ V}$$

图 9-10(c)所示是电流相量图。画电流相量图时，以 $\dot{U}_1$ 为参照，$\dot{I}_R$ 与 $\dot{U}_1$ 同相，$\dot{I}_L$ 比 $\dot{U}_1$ 滞后 90°，$\dot{I}=\dot{I}_R+\dot{I}_L$。由于 $R=\omega L$，因此 $\dot{I}_L$ 与 $\dot{I}_R$ 的有效值相等。由图可见，$\dot{I}$、$\dot{I}_L$ 及 $\dot{I}_R$ 构成了一个等腰直角三角形，可求得

$$I_R = I_L = \frac{\sqrt{2}}{2}I = 1 \text{ A}$$

由各元件电压及电流有效值之比可求得

$$R = \frac{U_1}{I_R} = \frac{100}{1} = 100 \text{ } \Omega$$

$$\omega L = \frac{U_1}{I_L} = \frac{100}{1} = 100 \text{ } \Omega$$

$$\frac{1}{\omega C} = \frac{U_C}{I} = \frac{100\sqrt{2}}{\sqrt{2}} = 100 \text{ } \Omega$$

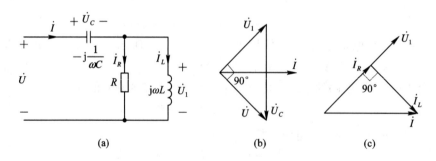

图 9-10 例 9-7 题图及相量图

9.2.3 复杂电路分析

若正弦电流电路的相量模型较为复杂，则可采用节点法、网孔法、等效变换及应用叠加定理等方法求解。下面举例说明。

例 9-8 正弦电流电路如图 9-11(a)所示，已知 $i_{s1}=\sqrt{2}\times 4 \cos 2t$ A，$i_{s2}=\sqrt{2} \cos(2t-90°)$ A，求 $u_1(t)$。

解 该电路的相量模型如图 9-11(b)所示，其中：

$$\dot{I}_{s1} = 4\angle 0° = 4 \text{ A}, \quad \dot{I}_{s2} = 1\angle -90° = -\text{j}1 \text{ A}$$

$$Z_1 = \text{j}\omega L_1 = \text{j}2 \times 0.5 = \text{j}1 \text{ } \Omega, \quad Z_2 = \text{j}\omega L_2 = \text{j}2 \times 1 = \text{j}2 \text{ } \Omega$$

$$Z_3 = \frac{1}{\text{j}\omega C} = \frac{1}{\text{j}2 \times 0.5} = -\text{j}1 \text{ } \Omega, \quad Z_4 = R = 1 \text{ } \Omega$$

将 Z_2 和 Z_4 的串联看做一条支路，该相量模型共有 3 个节点，选用节点分析法较为简便。选节点⓪作为参考节点，独立节点①、②的方程为

$$\left(\frac{1}{Z_1} + \frac{1}{Z_3}\right)\dot{U}_{n1} - \frac{1}{Z_3}\dot{U}_{n2} = \dot{I}_{s1} + \dot{I}_{s2}$$

$$-\frac{1}{Z_3}\dot{U}_{n1} + \left(\frac{1}{Z_3} + \frac{1}{Z_2 + Z_4}\right)\dot{U}_{n2} = 2\dot{U}_{n1} - \dot{I}_{s2}$$

代入各阻抗值及电流源相量，整理后得到

$$-j1\dot{U}_{n2} = 4 - j1$$
$$-(2 + j1)\dot{U}_{n1} + (0.2 + j0.6)\dot{U}_{n2} = j1$$

解得

$$\dot{U}_1 = \dot{U}_{n1} = 1\angle 143.1° \text{ V}$$

因此

$$u_1 = \sqrt{2} \cos(2t + 143.1°) \text{ V}$$

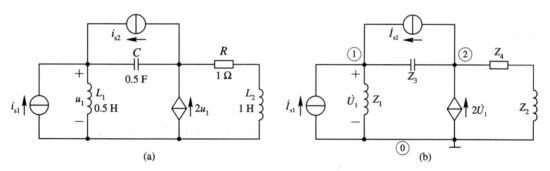

图 9-11　例 9-8 题图及相量模型

例 9-9　正弦电流电路的相量模型如图 9-12 所示，已知 $\dot{U}_{s1} = 100\angle 0°$ V，$\dot{U}_{s2} = 100\angle 90°$ V，$R = 5 \ \Omega$，$\omega L = 5 \ \Omega$，$\frac{1}{\omega C} = 2 \ \Omega$，求各支路电流相量 $\dot{I}_1$、$\dot{I}_2$ 和 $\dot{I}_3$。

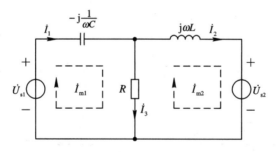

图 9-12　例 9-9 题图

解　用网孔法求解，设两个网孔电流的参考方向如图中虚线所示，列出网孔方程为

$$\left(-j\frac{1}{\omega C} + R\right)\dot{I}_{m1} - R\dot{I}_{m2} = \dot{U}_{s1}$$
$$-R\dot{I}_{m1} + (R + j\omega L)\dot{I}_{m2} = -\dot{U}_{s2}$$

代入已知数据，有

$$(5 - j2)\dot{I}_{m1} - 5\dot{I}_{m2} = 100$$
$$-5\dot{I}_{m1} + (5 + j5)\dot{I}_{m2} = -j100$$

解得

$$\dot{I}_{m1} = 15.38 - j23.10 = 27.73\angle -56.34° \text{ A}$$

$$\dot{I}_{m2} = -13.85 - j29.23 = 32.35 \angle -115.35° \text{ A}$$

各支路电流相量为

$$\dot{I}_1 = \dot{I}_{m1} = 27.73 \angle -56.34° \text{ A}$$

$$\dot{I}_2 = \dot{I}_{m2} = 32.35 \angle -115.35° \text{ A}$$

$$\dot{I}_3 = \dot{I}_{m1} - \dot{I}_{m2} = 29.23 + j6.13 = 29.87 \angle 11.84° \text{ A}$$

例 9 - 10 用叠加定理计算上例电路中的 $\dot{I}_3$。

解 要计算上例电路中的 $\dot{I}_3$，可先用叠加定理算出 R 两端的电压 $\dot{U}_3$，取 $\dot{U}_3$ 的参考方向与 $\dot{I}_3$ 相同。

由图 9 - 12 得到电压源 $\dot{U}_{s1}$ 单独作用的电路如图 9 - 13(a)所示。电感和电阻并联后的阻抗为

$$Z_{RL} = \frac{j\omega L R}{j\omega L + R} = \frac{j5 \times 5}{j5 + 5} = 2.5 + j2.5 \text{ } \Omega$$

由分压公式得

$$\dot{U}_3' = \frac{Z_{RL}}{-j/(\omega C) + Z_{RL}} \dot{U}_{s1} = \frac{2.5 + j2.5}{-j2 + 2.5 + j2.5} \times 100$$

$$= \frac{2.5 + j2.5}{2.5 + j0.5} \times 100 = 115.38 + j76.92 \text{ V}$$

电压源 $\dot{U}_{s2}$ 单独作用的电路如图 9 - 13(b)所示。电容和电阻并联后的阻抗为

$$Z_{RC} = \frac{-j1/(\omega C) \times R}{-j1/(\omega C) + R} = \frac{-j2 \times 5}{-j2 + 5} = \frac{20 - j50}{29} = 0.69 - j1.72 \text{ } \Omega$$

由分压公式得

$$\dot{U}_3'' = \frac{Z_{RC}}{j\omega L + Z_{RC}} \dot{U}_{s2} = \frac{0.69 - j1.72}{j5 + 0.69 - j1.72} \times j100 = 30.71 - j45.98 \text{ V}$$

原电路的解为

$$\dot{U}_3 = \dot{U}_3' + \dot{U}_3'' = (115.38 + j76.92) + (30.71 - j45.98)$$

$$= 146.09 + j30.94 = 149.33 \angle 11.96° \text{ V}$$

$$\dot{I}_3 = \frac{\dot{U}_3}{R} = \frac{149.33 \angle 11.96°}{5} = 29.87 \angle 11.96° \text{ A}$$

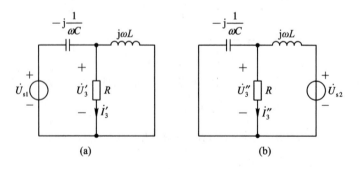

图 9 - 13　例 9 - 10 题求解

例 9 - 11 图 9 - 14(a)所示为正弦电流电路中的一个二端网络，其中 $\dot{U}_s = 12 \angle 0°$ V，求其戴维南等效相量模型。

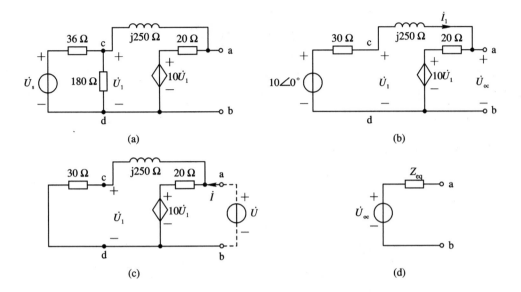

图 9-14　例 9-11 题图及求解

解　为便于求解，将原图中 c、d 两端左边的二端网络用戴维南定理作一次等效变换，得到图 9-14(b)所示的二端网络。

令图 9-14(b)电路的端口开路，求开路电压。对该电路列出回路 KVL 方程：

$$(30 + 20 + j250)\dot{I}_1 + 10\dot{U}_1 = 10$$

受控源的控制量为

$$\dot{U}_1 = 10 - 30\dot{I}_1$$

由上两式求得

$$\dot{I}_1 = 0.18 + j0.18 \text{ A}$$

求得开路电压相量

$$\dot{U}_{oc} = -(30 + j250)\dot{I}_1 + 10 = 49.6 - j50.4 = 70.71\angle -45.46° \text{ V}$$

求等效阻抗时令图 9-14(b)电路的内部独立电压源为零，得到图 9-14(c)所示的二端网络。为求端口伏安关系，设该网络端口电压已知，相当于端口接一电压源，如图中虚线所示，可得

$$\dot{I} = \frac{\dot{U}}{30 + j250} + \frac{\dot{U} - 10\dot{U}_1}{20}$$

$$\dot{U}_1 = \frac{30\dot{U}}{30 + j250}$$

由上两式解出

$$\dot{I} = \frac{-25 + j25}{60 + j500}\dot{U}$$

等效阻抗为

$$Z_{eq} = \frac{\dot{U}}{\dot{I}} = 8.8 - j11.2 = 14.24\angle -51.84° \text{ Ω}$$

原网络的戴维南等效相量模型如图 9-14(d)所示。

9.3 正弦电流电路的功率

正弦电流电路中既有耗能元件电阻，又存在储能元件电感和电容，负载在消耗电能的同时一般还与电源之间进行着能量的往返交换。因此，正弦电流电路中功率的分析计算比较复杂，需要引入一些新的概念。

9.3.1 瞬时功率和平均功率

图 9-15(a) 所示为正弦电流电路中任一个二端网络 N，设其端口电压和电流分别为

$$u = \sqrt{2} \times U \cos(\omega t + \theta_u)$$

$$i = \sqrt{2} \times I \cos(\omega t + \theta_i)$$

在图示参考方向下，该二端网络吸收的瞬时功率为

$$p = ui = \sqrt{2} \times U \cos(\omega t + \theta_u) \times \sqrt{2} \times I \cos(\omega t + \theta_i)$$

$$= 2UI \cos(\omega t + \theta_u) \cos(\omega t + \theta_i)$$

根据三角函数积化和差公式可得

$$p = UI \cos\varphi + UI \cos(2\omega t + 2\theta_i + \varphi) \tag{9-7}$$

上式中，$\varphi = \theta_u - \theta_i$，是端口电压与电流的相位差。若 N 是不含独立源的二端网络，则 φ 是其阻抗角。

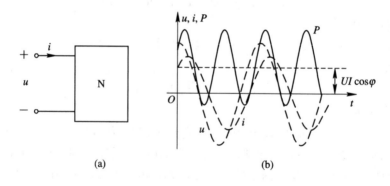

(a)   (b)

图 9-15　二端网络及其瞬时功率

由 (9-7) 式可见，瞬时功率有恒定分量 $UI \cos\varphi$ 及正弦分量 $UI \cos(2\omega t + 2\theta_i + \varphi)$ 两部分，后者的频率是电流(电压)频率的两倍。以 $\varphi = \pi/4$ 为例，画出瞬时功率的波形如图 9-15(b) 中实线波形所示。图中同时还画出了电压和电流的波形。

由图 9-15(b) 可看出，由于电流和电压不同相，使得瞬时功率 p 不仅大小随时间变化，其正负也随时间变化。当 $p > 0$ 时，二端网络从外电路吸收能量；当 $p < 0$ 时，二端网络送出能量给外电路。二端网络和外电路之间存在能量往返交换的现象，这是因为电路中存在储能元件。电容的储能随其电压(正弦电压)的变化而周期性地增减，电感的储能则随其电流(正弦电流)的变化而周期性地增减。当储能增加时，它们吸收能量，而当储能减少时，它们放出能量。因此，会有一部分能量在二端网络内部的各储能元件之间以及二端网络和外电路之间进行往返交换。

由(9-7)式可得电阻、电感及电容元件的瞬时功率分别为

电阻$(\varphi=0)$　　　　　$p=ui=UI[1+\cos(2\omega t+2\theta_i)]\geqslant 0$

电感$\left(\varphi=\dfrac{\pi}{2}\right)$　　　$p=ui=UI\cos\left(2\omega t+2\theta_i+\dfrac{\pi}{2}\right)$

电容$\left(\varphi=-\dfrac{\pi}{2}\right)$　　$p=ui=UI\cos\left(2\omega t+2\theta_i-\dfrac{\pi}{2}\right)$

可见,电阻的功率任何时刻都为非负,这反映了它的耗能特性。电感和电容的瞬时功率都是正负半周对称的正弦波,它们在一个周期内吸收的能量与送出的能量相等,这反映了它们储能且不耗能的特性。

瞬时功率随时间变化,实用意义不大,常用的是平均功率。平均功率又称为有功功率(简称功率),定义为瞬时功率在一个周期内的平均值,记为 P,单位为瓦(W)。图 9-15(a) 所示的二端电路吸收的平均功率为

$$P=\frac{1}{T}\int_0^T p(t)\,\mathrm{d}t=\frac{1}{T}\int_0^T UI\cos\varphi\,\mathrm{d}t+\frac{1}{T}\int_0^T UI\cos(2\omega t+2\theta_i+\varphi)\,\mathrm{d}t$$
$$=UI\cos\varphi \tag{9-8}$$

二端网络吸收的平均功率反映其吸收电能的平均速率。由上式可见,平均功率不仅与电压和电流的有效值有关,还与两者的相位差 φ 有关。若 $\cos\varphi>0$,则该二端电路吸收平均功率;若 $\cos\varphi<0$,则发出平均功率。

容易求得电感元件和电容元件的平均功率为零,即平均而言,这两类元件不吸收电能。可求得电阻元件平均功率为

$$P=UI\cos\varphi=UI=RI^2=\frac{U^2}{R}$$

上式中,U、I 分别为电阻的电压、电流有效值。

例 9-12　已知图 9-16 所示二端电路的端口电压有效值 $U=100$ V,求该二端电路吸收的平均功率、各元件的电流有效值及各元件吸收的平均功率。

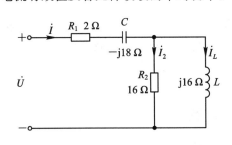

图 9-16　例 9-12 题图

解　设端口电压为参考相量,即

$$\dot{U}=100\angle 0°\text{ V}$$

该二端电路等效阻抗为

$$Z=2-\mathrm{j}18+\frac{16\times\mathrm{j}16}{16+\mathrm{j}16}=2-\mathrm{j}18+8+\mathrm{j}8=10-\mathrm{j}10=\sqrt{2}\times 10\angle -45°\ \Omega$$

因此

$$\dot{I}=\frac{\dot{U}}{Z}=\frac{100\angle 0°}{\sqrt{2}\times 10\angle -45°}=\sqrt{2}\times 5\angle 45°=7.07\angle 45°\text{ A}$$

用分流公式求得 R_2 及 L 的电流相量分别为

$$\dot{I}_2 = \frac{j16}{16+j16}\dot{I} = (\sqrt{2} \times 0.5\angle 45°) \times (\sqrt{2} \times 5\angle 45°) = 5\angle 90° \text{ A}$$

$$\dot{I}_L = \frac{16}{16+j16}\dot{I} = (\sqrt{2} \times 0.5\angle -45°) \times (\sqrt{2} \times 5\angle 45°) = 5\angle 0° \text{ A}$$

由以上计算结果得 R_1、C 的电流有效值为 7.07 A，R_2、L 的电流有效值为 5 A。

该二端电路吸收的平均功率为

$$P = UI\cos\varphi = 100 \times 5 \times \sqrt{2} \times \cos(-45°) = 500 \text{ W}$$

电感的平均功率 P_L 和电容的平均功率 P_C 均为零，R_1 和 R_2 吸收的平均功率分别为

$$P_{R1} = I^2 R_1 = (\sqrt{2} \times 5)^2 \times 2 = 100 \text{ W}$$

$$P_{R2} = I_2^2 R_2 = 5^2 \times 16 = 400 \text{ W}$$

可验算

$$P = P_L + P_C + P_{R1} + P_{R2} = P_{R1} + P_{R2}$$

由上例可见，二端电路吸收的总的平均功率等于电路中各元件吸收的平均功率之和，即平均功率是守恒的。若二端电路中只包含 R、L、C 元件，则二端电路吸收的平均功率等于各电阻的平均功率之和。

例 9 - 13 图 9 - 17 所示为一个电感线圈的电路模型。实验测得其端电流有效值为 1 A，端口电压有效值为 50 V，其吸收的平均功率为 30 W，电源频率为 50 Hz，求该线圈的参数 R 和 L。

解 电阻吸收的平均功率即该线圈吸收的平均功率，可求得

$$R = \frac{P}{I^2} = \frac{30}{1} = 30 \ \Omega$$

线圈阻抗的模为

$$|Z| = \frac{U}{I} = \frac{50}{1} = 50 \ \Omega$$

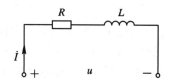

图 9 - 17 例 9 - 13 题图

由 $Z = R + j\omega L = R + jX$，得

$$X = \sqrt{|Z|^2 - R^2} = \sqrt{50^2 - 30^2} = 40 \ \Omega$$

$$L = \frac{X}{\omega} = \frac{40}{50 \times 2\pi} = 0.127 \text{ H}$$

9.3.2 视在功率与功率因数

二端网络的视在功率记为 S，定义为

$$S = UI \tag{9-9}$$

上式中，U、I 为二端网络的端口电压及端电流的有效值。视在功率的单位为伏安(VA)或千伏安(kVA)。

不含独立源二端网络的平均功率与视在功率之比称为该二端网络的功率因数，记为 λ，则有

$$\lambda = \frac{P}{S} = \cos\varphi$$

功率因数是该二端网络阻抗角的余弦函数，因此阻抗角又称为功率因数角。由于 λ 值不能

反映 φ 角的正负，因此必要时需指明是超前功率因数还是滞后功率因数。超前指电流超前电压，该二端网络是容性电路；滞后指电流滞后电压，该二端网络是感性电路。

若二端网络仅由无源元件电阻、电感、电容构成，则该二端网络吸收的平均功率不为负，即 $\lambda \geqslant 0$，因此有 $-\dfrac{\pi}{2} \leqslant \varphi \leqslant \dfrac{\pi}{2}$。阻抗角的绝对值越大，该二端电路在一定的视在功率下所吸收的平均功率就越小。若端口呈纯电阻性，则 $\varphi = 0$，$\lambda = 1$，电路吸收的平均功率等于视在功率；若端口呈纯电抗性，则 $\varphi = \pm \pi/2$，$\lambda = 0$，电路吸收的平均功率为零。

虽然视在功率一般并不等于电路实际消耗的功率，但这一概念有其实用性。例如，发电机、变压器等发、配电设备的输出电压及最大可输出电流都有限制，因此一般以额定视在功率作为这一类设备的额定容量。这类设备可输出的最大平均功率不仅与其额定容量有关，还与其所带负载的功率因数有关。一个额定容量为 2 kVA 的电源，若给功率因数为 1 的负载供电，则该电源最大可输出的功率为 2 kW；若负载功率因数为 0.5，则其最大可输出功率只有 1 kW。可见，负载的功率因数低，会使得电源容量得不到充分利用。另外，由于 $P = UI \cos\varphi$，在一定的电网电压 U 和负载功率 P 下，负载功率因数越低，则所需电流越大，在输电线上产生的损耗也越大。对常见的感性负载，可采用并电容的方法提高负载总的功率因数。

9.3.3　无功功率、复功率

任一二端网络 N 吸收的瞬时功率的表达式(9-7)式可改写为(为简便，设电流初相位 $\theta_i = 0$)

$$p = ui = UI \cos\varphi + UI \cos(2\omega t + \varphi)$$
$$= UI \cos\varphi (1 + \cos 2\omega t) - UI \sin\varphi \sin 2\omega t$$

上式中第一项的正负号不变，是瞬时功率中不可逆的分量，它反映网络 N 与外电路之间单向能量传送的速率，其平均值即有功功率。上式中第二项是正负半周对称的正弦函数，是瞬时功率中的可逆分量，是在平均意义上不能作功的无功分量，它反映网络 N 与外电路之间能量往返交换的瞬时速率，其系数 $UI \sin\varphi$ 定义为网络 N 吸收的无功功率，记为 Q，即

$$Q = UI \sin\varphi \tag{9-10}$$

无功功率的单位为无功伏安，简称乏(var)。从物理意义讲，无功功率的绝对值是网络 N 与外电路之间能量往返交换的最大速率。

根据三种基本元件的伏安特性，可得它们吸收的无功功率分别为

电阻元件　　$Q = UI \sin 0 = 0$

电感元件　　$Q = UI \sin \dfrac{\pi}{2} = UI = I^2 \omega L = \dfrac{U^2}{\omega L}$

电容元件　　$Q = UI \sin\left(-\dfrac{\pi}{2}\right) = -UI = -\dfrac{I^2}{\omega C} = -U^2 \omega C$

可见，电感吸收正值的无功功率，电容吸收负值的无功功率。

例 9-14　对于例 9-12 给出的二端电路，求该二端电路吸收的无功功率及各元件吸收的无功功率。

解　由例 9-12 的计算结果，得该二端电路吸收的无功功率为

$$Q = UI\,\sin\varphi = 100 \times 5 \times \sqrt{2} \times \sin(-45°) = -500 \text{ var}$$

R_1、R_2 的无功功率 Q_{R1} 及 Q_{R2} 均为零，电感和电容的无功功率分别为

$$Q_C = -\frac{I^2}{\omega C} = -(\sqrt{2} \times 5)^2 \times 18 = -900 \text{ var}$$

$$Q_L = I_L^2 \omega L = 5^2 \times 16 = 400 \text{ var}$$

可验算

$$Q = Q_L + Q_C + Q_{R1} + Q_{R2} = Q_L + Q_C$$

由上例可见，二端电路吸收的总的无功功率等于电路中各元件吸收的无功功率之和，即无功功率是守恒的。若二端电路中只包含 R、L、C 元件，则二端电路吸收的无功功率等于各电抗元件的无功功率之和。

一个二端网络的视在功率 $S(=UI)$、平均功率 $P(=UI\,\cos\varphi)$、无功功率 $Q(=UI\,\sin\varphi)$ 构成了一个直角三角形，如图 9-18 所示，称为功率三角形。

不含独立源二端网络的功率因数可表示为

$$\lambda = \cos\varphi = \frac{P}{S} = \frac{P}{\sqrt{P^2 + Q^2}}$$

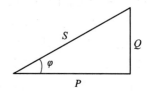

图 9-18　功率三角形

可见，在平均功率不变的情况下，若能减小其无功功率，则可提高其功率因数。工程上常用的提高功率因数的方法是将感性负载并联电容，其原理就是利用电容的负值无功功率来补偿感性负载的正值无功功率，使负载总的无功功率变小，从而提高功率因数。

例 9-15　图 9-19(a)所示正弦电流电路中，Z_1 为感性负载，已知电源频率为 50 Hz，端口电压有效值 $U = 220$ V，该负载的平均功率 $P_1 = 120$ W，功率因数 $\cos\varphi_1 = 0.6$。为提高电路的功率因数，并联一个电容，如图中虚线所示。若要将电路的功率因数提高到 $\cos\varphi = 0.9$(滞后)，求该电容值。

解　由题可得 Z_1 的视在功率、阻抗角、无功功率分别为

$$S_1 = \frac{P_1}{\cos\varphi_1} = \frac{120}{0.6} = 200 \text{ VA}$$

$$\varphi_1 = \arccos 0.6 = 53.1301°$$

$$Q_1 = S_1 \sin\varphi_1 = 160 \text{ var}$$

并联电容后电路平均功率不变，电路的视在功率、阻抗角、无功功率分别为

$$S = \frac{P_1}{\cos\varphi} = \frac{120}{0.9} = \frac{400}{3} \text{ VA}$$

$$\varphi = \arccos 0.9 = 25.8419°$$

$$Q = S \sin\varphi = 58.1187 \text{ var}$$

因为电路总的无功功率等于 Z_1 的无功功率与电容的无功功率之和，故算得电容的无功功率为

$$Q_2 = Q - Q_1 = 58.1187 - 160 = -101.8813 \text{ var}$$

由于

$$Q_2 = -UI_2$$

得

$$I_2 = \frac{Q_2}{-U} = \frac{-101.8813}{-220} = 0.4631 \text{ A}$$

所需电容为

$$C = \frac{I_2}{U\omega} = \frac{0.4631}{220 \times 50 \times 2\pi} = 6.7 \ \mu\text{F}$$

并联电容后电压和电流的相量图如图 9-19(b)所示。由图可见，并联电容后电路的端电流由原来的 $\dot{I}_1$ 变为 $\dot{I}$，端口电压与端电流的相位差变小，功率因数得到提高。在负载的平均功率不变的情况下，所需端电流的有效值变小了。

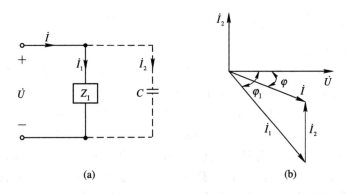

图 9-19　例 9-15 题图及相量图

为便于用相量法计算正弦电流电路中的各种功率，引入复功率的概念。图 9-15(a)所示二端网络吸收的复功率定义为

$$\tilde{S} = \dot{U}\dot{I}^* \tag{9-11}$$

其中，$\dot{U}$ 是端口电压相量，即 $\dot{U} = U\angle\theta_u$；$\dot{I}^*$ 是端电流相量的共轭复数，即 $\dot{I}^* = I\angle-\theta_i$。将 $\dot{U}$ 和 $\dot{I}^*$ 代入(9-11)式，得

$$\begin{aligned}
\tilde{S} &= U\angle\theta_u \cdot I\angle(-\theta_i) = UI\angle(\theta_u - \theta_i) = UI\angle\varphi \\
&= UI\cos\varphi + jUI\sin\varphi \\
&= P + jQ
\end{aligned} \tag{9-12}$$

可见，二端网络复功率的模等于该网络的视在功率，其辐角等于端口电压和电流的相位差。复功率的实部和虚部分别为该网络的平均功率和无功功率。

由特勒根定理可证明复功率守恒，即二端电路吸收的总的复功率等于该电路中各元件吸收的复功率之和。复功率守恒包含有功功率守恒和无功功率守恒。例 9-12 和例 9-14 分别验证了有功功率守恒及无功功率守恒，也即验证了复功率守恒。

若已知不含独立源二端网络的阻抗 $Z = R + jX$ 或导纳 $Y = G + jB$，则其吸收的复功率可表示为

$$\tilde{S} = (Z\dot{I})\dot{I}^* = ZI^2 = I^2R + jI^2X$$

或

$$\tilde{S} = \dot{U}(Y\dot{U})^* = Y^*U^2 = U^2G - jU^2B$$

由上两式可见，该网络吸收的平均功率等于其串联等效相量模型中的电阻 R（或并联等效相量模型中的电导 G）吸收的平均功率，而该网络吸收的无功功率等于其串联等效相量模型中的电抗 X（或并联等效相量模型中的电纳 B）吸收的无功功率。

例 9-16　电路相量模型如图 9-20 所示，已知端口电压有效值 $U = 100$ V，求该二端

网络吸收的复功率、有功功率、无功功率和功率因数。

解 设端口电压为参考相量，即

$$\dot{U} = 100\angle 0° \text{ V}$$

端口等效阻抗为

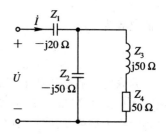

图 9 - 20 例 9 - 16 题图

$$Z = Z_1 + \frac{Z_2(Z_3 + Z_4)}{Z_2 + Z_3 + Z_4} = -\text{j}20 + \frac{-\text{j}50(\text{j}50 + 50)}{-\text{j}50 + \text{j}50 + 50}$$

$$= 50 - \text{j}70 = 86.0233\angle -54.4623° \ \Omega$$

因此

$$\dot{I} = \frac{\dot{U}}{Z} = \frac{100\angle 0°}{86.0233\angle -54.4623°} = 1.1625\angle 54.4623° \text{ A}$$

该网络吸收的复功率为

$$\tilde{S} = \dot{U}\dot{I}^* = 100 \times 1.1625\angle -54.4623° = 67.57 - \text{j}94.59 \text{ VA}$$

得该网络的有功功率、无功功率和功率因数为

$$P = 67.57 \text{ W}, \quad Q = -94.59 \text{ var}$$

$$\cos\varphi = \cos(-54.4623°) = 0.5812 \quad (超前)$$

例 9 - 17 图 9 - 21 所示电路中，已知负载 1 的 $P_1 = 10$ kW，$\lambda_1 = 0.8$(超前)；负载 2 的 $P_2 = 15$ kW，$\lambda_2 = 0.6$(滞后)；负载 3 的阻抗为 $Z_3 = R_3 + \text{j}X_3 = 1000 + \text{j}1000$ Ω；$U = 2300$ V。求各负载的视在功率、负载吸收的总复功率及端电流有效值 I。

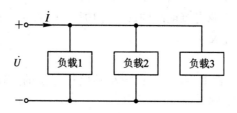

图 9 - 21 例 9 - 17 题图

解 由已知条件，分别求得负载 1 和负载 2 的视在功率、功率因数角和无功功率为

$$S_1 = \frac{P_1}{\lambda_1} = \frac{10^4}{0.8} = 12\ 500 \text{ VA}$$

$$\varphi_1 = -\arccos 0.8 = -36.87°$$

$$Q_1 = S_1 \sin\varphi_1 = 12\ 500 \cdot \sin(-36.87°) = -7500 \text{ var}$$

$$S_2 = \frac{P_2}{\lambda_2} = \frac{15 \times 10^3}{0.6} = 25\ 000 \text{ VA}$$

$$\varphi_2 = \arccos 0.6 = 53.13°$$

$$Q_2 = S_2 \sin\varphi_2 = 25\ 000 \cdot \sin 53.13° = 20\ 000 \text{ var}$$

负载 3 的电流有效值、视在功率、平均功率和无功功率为

$$I_3 = \frac{U}{|Z_3|} = \frac{2300}{\sqrt{1000^2 + 1000^2}} = 1.626 \text{ A}$$

$$S_3 = UI_3 = 2300 \times 1.626 = 3740 \text{ VA}$$

$$P_3 = I_3^2 R_3 = 1.626^2 \times 1000 = 2644 \text{ W}$$

$$Q_3 = I_3^2 X_3 = 1.626^2 \times 1000 = 2644 \text{ var}$$

将各负载的复功率相加，得总的复功率并进而求得端电流有效值如下：

$$\widetilde{S} = \widetilde{S}_1 + \widetilde{S}_2 + \widetilde{S}_3 = (10\ 000 - j7500) + (15\ 000 + j20\ 000) + (2644 + j2644)$$

$$= 27\ 644 + j15\ 144$$

$$= 31\ 520\angle 28.71°\ \text{VA}$$

$$I = \frac{S}{U} = \frac{31\ 520}{2300} = 13.7\ \text{A}$$

*9.3.4　最大功率传输

电子工程中，常要考虑最大功率传输的问题。正弦电流电路中，负载在什么条件下可获得最大功率？这一问题可用图 9-22 所示等效相量模型加以研究。图中，Z 为负载阻抗，虚线框内为与负载相连的二端网络的戴维南等效相量模型。

设 $Z_{eq} = R_{eq} + jX_{eq}$，$Z = R + jX$。负载电流相量为

$$\dot{I} = \frac{\dot{U}_{oc}}{Z_{eq} + Z} = \frac{\dot{U}_{oc}}{(R_{eq} + R) + j(X_{eq} + X)}$$

负载吸收的功率为

$$P = RI^2 = \frac{RU_{oc}^2}{(R_{eq} + R)^2 + (X_{eq} + X)^2} \qquad (9-13)$$

设二端网络参数已定，负载阻抗的实部 R 及虚部 X 均可任意取值，由上式可见，P 作为 X 的函数，当

$$X = -X_{eq} \qquad (9-14)$$

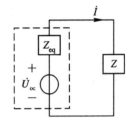

图 9-22　最大功率传输

时，P 取得最大值，此时有

$$P = \frac{RU_{oc}^2}{(R_{eq} + R)^2} \qquad (9-15)$$

上式中，R 为变量，令

$$\frac{dP}{dR} = \frac{(R_{eq} + R)^2 - 2(R_{eq} + R)R}{(R_{eq} + R)^4}U_{oc}^2 = \frac{R_{eq} - R}{(R_{eq} + R)^3}U_{oc}^2 = 0$$

得(9-15)式中功率 P 取最大值的条件为

$$R = R_{eq} \qquad (9-16)$$

综合(9-14)式和(9-16)式可得负载获得最大功率的条件为

$$Z = Z_{eq}^* = R_{eq} - jX_{eq} \qquad (9-17)$$

结论 1：若负载阻抗的实部和虚部均可任意取值，则当负载阻抗与含源二端网络等效阻抗共轭时，负载可获得最大功率。这一条件称为负载与含源二端网络之间的阻抗共轭匹配，或称为最大功率匹配。

工程上有时会遇到负载的阻抗角 φ 已定，而阻抗的模可调节的情况。将负载阻抗写做 $Z = |Z|\angle\varphi = |Z|\cos\varphi + j|Z|\sin\varphi$，负载的电流相量及负载吸收的平均功率可分别表示为

$$\dot{I} = \frac{\dot{U}_{oc}}{(R_{eq} + |Z|\cos\varphi) + j(X_{eq} + |Z|\sin\varphi)}$$

$$P = I^2|Z|\cos\varphi = \frac{U_{oc}^2|Z|\cos\varphi}{(R_{eq} + |Z|\cos\varphi)^2 + (X_{eq} + |Z|\sin\varphi)^2}$$

将 P 对 $|Z|$ 求导，并化简，得

$$\frac{\mathrm{d}P}{\mathrm{d}\mid Z\mid} = \frac{U_{oc}^2 \cos\varphi(R_{eq}^2 + X_{eq}^2 - \mid Z\mid^2)}{((R_{eq} + \mid Z\mid \cos\varphi)^2 + (X_{eq} + \mid Z\mid \sin\varphi)^2)^2}$$

令该导数为零,得

$$\mid Z\mid = \sqrt{R_{eq}^2 + X_{eq}^2} = \mid Z_{eq}\mid$$

结论 2:若负载的阻抗角已定但阻抗的模可改变,则当负载阻抗的模与含源二端网络等效阻抗的模相等时,负载可获得最大功率。这一条件称为负载与含源二端网络之间的阻抗模匹配。

例 9-18 图 9-22 所示电路中,已知 $\dot{U}_{oc} = 100\angle0°$ V,$Z_{eq} = 40 + j30$ Ω,负载阻抗 $Z = R$,求负载与二端网络达到阻抗模匹配时,负载的平均功率。

解 负载与二端网络阻抗的模相等时达到阻抗模匹配,有

$$\mid Z\mid = R = \mid Z_{eq}\mid = \sqrt{40^2 + 30^2} = 50 \ \Omega$$

此时,负载的电流有效值为

$$I = \frac{U_{oc}}{\mid Z_{eq} + R\mid} = \frac{100}{\sqrt{90^2 + 30^2}} = \frac{\sqrt{10}}{3} \ \text{A}$$

负载吸收的平均功率为

$$P = I^2 R = \left(\frac{\sqrt{10}}{3}\right)^2 \times 50 = \frac{500}{9} = 55.56 \ \text{W}$$

*9.4 三 相 电 路

9.4.1 三相电路的基本概念

目前,世界各国的供电系统普遍采用三相制。三相供电系统以三相发电机供电,三相发电机能同时产生三个频率相同而相位不同的正弦电压源。

普遍采用的三相电源是三个频率相同、振幅相同、相位依次相差 120° 的正弦电压源,称为对称三相电源,本书涉及的三相电源均指对称三相电源。三相电源符号如图 9-23 所示。其中,u_A、u_B、u_C 分别称为 A 相、B 相、C 相电源。若以 u_A 作为参考正弦量,则各相电源电压的瞬时表达式为

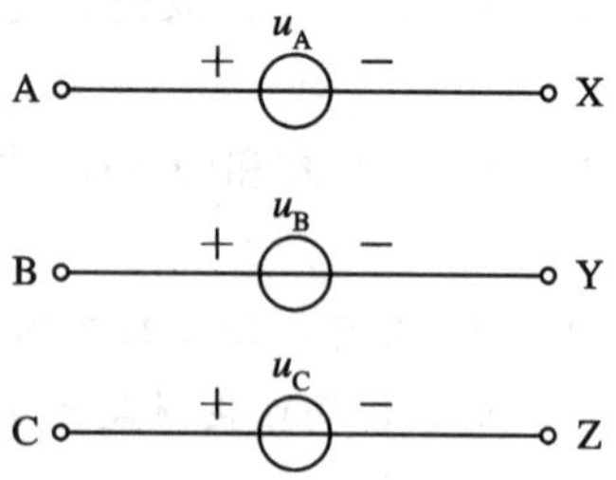

$$\left.\begin{array}{l} u_A = \sqrt{2}U_p \cos\omega t \\ u_B = \sqrt{2}U_p \cos(\omega t - 120°) \\ u_C = \sqrt{2}U_p \cos(\omega t + 120°) \end{array}\right\} \qquad (9-18)$$

图 9-23 三相电源

其中,U_p 是每相电源电压的有效值。各电源所对应的相量为

$$\left.\begin{array}{l} \dot{U}_A = U_p\angle0° \\ \dot{U}_B = U_p\angle-120° \\ \dot{U}_C = U_p\angle120° \end{array}\right\} \qquad (9-19)$$

其波形图和相量图分别如图 9-24(a)、(b)所示。

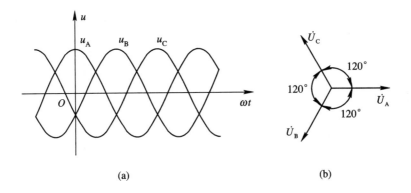

图 9 - 24　对称三相电源电压的波形图和相量图

对称三相电压相量之和为

$$\dot{U}_A + \dot{U}_B + \dot{U}_C = U_p\angle 0° + U_p\angle -120° + U_p\angle 120° = 0$$

这说明对称三相电源的电压瞬时值之和为零，即

$$u_A + u_B + u_C = \sqrt{2}U_p[\cos\omega t + \cos(\omega t - 120°) + \cos(\omega t + 120°)] = 0$$

各相电源波形到达最大值的先后次序称为相序。由(9-18)式表示的三相电源，其相序为 A→B→C，称为正序或顺序。若相序为 A→C→B，则称为反序或逆序。本书仅讨论顺序。

对称三相电源的连接方式有星形(Y 形)和三角形(△形)两种。图 9-25(a)所示为星形连接电源的相量模型。将三个电源的负极性端连接起来形成一个公共点 N，称该点为电源中性点，从该点引出的线称为中线或零线。从三个电源的正极性端 A、B、C 引出三条供电线，称为端线，俗称火线。

星形连接的电源提供的三相电压有两种：一种是端线与中线之间的电压，也就是每相电源的电压，称为相电压；另一种是端线和端线之间的电压，称为线电压。共有三个线电压，它们分别是 u_{AB}、u_{BC} 和 u_{CA}。

线电压和相电压的关系可用相量表示为

$$\left.\begin{aligned}
\dot{U}_{AB} &= \dot{U}_A - \dot{U}_B \\
\dot{U}_{BC} &= \dot{U}_B - \dot{U}_C \\
\dot{U}_{CA} &= \dot{U}_C - \dot{U}_A
\end{aligned}\right\}$$

由相量图 9-25(b)可求得

$$\left.\begin{aligned}
\dot{U}_{AB} &= U_p\angle 0° - U_p\angle -120° = \sqrt{3}U_p\angle 30° = \sqrt{3}\dot{U}_A\angle 30° \\
\dot{U}_{BC} &= U_p\angle -120° - U_p\angle 120° = \sqrt{3}U_p\angle -90° = \sqrt{3}\dot{U}_B\angle 30° \\
\dot{U}_{CA} &= U_p\angle 120° - U_p\angle 0° = \sqrt{3}U_p\angle 150° = \sqrt{3}\dot{U}_C\angle 30°
\end{aligned}\right\} \quad (9-20)$$

可见，三个线电压也是一组对称三相电压，它们各自超前对应的相电压 30°。线电压的有效值 U_l 是相电压有效值 U_p 的 $\sqrt{3}$ 倍，即

$$U_l = \sqrt{3}U_p \quad (9-21)$$

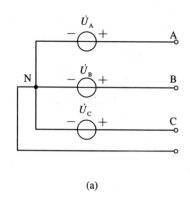

(a)

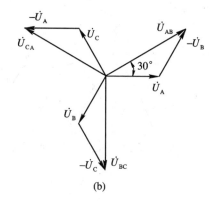

(b)

图 9-25 星形连接的对称三相电源及其电压相量图

对称三相电源的三角形连接如图 9-26 所示。将电源按正负参考极性顺次相连构成一个回路，从连接点 A、B、C 引出三条端线对负载供电。注意，各相电源的极性不能接错。正确连接时，由于 $\dot{U}_A + \dot{U}_B + \dot{U}_C = 0$，因此回路没有环流。一旦接错，在电源内部会形成很大的环流，导致电源损坏。

三角形连接时线电压就等于各相电源的电压，即

$$\dot{U}_{AB} = \dot{U}_A, \quad \dot{U}_{BC} = \dot{U}_B, \quad \dot{U}_{CA} = \dot{U}_C$$

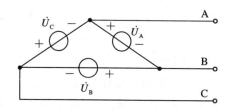

图 9-26 三角形连接的对称三相电源

三相电路中的三相负载也有星形和三角形两种连接方式，分别如图 9-27(a)、(b)所示。其中，星形连接的负载有一个中性点，称为负载中性点，记为 N′。若三相负载中各相负载阻抗相等，则称为对称三相负载，否则称为不对称三相负载。常用的三相用电设备(如三相电动机等)一般都是对称三相负载。

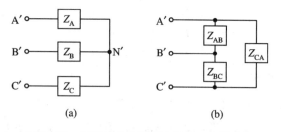

(a)　　　　　(b)

图 9-27 三相负载的星形连接和三角形连接

每相负载阻抗的端电流和端电压称为负载的相电流和相电压，流过端线的电流和端线间的电压分别称为负载的线电流和线电压。星形连接的负载中，线电流等于相电流。三角形连接的负载中，线电压等于相电压。

三相负载与三相电源连接，构成三相电路。根据电源及负载采取的连接方式，可分为

Y - Y、Y -△、△- Y 及△-△四种连接方式的三相电路。三相供电制分为三相三线制和三相四线制。Y - Y 连接的电路中，若电源中性点和负载中性点之间接有中线，则为三相四线制；其余没有中线的情况，为三相三线制。

9.4.2　三相电路的计算

对称三相电源连接对称三相负载，且各端线阻抗相等，则这样构成的三相电路称为对称三相电路。本节主要介绍对称三相电路的计算。

图 9 - 28 为 Y - Y 连接的对称三相电路，其中，Z 为每相负载阻抗，Z_L 为每条端线的等效阻抗，Z_N 为中线的等效阻抗。

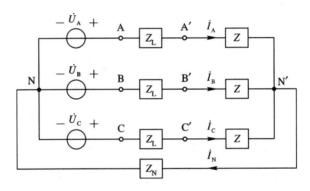

图 9 - 28　对称三相四线制 Y - Y 电路

分析该电路时，可先用节点法求出两个中性点之间的电压，再计算各相负载的电流和电压。

以 N 为参考节点，列 N′ 的节点方程，经整理可得

$$\left(\frac{1}{Z_N} + \frac{3}{Z + Z_L}\right)\dot{U}_{N'N} = \frac{1}{Z + Z_L}(\dot{U}_A + \dot{U}_B + \dot{U}_C)$$

由于上式右边为零，因此有

$$\dot{U}_{N'N} = 0$$

进而求得

$$\dot{I}_A = \frac{\dot{U}_A - \dot{U}_{N'N}}{Z + Z_L} = \frac{\dot{U}_A}{Z + Z_L}$$

$$\dot{I}_B = \frac{\dot{U}_B}{Z + Z_L} = \dot{I}_A \angle -120°$$

$$\dot{I}_C = \frac{\dot{U}_C}{Z + Z_L} = \dot{I}_A \angle 120°$$

可见，由于 $\dot{U}_{N'N} = 0$，因此各相负载电流彼此独立，各相电流仅与本相电源和阻抗有关。由于三相电源对称且各相阻抗相等，因此负载电流也是对称三相电流。中线电流为

$$\dot{I}_N = \dot{I}_A + \dot{I}_B + \dot{I}_C = 0$$

上式表明在对称 Y - Y 电路中，中线不起作用。负载相电压和线电压分别为

$$\dot{U}_{A'N'} = Z\dot{I}_A$$

$$\dot{U}_{B'N'} = Z\dot{I}_B = \dot{U}_{A'N'} \angle -120°$$

$$\dot{U}_{C'N'} = Z\dot{I}_C = \dot{U}_{A'N'} \angle 120°$$

及
$$\dot{U}_{A'B'} = \dot{U}_{A'N'} - \dot{U}_{B'N'} = \sqrt{3}\dot{U}_{A'N'}\angle 30°$$

$$\dot{U}_{B'C'} = \dot{U}_{B'N'} - \dot{U}_{C'N'} = \sqrt{3}\dot{U}_{B'N'}\angle 30°$$

$$\dot{U}_{C'A'} = \dot{U}_{C'N'} - \dot{U}_{A'N'} = \sqrt{3}\dot{U}_{C'N'}\angle 30°$$

负载相电压和线电压也是对称的三相电压。对称 Y - Y 电路中，无论是电源端还是负载端，线电压与相电压的关系都满足图 9 - 25(b)所示的相量图。

由以上分析可知，对称 Y - Y 电路中，三相负载电流、电压对称且各相独立，因此可根据某一相(例如 A 相)的单相计算电路求出一相的电流和电压，再根据对称性直接得出另两相的电流和电压。这就是对称 Y - Y 电路归结为一相的计算方法。图 9 - 28 电路的 A 相计算电路如图 9 - 29 所示。画 A 相计算电路时，由于 $\dot{U}_{N'N}=0$，因此根据替代定理，原电路中除 A 相电路之外的部分用一条短路线代替。

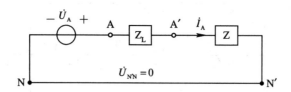

图 9 - 29   对称 Y - Y 电路的 A 相计算电路

对称三角形负载如图 9 - 30(a)所示，若将其接到对称三相电源，并忽略端线阻抗，则负载的相电压等于电源的线电压，可求得三个相电流为

$$\dot{I}_{AB} = \frac{\dot{U}_{AB}}{Z}$$

$$\dot{I}_{BC} = \frac{\dot{U}_{BC}}{Z} = \dot{I}_{AB}\angle -120°$$

$$\dot{I}_{CA} = \frac{\dot{U}_{CA}}{Z} = \dot{I}_{AB}\angle 120°$$

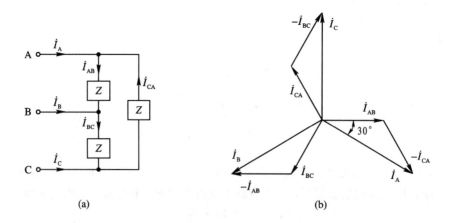

(a)　　　　　　　　　　　　　(b)

图 9 - 30   三角形连接的对称三相负载及其电流相量图

可见，由于各相阻抗相等且电源电压对称，因此负载相电流是对称三相电流。负载线电流可由相电流求得，对图 9 - 30(a)各节点列 KCL 方程并由图 9 - 30(b)所示相量图可得

$$\dot{I}_A = \dot{I}_{AB} - \dot{I}_{CA} = \sqrt{3}\dot{I}_{AB}\angle-30°$$

$$\dot{I}_B = \dot{I}_{BC} - \dot{I}_{AB} = \sqrt{3}\dot{I}_{BC}\angle-30°$$

$$\dot{I}_C = \dot{I}_{CA} - \dot{I}_{BC} = \sqrt{3}\dot{I}_{CA}\angle-30°$$

可见，线电流也是对称三相电流，它们各自滞后对应的相电流 $30°$，线电流的有效值 I_1 是相电流有效值 I_p 的 $\sqrt{3}$ 倍，即

$$I_1 = \sqrt{3}I_p \tag{9-22}$$

三相负载吸收的总平均功率等于各相负载吸收的平均功率之和，即

$$P = P_A + P_B + P_C$$
$$= U_{pA}I_{pA}\cos\varphi_A + U_{pB}I_{pB}\cos\varphi_B + U_{pC}I_{pC}\cos\varphi_C \tag{9-23}$$

式中，U_{pA}、U_{pB}、U_{pC} 与 I_{pA}、I_{pB}、I_{pC} 及 φ_A、φ_B、φ_C 分别为 A 相、B 相和 C 相负载的相电压与相电流有效值及阻抗角。在对称三相电路中，各相负载电压、电流的有效值及阻抗角分别相等，因而有

$$P = 3U_p I_p \cos\varphi \tag{9-24}$$

式中，U_p、I_p 分别为负载的相电压和相电流有效值；φ 为每相负载的阻抗角。

对称三相电路中，负载的功率也可用线电压有效值 U_1 及线电流有效值 I_1 计算。当负载作星形连接时，$U_1 = \sqrt{3}U_p$，$I_1 = I_p$；当负载作三角形连接时，$I_1 = \sqrt{3}I_p$，$U_1 = U_p$。因此，无论是星形连接还是三角形连接的负载，(9-24)式都可表达为

$$P = \sqrt{3}U_1 I_1 \cos\varphi \tag{9-25}$$

对称三相负载吸收的总瞬时功率是恒定的，且等于其平均功率。若以 A 相电压为参考正弦量，则各相负载的瞬时功率为

$$p_A = u_{pA}i_{pA} = \sqrt{2}U_p\cos\omega t \cdot \sqrt{2}I_p\cos(\omega t - \varphi)$$
$$= U_p I_p[\cos\varphi + \cos(2\omega t - \varphi)]$$

$$p_B = u_{pB}i_{pB} = \sqrt{2}U_p\cos(\omega t - 120°) \cdot \sqrt{2}I_p\cos(\omega t - \varphi - 120°)$$
$$= U_p I_p[\cos\varphi + \cos(2\omega t - 240° - \varphi)]$$

$$p_C = u_{pC}i_{pC} = \sqrt{2}U_p\cos(\omega t + 120°) \cdot \sqrt{2}I_p\cos(\omega t - \varphi + 120°)$$
$$= U_p I_p[\cos\varphi + \cos(2\omega t + 240° - \varphi)]$$

可见，每相瞬时功率中都含有一个恒定分量和一个正弦分量，且 p_A、p_B、p_C 中的三个正弦分量的频率及振幅相同，相位彼此互差 $120°$，因此这三个正弦分量的和为零。故对称三相负载总的瞬时功率为

$$p(t) = p_A + p_B + p_C = 3U_p I_p \cos\varphi$$

上式表明对称三相电路中任一时刻传递的能量是均衡的，这是对称三相制的一个优越的性能。

对于较复杂的对称三相电路，总可以通过负载的 △-Y 变换，将电路等效变换为对称 Y-Y 电路求解。

例 9-19　图 9-31(a) 所示三相电路中，电源线电压有效值为 $\sqrt{3}\times220$ V，端线阻抗 $Z_L = 2 + j4$ Ω，负载阻抗 $Z_1 = R_1 + jX_1 = 150 + j150$ Ω，$Z_2 = -j50$ Ω，求有效值 I_A、I_{1AB}、I_{2A} 及两组三相负载各自吸收的功率。

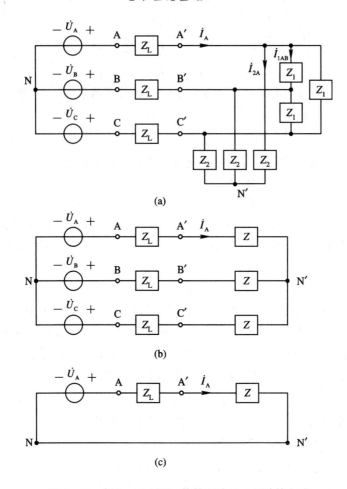

图 9 - 31　例 9 - 19 题图、等效电路及一相计算电路

解　将三角形连接的第一组负载等效变换为星形连接，再与第二组负载并联，原电路变换为图 9 - 31(b)所示的对称 Y - Y 电路，其中，

$$Z = Z_2 \mathbin{/\mkern-5mu/} \frac{Z_1}{3} = 50 - \mathrm{j}50 \ \Omega$$

A 相的计算电路如图 9 - 31(c)所示，设 $\dot{U}_A$ 为参考相量，即

$$\dot{U}_A = 220\angle 0° \ \mathrm{V}$$

求得

$$\dot{I}_A = \frac{\dot{U}_A}{Z_L + Z} = \frac{220}{52 - \mathrm{j}46} = 3.17\angle 41.5° \ \mathrm{A}$$

$$\dot{U}_{A'N'} = \dot{I}_A Z = 224.07\angle -3.5° \ \mathrm{V}$$

$$\dot{U}_{A'B'} = \sqrt{3}\dot{U}_{A'N'}\angle 30° = 388.1\angle 26.5° \ \mathrm{V}$$

回到原电路求负载相电流，得

$$I_{1AB} = \frac{U_{A'B'}}{\mid Z_1 \mid} = \frac{388.1}{\mid 150 + \mathrm{j}150 \mid} = 1.83 \ \mathrm{A}$$

$$I_{2A} = \frac{U_{A'N'}}{\mid Z_2 \mid} = \frac{224.07}{\mid -\mathrm{j}50 \mid} = 4.48 \ \mathrm{A}$$

第一组三相负载吸收的功率为

$$P_1 = 3I_{1AB}^2 R_1 = 3 \times 1.83^2 \times 150 = 1507 \text{ W}$$

第二组为纯电抗性负载，不吸收平均功率，即

$$P_2 = 0$$

不对称三相电路中各相负载电流一般是不对称的正弦量，不能归结为一相计算，可按一般正弦电路分析计算。

图 9-32 所示电路为常见的三相四线制不对称 Y-Y 电路。若忽略中线阻抗和端线阻抗，则

$$\dot{U}_{N'N} = 0$$

负载相电压等于电源相电压，各相电流为

$$\dot{I}_A = \frac{\dot{U}_A}{Z_A}, \quad \dot{I}_B = \frac{\dot{U}_B}{Z_B}, \quad \dot{I}_C = \frac{\dot{U}_C}{Z_C}$$

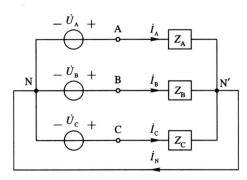

图 9-32　不对称 Y-Y 三相电路

虽各相电压对称，但由于各相负载不等，因此各相电流不再对称，中线一般有电流，即

$$\dot{I}_N = \dot{I}_A + \dot{I}_B + \dot{I}_C \neq 0$$

因此，不对称的 Y-Y 三相电路中，中线是必要的。若没有中线，则

$$\dot{U}_{N'N} = \frac{\dot{U}_A/Z_A + \dot{U}_B/Z_B + \dot{U}_C/Z_C}{1/Z_A + 1/Z_B + 1/Z_C} \neq 0$$

各相负载电压为

$$\dot{U}_{AN'} = \dot{U}_A - \dot{U}_{N'N}$$
$$\dot{U}_{BN'} = \dot{U}_B - \dot{U}_{N'N}$$
$$\dot{U}_{CN'} = \dot{U}_C - \dot{U}_{N'N}$$

可见，没有中线的不对称 Y-Y 三相电路，各相负载电压不再对称，各相工作状态不再相互独立。

例 9-20　图 9-32 所示三相电路中，对称三相电源的相电压有效值为 220 V，负载阻抗 $Z_A = R_A + jX_A = 40 + j30 \ \Omega$，$Z_B = R_B + jX_B = 30 + j30 \ \Omega$，$Z_C = R_C + jX_C = 40 + j40 \ \Omega$，求电流 $\dot{I}_A$、$\dot{I}_B$、$\dot{I}_C$、$\dot{I}_N$ 及三相负载吸收的平均功率。

解　有中线，忽略中线阻抗，$\dot{U}_{N'N} = 0$。以 A 相电源电压为参考相量，即

$$\dot{U}_A = 220\angle 0° \text{ V}$$

可求得各电流为

$$\dot{I}_A = \frac{\dot{U}_A}{Z_A} = \frac{220\angle 0°}{40 + j30} = 4.4\angle -36.87° = 3.52 - j2.64 \text{ A}$$

$$\dot{I}_B = \frac{\dot{U}_B}{Z_B} = \frac{220\angle -120°}{30 + j30} = 5.19\angle -165° = -5.01 - j1.34 \text{ A}$$

$$\dot{I}_C = \frac{\dot{U}_C}{Z_C} = \frac{220\angle 120°}{40 + j40} = 3.89\angle 75° = 1.01 + j3.76 \text{ A}$$

$$\dot{I}_N = \dot{I}_A + \dot{I}_B + \dot{I}_C = -0.48 - j0.22 = 0.53\angle -154.38° \text{ A}$$

三相负载吸收的平均功率为

$$P = P_A + P_B + P_C = I_A^2 R_A + I_B^2 R_B + I_C^2 R_C$$
$$= 4.4^2 \times 40 + 5.19^2 \times 30 + 3.89^2 \times 40$$
$$= 2187.8 \text{ W}$$

习　　题

9-1　正弦电流电路如习题 9-1 图所示，N_0 内部不含独立源，若端口电流 i 和端口电压 u 分别为以下几种情况，求各种情况时 N_0 的阻抗和导纳：

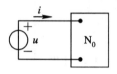

习题 9-1 图

(1) $u = 150\cos(8000\pi t + 20°)$ V,　$i = 3\sin(8000\pi t + 38°)$ A；

(2) $u = 20\cos(1000\pi t + 60°)$ V,　$i = 10\cos(1000\pi t + 15°)$ mA；

(3) $u = 220\sqrt{2}\cos314t$ V,　$i = -2\sqrt{2}\cos(314t - 60°)$ A。

9-2　一个电感线圈的绕线电阻为 700 Ω，电感量为 64 mH，它与一个 3.3 kΩ 的电阻串联后接到一个频率为 5 kHz，电压有效值为 10 V 的正弦交流电压源两端，试计算电路中的电流及电感线圈两端电压的有效值。

9-3　一个电感与一个 2.7 kΩ 的电阻串联后接到一个正弦交流电压源（$U = 100$ mV，$f = 250$ kHz）上，测得电阻的电压有效值为 40.5 mV，试计算电感的大小。

9-4　正弦电流电路如习题 9-4 图所示，已知 $R = 120$ Ω，$C = 3.3$ μF，$u_s = 12\sqrt{2}\cos2000\pi t$ V，求 i 及电阻电压、电容电压的有效值。

9-5　正弦电流电路如习题 9-5 图所示，已知 $L = 20$ mH，$C = 2$ μF，$R = 200$ Ω，正弦电源电压的有效值为 15 V，频率为 600 Hz。以电源电压为参考正弦量，求电路中电流相量及各元件电压的有效值。

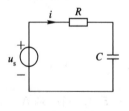

习题 9-4 图

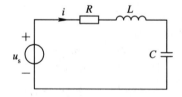

习题 9-5 图

9-6　正弦电流电路如习题 9-6 图所示，已知 $R = 100$ Ω，$L = 20$ mH，$C = 10$ μF，正弦电源电压有效值为 35 V，频率为 500 Hz。以电源电压为参考正弦量，求电流 i 的相量及各元件的电流有效值。

9 – 7　正弦电流电路如习题 9 – 7 图所示，已知 $Z_1 = 70.7\angle 45° \ \Omega$，$Z_2 = 92.4\angle 330° \ \Omega$，$Z_3 = 67\angle 60° \ \Omega$，$\dot{U}_s = 100\angle 0° \ V$，求 $\dot{I}$ 并画出电源电压和电流的相量图。

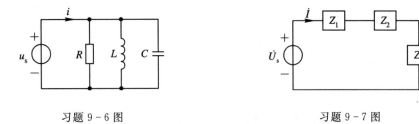

习题 9 – 6 图　　　　　　　　　　　习题 9 – 7 图

9 – 8　正弦电流电路如习题 9 – 8 图所示，已知 $Z_1 = 1606\angle 51° \ \Omega$，$Z_2 = 977\angle -33° \ \Omega$，$Z_3 = 953\angle -19° \ \Omega$，$\dot{U}_s = 33\angle 0° \ V$，计算电路总的阻抗及 $\dot{I}$。

9 – 9　正弦电流电路如习题 9 – 9 图所示，已知图中第一只电压表读数为 30 V，第二只电压表读数为 60 V，求电路的端电压有效值，并作出相量图。

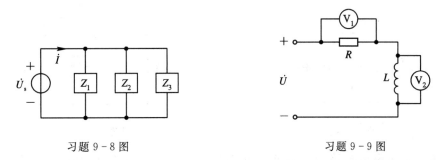

习题 9 – 8 图　　　　　　　　　　　习题 9 – 9 图

9 – 10　正弦电流电路如习题 9 – 10 图所示，已知图中各电压表读数分别为第一只 15 V，第二只 80 V，第三只 100 V，求电路的端电压有效值，并作出相量图。

9 – 11　正弦电流电路如习题 9 – 11 图所示，已知各并联支路中电流表的读数分别为第一只 5 A，第二只 20 A，第三只 25 A，求总电流表的读数。

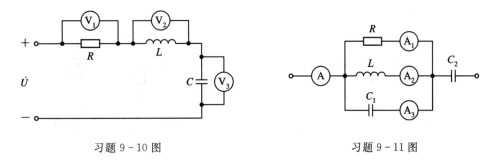

习题 9 – 10 图　　　　　　　　　　　习题 9 – 11 图

9 – 12　正弦电流电路如习题 9 – 12 图所示，已知 $u = 220\sqrt{2}\cos(250t + 20°)$ V，$R = 110 \ \Omega$，$C_1 = 20 \ \mu F$，$C_2 = 80 \ \mu F$，$L = 1$ H，求电路中各电流表的读数和电路的入端阻抗。

9 – 13　习题 9 – 13 图所示电路中，$U = 8$ V，$Z_3 = 1 - j0.5 \ \Omega$，$Z_1 = 1 + j1 \ \Omega$，$Z_2 = 3 - j1 \ \Omega$，求电流 $\dot{I}_1$、$\dot{I}_2$、电路入端阻抗和导纳。

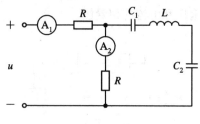

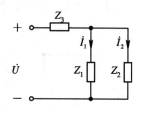

习题 9-12 图   习题 9-13 图

9-14   正弦电流电路如习题 9-14 图所示，已知 $u_s = 64 \cos(8000t)$ V，求 $u_o(t)$。

9-15   正弦电流电路如习题 9-15 图所示，调整电容使电流 i_g 与正弦电压 u_s 同相，则：

(1) 当 $u_s = 250 \cos(1000t)$ V，电容值为多少微法？

(2) 当 C 取(1)中所得值时，求 i_g 的表达式。

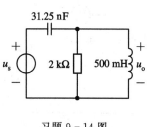

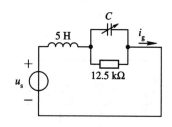

习题 9-14 图   习题 9-15 图

9-16   正弦电流电路如习题 9-16 图所示，其中，$i_o = 0.1 \sin(\omega t + 81.87°)$ A，$u_s = 50 \cos(\omega t - 45°)$ V，求 ω 的值。

9-17   正弦电流电路如习题 9-17 图所示，其中 $Z_1 = 1 + j2.7$ kΩ，$Z_2 = 790$ Ω$- j1.6$ kΩ，电源提供的总电流的有效值为 15 mA，试用分流原理计算两支路的电流有效值。

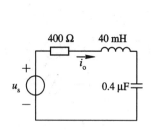

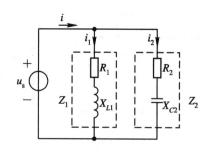

习题 9-16 图   习题 9-17 图

9-18   计算习题 9-18 图所示电路中 Z_3 和 Z_4 并联的等效阻抗。

9-19   在习题 9-18 图所示电路中，求 L_2 和 C_2 上的电压有效值。

9-20   求习题 9-20 图所示电路总的等效阻抗。

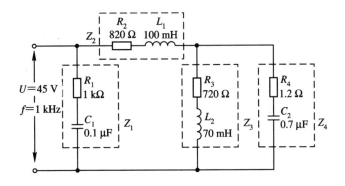

习题 9-18 图

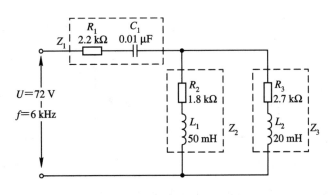

习题 9-20 图

9-21　求习题 9-21 图所示电路从 a、b 两端看进去的等效导纳，并分别用极坐标和直角坐标两种形式表示。

9-22　求习题 9-22 图所示电路从 a、b 两端看进去的等效阻抗，并分别用极坐标和直角坐标两种形式表示。

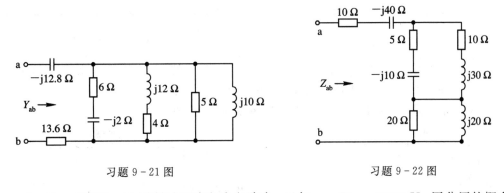

习题 9-21 图　　　　　　　　　　　习题 9-22 图

9-23　习题 9-23 图所示正弦电流电路中，已知 $u_s = 75\cos 5000t$ V，用分压的概念求 $u_o(t)$。

9-24　习题 9-24 图所示电路中，已知 $\dot{U}_s = 60\angle 0°$ V，$\dot{I}_1 = 5\angle -90°$ A，求 $\dot{I}_2$ 和 Z。

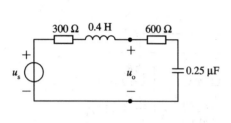

习题 9 - 23 图

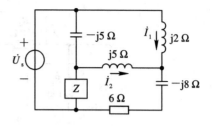

习题 9 - 24 图

9 - 25　习题 9 - 25 图所示电路中，已知 $I_s = 10$ A，$\omega = 5000$ rad/s，$R_1 = R_2 = 10$ Ω，$C = 10$ μF，$\mu = 0.5$，求各支路电流，并作出相量图。

9 - 26　用网孔分析法求习题 9 - 26 图所示电路中的电流 $\dot{I}_g$。

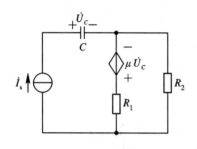

习题 9 - 25 图

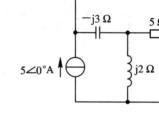

习题 9 - 26 图

9 - 27　习题 9 - 27 图所示正弦电流电路中，已知 $u_{s1} = 10 \cos(5000t + 53.13°)$ V，$u_{s2} = 8 \cos(5000t - 90°)$ V，用节点分析法求 $u_o(t)$。

9 - 28　习题 9 - 28 图所示正弦电流电路中，已知 $i_s = 5 \cos(8 \times 10^5 t)$ A，求 $u_o(t)$。

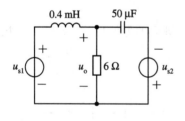

习题 9 - 27 图

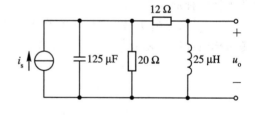

习题 9 - 28 图

9 - 29　习题 9 - 29 图所示为正弦电流电路中的一个二端网络，已知 $u_s = 247.49 \cos(1000t + 45°)$ V，求该二端网络的戴维南等效相量模型。

9 - 30　求习题 9 - 30 图所示二端网络的诺顿等效相量模型。

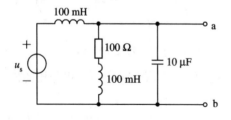

习题 9 - 29 图

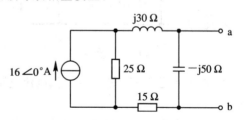

习题 9 - 30 图

9－31 求习题9－31图所示二端网络的戴维南等效相量模型。

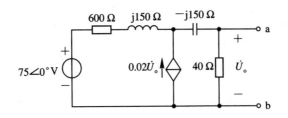

习题 9－31 图

9－32 一个 RL 串联电路，端口电压有效值为 50 V，端电流有效值为 100 mA，电压与电流的相位差为 25°，计算电路的视在功率、平均功率、无功功率和功率因数。

9－33 一个平均功率为 2 kW 的发热元件由 220 V 的正弦交流电源供电，求：

(1) 元件的电阻值；

(2) 元件上流过的电流有效值；

(3) 该元件消耗的瞬时功率的峰值。

9－34 一个电压有效值为 50 V，频率为 400 Hz 的正弦交流电压源给一个由 25 μF 电容和 4.7 Ω 电阻串联组成的负载供电，求负载的视在功率、平均功率、无功功率和功率因数。

9－35 一个电压有效值为 24 V，频率为 400 Hz 的正弦交流电压源，接有一个功率因数为 0.65(滞后)的负载，已知该负载吸收的平均功率为 4 kW，求连接导线上的电流有效值。现采用并联电容的方法提高功率因数，若要将功率因数调整为0.85(滞后)，求所需的电容值，并求此时电源导线上的电流有效值。

9－36 正弦电流电路如习题9－36图所示，已知 $i_s = 30\cos(100t)$ mA，求电路中负载的平均功率、无功功率和视在功率。

9－37 正弦电流电路如习题9－37图所示，其中三个负载的阻抗分别为 $Z_1 = 240 + j70$ Ω，$Z_2 = 160 - j120$ Ω，$Z_3 = 30 - j40$ Ω，求：

(1) 各负载的功率因数；

(2) 从电压源看进去的复合负载的功率因数。

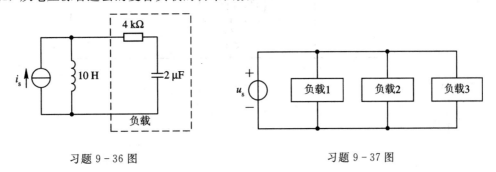

习题 9－36 图   习题 9－37 图

9－38 正弦电流电路如习题9－38图所示，若 $i_s = 30\cos25\,000t$ mA，求该电流源产生的平均功率。

9－39 习题9－39图所示电路中，$\dot{I}_s = 6\angle30°$ A，$Z_0 = 6 + j8$ Ω，$Z_1 = 100 + j50$ Ω，求负载 Z 在共轭匹配时的功率。

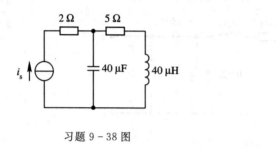

习题 9 - 38 图

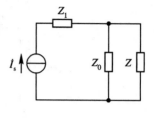

习题 9 - 39 图

9 - 40　已知对称三相电路的星形负载 $Z=165+j84\ \Omega$，端线阻抗 $Z_1=2+j1\ \Omega$，中线阻抗 $Z_N=1+j1\ \Omega$，电源线电压的有效值为 $380\ V$，求负载端的电流和线电压有效值，并作出电路的相量图。

9 - 41　三相电路的电源线电压 $U_1=230\ V$，每相负载 $Z=12+j16\ \Omega$，试求：

(1) 负载星形连接时的线电流及吸收的总功率；

(2) 负载三角形连接时的线电流、相电流和吸收的总功率；

(3) 比较(1)和(2)的结果能得到什么结论？

9 - 42　习题 9 - 42 图所示的三相电路中，$Z_1=-j10\ \Omega$，$Z_2=5+j12\ \Omega$，对称电源的线电压为 $380\ V$，单相负载电阻 R 吸收的功率 $P=24\ 200\ W$，试求：

(1) 开关 S 闭合时图中各表的读数，根据功率表的读数能否求得整个负载所吸收的功率？

(2) 开关 S 打开时各表的读数有无变化？

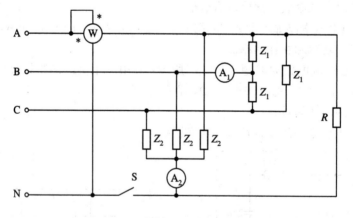

习题 9 - 42 图

第 10 章　电路的频率响应

本章介绍电路频率响应的基本概念，网络函数，串联、并联谐振电路以及电路在非正弦周期电源作用下的稳态响应。

10.1　电路的频率响应与网络函数

在通信和电子工程中，电路所要处理的信号通常都不是单一频率的正弦波，而是由许多不同频率的正弦信号所组成的。由于电路中感抗和容抗与频率有关，因此不同频率的正弦激励在电路中会产生不同的响应。电路响应随激励源频率而变化的规律，称为电路的频率响应或频率特性。

电路的频率响应可由正弦稳态网络函数（以下简称网络函数）来描述。在有唯一激励源（又称为输入信号）的正弦电流电路中，指定某一电流或电压为响应（又称为输出信号），则响应的相量 $\dot{R}$ 与激励的相量 $\dot{E}$ 之比定义为网络函数 $H(j\omega)$，即

$$H(j\omega) = \frac{\dot{R}}{\dot{E}} \tag{10-1}$$

线性电路的网络函数是频率的函数，它由电路的结构和参数确定，与激励源的幅值和初相位无关。若保持激励源的幅值和初相位不变，只改变频率，则有 $\dot{E} = E\angle\theta_e$，为复常数，而

$$\dot{R} = H(j\omega)\dot{E} = H(j\omega) \cdot E\angle\theta_e$$

可见，电路响应随频率变化的规律由 $H(j\omega)$ 所反映。因此，网络函数又称为频率特性函数或频率响应函数，简称为频率特性或频率响应。

$H(j\omega)$ 是 ω 的复值函数，即

$$H(j\omega) = |H(j\omega)| e^{j\varphi(\omega)} \tag{10-2}$$

其中，$|H(j\omega)|$ 称为电路的幅频特性，它反映响应与激励的振幅之比随 ω 变化的规律；$\varphi(\omega)$ 称为电路的相频特性，它反映响应与激励的相位差随 ω 变化的情况。常将 $|H(j\omega)|$ 和 $\varphi(\omega)$ 绘成曲线，直观地反映电路的频率特性。

若响应和激励在同一个端口，则对应的网络函数称为策动点函数。策动点函数又分为策动点阻抗和策动点导纳。它们对应的情况分别如图 10-1(a)、(b)所示，其中，N_0 是内

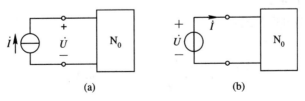

图 10-1　策动点函数的说明

部不含独立源的二端网络。即

$$策动点阻抗 \qquad Z(j\omega) = \frac{\dot{U}}{\dot{I}}$$

$$策动点导纳 \qquad Y(j\omega) = \frac{\dot{I}}{\dot{U}}$$

策动点阻抗和策动点导纳就是第 9 章定义的不含独立源二端电路的等效阻抗和等效导纳。它们跟频率有关，为强调这一点，在这里将它们表示为 ω 的函数。

若响应和激励在不同的端口，则对应的网络函数称为转移函数，共有四种转移函数。它们对应的情况分别如图 10-2(a)、(b)、(c)、(d) 所示，即

$$转移阻抗 \qquad Z_{\mathrm{T}}(j\omega) = \frac{\dot{U}_2}{\dot{I}_1}$$

$$转移导纳 \qquad Y_{\mathrm{T}}(j\omega) = \frac{\dot{I}_2}{\dot{U}_1}$$

$$转移电压比 \qquad A_u(j\omega) = \frac{\dot{U}_2}{\dot{U}_1}$$

$$转移电流比 \qquad A_i(j\omega) = \frac{\dot{I}_2}{\dot{I}_1}$$

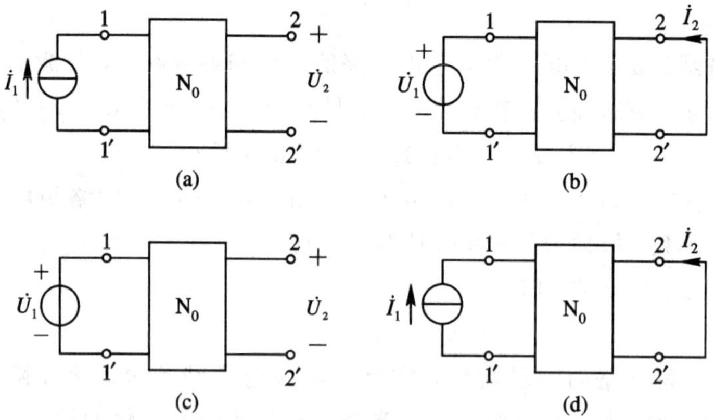

图 10-2　转移函数的说明

例 10-1　RC 电路相量模型如图 10-3(a) 所示，求转移电压比 $A_u(j\omega) = \dfrac{\dot{U}_2}{\dot{U}_1}$，并绘出幅频特性和相频特性曲线。

解　由串联电路分压公式，得

$$\dot{U}_2 = \frac{-\,j\dfrac{1}{\omega C}}{R - j\dfrac{1}{\omega C}}\dot{U}_1 = \frac{1}{1 + j\omega RC}\dot{U}_1$$

故

$$A_u(j\omega) = \frac{\dot{U}_2}{\dot{U}_1} = \frac{1}{1 + j\omega RC}$$

对上式两边分别取模和辐角,得幅频特性和相频特性如下:

$$|A_u(j\omega)| = \frac{1}{\sqrt{1+(\omega RC)^2}}$$

$$\varphi(\omega) = -\arctan\omega RC$$

由上两式可见,$|A_u(j\omega)|$随 ω 的增加而单调减小,$\varphi(\omega)$的绝对值随 ω 的增加而单调增加。当 $\omega=0$ 时,$|A_u(j\omega)|=1$,$\varphi(\omega)=0$;当 $\omega=1/(RC)$时,$|A_u(j\omega)|=1/\sqrt{2}$,$\varphi(\omega)=-\pi/4$;当 $\omega\to\infty$时,$|A_u(j\omega)|\to0$,$\varphi(\omega)=-\pi/2$。幅频特性和相频特性曲线如图 10-3(b)、(c)所示。

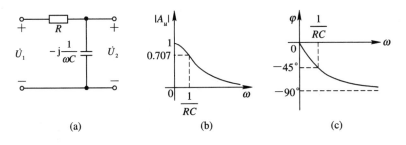

图 10-3　例 10-1 题图及频率特性曲线

截止频率和通频带是幅频特性的重要指标。截止频率是指幅频特性值等于其最大值的 $1/\sqrt{2}$倍所对应的频率,记为 ω_C。当 $\omega=\omega_C$ 时,输出信号幅值是最大输出信号幅值的 70.7%,由于输出功率与输出电压(或电流)的平方成正比,因而此时的输出功率是最大输出功率的一半,因此 ω_C 又称为半功率点频率。通频带是指幅频特性值不小于其最大值的 $1/\sqrt{2}$ 倍所对应的频带,通频带宽度记为 BW。当激励信号的频率在电路的通频带之内时,输出信号的幅值不小于最大输出信号幅值的 70.7%,工程上认为这部分信号能顺利通过该电路;而当激励信号的频率在电路的通频带以外时,输出信号的幅值小于最大输出信号幅值的 70.7%,工程上认为这部分信号受到较大的遏制,不能顺利通过该电路。根据通频带位于频率坐标轴的不同频段,电路可分为低通、高通、带通等网络。

例 10-1 中的 RC 电路,从图 10-3(b)所示幅频特性曲线来看,该电路对直流和低频信号有较大输出,对高频信号却有较大衰减。这种幅频特性称为低通特性,该电路称为 RC 低通滤波电路。电路的截止频率为 $\omega_C=1/(RC)$,通频带为 $0\leq\omega\leq\omega_C$。

同一电路,以不同的物理量作为输出,有不同的网络函数和频率响应,电路也具有不同的功能。若图 10-3(a)电路中以电阻电压为输出,则转移电压比将具有高通滤波的特性。

10.2　RLC 串联谐振电路

在无线电、通信等电子设备中,需要一些选频电路,通常要求选频电路具有较窄的带通幅频特性,常用谐振电路作为选频网络。

含储能元件且不含独立源的线性二端网络,在某一特定条件下,其端口呈现纯电阻性,即端口电压和电流同相位,这种现象称为电路的谐振。RLC 串联谐振电路和并联谐振电路是两种最基本的谐振电路。

10.2.1 RLC 串联电路的谐振频率和品质因数

图 10-4(a)所示 RLC 串联电路中，设电压源为 $u_s = \sqrt{2}U_s \cos\omega t$，其中 U_s 为常数，频率 ω 可变。电路的阻抗为

$$Z(j\omega) = R + j\left(\omega L - \frac{1}{\omega C}\right) = R + jX$$

电抗 $X = \omega L - 1/(\omega C)$ 是频率的函数，它随频率变化的曲线如图 10-4(b)所示。由图可见，当 $\omega < \omega_0$ 时，$\omega L < 1/\omega C$，$X < 0$，电路呈容性；当 $\omega > \omega_0$ 时，$\omega L > 1/\omega C$，$X > 0$，电路呈感性。而在 $\omega = \omega_0$ 这个频率点，有

$$\omega_0 L = \frac{1}{\omega_0 C} \tag{10-3}$$

此时，电路的电抗为零，$Z(j\omega_0) = R$，电路呈电阻性。

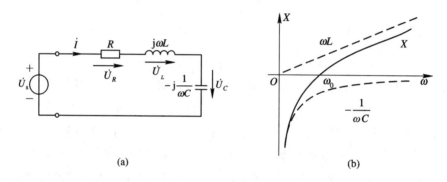

(a)   (b)

图 10-4 RLC 串联谐振电路及其电抗的频率特性

当电路等效阻抗的虚部为零时，称电路处于串联谐振状态。(10-3)式是 RLC 串联电路的谐振条件，由该式可得该电路的谐振角频率 ω_0 和谐振频率 f_0 为

$$\left.\begin{array}{l} \omega_0 = \dfrac{1}{\sqrt{LC}} \\[3mm] f_0 = \dfrac{1}{2\pi \sqrt{LC}} \end{array}\right\} \tag{10-4}$$

上式表明，RLC 串联电路的谐振频率仅决定于其元件参数 L 和 C，它反映的是电路的固有特性。当电源频率与电路的谐振频率相等时，电路就发生谐振。在无线电设备的选频电路中，通过调节 C 或 L，可改变电路的谐振频率，使电路与所要选择的信号发生谐振。

RLC 串联电路谐振时的感抗和容抗的绝对值相等，定义为该电路的特性阻抗，用符号 ρ 表示，即

$$\rho = \omega_0 L = \frac{1}{\omega_0 C} = \sqrt{\frac{L}{C}} \tag{10-5}$$

特性阻抗与电阻之比定义为串联谐振电路的品质因数 Q，即

$$Q = \frac{\rho}{R} = \frac{\omega_0 L}{R} = \frac{1}{\omega_0 C R} = \frac{1}{R}\sqrt{\frac{L}{C}} \tag{10-6}$$

品质因数是衡量谐振电路许多性质的一个重要参数。

10.2.2　*RLC* 串联电路的谐振特性

当 *RLC* 串联电路处于谐振状态时，将出现一些特殊现象，下面对这些现象进行讨论。讨论中将谐振工作状态下电路的参数及有关电流、电压附加下标"0"。

谐振时，$Z_0 = R$，$\dot{I}_0 = \dot{U}_s/Z_0 = \dot{U}_s/R$，电路中的电流与激励电压同相位。

电路阻抗的模为 $|Z| = \sqrt{R^2 + X^2}$，在谐振频率点，电抗 X 为零。因此，谐振时阻抗的模具有最小值，电流有效值为最大值 $I_0 = U_s/R$。这是 *RLC* 串联谐振的一个重要特征，工程上常用这一特征判断 *RLC* 串联电路是否发生谐振。

谐振时，三个元件的电压分别为

$$\dot{U}_{R0} = R\dot{I}_0 = \dot{U}_s$$

$$\dot{U}_{L0} = j\omega_0 L\dot{I}_0 = j\frac{\omega_0 L}{R}\dot{U}_s = jQ\dot{U}_s$$

$$\dot{U}_{C0} = -j\frac{1}{\omega_0 C}\dot{I}_0 = -j\frac{1}{\omega_0 CR}\dot{U}_s = -jQ\dot{U}_s$$

电流和电压相量图如图 10-5 所示。上面三式表明，谐振时 $\dot{U}_{L0}$ 与 $\dot{U}_{C0}$ 的有效值相等，相位相反，$\dot{U}_{L0} + \dot{U}_{C0} = 0$。根据这一特点，串联谐振又称电压谐振。这时，电源电压全加在电阻上，电感和电容串联部分相当于短路。但电感和电容各自的电压有效值却是电源电压有效值的 Q 倍。这一性质在通信和无线电技术中得到广泛应用。微弱的激励信号通过串联谐振，可在电容或电感上产生比激励电压高 Q 倍的响应电压。电路的 Q 值越大，可获得的响应电压越高，这从一个方面解释了"品质因数"名称的含义。无线电和通信设备中的串联谐振电路的 Q 值可达几十甚至几百。需指出，在某些场合，谐振是有害的，须加以避免。例如，在电力系统中若发生串联谐振，在电感器、电容器、电机等上面出现高电压，可能会导致这些设备击穿损坏。

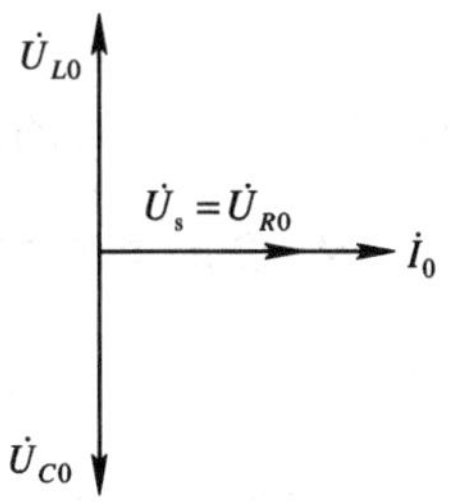

图 10-5　*RLC* 串联电路谐振时电流、电压相量图

谐振时电路吸收的平均功率为

$$P_0 = RI_0^2$$

由于此时电流有效值最大，因此吸收的平均功率最大。但谐振时电路吸收的无功功率为零，即

$$Q_0 = Q_{L0} + Q_{C0} = U_{L0}I_0 + (-U_{C0}I_0) = 0$$

上式表明，谐振时电感和电容的无功功率完全补偿，电路与电源之间无需进行无功的能量交换，这说明谐振状态下电路储存的电、磁场总能量是常数。这一结论也可由电感和电容的瞬时储能之和得出。

谐振时，电路中电流为

$$i(t) = \sqrt{2}I_0 \cos\omega_0 t$$

电容的电压为

$$u_C(t) = \sqrt{2}U_{C0}\cos\left(\omega_0 t - \frac{\pi}{2}\right) = \sqrt{2}U_{C0}\sin\omega_0 t$$

任一时刻电感的储能为

$$E_L(t) = \frac{1}{2} L i^2(t) = L I_0^2 \cos^2 \omega_0 t \tag{10-7}$$

任一时刻电容的储能为

$$E_C(t) = \frac{1}{2} C u_C^2(t) = C U_{C0}^2 \sin^2 \omega_0 t = C\left(\frac{I_0}{\omega_0 C}\right)^2 \sin^2 \omega_0 t = L I_0^2 \sin^2 \omega_0 t \tag{10-8}$$

(10-7)、(10-8)两式表明,电容和电感的最大储能相等。任一时刻两电抗元件储能之和为

$$E(t) = E_L(t) + E_C(t) = L I_0^2(\sin^2 \omega_0 t + \cos^2 \omega_0 t) = L I_0^2 = C U_{C0}^2$$

可见,虽然电感和电容各自的储能在周期性地变化,但这两种储能相互转换,总能量不变。

电路的品质因数

$$Q = \frac{\omega_0 L}{R} = 2\pi f_0 \frac{I_0^2 L}{I_0^2 R} = 2\pi \frac{I_0^2 L}{T_0 I_0^2 R}$$

即

$$Q = 2\pi \frac{\text{谐振时电路中的电磁场总储能}}{\text{谐振时电路每周期消耗的能量}}$$

品质因数描述了在一定的能量损耗下,所能维持的电磁场能量振荡的强度。

10.2.3 RLC 串联谐振电路的频率特性

图 10-4(a)所示 RLC 串联电路的导纳为

$$Y(j\omega) = \frac{1}{R + j\left(\omega L - \frac{1}{\omega C}\right)} = \frac{1/R}{1 + jQ\left(\frac{\omega}{\omega_0} - \frac{\omega_0}{\omega}\right)} = \frac{Y_0}{1 + jQ\left(\frac{\omega}{\omega_0} - \frac{\omega_0}{\omega}\right)}$$

上式两边同除以 Y_0,得归一化导纳函数:

$$\frac{Y}{Y_0} = \frac{1}{1 + jQ\left(\dfrac{\omega}{\omega_0} - \dfrac{\omega_0}{\omega}\right)} = \left|\frac{Y}{Y_0}\right| \angle \varphi_Y(\omega) \tag{10-9}$$

即

$$\left.\begin{aligned}
\left|\frac{Y}{Y_0}\right| &= \frac{1}{\sqrt{1 + Q^2\left(\dfrac{\omega}{\omega_0} - \dfrac{\omega_0}{\omega}\right)^2}} \\
\varphi_Y(\omega) &= -\arctan Q\left(\frac{\omega}{\omega_0} - \frac{\omega_0}{\omega}\right)
\end{aligned}\right\} \tag{10-10}$$

由于 $\dot{I}/\dot{I}_0 = (\dot{U}_s Y)/(\dot{U}_s Y_0) = Y/Y_0$,因此(10-10)式表示的也是归一化电流的幅频和相频特性。式中若以归一化频率 ω/ω_0 作为自变量,则影响频率特性曲线形状的唯一参数就是电路的品质因数 Q。这样的曲线具有一定的通用性,称为 RLC 串联电路的通用频率特性曲线,又称为通用谐振曲线。幅频特性和相频特性曲线如图 10-6(a)、(b)所示。

由图 10-6 中的相频特性可直观地了解各频率下电路的导纳角和端口性质。当 ω 由 0 至无穷大变化时,导纳角由 $\pi/2$ 趋向于 $-\pi/2$,在 $\omega = \omega_0$ 时导纳角为零,电路呈电阻性。谐振频率 ω_0 是电路由容性变为感性的分界频率。该图还表明,Q 值越大,相频特性曲线越陡。

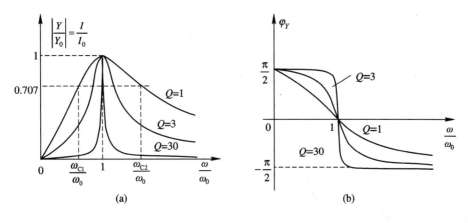

图 10 - 6　不同 Q 值下 RLC 串联电路的频率特性

由图 10 - 6 中的幅频特性可知，电路的电流（或导纳）具有带通幅频特性，电流最大值在 $\omega = \omega_0$ 处，当频率远离 ω_0 时，电流逐渐衰减到零。谐振电路这种选择频率的特性称为电路的选择性。由不同 Q 值的幅频特性曲线可见，Q 值越大，曲线就越尖锐，电路对偏离谐振频率的信号抑制能力就越强，电路的选频特性，即选择性也就越好。

图 10 - 6(a)所示带通幅频特性有上、下截止频率 ω_{C2} 和 ω_{C1}，由（10 - 10）式，令

$$\left| \frac{Y}{Y_0} \right| = \frac{1}{\sqrt{1 + Q^2 \left(\dfrac{\omega}{\omega_0} - \dfrac{\omega_0}{\omega} \right)^2}} = \frac{1}{\sqrt{2}}$$

即

$$Q^2 \left(\frac{\omega}{\omega_0} - \frac{\omega_0}{\omega} \right)^2 = 1$$

可解得

$$\frac{\omega}{\omega_0} = \sqrt{1 + \frac{1}{4Q^2}} \pm \frac{1}{2Q}$$

故有

$$\left. \begin{array}{l} \omega_{C2} = \left(\sqrt{1 + \dfrac{1}{4Q^2}} + \dfrac{1}{2Q} \right) \omega_0 \\[3mm] \omega_{C1} = \left(\sqrt{1 + \dfrac{1}{4Q^2}} - \dfrac{1}{2Q} \right) \omega_0 \end{array} \right\} \tag{10 - 11}$$

两个截止频率之间的频率范围为通频带，通频带宽度 BW 可用角频率或者频率表示。由上式可求得

$$\left. \begin{array}{l} BW = \omega_{C2} - \omega_{C1} = \dfrac{\omega_0}{Q} = \dfrac{R}{L} \ \text{rad/s} \\[3mm] BW = f_{C2} - f_{C1} = \dfrac{f_0}{Q} = \dfrac{R}{2\pi L} \ \text{Hz} \end{array} \right\} \tag{10 - 12}$$

由（10 - 11）式知，当 $Q \gg 1$，$\omega_{C1,2} \approx \left(1 \mp \dfrac{1}{2Q} \right) \omega_0$ 时，有

$$\omega_{C2} - \omega_0 \approx \omega_0 - \omega_{C1} \approx \frac{\omega_0}{2Q} = \frac{BW}{2}$$

即，Q 远大于 1 时，ω_0 近似为通频带的中心频率。

前面已指出，Q 值越高，曲线越尖锐，电路选择能力越强。(10-12)式又表明，通频带与电路的 Q 值成反比，Q 值越高，通频带越窄。由于实际信号通常包含一定频率范围的分量，为使信号不失真地传输，希望谐振曲线的顶部平坦些，有一定的通带宽度。但从选择性讲，又希望电路有较高的 Q 值。工程应用中应兼顾通频带和选择性两方面的要求，选择适当的 Q 值。

例 10-2 图 10-4(a)所示的 RLC 串联电路中，已知正弦电压源有效值为 10 V，其频率可调。调节电源频率到 $\omega = 2000$ rad/s 时，电流达到最大值。测得该最大电流有效值为 0.2 A，此时的电容电压有效值为 200 V。求(1) 元件 R、L、C 之值；(2) 电路的品质因数 Q 及通频带宽 BW；(3) 上、下截止频率 ω_{C2}、ω_{C1}。

解 电流达到最大时电路发生串联谐振，因此电路谐振频率为

$$\omega_0 = 2000 \text{ rad/s}$$

由串联谐振时电流、电压特征，得

$$R = \frac{U_s}{I_0} = \frac{10}{0.2} = 50 \ \Omega$$

$$Q = \frac{U_{C0}}{U_s} = \frac{200}{10} = 20$$

特性阻抗

$$\rho = RQ = 1000 \ \Omega$$

因此，电感和电容分别为

$$L = \frac{\rho}{\omega_0} = \frac{1000}{2000} = 0.5 \text{ H}$$

$$C = \frac{1}{\omega_0 \rho} = \frac{1}{2000 \times 1000} = 0.5 \ \mu\text{F}$$

通频带宽度

$$BW = \frac{\omega_0}{Q} = \frac{2000}{20} = 100 \text{ rad/s}$$

由于 $Q = 20 \gg 1$，将谐振频率近似看作通频带的中心频率，则近似求得上、下截止频率为

$$\omega_{C2} \approx \omega_0 + \frac{BW}{2} = 2000 + 50 = 2050 \text{ rad/s}$$

$$\omega_{C1} \approx \omega_0 - \frac{BW}{2} = 2000 - 50 = 1950 \text{ rad/s}$$

若根据(10-11)式准确计算上、下截止频率，则有

$$\omega_{C2} = \left(\sqrt{1 + \frac{1}{4Q^2}} + \frac{1}{2Q} \right) \omega_0 = 2050.6 \text{ rad/s}$$

$$\omega_{C1} = \left(\sqrt{1 + \frac{1}{4Q^2}} - \frac{1}{2Q} \right) \omega_0 = 1950.6 \text{ rad/s}$$

可见，当品质因数 Q 较大时，用近似方法算得的截止频率误差很小。

*10.2.4 RLC 串联谐振电路的电压转移函数

图 10-4(a)所示的 RLC 串联电路中，若以电阻电压作为输出，则电压转移函数为

$$A_{U_R}(j\omega) = \frac{\dot{U}_R}{\dot{U}_s} = \frac{\dot{I}R}{\dot{U}_s} = YR = \frac{Y}{1/R} = \frac{Y}{Y_0}$$

可见，该电压转移函数与归一化的导纳函数相同，其频率特性曲线如图 10-6 所示。

以电感电压为输出时，电压转移函数为

$$A_{U_L}(j\omega) = \frac{\dot{U}_L}{\dot{U}_s} = \frac{j\omega L}{R + j\left(\omega L - \frac{1}{\omega C}\right)} = \frac{jQ\frac{\omega}{\omega_0}}{1 + jQ\left(\frac{\omega}{\omega_0} - \frac{\omega_0}{\omega}\right)}$$

其幅频特性和相频特性分别为

$$\left.\begin{array}{l} |A_{U_L}(j\omega)| = \dfrac{Q\dfrac{\omega}{\omega_0}}{\sqrt{1 + Q^2\left(\dfrac{\omega}{\omega_0} - \dfrac{\omega_0}{\omega}\right)^2}} \\[6mm] \varphi_{U_L}(\omega) = \dfrac{\pi}{2} - \arctan Q\left(\dfrac{\omega}{\omega_0} - \dfrac{\omega_0}{\omega}\right) \end{array}\right\} \tag{10-13}$$

以电容电压为输出时，电压转移函数为

$$A_{U_C}(j\omega) = \frac{\dot{U}_C}{\dot{U}_s} = \frac{-j\frac{1}{\omega C}}{R + j\left(\omega L - \frac{1}{\omega C}\right)} = \frac{-jQ\frac{\omega_0}{\omega}}{1 + jQ\left(\frac{\omega}{\omega_0} - \frac{\omega_0}{\omega}\right)}$$

其幅频特性和相频特性分别为

$$\left.\begin{array}{l} |A_{U_C}(j\omega)| = \dfrac{Q\dfrac{\omega_0}{\omega}}{\sqrt{1 + Q^2\left(\dfrac{\omega}{\omega_0} - \dfrac{\omega_0}{\omega}\right)^2}} \\[6mm] \varphi_{U_C}(\omega) = -\dfrac{\pi}{2} - \arctan Q\left(\dfrac{\omega}{\omega_0} - \dfrac{\omega_0}{\omega}\right) \end{array}\right\} \tag{10-14}$$

取 $Q=1.5$，则电压转移函数 $A_{U_L}(j\omega)$ 及 $A_{U_C}(j\omega)$ 的幅频特性和相频特性曲线如图 10-7(a)、(b)所示。

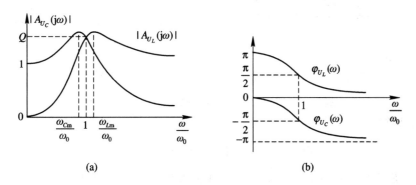

(a)　　　　　　　　　　(b)

图 10-7　$A_{U_L}(j\omega)$、$A_{U_C}(j\omega)$ 的频率特性

可见，当 $\omega = \omega_0$ 时，$|A_{U_L}(j\omega)| = |A_{U_C}(j\omega)| = Q$，即此时电容电压和电感电压的幅值都是电源电压幅值的 Q 倍，但并非最大值。由 $d|A_{U_L}(j\omega)|/(dt)=0$ 及 $d|A_{U_C}(j\omega)|/(dt)=0$

可求得电感电压和电容电压为最大值时，对应的频率 ω_{Lm}、ω_{Cm} 分别为

$$\left.\begin{aligned}\omega_{Lm} &= \omega_0 \sqrt{\frac{2Q^2}{2Q^2-1}} \\ \omega_{Cm} &= \omega_0 \sqrt{\frac{2Q^2-1}{2Q^2}}\end{aligned}\right\} \tag{10-15}$$

由上式可见，当 $2Q^2-1 \leqslant 0$ 时，ω_{Lm}、ω_{Cm} 不存在，即当 $Q \leqslant 1/\sqrt{2}$ 时，U_L、U_C 不存在峰值；当 $Q > 1/\sqrt{2}$ 时，U_L、U_C 存在峰值，且 $\omega_{Lm} > \omega_0$，$\omega_{Cm} < \omega_0$。将(10-15)式代入(10-13)式和(10-14)式，得到

$$|A_{U_L}(j\omega)|_{\max} = |A_{U_C}(j\omega)|_{\max} = \frac{Q}{\sqrt{1 - 1/4Q^2}} \tag{10-16}$$

(10-15)式和(10-16)式表明，当 Q 增大时，两个峰值频率向 ω_0 靠近，峰值也趋向于等于 Q 值。当 $Q=10$ 时，$\omega_{Lm}=1.0025\omega_0$，$\omega_{Cm}=0.9975\omega_0$，$|A_{U_L}(j\omega)|_{\max} = |A_{U_C}(j\omega)|_{\max} = 10.01$。因此，当 $Q \geqslant 10$ 时，可认为 $\omega_{Lm} \approx \omega_{Cm} \approx \omega_0$，$|A_{U_L}(j\omega)|_{\max} = |A_{U_C}(j\omega)|_{\max} \approx Q$。实际使用的串联谐振电路一般都能满足这一条件，通常认为电流和电压均在谐振频率 ω_0 处达到最大值，故一般只对电流(导纳)频率特性加以分析，而不再讨论电压转移函数的特性。

*10.3 并联谐振电路

10.3.1 *GCL* 并联谐振电路

图 10-8(a)所示为 *GCL* 并联谐振电路，设电路中的电流激励源幅值不变，但频率可调。该电路与 *RLC* 串联谐振电路对偶。由上一节讨论的结果，容易推得其特性。

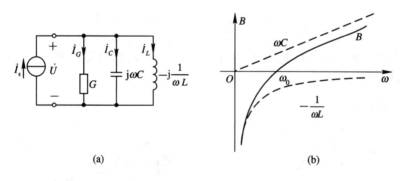

图 10-8 *GCL* 并联谐振电路及其电纳的频率特性

电路的导纳为

$$Y(j\omega) = G + j\left(\omega C - \frac{1}{\omega L}\right) = G + jB$$

电路的电纳 B 是频率的函数，它随频率变化的曲线如图 10-8(b)所示。由图可见，当 $\omega < \omega_0$ 时，$\omega C < 1/\omega L$，$B < 0$，电路呈感性；当 $\omega > \omega_0$ 时，$\omega C > 1/\omega L$，$B > 0$，电路呈容性。而在 $\omega = \omega_0$ 这个频率点，有

$$\omega_0 C = \frac{1}{\omega_0 L} \tag{10-17}$$

此时，电路的电纳为零，$Y(j\omega_0)=G$，电路呈电阻性。

当电路等效导纳的虚部为零，称电路处于并联谐振状态。（10-17）式是 GCL 并联电路的谐振条件，由该式可得该电路的谐振角频率 ω_0 和谐振频率 f_0 为

$$\left.\begin{array}{l} \omega_0 = \dfrac{1}{\sqrt{LC}} \\[3mm] f_0 = \dfrac{1}{2\pi\sqrt{LC}} \end{array}\right\} \tag{10-18}$$

上式表明，GCL 并联电路的谐振频率仅决定于其元件参数 L 和 C。

并联谐振电路的品质因数 Q 定义为

$$Q = \frac{\omega_0 C}{G} = \frac{1}{\omega_0 LG} = \frac{1}{G}\sqrt{\frac{C}{L}} = R\sqrt{\frac{C}{L}} \tag{10-19}$$

并联谐振时，导纳的模具有最小值。电路中的电压为

$$\dot{U}_0 = \frac{\dot{I}_s}{Y_0} = \frac{\dot{I}_s}{G}$$

可见，谐振时电压不仅与电流激励同相位，且电压有效值 U_0 为最大值。这是 GCL 并联谐振的一个重要特征。

谐振时，三个元件的电流分别为

$$\dot{I}_{G0} = G\dot{U}_0 = \dot{I}_s$$

$$\dot{I}_{C0} = j\omega_0 C\dot{U}_0 = j\frac{\omega_0 C}{G}\dot{I}_s = jQ\dot{I}_s$$

$$\dot{I}_{L0} = -j\frac{1}{\omega_0 L}\dot{U}_0 = -j\frac{1}{\omega_0 LG}\dot{I}_s = -jQ\dot{I}_s$$

电流和电压相量图如图 10-9 所示。上三式表明，谐振时，$\dot{I}_{L0}$ 与 $\dot{I}_{C0}$ 有效值相等，相位相反，$\dot{I}_{L0}+\dot{I}_{C0}=0$。根据这一特点，并联谐振又称为电流谐振。谐振时，电源电流全通过电导，电感和电容并联部分相当于开路，但电感和电容各自的电流有效值却是电源电流有效值的 Q 倍。

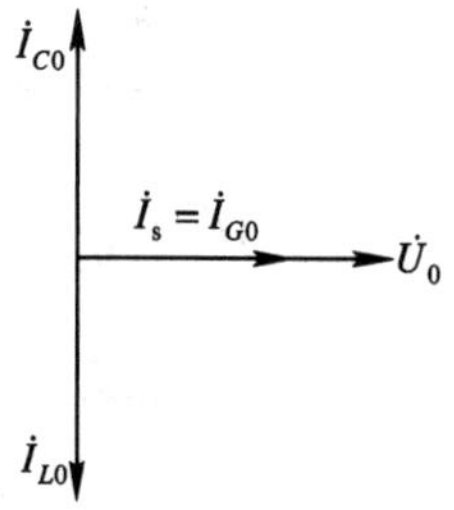

GCL 并联谐振电路的阻抗为

$$Z(j\omega) = \frac{1}{G + j\left(\omega C - \dfrac{1}{\omega L}\right)} = \frac{1/G}{1 + jQ\left(\dfrac{\omega}{\omega_0} - \dfrac{\omega_0}{\omega}\right)}$$

$$= \frac{Z_0}{1 + jQ\left(\dfrac{\omega}{\omega_0} - \dfrac{\omega_0}{\omega}\right)}$$

图 10-9　GCL 并联谐振电路谐振时电流、电压相量图

上式两边同除以 Z_0，得归一化阻抗函数为

$$\frac{Z}{Z_0} = \frac{1}{1 + jQ\left(\dfrac{\omega}{\omega_0} - \dfrac{\omega_0}{\omega}\right)} = \left|\frac{Z}{Z_0}\right| \angle \varphi_Z(\omega) \tag{10-20}$$

即

$$\left.\begin{aligned}\left|\frac{Z}{Z_0}\right| &= \frac{1}{\sqrt{1+Q^2\left(\dfrac{\omega}{\omega_0}-\dfrac{\omega_0}{\omega}\right)^2}}\\[2mm]\varphi_Z(\omega) &= -\arctan Q\left(\frac{\omega}{\omega_0}-\frac{\omega_0}{\omega}\right)\end{aligned}\right\}\tag{10-21}$$

由于 $\dot{U}/\dot{U}_0=(\dot{I}_s Z)/(\dot{I}_s Z_0)=Z/Z_0$，故(10-21)式也是归一化电压的频率特性。

将(10-21)式与(10-10)式比较可知，GCL 并联电路归一化阻抗的频率特性与 RLC 串联电路归一化导纳的频率特性相同。将图 10-6(a)、(b)中的纵轴变量分别改为 $|Z/Z_0|$ 及 $\varphi_Z(\omega)$，即可得到 GCL 并联电路归一化阻抗的幅频特性和相频特性。

并联谐振电路的通频带为

$$\left.\begin{aligned}BW &= \omega_{C2}-\omega_{C1}=\frac{\omega_0}{Q}=\frac{G}{C}\ \text{rad/s}\\[2mm]BW &= f_{C2}-f_{C1}=\frac{f_0}{Q}=\frac{G}{2\pi C}\ \text{Hz}\end{aligned}\right\}\tag{10-22}$$

比较串联谐振和并联谐振电路，在 L、C 值一定时，串联谐振电路中电阻越小，品质因数 Q 越高；并联谐振电路中电阻越大（电导越小），Q 值越高。由于实际信号源含有内阻，因此为减少信号源内阻对谐振电路 Q 值的影响，串联谐振电路宜配合低内阻信号源工作，而并联谐振电路则宜配合高内阻信号源工作。

10.3.2 实际并联谐振电路

实际的并联谐振电路大多由电感线圈与电容器并联组成。电容器的损耗很小，可忽略不计，电感线圈可等效为 R、L 串联支路，其电路模型如图 10-10(a)所示。

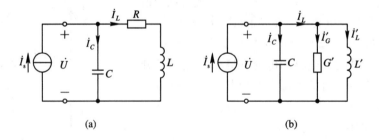

(a)　　　　　　　　　　　　　(b)

图 10-10　实际并联谐振电路及其等效电路

为利用 GCL 并联谐振电路的分析结果，将 R、L 串联支路等效变换为并联支路，得到如图 10-10(b)所示电路。其中，等效电导 G' 和等效电感 L' 应满足：

$$G'-\mathrm{j}\frac{1}{\omega L'}=\frac{1}{R+\mathrm{j}\omega L}=\frac{R}{R^2+(\omega L)^2}-\mathrm{j}\frac{\omega L}{R^2+(\omega L)^2}$$

即

$$\left.\begin{aligned}G' &= \frac{R}{R^2+(\omega L)^2}\\[2mm]L' &= \frac{R^2+(\omega L)^2}{\omega^2 L}\end{aligned}\right\}\tag{10-23}$$

可见，G' 和 L' 均与频率有关，将谐振时的 G' 和 L' 分别记为 G'_0 和 L'_0。

当电路总电纳为零时电路发生并联谐振。此时 $\omega_0 C = 1/(\omega_0 L')$，因此电路的谐振角频率 ω_0 应满足：

$$\omega_0 = \frac{1}{\sqrt{L_0' C}} = \frac{1}{\sqrt{\dfrac{R^2 + (\omega_0 L)^2}{\omega_0^2 L} C}}$$

由上式解得

$$\omega_0 = \sqrt{\frac{L - CR^2}{L^2 C}} = \frac{1}{\sqrt{LC}} \sqrt{1 - \frac{CR^2}{L}} \qquad (10-24)$$

由上式可见，只有当 $1 - CR^2/L > 0$，即 $R < \sqrt{L/C}$ 时，电路才存在非零实数谐振频率。若 $R \geqslant \sqrt{L/C}$，则电路不会发生谐振。

电路的品质因数为

$$Q = \frac{\omega_0 C}{G_0'} = \frac{1}{\omega_0 L_0' G_0'} = \frac{\omega_0 L}{R} = Q_L \qquad (10-25)$$

式中，$Q_L = \omega_0 L/R$，称为电感线圈在 ω_0 时的品质因数。即实际并联谐振电路的品质因数等于电感线圈的品质因数。

谐振时电路的导纳为

$$Y_0 = G_0' = \frac{R}{R^2 + (\omega_0 L)^2}$$

将 $(10-24)$ 式代入上式，化简后得

$$Y_0 = G_0' = \frac{CR}{L}$$

谐振时，电感线圈与电容器并联相当于一个电阻，若以 R_0 表示，则

$$R_0 = \frac{L}{CR}$$

谐振时，图 $10-10$(b) 电路中支路电流为

$$\dot{I}_{G0}' = G_0' \dot{U}_0 = \dot{I}_s$$

$$\dot{I}_{C0} = j\omega_0 C \dot{U}_0 = jQ\dot{I}_s$$

$$\dot{I}_{L0}' = -j\frac{1}{\omega_0 L_0'}\dot{U}_0 = -jQ\dot{I}_s$$

$$\dot{I}_{L0} = \dot{I}_{G0}' + \dot{I}_{L0}'$$

各支路电流和电压相量如图 $10-11$ 所示。可见，谐振时电容电流与电感线圈电流的电抗分量 $\dot{I}_{L0}'$ 之和为零。

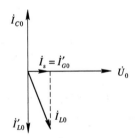

图 $10-11$　实际并联谐振电路谐振时的
电流、电压相量图

实际使用的电感线圈品质因数较高，一般能满足 $R \ll \omega_0 L$。由 $(10-23)$ 式可知，在谐振频率附近，有 $L' \approx L$，故谐振频率可近似为

$$\omega_0 \approx \frac{1}{\sqrt{LC}} \qquad (10-26)$$

代入 $(10-25)$ 式，得品质因数为

$$Q = \frac{\omega_0 L}{R} \approx \frac{1}{R}\sqrt{\frac{L}{C}} \qquad (10-27)$$

工程计算时常用(10-26)式和(10-27)式。

10.4 非正弦周期电流电路的分析

电子工程中，许多实际电路所处理的信号常常包含多个不同频率的正弦分量，或者是各种非正弦周期信号，如方波信号、三角波信号、锯齿波信号等。线性电路在非正弦周期信号源的作用下，进入稳态后，电路中各电流和电压都是非正弦周期函数。这类电路称为非正弦周期电流电路。

可将非正弦周期电源展开成傅立叶级数，然后用叠加原理对电路进行计算，这是分析非正弦周期电流电路的方法。

10.4.1 周期激励信号的分解和非正弦周期电流电路的分析

根据高等数学的有关理论，满足一定条件的周期信号可用傅立叶级数展开。

设周期信号 $f(t)$ 的周期为 T，且满足狄氏条件：

(1) $f(t)$ 在任一周期内绝对可积，即对于任意时刻 t_0，积分 $\int_{t_0}^{t_0+T} |f(t)| \, \mathrm{d}t$ 都存在；

(2) $f(t)$ 在任一周期内只有有限个极大值和极小值；

(3) $f(t)$ 在任一周期内只有有限个不连续点。

则周期信号 $f(t)$ 可展开为傅立叶级数，即

$$f(t) = a_0 + \sum_{k=1}^{\infty} (a_k \cos k\omega_1 t + b_k \sin k\omega_1 t) \tag{10-28}$$

其中，

$$\left. \begin{array}{l} a_0 = \dfrac{1}{T} \displaystyle\int_0^T f(t) \, \mathrm{d}t \\[2mm] a_k = \dfrac{2}{T} \displaystyle\int_0^T f(t) \cos k\omega_1 t \, \mathrm{d}t \quad (k = 1, 2, 3, \cdots) \\[2mm] b_k = \dfrac{2}{T} \displaystyle\int_0^T f(t) \sin k\omega_1 t \, \mathrm{d}t \quad (k = 1, 2, 3, \cdots) \end{array} \right\} \tag{10-29}$$

式中，$\omega_1 = \dfrac{2\pi}{T}$，称为 $f(t)$ 的基波角频率；a_0、a_k、b_k 称为傅立叶系数。

若将(10-28)式中同频率的正弦项和余弦项合并，则可得

$$f(t) = A_0 + \sum_{k=1}^{\infty} A_k \cos(k\omega_1 t + \theta_k) \tag{10-30}$$

其中，

$$\left. \begin{array}{l} A_0 = a_0 \\[2mm] A_k = \sqrt{a_k^2 + b_k^2} \quad (k = 1, 2, 3, \cdots) \\[2mm] \theta_k = -\arctan\left(\dfrac{b_k}{a_k}\right) \quad (k = 1, 2, 3, \cdots) \end{array} \right\} \tag{10-31}$$

式中，A_0 是周期信号 $f(t)$ 在一个周期中的平均值，称为信号的直流分量；$A_1 \cos(\omega_1 t + \theta_1)$ 与 $f(t)$ 具有相同的频率，称为信号 $f(t)$ 的基波或一次谐波分量；$A_k \cos(k\omega_1 t + \theta_k)(k>1)$

称为信号 $f(t)$ 的 k 次谐波分量，其振幅为 A_k，频率是基波频率的 k 倍。

(10-30)式表明，满足狄氏条件的周期信号可分解为直流分量和一系列谐波分量的叠加。狄氏条件是比较宽松的条件，实际使用的周期信号一般都能满足它。傅立叶级数是收敛的无穷级数，周期信号中谐波分量的幅值随谐波次数的增高而衰减。因此，在工程上对周期信号作谐波分析时，一般只需取傅立叶级数的前几项，就能近似地表示原周期函数，至于要取到第几项，则要根据具体信号和所要求的精度而定。

例如，图 10-12(a)所示的方波信号，它在 $0 \sim T$ 一个周期内的表达式为

$$f(t) = \begin{cases} 1 & \left(0 < t < \dfrac{T}{2}\right) \\ -1 & \left(\dfrac{T}{2} < t < T\right) \end{cases}$$

由(10-29)式求得其傅立叶系数为

$$a_0 = \frac{1}{T}\int_0^T f(t)\ \mathrm{d}t = \frac{1}{T}\int_0^{T/2} 1\ \mathrm{d}t + \frac{1}{T}\int_{T/2}^T -1\ \mathrm{d}t = 0$$

$$a_k = \frac{2}{T}\int_0^T f(t)\ \cos k\omega_1 t\ \mathrm{d}t = \frac{2}{T}\int_0^{T/2} \cos k\omega_1 t\ \mathrm{d}t + \frac{2}{T}\int_{T/2}^T -\cos k\omega_1 t\ \mathrm{d}t = 0$$

$$b_k = \frac{2}{T}\int_0^T f(t)\ \sin k\omega_1 t\ \mathrm{d}t = \frac{2}{T}\int_0^{T/2} \sin k\omega_1 t\ \mathrm{d}t + \frac{2}{T}\int_{T/2}^T -\sin k\omega_1 t\ \mathrm{d}t$$

$$= \begin{cases} \dfrac{4}{k\pi} & (k = 1,\ 3,\ 5,\ \cdots) \\ 0 & (k = 2,\ 4,\ 6,\ \cdots) \end{cases}$$

故 $f(t)$ 可表示为

$$f(t) = \frac{4}{\pi}\left(\sin\omega_1 t + \frac{1}{3}\sin 3\omega_1 t + \frac{1}{5}\sin 5\omega_1 t + \frac{1}{7}\sin 7\omega_1 t + \cdots\right)$$

图 10-12(b)、(c)分别给出了取至 5 次谐波和取至 9 次谐波近似表示的 $f(t)$ 波形图。

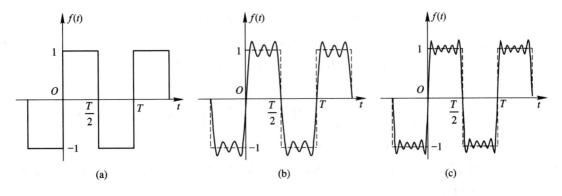

图 10-12　方波信号及其近似波形图

作用于线性电路的非正弦周期激励信号分解为若干分量之后，可用叠加定理求电路的稳态解。激励源的每一谐波分量在电路中产生相应的正弦稳态响应分量，激励源的直流分量产生直流稳态响应分量。因此，电路的电流和电压稳态响应是与激励源频率相同（波形不一定相同）的非正弦周期量。线性电路在非正弦周期电源作用下的稳态电路称为非正弦周期电流电路。

用叠加定理分析非正弦周期电流电路时，电源某一谐波分量单独作用下的电路相当于一个正弦电流电路，可用相量法求解。应注意在不同谐波分量作用时，感抗和容抗随频率的变化而变化。当电源的直流分量单独作用时，电路是直流稳态电路，电感应视为短路，电容应视为开路。

例10-3 图10-13(a)所示的电路中，已知非正弦周期电压源 $u_s(t) = (8 + \sqrt{2} \times 12\cos 1000t + \sqrt{2} \times 6\cos(3000t - 30°))$ V，求电路的稳态响应 $u_R(t)$。

解 令

$$u_{s0} = 8 \text{ V}$$

$$u_{s1}(t) = \sqrt{2} \times 12\cos 1000t \text{ V}$$

$$u_{s3}(t) = \sqrt{2} \times 6\cos(3000t - 30°) \text{ V}$$

当恒定分量 u_{s0} 单独作用时，等效电路如图10-13(b)所示，可得

$$u_{R0} = u_{s0} = 8 \text{ V}$$

第 k 次谐波分量单独作用时的等效相量模型如图10-13(c)所示，可得

$$\dot{U}_{Rk} = \frac{\dfrac{1}{jk\omega_1 C + 1/R}}{jk\omega_1 L + \dfrac{1}{jk\omega_1 C + 1/R}} \dot{U}_{sk} = \frac{1}{1 - (k\omega_1)^2 LC + jk\omega_1 L/R} \dot{U}_{sk}$$

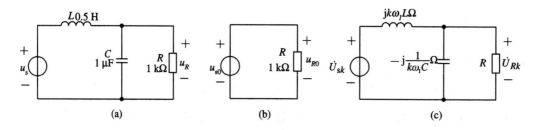

图10-13 例10-3题图及求解

当基波 $u_{s1}(t) = \sqrt{2} \times 12\cos 1000t$ V 单独作用时，

$$k\omega_1 = 1000 \text{ rad/s}, \quad \dot{U}_{s1} = 12\angle 0° \text{ V}$$

则有

$$\dot{U}_{R1} = \frac{1}{1 - (k\omega_1)^2 LC + jk\omega_1 L/R} \dot{U}_{s1} = \frac{12\angle 0°}{0.5 + j0.5} = \sqrt{2} \times 12\angle -45° \text{ V}$$

$$u_{R1}(t) = 24\cos(1000t - 45°) \text{ V}$$

当3次谐波 $u_{s3}(t) = \sqrt{2} \times 6\cos(3000t - 30°)$ V 单独作用时，$k\omega_1 = 3000$ rad/s，$\dot{U}_{s3} = 6\angle -30°$ V，则有

$$\dot{U}_{R3} = \frac{1}{1 - (k\omega_1)^2 LC + jk\omega_1 L/R} \dot{U}_{s3} = \frac{6\angle -30°}{-3.5 + j1.5}$$

$$= 1.58\angle -186.8° = 1.58\angle 173.2° \text{ V}$$

$$u_{R3}(t) = \sqrt{2} \times 1.58\cos(3000t + 173.2°) \text{ V}$$

根据叠加定理，原电路的稳态响应为

$$u_R(t) = [8 + 24\cos(1000t - 45°) + \sqrt{2} \times 1.58\cos(3000t + 173.2°)] \text{ V}$$

10.4.2　非正弦周期电流和电压的有效值及平均功率

在第 8.1 节已给出周期电流的有效值定义为

$$I = \sqrt{\frac{1}{T}\int_0^T i^2(t)\,\mathrm{d}t} \tag{10-32}$$

若非正弦周期电流表示为

$$i(t) = I_0 + \sum_{k=1}^{\infty} \sqrt{2}I_k \cos(k\omega_1 t + \theta_k)$$

代入(10-32)式，则有

$$I = \sqrt{\frac{1}{T}\int_0^T \left[I_0 + \sum_{k=1}^{\infty}\sqrt{2}I_k\cos(k\omega_1 t + \theta_k) \right]^2 \mathrm{d}t}$$

将上式右边被积函数展开，则根号内的项包括以下几类：

$$\frac{1}{T}\int_0^T I_0^2\,\mathrm{d}t = I_0^2$$

$$\frac{1}{T}\int_0^T 2I_k^2\cos^2(k\omega_1 t + \theta_k)\,\mathrm{d}t = I_k^2$$

$$\frac{1}{T}\int_0^T 2I_0\sqrt{2}I_k\cos(k\omega_1 t + \theta_k)\,\mathrm{d}t = 0$$

$$\frac{1}{T}\int_0^T 2\sqrt{2}I_k\cos(k\omega_1 t + \theta_k)\sqrt{2}I_q\cos(q\omega_1 t + \theta_q)\,\mathrm{d}t = 0 \quad (k \neq q)$$

因此，非正弦周期电流 $i(t)$ 的有效值为

$$I = \sqrt{I_0^2 + I_1^2 + I_2^2 + I_3^2 + \cdots} \tag{10-33}$$

同理，得非正弦周期电压 $u(t)$ 的有效值为

$$U = \sqrt{U_0^2 + U_1^2 + U_2^2 + U_3^2 + \cdots} \tag{10-34}$$

上两式表明，非正弦周期电流(电压)的有效值等于其恒定分量的平方与各次谐波分量有效值的平方之和的平方根。

下面再来讨论非正弦周期电流电路的功率。

非正弦电流电路中的任意二端网络如图 10-14 所示，设其端口电压和端电流的傅立叶级数展开式分别为

$$u(t) = U_0 + \sum_{k=1}^{\infty}\sqrt{2}U_k\cos(k\omega_1 t + \theta_{uk})$$

$$i(t) = I_0 + \sum_{k=1}^{\infty}\sqrt{2}I_k\cos(k\omega_1 t + \theta_{ik})$$

则该二端网络吸收的瞬时功率为

$$p(t) = u(t)i(t)$$

该网络吸收的平均功率为

$$P = \frac{1}{T}\int_0^T p(t)\,\mathrm{d}t = \frac{1}{T}\int_0^T u(t)i(t)\,\mathrm{d}t$$

$$= \frac{1}{T}\int_0^T \left[U_0 + \sum_{k=1}^{\infty}\sqrt{2}U_k\cos(k\omega_1 t + \theta_{uk}) \right] \times \left[I_0 + \sum_{k=1}^{\infty}\sqrt{2}I_k\cos(k\omega_1 t + \theta_{ik}) \right]\mathrm{d}t$$

上式右边展开后有以下几类项：

$$\frac{1}{T}\int_0^T U_0 I_0 \, \mathrm{d}t = U_0 I_0$$

$$\frac{1}{T}\int_0^T \sqrt{2}U_k \cos(k\omega_1 t + \theta_{uk}) \sqrt{2}I_k \cos(k\omega_1 t + \theta_{ik}) \, \mathrm{d}t = U_k I_k \cos(\theta_{uk} - \theta_{ik})$$

$$= U_k I_k \cos\varphi_k$$

$$\frac{1}{T}\int_0^T U_0 \sqrt{2}I_k \cos(k\omega_1 t + \theta_{ik}) \, \mathrm{d}t = 0$$

$$\frac{1}{T}\int_0^T I_0 \sqrt{2}U_k \cos(k\omega_1 t + \theta_{uk}) \, \mathrm{d}t = 0$$

$$\frac{1}{T}\int_0^T \sqrt{2}U_k \cos(k\omega_1 t + \theta_{uk}) \sqrt{2}I_q \cos(q\omega_1 t + \theta_{iq}) \, \mathrm{d}t = 0 \quad (k \neq q)$$

因此，该二端网络吸收的平均功率可按下式计算：

$$P = U_0 I_0 + \sum_{k=1}^{\infty} U_k I_k \cos\varphi_k = P_0 + \sum_{k=1}^{\infty} P_k \tag{10-35}$$

上式表明，非正弦周期电流电路中，二端网络吸收的平均功率等于直流分量产生的功率和各次谐波平均功率之和。不同频率的电压和电流分量不构成平均功率。

例 10-4　图 10-14 所示的二端网络，已知 $u(t) = 10 + 8\cos t + 5\cos 2t$ V，$i(t) = 1.2\cos(t-60°) + 0.5\cos(2t-135°)$ A，求电流和电压的有效值及该网络吸收的平均功率。

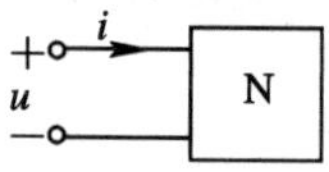

图 10-14　非正弦电流电路中的二端网络

解　电压及电流有效值为

$$U = \sqrt{10^2 + \left(\frac{8}{\sqrt{2}}\right)^2 + \left(\frac{5}{\sqrt{2}}\right)^2} = 12.02 \text{ V}$$

$$I = \sqrt{\left(\frac{1.2}{\sqrt{2}}\right)^2 + \left(\frac{0.5}{\sqrt{2}}\right)^2} = 0.92 \text{ A}$$

该网络吸收的平均功率为

$$P = P_0 + P_1 + P_2 = 0 + \left(\frac{8}{\sqrt{2}}\right)\left(\frac{1.2}{\sqrt{2}}\right)\cos 60° + \left(\frac{5}{\sqrt{2}}\right)\left(\frac{0.5}{\sqrt{2}}\right)\cos 135° = 1.52 \text{ W}$$

例 10-5　电路如图 10-15(a)所示，已知 $U_s = 10$ V，$i_s(t) = \sqrt{2} \times 2\cos 4t$ A，求电路的稳态响应 i_R、电流有效值 I_R 及电阻吸收的平均功率。

解　该电路虽不含非正弦周期电源，但电路中包含不同频率的电源（一个直流电源和一个正弦电源），用叠加定理求电路的稳态响应。

直流电压源 U_s 单独作用时的等效电路如图 10-15(b)所示，求得

$$I_{R0} = \frac{U_s}{R} = 1 \text{ A}$$

正弦电流源 i_s 单独作用时的等效相量模型如图 10-15(c)所示，其中电源频率 $\omega = 4$ rad/s，$\dot{I}_s = 2\angle 0°$ A，由分流公式得

$$\dot{I}_{R1} = -\frac{1/R}{1/R + j\omega C - j1/(\omega L)}\dot{I}_s = -\frac{0.1}{0.1 + j(0.4 - 0.5)}2\angle 0° = -\sqrt{2}\angle 45° \text{ A}$$

$$i_{R1}(t) = -2\cos(4t + 45°) \text{ A}$$

由叠加定理得原电路的稳态响应为

$$i_R(t) = I_{R0} + i_{R1}(t) = 1 - 2\cos(4t + 45°) \text{ A}$$

电流的有效值为

$$I_R = \sqrt{I_{R0}^2 + I_{R1}^2} = \sqrt{1^2 + \left(\frac{2}{\sqrt{2}}\right)^2} = \sqrt{3} = 1.73 \text{ A}$$

电阻吸收的平均功率为

$$P = P_0 + P_1 = I_{R0}^2 R + I_{R1}^2 R = (I_{R0}^2 + I_{R1}^2)R = I_R^2 R = 30 \text{ W}$$

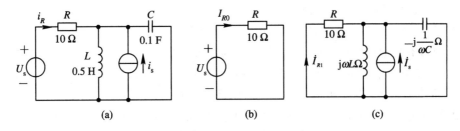

图 10-15 例 10-5 题图及求解

由上例可见，非正弦周期电流电路中，电阻吸收的平均功率也可由下式算得：

$$P = I^2 R = \frac{U^2}{R}$$

式中，I、U 分别为电阻的周期电流、周期电压的有效值。

习　　题

10-1　已知转移函数 $H(j\omega) = \dfrac{j\omega + 1}{j\omega + 10}$，求 $\omega = 1$ rad/s 及 $\omega = 10$ rad/s 时的函数值。

10-2　求习题 10-2 图所示 RC 电路的电压转移比 $A_u(j\omega) = \dot{U}_2/\dot{U}_1$；绘出电路的频率响应曲线；说明该电路具有高通及相位超前的性质；分析截止频率与电路参数的关系。

10-3　求习题 10-3 图所示滞后网络的电压转移比 $A_u(j\omega) = \dot{U}_2/\dot{U}_1$。

习题 10-2 图　　　　　　　　　　　　习题 10-3 图

10-4　一低通 RC 滤波器，$C = 100$ μF，$R = 100$ Ω，分别求 10 Hz 输入频率及 250 Hz 输入频率时电路的衰减。

10-5 习题 10-5 图所示低通 LC 滤波器，$L=50$ mH，$C=$ 0.2 μF，输入正弦信号峰值为 1 V，频率 3 kHz。输入信号中混有一振幅为 0.3 V、频率为 25 kHz 的噪声，求输出信号和噪声各自的振幅及信噪比(信号与噪声幅值之比)。

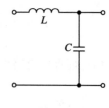

习题 10-5 图

10-6 习题 10-2 图所示的 RC 高通滤波器，若要求其截止频率为 200 Hz，且 $R=5$ kΩ，计算合适的电容值，并计算当频率为 200 Hz 时电路的相移(输出信号与输入信号相位差)。

10-7 习题 10-7 图所示高通滤波器电路中，$C=1$ μF，$L=0.47$ mH，一个 5 kHz 的输入信号中混有 60 Hz 的噪声，如果输入信号的振幅峰值为 2 V，噪声的峰值为 10 V，计算两种信号的输出振幅。

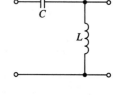

习题 10-7 图

10-8 多级放大器常用习题 10-2 图所示电路来进行级间耦合。若 $C=10$ μF，$R=1.5$ kΩ，求该电路的通频带。若增大电容，对通频带有何影响？(在电子电路中 C 称为耦合电容。)

10-9 在电子仪器中，经过放大后的电压如在相位上比原来的电压超前而引起误差，可以加一个滞后网络进行补偿。习题 10-9 图所示为一个滞后网络，求当 $f=50$ Hz 时，输出对输入的相移是多少？

10-10 求习题 10-10 图所示电路的转移电压比 $A_u(\mathrm{j}\omega)=\dot{U}_2/\dot{U}_1$。当 $R_1C_1=R_2C_2$ 时，此网络函数有何特性。

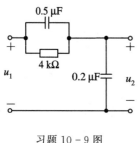

习题 10-9 图

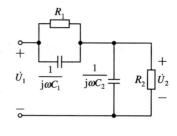

习题 10-10 图

10-11 当 $\omega=5000$ rad/s 时，R、L、C 串联电路发生谐振。已知 $R=5$ Ω，$L=400$ mH，端电压 $U=1$ V，求电容 C 及电路中电流和各元件电压的瞬时表达式。

10-12 一个 RLC 串联电路，$R=25$ Ω，$L=100$ μH，$C=1000$ pF，求谐振频率和品质因数。

10-13 一个 RLC 串联电路，$R=25$ Ω，$L=200$ μH，电路的谐振频率为 500 kHz，求电容的值，品质因数，上、下截止频率和通频带宽。

10-14 一个 RLC 串联电路的谐振频率为 876 Hz，通频带为 750 Hz~1 kHz，所接电压源的电压有效值为 23.2 V，已知 $L=0.32$ H，求 R、C 及 Q，并求谐振时电感及电容电压的有效值。

10-15 GCL 并联电路的谐振角频率为 1000 rad/s。谐振时，电路的阻抗为 100 kΩ，通频带宽为 100 rad/s，求 R、L 和 C 的值。

10-16 一个 GCL 并联谐振电路的谐振频率为 1 MHz，已知 $R=25$ Ω，$C=200$ pF，求 L 和 Q 的值。

10-17　一个 GCL 并联谐振电路的谐振角频率为 10^7 rad/s，通频带宽为 10^5 rad/s，已知 $R = 100$ kΩ，求：

(1) 电感、电容和 Q 的值；

(2) 上、下截止频率。

10-18　一个电感量为 300 μH，绕线电阻为 5 Ω 的电感线圈与一个 300 pF 的电容并联：

(1) 求谐振时电路的阻抗；

(2) 求 Q 值和通频带宽。

10-19　一个电感量为 100 μH，绕线电阻为 12 Ω 的电感线圈与一个可调电容并联。该电容的可调范围是 200～300 pF：

(1) 求电路的高、低端的谐振频率；

(2) 分别求电路在高、低端谐振时的 Q 值和通频带宽。

10-20　习题 10-20 图所示电路由正弦电流源供电。已知 $I_s = 1$ A，当 $\omega = 1000$ rad/s 时电路发生谐振，$R_1 = R_2 = 100$ Ω，$L = 0.2$ H，求电路谐振时电容 C 的值和电流源的端电压有效值。

10-21　电路如习题 10-21 图所示，电源电压为
$$u_s = 50 + 100 \sin 314t - 40 \cos 628t + 10 \sin(942t + 20°) \text{ V}$$
试求电流 $i(t)$、电源发出的功率、电源电压和电流的有效值。

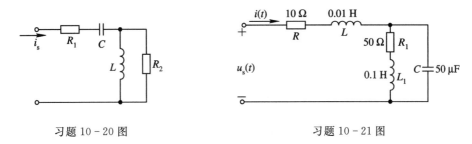

习题 10-20 图　　　　　　　　　　习题 10-21 图

10-22　有效值为 100 V 的正弦电压加在电感 L 两端时，得电流 $I = 10$ A。当电压中有三次谐波分量，而电压有效值仍为 100 V 时，得电流 $I = 8$ A。试求这一电压中的基波和三次谐波分量的有效值。

10-23　已知习题 10-23 图所示无源网络 N 的电压和电流为
$$u(t) = 100 \cos 314t + 50 \cos(942t - 30°) \text{ V}$$
$$i(t) = 10 \cos 314t + 1.755 \cos(942t + \theta_3) \text{ A}$$
如果 N 可以看作是 R、L、C 串联电路，试求：

(1) R、L、C 的值；

(2) θ_3 的值；

(3) 电路消耗的功率。

10-24　习题 10-24 图中，$u(t) = 10 + 80\sqrt{2} \cos(\omega t + 30°) + 18\sqrt{2} \cos 3\omega t$ V，$R = 12$ Ω，$\omega L = 2$ Ω，$1/(\omega C) = 18$ Ω，求 i 及各交流电表读数。

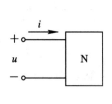

习题 10 - 23 图

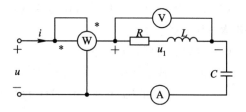

习题 10 - 24 图

10 - 25　习题 10 - 25 图所示电路中，已知 $u_R = 50 + 10\sqrt{2}\cos\omega t$ V，基波频率为 $f = 50$ Hz，$R = 100$ Ω，$L = 20$ mH，$C = 40$ μF。试求：

（1）电源电压瞬时值和有效值；

（2）电源提供的功率。

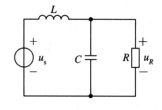

习题 10 - 25 图

第 11 章　耦合电感和理想变压器

本章介绍耦合电感及理想变压器的基本概念，含这两种元件电路的分析方法和以这两种元件为基础的实际变压器的电路模型。

11.1　耦合电感元件

11.1.1　耦合电感的概念

两个靠近的线圈，当一个线圈有电流通过时，该电流产生的磁通不仅通过本线圈，还部分或全部地通过相邻线圈。一个线圈电流产生的磁通与另一个线圈交链的现象，称为两个线圈的磁耦合。具有磁耦合的线圈称为耦合线圈或互感线圈。本小节所讨论的耦合线圈均忽略了线圈本身的损耗电阻和匝间分布电容，这样得到的耦合线圈的理想化模型，称为耦合电感元件。

两个耦合线圈如图 11-1 所示，设线圈 1 和线圈 2 的匝数分别为 N_1 和 N_2。当线圈 1 有电流 i_1 流过时，由 i_1 产生的通过线圈 1 的磁通为 Φ_{11}，通过线圈 2 的磁通为 Φ_{21}，显然有 $\Phi_{21} \leqslant \Phi_{11}$。两个线圈的磁通链分别为 $\Psi_{11} = N_1\Phi_{11}$ 和 $\Psi_{21} = N_2\Phi_{21}$。Ψ_{11} 称为自感磁通链，Ψ_{21} 称为互感（耦合）磁通链。

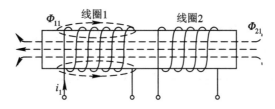

图 11-1　两个线圈的磁耦合

同理，若线圈 2 有电流 i_2 通过，则该电流在其自身线圈产生自感磁通链 Ψ_{22}，在相邻的线圈 1 中产生互感磁通链 Ψ_{12}。

如图 11-1 所示，电流的方向与它产生的磁通链的方向满足右手螺旋关系，参考方向按这一关系设定。若线圈周围没有铁磁物质，则各磁通链与产生该磁通链的电流成正比，即

$$\left.\begin{array}{ll} \Psi_{11} = L_1 i_1, & \Psi_{21} = M_{21} i_1 \\ \Psi_{22} = L_2 i_2, & \Psi_{12} = M_{12} i_2 \end{array}\right\} \tag{11-1}$$

式中，L_1、L_2、M_{12}、M_{21} 均为正常数，单位为亨利（H）。L_1、L_2 分别称为线圈 1 和线圈 2 的自感系数，简称自感。M_{12}、M_{21} 称为两个线圈的互感系数，简称互感。可证明 $M_{12} = M_{21}$，因此当只有两个线圈耦合时，可略去下标，表示为 $M = M_{12} = M_{21}$。

11.1.2 耦合电感的伏安关系

若两个耦合线圈中都有电流时，每个线圈既有自身电流产生的自感磁通链，也有另一线圈电流产生的互感磁通链，如图 11-2(a)、(b)所示。由电流的参考方向及线圈的绕向，根据右手螺旋关系，可判断出图 11-2(a)中线圈的自感磁通链和互感磁通链的参考方向相同，而图 11-2(b)中则相反。设线圈 1、线圈 2 的总磁通链分别为 Ψ_1 和 Ψ_2，并取总磁通链的参考方向与自感磁通链相同，则有

$$\left.\begin{aligned} \Psi_1 &= \Psi_{11} \pm \Psi_{12} = L_1 i_1 \pm M i_2 \\ \Psi_2 &= \Psi_{22} \pm \Psi_{21} = L_2 i_2 \pm M i_1 \end{aligned}\right\} \tag{11-2}$$

上式中，M 前取正号对应于图 11-2(a)的情况，取负号对应于图 11-2(b)的情况。当线圈中电流变化时，磁通链也随电流而变动，根据电磁感应定律，线圈中将有感应电压产生。若取 u_1 与 i_1、u_2 与 i_2 为关联参考方向，如图 11-2(a)、(b)所示，则 u_1 与 Ψ_1、u_2 与 Ψ_2 的参考方向分别满足右手螺旋关系，根据电磁感应定律，有

$$\left.\begin{aligned} u_1 &= \frac{\mathrm{d}\Psi_1}{\mathrm{d}t} = \frac{\mathrm{d}\Psi_{11}}{\mathrm{d}t} \pm \frac{\mathrm{d}\Psi_{12}}{\mathrm{d}t} = L_1 \frac{\mathrm{d}i_1}{\mathrm{d}t} \pm M \frac{\mathrm{d}i_2}{\mathrm{d}t} \\ u_2 &= \frac{\mathrm{d}\Psi_2}{\mathrm{d}t} = \frac{\mathrm{d}\Psi_{22}}{\mathrm{d}t} \pm \frac{\mathrm{d}\Psi_{21}}{\mathrm{d}t} = L_2 \frac{\mathrm{d}i_2}{\mathrm{d}t} \pm M \frac{\mathrm{d}i_1}{\mathrm{d}t} \end{aligned}\right\} \tag{11-3}$$

上式即耦合电感的伏安关系式，它表明每一线圈的电压由两项构成，第一项由自感磁通链产生，与该线圈自身电流的变化率成正比，称为自感电压；第二项由互感磁通链产生，与另一线圈电流的变化率成正比，称为互感电压。若选定线圈各自的电压与电流为关联参考方向，则电压与自感磁通链的参考方向符合右手螺旋关系，自感电压前取正号。互感电压前的正负号也需根据电压与互感磁通链的参考方向是否满足右手螺旋关系而定。对于图 11-2(a)中的情况，互感电压前取正号；对于图 11-2(b)中的情况，互感电压前取负号。

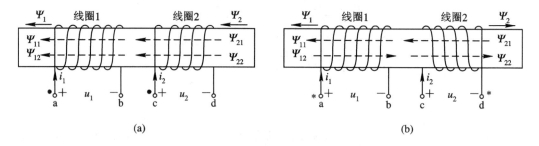

图 11-2 说明耦合线圈的伏安关系用图

11.1.3 耦合线圈的同名端

线圈中的自感磁通链和互感磁通链的参考方向可能相同，也可能相反，这与线圈的绕向及电流参考方向有关。图 11-2(a)中线圈 1 和线圈 2 绕向相同，但若电流 i_1 和 i_2 的参考方向分别从 a、d 两端流入，则线圈中的自感磁通链和互感磁通链的参考方向相反；图 11-2(b)中线圈 1 和线圈 2 绕向相反，但若电流 i_1 和 i_2 的参考方向分别从 a、d 两端流入，则线圈中的自感磁通链和互感磁通链的参考方向相同。通常线圈制造后是封闭的，看不到内部结构，在图上标出线圈绕向也不方便，因此引入同名端的概念。

任选线圈 1 的一端和线圈 2 的一端,假设线圈电流同时从这两端流入,若这两个电流所产生的磁场是相互增强的(即线圈的自感磁通链和互感磁通链方向相同),则称所选的两端为同名端,否则为异名端。

根据右手螺旋关系,可判断出图 11-2(a)中两线圈 a、c 两端为同名端(显然 b、d 也是同名端),a、d 为异名端;而图(b)中两线圈则是 a、d 为同名端。必须指出,耦合线圈的同名端仅决定于线圈的结构,与电流的流向无关。

线圈的同名端用相同的符号,如"●"、"△"、" ＊ "等标记。例如,图 11-2(a)、(b)中分别用"●"和" ＊ "标记了两线圈的同名端。图 11-2(a)、(b)耦合线圈(耦合电感)的电路符号分别如图 11-3(a)、(b)所示。若有多个线圈耦合,同名端应一对一对地加以标记。

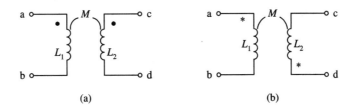

图 11-3　耦合电感的电路符号

根据同名端的概念,结合图 11-2 可看出,若 i_1 参考方向的流入端与 u_2 参考方向的正极性端为同名端,则互感磁通链 Ψ_{21} 与 u_2 的参考方向满足右手螺旋关系,u_2 中的互感电压取正号,否则取负号。对于 Ψ_{12} 与 u_1 参考方向的关系及 u_1 中的互感电压正负号也可作类似判断。

列写耦合电感伏安关系式的规则概括为:若线圈自身的电流和电压为关联参考方向,则自感电压前取正号,否则取负号;两个耦合线圈中,若 a 线圈电流参考方向的入端与 b 线圈电压参考方向的正端为同名端,则 b 线圈的互感电压前取正号,否则取负号。

例 11-1　电路如图 11-4 所示,已知 $L_1=4$ H,$L_2=3$ H,$M=2$ H,求以下三种情况的 u_1 和 u_2:

(1) $i_1=5e^{-4t}$ A,$i_2=0$;

(2) $i_1=0$,$i_2=3e^{-4t}$ A;

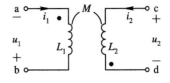

图 11-4　例 11-1 题图

(3) $i_1=5e^{-4t}$ A,$i_2=3e^{-4t}$ A。

解　(1) u_1 与 i_1 为非关联参考方向,且 $i_2=0$,因此

$$u_1 = -L_1\frac{di_1}{dt} = -4\frac{d}{dt}5e^{-4t} = 80e^{-4t} \text{ V}$$

由于 i_1 参考方向的入端(a 端)与 u_2 参考方向的正端(c 端)为异名端,且 $i_2=0$,因此

$$u_2 = -M\frac{di_1}{dt} = -2\frac{d}{dt}5e^{-4t} = 40e^{-4t} \text{ V}$$

(2) 因为 i_2 参考方向的入端(c 端)与 u_1 参考方向的正端(b 端)为同名端,且 $i_1=0$,故

$$u_1 = M\frac{di_2}{dt} = 2\frac{d}{dt}3e^{-4t} = -24e^{-4t} \text{ V}$$

又因 u_2 与 i_2 为关联参考方向,所以有

$$u_2 = L_2 \frac{di_2}{dt} = 3\frac{d}{dt}3e^{-4t} = -36e^{-4t} \text{ V}$$

（3）根据题目所给条件，在图示参考方向下，有

$$u_1 = -L_1 \frac{di_1}{dt} + M\frac{di_2}{dt} = -4\frac{d}{dt}5e^{-4t} + 2\frac{d}{dt}3e^{-4t} = 56e^{-4t} \text{ V}$$

$$u_2 = L_2 \frac{di_2}{dt} - M\frac{di_1}{dt} = 3\frac{d}{dt}3e^{-4t} - 2\frac{d}{dt}5e^{-4t} = 4e^{-4t} \text{ V}$$

工程上常用实验的方法确定耦合线圈的同名端。实验方案之一如图 11-5 所示，当开关 S 迅速闭合时，在一段时间内有随时间增长的电流从电源正极流入线圈"1"端，此时，若电压表指针正向偏转，则电压表正极所连接的线圈"2"端与"1"端为同名端；若电压表反偏，则"2"端与"1"端为异名端。

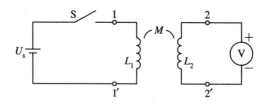

图 11-5 确定同名端的实验

11.1.4 耦合系数

定义耦合电感的耦合系数 k 为

$$k = \frac{M}{\sqrt{L_1 L_2}} \tag{11-4}$$

将(11-1)式代入上式得

$$k = \frac{M}{\sqrt{L_1 L_2}} = \frac{\sqrt{(\Psi_{12}/i_2)(\Psi_{21}/i_1)}}{\sqrt{(\Psi_{11}/i_1)(\Psi_{22}/i_2)}} = \sqrt{\frac{\Psi_{12}\Psi_{21}}{\Psi_{11}\Psi_{22}}}$$

$$= \sqrt{\frac{(\Phi_{12}N_1)(\Phi_{21}N_2)}{(\Phi_{11}N_1)(\Phi_{22}N_2)}} = \sqrt{\frac{\Phi_{12}\Phi_{21}}{\Phi_{11}\Phi_{22}}} \leqslant 1$$

耦合系数定量地描述了两个线圈的耦合程度。当 $k=1$ 时，称为全耦合，此时一个线圈中电流产生的磁通，全部与另一线圈交链，互感达到最大值，即 $M=\sqrt{L_1 L_2}$。k 接近于 1 时，称为紧耦合；k 较小时，称为松耦合；$k=0$ 时，称为无耦合。

在电力变压器及电子工程中，为了更有效地传输能量或信号，常采用铁磁材料制成线圈的芯子，以使线圈有尽量紧密的耦合。而工程上在某些情况下却要避免线圈的相互干扰，可采用屏蔽、合理布置线圈的相互位置等手段尽量减少互感的作用。

11.2 含耦合电感的电路

11.2.1 耦合电感的去耦等效

实际电路中，耦合电感的两个线圈常以串联、并联、一端相连的形式连接，以这几种

方式连接的电感，均可用无耦合电路等效代替，这一过程称为耦合电感的去耦等效。

图 11-6(a)、(b)所示为耦合电感两个线圈的串联电路。其中，图 11-6(a)电路中电流从两个线圈的同名端流进，这种接法称为顺接串联(顺串)；图 11-6(b)电路中电流从两个线圈的异名端流进，这种接法称为反接串联(反串)。根据图示电流和电压的参考方向，可得顺串和反串时串联支路的伏安关系分别为

顺串
$$u = u_1 + u_2 = \left(L_1\frac{\mathrm{d}i}{\mathrm{d}t} + M\frac{\mathrm{d}i}{\mathrm{d}t}\right) + \left(L_2\frac{\mathrm{d}i}{\mathrm{d}t} + M\frac{\mathrm{d}i}{\mathrm{d}t}\right)$$

反串
$$u = u_1 + u_2 = \left(L_1\frac{\mathrm{d}i}{\mathrm{d}t} - M\frac{\mathrm{d}i}{\mathrm{d}t}\right) + \left(L_2\frac{\mathrm{d}i}{\mathrm{d}t} - M\frac{\mathrm{d}i}{\mathrm{d}t}\right)$$

上面两式可统一写成：

$$u = u_1 + u_2 = (L_1 + L_2 \pm 2M)\frac{\mathrm{d}i}{\mathrm{d}t} = L_{\mathrm{eq}}\frac{\mathrm{d}i}{\mathrm{d}t}$$

上式表明，耦合电感作串联时，对外电路而言，可等效为一个电感，如图 11-6(c)所示。该等效电感值为

$$L_{\mathrm{eq}} = L_1 + L_2 \pm 2M \qquad\qquad (11-5)$$

式中，M 前的正号对应于顺串，负号对应于反串。

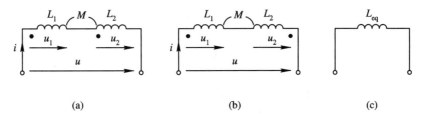

图 11-6 耦合电感的串联及等效电感
(a) 顺串 ；(b) 反串;(c) 等效电感

由于 $M = k\sqrt{L_1 L_2} \leqslant \sqrt{L_1 L_2}$ 及 $(\sqrt{L_1} - \sqrt{L_2})^2 \geqslant 0$，因此有

$$L_1 + L_2 \geqslant 2\sqrt{L_1 L_2} \geqslant 2M$$

将上式代入(11-5)式，得 $L_{\mathrm{eq}} \geqslant 0$。可见，耦合电感即使在反串的情况下，其等效电感也不为负值。

(11-5)式表明，在正弦电流电路中，由于互感的存在，耦合电感顺串时等效感抗增加，反串时等效感抗减小。工程上常利用耦合线圈正串、反串等效阻抗不相等这一特点，实验确定线圈的同名端。

图 11-7(a)、(b)所示为耦合电感两个线圈的并联电路。其中，图 11-7(a)电路中两个线圈的同名端相连接，这种接法称为同侧并联；图 11-7(b)电路中两个线圈的异名端相连接，称为异侧并联。根据图示电流和电压的参考方向，两个线圈的伏安关系为

$$u = L_1\frac{\mathrm{d}i_1}{\mathrm{d}t} \pm M\frac{\mathrm{d}i_2}{\mathrm{d}t}$$

$$u = \pm M\frac{\mathrm{d}i_1}{\mathrm{d}t} + L_2\frac{\mathrm{d}i_2}{\mathrm{d}t}$$

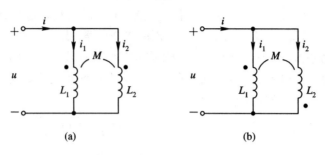

图 11-7　耦合电感的并联

（a）同侧并联；（b）异侧并联

上面两式中，M 前的正号对应于同侧并联，负号对应于异侧并联。由上面两式解得

$$\frac{\mathrm{d}i_1}{\mathrm{d}t} = \frac{L_2 \mp M}{L_1 L_2 - M^2} u$$

$$\frac{\mathrm{d}i_2}{\mathrm{d}t} = \frac{L_1 \mp M}{L_1 L_2 - M^2} u$$

由于 $i = i_1 + i_2$，因此有

$$\frac{\mathrm{d}i}{\mathrm{d}t} = \frac{\mathrm{d}i_1}{\mathrm{d}t} + \frac{\mathrm{d}i_2}{\mathrm{d}t} = \frac{L_1 + L_2 \mp 2M}{L_1 L_2 - M^2} u$$

即

$$u = \frac{L_1 L_2 - M^2}{L_1 + L_2 \mp 2M} \frac{\mathrm{d}i}{\mathrm{d}t} = L_{eq} \frac{\mathrm{d}i}{\mathrm{d}t}$$

上式表明，耦合电感作并联时，对外电路而言，可等效为一个电感，该等效电感为

$$L_{eq} = \frac{L_1 L_2 - M^2}{L_1 + L_2 \mp 2M} \tag{11-6}$$

上式分母中 M 前的负号对应于同侧并联，正号对应于异侧并联。由上式可见，同侧并联等效电感大，异侧并联等效电感小，但无论是同侧还是异侧并联，等效电感都不为负值。

图 11-8(a)、(b)所示为耦合电感两个线圈一端相连的电路。其中，图 11-8(a)电路中两个线圈的同名端相连接，这种接法称为同侧相连；图11-8(b)电路中两个线圈的异名端相连接，称为异侧相连。根据图示电流和电压的参考方向，两个线圈的伏安关系为

$$u_{13} = L_1 \frac{\mathrm{d}i_1}{\mathrm{d}t} \pm M \frac{\mathrm{d}i_2}{\mathrm{d}t}$$

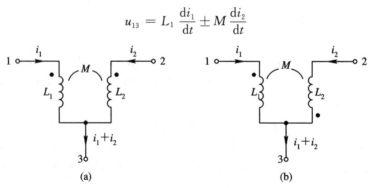

图 11-8　耦合电感的一端相连

（a）同侧相连；（b）异侧相连

$$u_{23} = \pm M \frac{\mathrm{d}i_1}{\mathrm{d}t} + L_2 \frac{\mathrm{d}i_2}{\mathrm{d}t}$$

上面两式中，M 前的正号对应于同侧相连，负号对应于异侧相连。经变换可得

$$\left. \begin{aligned} u_{13} &= (L_1 \mp M) \frac{\mathrm{d}i_1}{\mathrm{d}t} \pm M \frac{\mathrm{d}(i_1 + i_2)}{\mathrm{d}t} \\ u_{23} &= (L_2 \mp M) \frac{\mathrm{d}i_2}{\mathrm{d}t} \pm M \frac{\mathrm{d}(i_1 + i_2)}{\mathrm{d}t} \end{aligned} \right\} \qquad (11-7)$$

上式中，M 前上面的符号对应于同侧相连，下面的符号对应于异侧相连。(11-7)式可分别由图 11-9(a)、(b)电路实现。对电路其他部分而言，图 11-9(a)、(b)所示电路分别是耦合电感两线圈同侧相连和异侧相连的去耦等效电路。

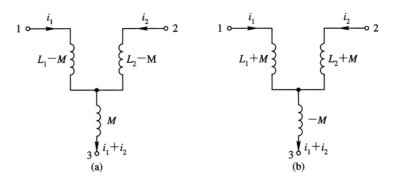

图 11-9　耦合电感一端相连的去耦等效电路
(a) 同侧相连去耦等效电路；(b) 异侧相连去耦等效电路

11.2.2　含耦合电感的正弦电流电路的分析

分析含耦合电感的正弦电流电路时，仍采用相量法求解。图 11-10(a)所示的耦合电感的伏安关系式为

$$\left. \begin{aligned} u_1 &= L_1 \frac{\mathrm{d}i_1}{\mathrm{d}t} + M \frac{\mathrm{d}i_2}{\mathrm{d}t} \\ u_2 &= L_2 \frac{\mathrm{d}i_2}{\mathrm{d}t} + M \frac{\mathrm{d}i_1}{\mathrm{d}t} \end{aligned} \right\}$$

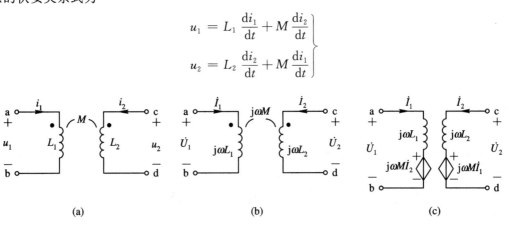

图 11-10　耦合电感的两种相量模型

在正弦电流电路中，以上伏安关系的相量形式为

$$\left.\begin{array}{l} \dot{U}_1 = \mathrm{j}\omega L_1 \dot{I}_1 + \mathrm{j}\omega M \dot{I}_2 \\ \dot{U}_2 = \mathrm{j}\omega L_2 \dot{I}_2 + \mathrm{j}\omega M \dot{I}_1 \end{array}\right\}$$

式中，$\mathrm{j}\omega L_1$、$\mathrm{j}\omega L_2$ 称为自感阻抗；$\mathrm{j}\omega M$ 称为互感阻抗。该耦合电感的相量模型如图 11-10(b)所示。为强调互感电压的存在，可将互感电压用电流控制电压源表示。受控源的参考方向与电流的参考方向及同名端的位置有关，应根据耦合电感的伏安关系确定其等效相量模型。例如，由图 11-10(a)耦合电感的相量形式伏安关系，可得出其等效相量模型如图11-10(c)所示。

分析含耦合电感的电路时。可先去耦再求解，也可直接列方程求解。在列方程时，注意不要漏掉耦合电感的互感电压。由于耦合电感的伏安关系不便将电流表示成电压的函数，因此一般不用节点分析法，而常用网孔法。

例 11-2 正弦电流电路如图 11-11(a)所示，已知 $L_1 = 1$ H，$L_2 = 0.6$ H，$M = 0.3$ H，$C = 0.2$ μF，$R = 4$ kΩ，$u_s = \sqrt{2} \times 20 \cos 1000t$ V，求电流 i。

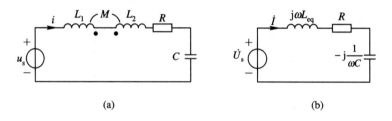

(a)   (b)

图 11-11 例 11-2 题图及相量模型

解 电路去耦后的相量模型如图 11-11(b)所示，由于耦合电感两线圈是反串的，因此其等效电感为

$$L_{eq} = L_1 + L_2 - 2M = 1 \text{ H}$$

电路总的阻抗为

$$Z = R + \mathrm{j}\left(\omega L_{eq} - \frac{1}{\omega C}\right) = 4000 + \mathrm{j}(1000 - 5000) = \sqrt{2} \times 4000 \angle -45° \text{ Ω}$$

因此

$$\dot{I} = \frac{\dot{U}}{Z} = \frac{20 \angle 0°}{4000 \times \sqrt{2} \angle -45°} = 2.5 \times \sqrt{2} \times 10^{-3} \angle 45° \text{ A}$$

即

$$i = 5 \cos(1000t + 45°) \text{ mA}$$

例 11-3 正弦电流电路相量模型如图 11-12(a)所示，已知 $\omega L_1 = R = 100$ Ω，$\omega L_2 = 80$ Ω，$\omega L_3 = \omega M = 40$ Ω，$\dot{U}_s = 100 \angle 0°$ V，求电流 $\dot{I}_1$、$\dot{I}_2$ 和 $\dot{I}_3$。

解 耦合电感线圈是同侧相连，将其去耦后，等效相量模型如图 11-12(b)所示，列出网孔方程为

$$(\mathrm{j}\omega L_1 + \mathrm{j}\omega L_2 - 2\mathrm{j}\omega M)\dot{I}_{m1} - (\mathrm{j}\omega L_2 - \mathrm{j}\omega M)\dot{I}_{m2} = \dot{U}_s$$

$$-(\mathrm{j}\omega L_2 - \mathrm{j}\omega M)\dot{I}_{m1} + (\mathrm{j}\omega L_2 + \mathrm{j}\omega L_3 + R)\dot{I}_{m2} = 0$$

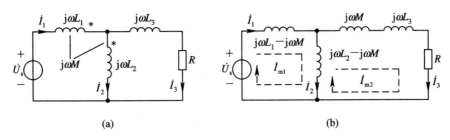

图 11-12 例 11-3 题图及等效相量模型

代入数据，有

$$j100\dot{I}_{m1} - j40\dot{I}_{m2} = 100$$
$$-j40\dot{I}_{m1} + (j120 + 100)\dot{I}_{m2} = 0$$

解得

$$\dot{I}_{m1} = 0.077 - j1.08 \text{ A}$$
$$\dot{I}_{m2} = 0.192 - j0.2 \text{ A}$$

所求各支路电流为

$$\dot{I}_1 = \dot{I}_{m1} = 0.077 - j1.08 = 1.083\angle-85.92° \text{ A}$$
$$\dot{I}_2 = \dot{I}_{m1} - \dot{I}_{m2} = -0.115 - j0.88 = 0.888\angle-97.45° \text{ A}$$
$$\dot{I}_3 = \dot{I}_{m2} = 0.192 - j0.2 = 0.277\angle-46.17° \text{ A}$$

例 11-4 二端电路相量模型如图 11-13(a) 所示，已知 $\omega L_1 = \omega L_2 = 4 \ \Omega$，$\omega M = 2 \ \Omega$，$R_1 = 3 \ \Omega$，$R_2 = 1 \ \Omega$，$\dot{U}_s = 10\angle 0° \text{ V}$，求其戴维南等效相量模型。

解 由图 11-13(b) 所示相量模型求开路电压 $\dot{U}_{oc}$，有

$$(j\omega L_2 + R_2)\dot{I}_1 = \dot{U}_s$$

$$\dot{I}_1 = \frac{\dot{U}_s}{j\omega L_2 + R_2}$$

$$\dot{U}_{oc} = j\omega M\dot{I}_1 + \dot{U}_s = j2 \times \frac{10}{j4 + 1} + 10 = 14.71 + j1.18 = 14.75\angle 4.57° \text{ V}$$

令二端电路内部独立源为零，得图 11-13(c) 所示相量模型，列两个回路 KVL 方程为

$$j\omega L_2\dot{I}_1 + j\omega M\dot{I} + R_2\dot{I}_1 = 0$$
$$\dot{U} = R_1\dot{I} + j\omega L_1\dot{I} + j\omega M\dot{I}_1$$

以上两式中消去 $\dot{I}_1$，得

$$\dot{U} = (R_1 + j\omega L_1)\dot{I} + j\omega M \frac{-j\omega M\dot{I}}{j\omega L_2 + R_2}$$

$$= \left(R_1 + j\omega L_1 + \frac{\omega^2 M^2}{j\omega L_2 + R_2}\right)\dot{I} = \left(3 + j4 + \frac{4}{j4 + 1}\right)\dot{I}$$

$$= (3.24 + j3.06)\dot{I}$$

所以

$$Z_{eq} = \frac{\dot{U}}{\dot{I}} = 3.24 + j3.06 = 4.46\angle 43.36° \ \Omega$$

戴维南等效相量模型如图 11-13(d) 所示。

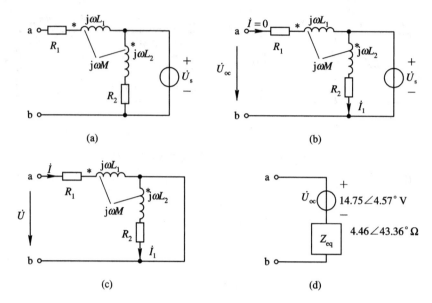

图 11 - 13　例 11 - 4 题图及求解

11.2.3　空芯变压器

变压器是利用线圈之间的磁耦合实现能量或信号传输的器件。变压器的线圈若绕在铁磁材料的芯子上，称为铁芯变压器，其耦合系数通常接近于 1。变压器的线圈若绕在非铁磁材料的芯子上，称为空芯变压器，其耦合系数一般较小。

图 11 - 14(a)所示是一个简单的含空芯变压器的电路，图中虚线方框内是空芯变压器的相量模型。变压器的一个线圈与电源相连，称为初级线圈或原边线圈；另一线圈与负载相连，称为次级线圈或副边线圈。初级线圈的电阻和自感分别用 R_1、L_1 表示；次级线圈的电阻和自感则分别表示为 R_2、L_2；M 为两线圈的互感，这些都是变压器的参数。变压器副边所接负载阻抗为 $Z_L = R_L + jX_L$。

分析含空芯变压器的电路，可用前面介绍的去耦法、列方程法，也可用等效电路法。设 Z_{11}、Z_{22} 分别表示原边回路和副边回路的自阻抗，有

$$Z_{11} = R_1 + j\omega L_1$$
$$Z_{22} = R_2 + j\omega L_2 + Z_L$$

根据图 11 - 14(a)所示电流的参考方向及同名端的位置，该电路的两个回路方程为

$$\left.\begin{array}{l} Z_{11}\dot{I}_1 - j\omega M\dot{I}_2 = \dot{U}_s \\ -j\omega M\dot{I}_1 + Z_{22}\dot{I}_2 = 0 \end{array}\right\} \tag{11-8}$$

由上式可解得

$$\dot{I}_1 = \frac{\dot{U}_s}{Z_{11} + (\omega M)^2/Z_{22}} \tag{11-9}$$

从原边 a、b 端看进去的等效阻抗 Z_i 为

$$Z_i = \frac{\dot{U}_s}{\dot{I}_1} = Z_{11} + \frac{(\omega M)^2}{Z_{22}} \tag{11-10}$$

由上式得原边等效电路如图 11 - 14(b)所示。其中，$(\omega M)^2/Z_{22}$ 称为副边回路对原边回路的

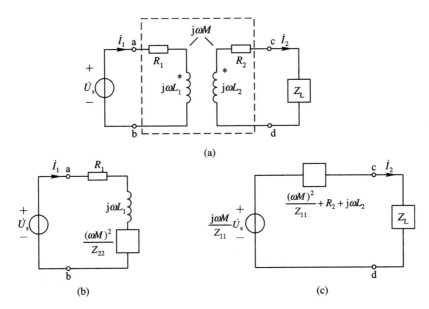

图 11 - 14　空芯变压器电路

反映阻抗或引入阻抗，该阻抗反映副边回路通过磁耦合对原边回路产生的影响。显然，反映阻抗与 Z_{22} 的性质相反，若 Z_{22} 是感性(容性)的，则反映阻抗为容性(感性)。反映阻抗吸收的复功率就是副边回路吸收的复功率。

由原边等效电路求出电流 $\dot{I}_1$ 之后，根据(11 - 8)式可进一步求得副边电流为

$$\dot{I}_2 = \frac{j\omega M \dot{I}_1}{Z_{22}} \tag{11 - 11}$$

若改变图 11 - 14(a)所示电路中线圈同名端的位置，则(11 - 8)式中 M 前的符号要改变，但仍可推出(11 - 10)式，即原边等效电路与同名端无关，原边电流也与同名端无关。但改变同名端后，(11 - 11)式中 M 前的符号应改变，即副边电流 $\dot{I}_2$ 随同名端的改变而相位将改变 $180°$。在某些应用场合对输出电流的相位有要求，这时应注意线圈的接法。

由(11 - 8)式也可得出

$$\dot{I}_2 = \frac{j\omega M \dot{U}_s / Z_{11}}{Z_{22} + (\omega M)^2 / Z_{11}} = \frac{j\omega M \dot{U}_s / Z_{11}}{Z_L + R_2 + j\omega L_2 + (\omega M)^2 / Z_{11}} \tag{11 - 12}$$

由上式可得出副边回路的等效电路如图 11 - 14(c)所示。

例 11 - 5　正弦电流电路如图 11 - 15(a)所示，已知 $L_1 = 0.5$ H，$L_2 = 0.1$ H，$M = 0.1$ H，$R_1 = 2$ Ω，$R_2 = 1$ Ω，$u_s = \sqrt{2} \times 5 \cos 10t$ V，负载电感 $L = 0.1$ H，求电流 i_1。

解　原边等效相量模型如图 11 - 15(b)所示，其中反映阻抗为

$$\frac{(\omega M)^2}{Z_{22}} = \frac{(\omega M)^2}{R_2 + j\omega L_2 + j\omega L} = \frac{1}{1 + j2} = 0.2 - j0.4 \ \Omega$$

求得

$$\dot{I}_1 = \frac{\dot{U}_s}{R_1 + j\omega L_1 + (\omega M)^2 / Z_{22}} = \frac{5 \angle 0°}{2 + j5 + 0.2 - j0.4} = 0.98 \angle -64.44° \ \text{A}$$

因此

$$i_1 = \sqrt{2} \times 0.98 \cos(10t - 64.44°) \ \text{A}$$

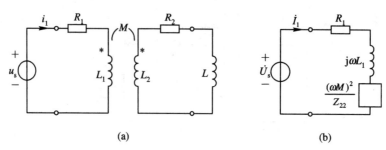

(a)   **(b)**

图 11-15　例 11-5 题图及原边等效相量模型

11.3 理想变压器

理想变压器是理想化的耦合元件，是构成实际变压器电路模型的基本元件，其电路符号如图 11-16 所示。在图示同名端和电流、电压参考方向下，理想变压器的定义式（伏安关系）为

$$\left.\begin{array}{l} u_1 = nu_2 \\ i_1 = -\dfrac{1}{n}i_2 \end{array}\right\} \tag{11-13}$$

式中，n 为正常数，是理想变压器的唯一参数，称为理想变压器的变比。(11-13)式是代数关系式，当前电流、电压的关系与以前的情况无关，因此理想变压器是无记忆元件。在图 11-16 所示电流和电压的参考方向下，任一瞬时，理想变压器吸收的功率为

$$p = u_1 i_1 + u_2 i_2 = nu_2\left(-\dfrac{1}{n}\right)i_2 + u_2 i_2 = 0$$

$$\tag{11-14}$$

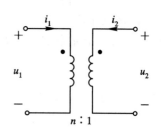

图 11-16　理想变压器

上式表明，理想变压器任一时刻吸收的总功率为零，它是一个既不耗能也不储能的元件。它只起着传递能量的作用，任一时刻原边输入的功率 $u_1 i_1$ 等于该时刻副边输出的功率 $-u_2 i_2$。

在正弦电流电路中，理想变压器伏安关系的相量形式为

$$\left.\begin{array}{l} \dot{U}_1 = n\dot{U}_2 \\ \dot{I}_1 = -\dfrac{1}{n}\dot{I}_2 \end{array}\right\} \tag{11-15}$$

理想变压器不仅能变电压和变电流，而且能够变换阻抗。若在理想变压器的副边接负载阻抗 Z_L，如图 11-17 所示，则理想变压器原边端口的等效阻抗为

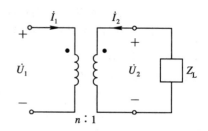

图 11-17　理想变压器的阻抗变换性质

$$Z_i = \frac{\dot{U}_1}{\dot{I}_1} = \frac{n\dot{U}_2}{-\dot{I}_2/n} = n^2\,\frac{\dot{U}_2}{-\dot{I}_2} = n^2 Z_L$$

即原边端口的输入阻抗是负载阻抗的 n^2 倍。在电信工程中常利用理想变压器的阻抗变换性质达到阻抗匹配的目的。

分析含理想变压器的电路，若采用回路法(或节点法)，可将理想变压器的原边和副边电压直接写入回路方程中(或电流直接写入节点方程中)，再将理想变压器的伏安关系式与回路方程(或节点方程)联立求解。也可采用等效电路法分析含理想变压器的电路，即利用理想变压器的阻抗变换性质和戴维南定理，用原边或副边的等效电路求解。

例 11-6 电路如图 11-18 所示，若用网孔法求解，列出方程。

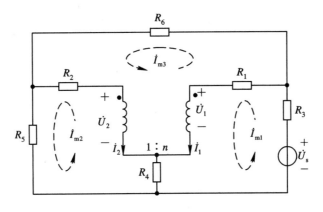

图 11-18 例 11-6 题图

解 设网孔电流参考方向如图中虚线所示，得网孔方程为

$$\left.\begin{array}{l}(R_1 + R_3 + R_4)\dot{I}_{m1} - R_4\dot{I}_{m2} - R_1\dot{I}_{m3} + \dot{U}_1 = \dot{U}_s \\ - R_4\dot{I}_{m1} + (R_2 + R_4 + R_5)\dot{I}_{m2} - R_2\dot{I}_{m3} - \dot{U}_2 = 0 \\ - R_1\dot{I}_{m1} - R_2\dot{I}_{m2} + (R_1 + R_2 + R_6)\dot{I}_{m3} - \dot{U}_1 + \dot{U}_2 = 0\end{array}\right\} \quad (11-16)$$

将理想变压器的电流用网孔电流表示，则其伏安特性方程为

$$\left.\begin{array}{l}\dot{U}_1 = n\dot{U}_2 \\ \dot{I}_{m1} - \dot{I}_{m3} = -\dfrac{1}{n}(-\dot{I}_{m2} + \dot{I}_{m3})\end{array}\right\} \quad (11-17)$$

将(11-16)式、(11-17)式联立，求解即可。

例 11-7 电路如图 11-19(a)所示，已知 $R=4\ \Omega$，$\omega L=14\ \Omega$，$Z_L=1-\text{j}2\ \Omega$，$n=2$，$\dot{U}_s=20\angle 0°\ \text{V}$，求电流 $\dot{I}_2$ 及 Z_L 吸收的平均功率。

解 解法一：用原边等效电路求解。

由理想变压器的阻抗变换性质，得原边等效电路如图 11-19(b)所示，求得

$$\dot{I}_1 = \frac{\dot{U}_s}{R + \text{j}\omega L + n^2 Z_L} = \frac{20}{8 + \text{j}6} = 2\angle -36.87°\ \text{A}$$

在图 11-19(a)所示参考方向下，副边电流为

$$\dot{I}_2 = n\dot{I}_1 = 4\angle -36.87°\ \text{A}$$

Z_L 吸收的平均功率为

$$P = I_2^2\,\text{Re}[Z_L] = 4^2 \times 1 = 16\ \text{W}$$

解法二：用副边等效电路求解。

求副边开路电压，电路如图 11-19(c)所示。由于 $\dot{I}_2 = 0$，因此 $\dot{I}_1 = 0$，故有

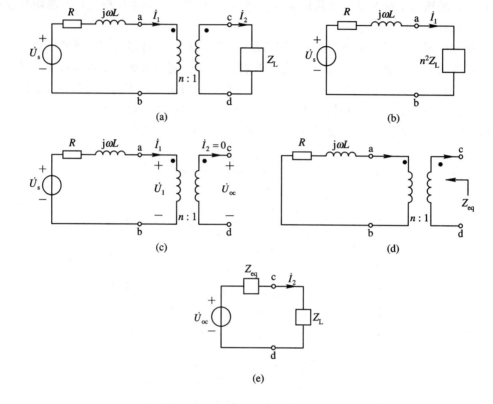

图 11-19　例 11-7 题图及求解

$$\dot{U}_{oc} = \frac{1}{n}\dot{U}_1 = \frac{1}{n}\dot{U}_s = 10\angle 0° \text{ V}$$

令原边电压源为零,求副边等效阻抗,电路如图 11-19(d)所示。根据理想变压器的阻抗变换性质,原边的阻抗折算到副边,有

$$Z_{eq} = \frac{1}{n^2}(R+j\omega L) = 1+3.5 \text{ } \Omega$$

由戴维南定理,副边等效电路如图 11-19(e)所示,由图得

$$\dot{I}_2 = \frac{\dot{U}_{oc}}{Z_{eq}+Z_L} = \frac{10}{2+j1.5} = 4\angle -36.87° \text{ A}$$

Z_L 吸收的平均功率为

$$P = I_2^2 \text{ Re}[Z_L] = 4^2 \times 1 = 16 \text{ W}$$

*11.4　变压器的电路模型

实际变压器除了用耦合电感构成其电路模型之外,还常采用理想变压器作为基本元件构成电路模型。对于铁芯变压器,更常用的是后一种模型。

11.4.1　全耦合变压器的模型

无损耗、全耦合(耦合系数 $k=1$)变压器如图 11-20 所示,图 11-21(a)是用耦合电感构成的该变压器的电路模型。下面讨论用理想变压器为基本元件构成其模型，讨论中均采用图 11-20 所示电流、电压参考方向。

在全耦合条件下，一个线圈电流产生的磁通也完全通过另一线圈，即

$$\Phi_{11} = \Phi_{21}, \quad \Phi_{22} = \Phi_{12}$$

因此线圈 1 和线圈 2 的总磁通链分别为

$$\Psi_1 = (\Phi_{11} + \Phi_{12})N_1 = (\Phi_{11} + \Phi_{22})N_1$$
$$\Psi_2 = (\Phi_{22} + \Phi_{21})N_2 = (\Phi_{22} + \Phi_{11})N_2$$

式中，N_1、N_2 分别是线圈 1 和线圈 2 的匝数。

两个线圈的电压分别为

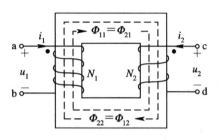

图 11-20 无损耗全耦合变压器

$$u_1 = \frac{\mathrm{d}\Psi_1}{\mathrm{d}t} = \frac{\mathrm{d}}{\mathrm{d}t}(\Phi_{11} + \Phi_{22})N_1$$

$$u_2 = \frac{\mathrm{d}\Psi_2}{\mathrm{d}t} = \frac{\mathrm{d}}{\mathrm{d}t}(\Phi_{22} + \Phi_{11})N_2$$

由上面两式得

$$\frac{u_1}{u_2} = \frac{N_1}{N_2} = n \tag{11-18}$$

式中，n 称为线圈 1 和线圈 2 的匝数比。上式表明，全耦合变压器的原、副边电压之比等于它们的匝数比。

根据自感和互感的定义，有

$$\frac{L_1}{L_2} = \frac{\dfrac{N_1 \Phi_{11}}{i_1}}{\dfrac{N_2 \Phi_{22}}{i_2}} = \frac{\dfrac{N_1}{N_2}\dfrac{N_2 \Phi_{21}}{i_1}}{\dfrac{N_2}{N_1}\dfrac{N_1 \Phi_{12}}{i_2}} = \frac{\dfrac{N_1}{N_2}M}{\dfrac{N_2}{N_1}M} = \left(\frac{N_1}{N_2}\right)^2 = n^2 \tag{11-19}$$

即全耦合变压器两线圈的自感之比等于它们匝数比的平方。因为全耦合，所以 $k=1$，即 $L_1 L_2 = M^2$，由(11-19)式得

$$\sqrt{\frac{L_1}{L_2}} = \frac{L_1}{M} = \frac{M}{L_2} = n \tag{11-20}$$

两线圈的伏安关系为

$$\left.\begin{aligned} u_1 = L_1 \frac{\mathrm{d}i_1}{\mathrm{d}t} + M \frac{\mathrm{d}i_2}{\mathrm{d}t} \\ u_2 = L_2 \frac{\mathrm{d}i_2}{\mathrm{d}t} + M \frac{\mathrm{d}i_1}{\mathrm{d}t} \end{aligned}\right\} \tag{11-21}$$

由上式第一个方程，得

$$\frac{u_1}{L_1} = \frac{\mathrm{d}i_1}{\mathrm{d}t} + \frac{M}{L_1}\frac{\mathrm{d}i_2}{\mathrm{d}t} = \frac{\mathrm{d}i_1}{\mathrm{d}t} + \frac{1}{n}\frac{\mathrm{d}i_2}{\mathrm{d}t}$$

将上式两边从 $-\infty$ 到 t 积分，得

$$i_1(t) = \frac{1}{L_1}\int_{-\infty}^{t} u_1(\tau)\,\mathrm{d}\tau - \frac{1}{n}i_2(t) \tag{11-22}$$

上式是全耦合变压器原边、副边电流的关系式。由(11-21)式的第二个方程同样也可推得上式。(11-22)式可改写成

$$i_{10} = \frac{1}{L_1} \int_{-\infty}^{t} u_1(\tau)\,\mathrm{d}\tau$$

$$i_1' = -\frac{1}{n} i_2 \qquad\qquad (11-23)$$

$$i_1 = i_{10} + i_1'$$

其中，i_{10} 是副边开路时的原边电流，称为变压器的空载电流或励磁电流；i_1' 是原边电流中的负载电流分量。根据(11-18)式和(11-23)式可得无损耗、全耦合变压器的电路模型如图 11-21(b)所示。它由一个理想变压器和一个并联在原边端口的电感组成。

由(11-23)式可见，若全耦合变压器的电感趋于无穷大(自感、互感均为无穷大，但它们的比仍为常数)，则励磁电流趋于零，这种情况下变压器的模型就是一个理想变压器。即满足无损耗、全耦合、电感无穷大这三个条件的变压器是理想变压器。在某些工程计算中，常将用高导磁率材料作铁芯，且耦合系数接近于1的实际变压器近似地看作理想变压器。

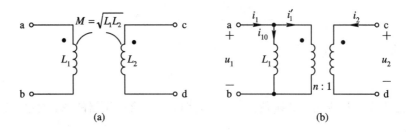

图 11-21 无损耗全耦合变压器的电路模型

11.4.2 一般变压器的模型

无损耗，但耦合系数 $k<1$ 的变压器，其电路模型之一如图 11-22(a)所示。由于 $k<1$，因此每个线圈电流所产生的磁通中有一部分磁通仅通过本线圈，不通过另一线圈，这部分磁通称为漏磁通，即

$$\Phi_{11} = \Phi_{21} + \Phi_{s1}$$

$$\Phi_{22} = \Phi_{12} + \Phi_{s2}$$

上面两式中，Φ_{s1} 和 Φ_{s2} 分别是线圈 1 和线圈 2 的漏磁通。根据自感和互感的定义，有

$$L_1 = \frac{N_1 \Phi_{11}}{i_1} = \frac{N_1}{N_2} \frac{N_2 \Phi_{21}}{i_1} + \frac{N_1 \Phi_{s1}}{i_1} = nM + L_{s1} = L_M + L_{s1}$$

$$L_2 = \frac{N_2 \Phi_{22}}{i_2} = \frac{N_2}{N_1} \frac{N_1 \Phi_{12}}{i_2} + \frac{N_2 \Phi_{s2}}{i_2} = \frac{1}{n}M + L_{s2} = \frac{1}{n^2}L_M + L_{s2} \qquad (11-24)$$

上式中，$L_{s1} = \dfrac{N_1 \Phi_{s1}}{i_1}$，$L_{s2} = \dfrac{N_2 \Phi_{s2}}{i_2}$，分别称为线圈 1 和线圈 2 的漏电感；$L_M = L_1 - L_{s1} = nM$，称为磁化电感。由上式可见，$L_1$ 和 L_2 均可看作由两个电感串联而成，因此图 11-22(a)所示电路模型可等效成图 11-22(b)所示电路。该电路由一个全耦合变压器和原边、副边的两个串联漏电感组成，将全耦合变压器的模型代入，则得到 11-22(c)所示电路模型。

若考虑变压器线圈的损耗(铜耗)，则应在电路模型的原、副边回路中加入串联电阻 R_1、R_2，如图 11-23 所示。

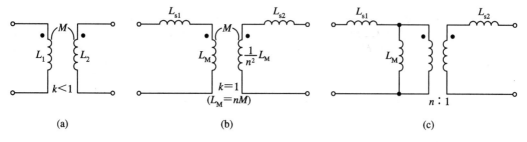

图 11-22　不考虑损耗时一般变压器的模型

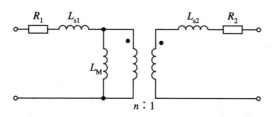

图 11-23　考虑线圈损耗时一般变压器的模型

若要将变压器的铁芯涡流损耗（铁耗）再考虑进去，图 11-23 电路模型中还应添加一个与 L_M 并联的电阻。

习　　题

11-1　习题 11-1 图所示耦合电感，$L_1 = 4$ H，$L_2 = 3$ H，$M = 2$ H，若 $i_1 = 5 \cos 6t$ A，$i_2 = 3 \cos 6t$ A，求 u_2。

11-2　电路如习题 11-2 图所示，已知 $L_1 = 1$ H，$L_2 = 2$ H，$M = 0.5$ H，$R_1 = R_2 = 1$ kΩ，正弦电压源 $u_s = 100\sqrt{2} \cos 200\pi t$ V，试求电流 i 以及耦合系数 k。

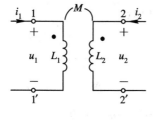

习题 11-1 图

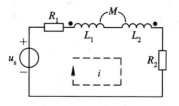

习题 11-2 图

11-3　两个耦合线圈串联，如习题 11-3 图所示，已知两个线圈的参数为 $R_1 = R_2 = 100$ Ω，$L_1 = 3$ H，$L_2 = 10$ H，$M = 5$ H，电源的电压 $U = 220$ V，$\omega = 100$ rad/s，试求两个线圈的端电压相量。

11-4　习题 11-4 图所示电路中，已知 $R_1 = 50$ Ω，$L_1 = 70$ mH，$L_2 = 25$ mH，$C = 1$ μF，$M = 25$ mH，电源电压 $U = 500$ V，$\omega = 10^4$ rad/s，试求各支路电流相量。

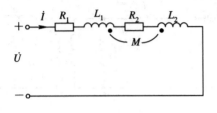

习题 11-3 图

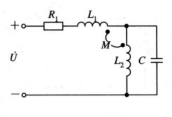

习题 11-4 图

11-5 含有耦合电感的正弦稳态电路如习题 11-5 图所示,已知 $L_1=1$ H,$L_2=2$ H,$k=0.5/\sqrt{2}$,$C=1/5$ F,$u_{oc}=5\sqrt{2}\cos(5t-90°)$ V,试求 i_s。

11-6 习题 11-6 图所示电路中,$L=3$ H,$M=1$ H,试求等值电感 L_{ab}。

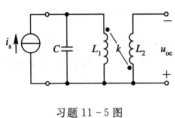

习题 11-5 图

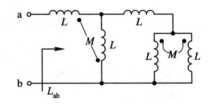

习题 11-6 图

11-7 求习题 11-7 图所示电路中的输入电流 $\dot{I}_1$ 和输出电压 $\dot{U}_2$,各阻抗值的单位为 Ω。

11-8 习题 11-8 图所示电路中,$i_s=\sin t$ A,$u_s=\cos t$ V,试求每一元件的电压和电流。

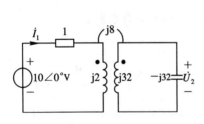

习题 11-7 图

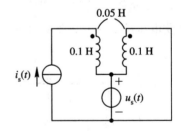

习题 11-8 图

11-9 同轴电缆的外导体与内导体之间总存在一些互感,如习题 11-9 图所示电缆用来传送 1 MHz 信号到负载 R_L,试计算耦合系数 k 为 0.75 和 1 时传送给负载的功率。

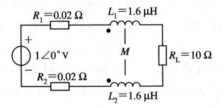

习题 11-9 图

11 - 10　习题 11 - 10 图所示电路中，$R_1=1$ kΩ，$R_2=0.4$ kΩ，$R_L=0.6$ kΩ，$L_1=1$ H，$L_2=4$ H，$k=0.1$，$\dot{U}_s=100\angle0°$ V，$\omega=1000$ rad/s，求 I_2。

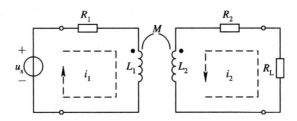

习题 11 - 10 图

11 - 11　用网孔电流法求习题 11 - 11 图所示电路中的 $\dot{U}$。

11 - 12　全耦合变压器如习题 11 - 12 图所示，各阻抗值的单位为 Ω。

（1）求 ab 端的戴维南等效相量模型；

（2）若 ab 端短路，求短路电流相量。

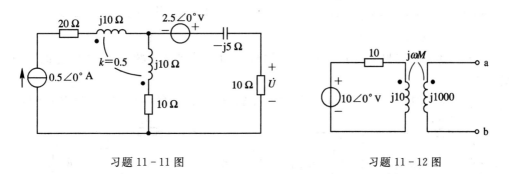

习题 11 - 11 图　　　　　　　　习题 11 - 12 图

11 - 13　电路如习题 11 - 13 图所示，已知 $R_1=R_2=5$ Ω，$R_L=1$ kΩ，$C=0.25$ μF，$L_1=1$ H，$L_2=4$ H，$M=2$ H，$u_s=120\cos1000t$ V，求 i_1。

11 - 14　习题 11 - 14 图所示电路中，已知 $M=\mu L_1$，试用戴维南定理求电阻 R_2 中的电流相量。

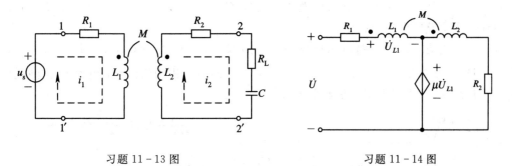

习题 11 - 13 图　　　　　　　　习题 11 - 14 图

11 - 15　列出习题 11 - 15 图所示电路的网孔电流方程。

11 - 16　电路如习题 11 - 16 图所示：

（1）试选择匝数比使传输到负载的功率为最大；

（2）求 R 获得的最大功率。

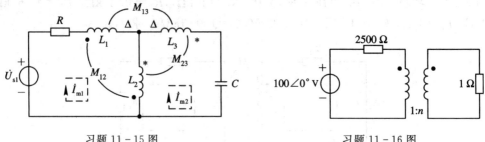

习题 11-15 图　　　　　　　　　习题 11-16 图

11-17　电路如习题 11-17 图所示，求电路的输入阻抗。

11-18　习题 11-18 图所示电路中的理想变压器由电流源激励，求输出电压 $\dot{U}_2$。

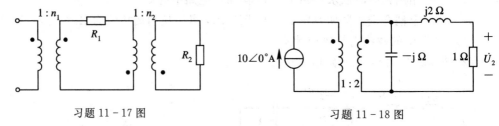

习题 11-17 图　　　　　　　　　习题 11-18 图

11-19　电路如习题 11-19 图所示，试确定理想变压器的匝数比 n，使 10 Ω 电阻能获得最大功率。

11-20　习题 11-20 图所示电路中，$R_1=1$ Ω，$R_2=2$ Ω，$\dot{U}_s=9\angle0°$ V，试求 $\dot{I}_1$ 和 $\dot{U}_2$。

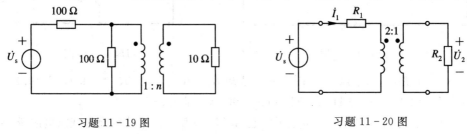

习题 11-19 图　　　　　　　　　习题 11-20 图

11-21　电路如习题 11-21 图所示，为使负载获得最大功率，试求负载阻抗 Z_x。

11-22　习题 11-22 图所示电路中，已知 $C=1$ μF，$L_1=3$ mH，$L_2=2$ mH，$M=1$ mH，求电路的谐振角频率。

11-23　习题 11-23 图所示电路中，已知 $R=10$ Ω，$L_1=0.1$ H，$L_2=0.4$ H，$M=0.15$ H，$C=1.25$ μF，电压 $u=20\sqrt{2}\cos\omega t$ V。问 ω 分别为何值时，电流 i 的有效值分别为最大和最小，并求此最大值和最小值。

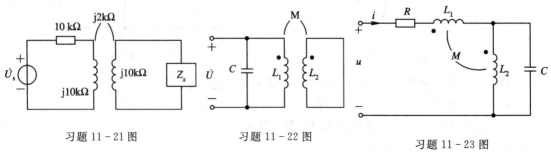

习题 11-21 图　　　　习题 11-22 图　　　　习题 11-23 图

*第 12 章　二端口网络

本章介绍二端口网络的概念、二端口网络的端口伏安关系式，描述其端口特性的各种参数、二端口网络的互联方式、等效电路、有载二端口网络的网络函数及二端口网络的特性阻抗。

12.1　二端口网络的方程和参数

12.1.1　二端口网络

在分析电路时，若对某部分电路的内部情况不需研究，则可将这部分电路看作一个整体。根据它与外电路连接的端纽数，称为二端网络、三端网络、四端网络及多端网络等。在许多情况下，这些端纽成对出现，它们满足端口条件，即从一个端纽流入的电流等于从另一端纽流出的电流，这样的一对端纽称为一个端口。根据端口数目，可分为单端口、二端口及多端口网络，图 12 - 1(a)、(b)所示为单端口及二端口网络。

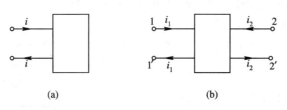

(a)　　　　　　　　　　　　(b)

图 12 - 1　单端口网络和二端口网络

二端口电路在实际电路中是比较常见的，它们通常起着传送能量或信号的作用，如变压器、放大电路等。二端口电路的内部结构可能简单，也可能复杂，但它对外电路的影响仅决定于它的端口伏安特性。对外电路而言，端口特性相同的二端口网络是等效的，这种情况类似于一个单端口网络与其戴维南或诺顿电路等效。

本章仅讨论正弦电流电路中内部不含独立源的二端口网络。它的相量模型如图 12 - 2 所示。习惯上将 1、1′ 端口称为输入端口，将 2、2′ 端口称为输出端口。本章均采用图 12 - 2 所示电流和电压的参考方向。

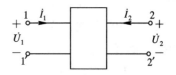

图 12 - 2　二端口网络的相量模型

二端口网络的端口变量为 $\dot{I}_1$、$\dot{I}_2$、$\dot{U}_1$ 和 $\dot{U}_2$。在这四个变量中，只能选择两个作为独立变量(自变量)，另两个为因变量，因变量与自变量之间的关系式即端口伏安特性方程。由于电路的线性性质，因此端口伏安特性方程是线性方程。根据所选择的自变量的不同，二端口网络共有六种不同类型的端口伏安特性方程，即有六种不同类型的端口参数，以下介绍常用的四种。

12.1.2　Y 参数及 Y 参数方程

以二端口网络的端口电压 $\dot{U}_1$、$\dot{U}_2$ 作为自变量，端口电流 $\dot{I}_1$、$\dot{I}_2$ 作为因变量，则可得

端口伏安特性方程为

$$\left.\begin{aligned}\dot{I}_1 &= Y_{11}\dot{U}_1 + Y_{12}\dot{U}_2\\ \dot{I}_2 &= Y_{21}\dot{U}_1 + Y_{22}\dot{U}_2\end{aligned}\right\} \tag{12-1}$$

其中，各系数 Y_{11}、Y_{12}、Y_{21}、Y_{22} 均具有导纳的量纲，统称为二端口网络的 Y 参数；上式称为二端口网络的 Y 参数方程。由(12-1)式可知，各 Y 参数的定义式为

$$\left.\begin{aligned}Y_{11} &= \frac{\dot{I}_1}{\dot{U}_1}\bigg|_{\dot{U}_2=0}, &\qquad Y_{12} &= \frac{\dot{I}_1}{\dot{U}_2}\bigg|_{\dot{U}_1=0}\\ Y_{21} &= \frac{\dot{I}_2}{\dot{U}_1}\bigg|_{\dot{U}_2=0}, &\qquad Y_{22} &= \frac{\dot{I}_2}{\dot{U}_2}\bigg|_{\dot{U}_1=0}\end{aligned}\right\} \tag{12-2}$$

即：Y_{11} 是输出端口短路时的输入端导纳；Y_{22} 是输入端口短路时的输出端导纳；Y_{12}(Y_{21})是输入端口(输出端口)短路时，两端口间的转移导纳。由于各 Y 参数都对应着某端口短路的情况，因此 Y 参数又称为短路导纳参数。

Y 参数可用矩阵表示为

$$Y = \begin{bmatrix} Y_{11} & Y_{12}\\ Y_{21} & Y_{22}\end{bmatrix} \tag{12-3}$$

计算二端口网络的 Y 参数常用的方法有两种：一种是根据其定义式，即(12-2)式求得；另一种是设端口电压已知，通过电路分析计算，得到 Y 参数方程，从而得到 Y 参数。

例 12-1 二端口网络如图 12-3(a)所示，求其 Y 参数。

解 解法一：根据定义式计算。

令 $\dot{U}_2=0$，即输出端口短路，得图 12-3(b)所示电路，求得

$$\dot{I}_1 = \left(\frac{1}{R} + j\omega C\right)\dot{U}_1$$

$$\dot{I}_2 = -j\omega C\dot{U}_1$$

因此有

$$Y_{11} = \frac{\dot{I}_1}{\dot{U}_1}\bigg|_{\dot{U}_2=0} = \frac{1}{R} + j\omega C$$

$$Y_{21} = \frac{\dot{I}_2}{\dot{U}_1}\bigg|_{\dot{U}_2=0} = -j\omega C$$

令 $\dot{U}_1=0$，即输入端口短路，得图 12-3(c)所示电路，求得

$$\dot{I}_1 = -j\omega C\dot{U}_2$$

$$\dot{I}_2 = \left(j\omega C - j\frac{1}{\omega L}\right)\dot{U}_2$$

有

$$Y_{12} = \frac{\dot{I}_1}{\dot{U}_2}\bigg|_{\dot{U}_1=0} = -j\omega C$$

$$Y_{22} = \frac{\dot{I}_2}{\dot{U}_2}\bigg|_{\dot{U}_1=0} = j\left(\omega C - \frac{1}{\omega L}\right)$$

Y 参数矩阵为

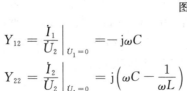

图 12-3 例 12-1 题图及求解

$$\boldsymbol{Y} = \begin{bmatrix} Y_{11} & Y_{12} \\ Y_{21} & Y_{22} \end{bmatrix} = \begin{bmatrix} \dfrac{1}{R} + j\omega C & -j\omega C \\[2mm] -j\omega C & j\left(\omega C - \dfrac{1}{\omega L}\right) \end{bmatrix} \qquad (12-4)$$

解法二：写出 Y 参数方程。

图 12-3(a)所示电路中，设 $\dot{U}_1$、$\dot{U}_2$ 为已知，可求得

$$\left. \begin{aligned} \dot{I}_1 &= \frac{1}{R}\dot{U}_1 + j\omega C(\dot{U}_1 - \dot{U}_2) = \left(\frac{1}{R} + j\omega C\right)\dot{U}_1 - j\omega C\dot{U}_2 \\ \dot{I}_2 &= -j\frac{1}{\omega L}\dot{U}_2 + j\omega C(\dot{U}_2 - \dot{U}_1) = -j\omega C\dot{U}_1 + j\left(\omega C - \frac{1}{\omega L}\right)\dot{U}_2 \end{aligned} \right\}$$

上式是该网络的 Y 参数方程，由该方程得出的 Y 参数矩阵与(12-4)式相同。

12.1.3　Z 参数及 Z 参数方程

以端口电流 $\dot{I}_1$、$\dot{I}_2$ 作为自变量，端口电压 $\dot{U}_1$、$\dot{U}_2$ 作为因变量，则可得端口方程为

$$\left. \begin{aligned} \dot{U}_1 &= Z_{11}\dot{I}_1 + Z_{12}\dot{I}_2 \\ \dot{U}_2 &= Z_{21}\dot{I}_1 + Z_{22}\dot{I}_2 \end{aligned} \right\} \qquad (12-5)$$

式中，各系数 Z_{11}、Z_{12}、Z_{21}、Z_{22} 均具有阻抗的量纲，统称为二端口网络的 Z 参数，上式称为二端口网络的 Z 参数方程。由(12-5)式可知，各 Z 参数的定义式为

$$\left. \begin{aligned} Z_{11} &= \left.\frac{\dot{U}_1}{\dot{I}_1}\right|_{\dot{I}_2=0}, \quad Z_{12} = \left.\frac{\dot{U}_1}{\dot{I}_2}\right|_{\dot{I}_1=0} \\ Z_{21} &= \left.\frac{\dot{U}_2}{\dot{I}_1}\right|_{\dot{I}_2=0}, \quad Z_{22} = \left.\frac{\dot{U}_2}{\dot{I}_2}\right|_{\dot{I}_1=0} \end{aligned} \right\} \qquad (12-6)$$

即：Z_{11} 是输出端口开路时的输入端阻抗；Z_{22} 是输入端口开路时的输出端阻抗；$Z_{12}(Z_{21})$ 是输入端口(输出端口)开路时，两端口间的转移阻抗。由于各 Z 参数都对应着某端口开路的情况，因此 Z 参数又称为开路阻抗参数。

Z 参数可用矩阵表示为

$$\boldsymbol{Z} = \begin{bmatrix} Z_{11} & Z_{12} \\ Z_{21} & Z_{22} \end{bmatrix} \qquad (12-7)$$

计算二端口网络的 Z 参数时，可根据定义式(12-6)计算，或直接写出 Z 参数方程，从而得到 Z 参数。

例 12-2　二端口网络如图 12-4 所示，求其 Z 参数。

解　设 $\dot{I}_1$、$\dot{I}_2$ 已知，求得

$$\left. \begin{aligned} \dot{U}_1 &= R_1\dot{I}_1 + j\omega L(\dot{I}_1 + \dot{I}_2) = (R_1 + j\omega L)\dot{I}_1 + j\omega L\dot{I}_2 \\ \dot{U}_2 &= R_2\dot{I}_2 + j\omega L(\dot{I}_1 + \dot{I}_2) = j\omega L\dot{I}_1 + (R_2 + j\omega L)\dot{I}_2 \end{aligned} \right\}$$

上式是该网络的 Z 参数方程，由该方程得出 Z 参数矩阵为

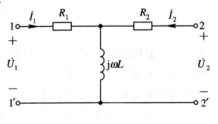

图 12-4　例 12-2 题图

$$\boldsymbol{Z} = \begin{bmatrix} Z_{11} & Z_{12} \\ Z_{21} & Z_{22} \end{bmatrix} = \begin{bmatrix} R_1 + j\omega L & j\omega L \\ j\omega L & R_2 + j\omega L \end{bmatrix}$$

12.1.4 *H* 参数及 *H* 参数方程

以 $\dot{I}_1$、$\dot{U}_2$ 作为自变量，$\dot{U}_1$、$\dot{I}_2$ 作为因变量，则可得端口方程为

$$\left.\begin{array}{l} \dot{U}_1 = H_{11}\dot{I}_1 + H_{12}\dot{U}_2 \\ \dot{I}_2 = H_{21}\dot{I}_1 + H_{22}\dot{U}_2 \end{array}\right\} \tag{12-8}$$

其中，各系数 H_{11}、H_{12}、H_{21}、H_{22} 具有不同的量纲，称为二端口网络的混合参数或 *H* 参数，上式称为二端口网络的 *H* 参数方程。由(12-8)式可知，各 *H* 参数的定义式为

$$\left.\begin{array}{ll} H_{11} = \dfrac{\dot{U}_1}{\dot{I}_1}\bigg|_{\dot{U}_2=0}, & H_{12} = \dfrac{\dot{U}_1}{\dot{U}_2}\bigg|_{\dot{I}_1=0} \\ H_{21} = \dfrac{\dot{I}_2}{\dot{I}_1}\bigg|_{\dot{U}_2=0}, & H_{22} = \dfrac{\dot{I}_2}{\dot{U}_2}\bigg|_{\dot{I}_1=0} \end{array}\right\} \tag{12-9}$$

即：H_{11} 是输出端口短路时的输入端阻抗；H_{12} 是输入端口开路时的反向转移电压比；H_{21} 是输出端口短路时的正向转移电流比；H_{22} 是输入端口开路时的输出端导纳。

H 参数可用矩阵表示为

$$\boldsymbol{H} = \begin{bmatrix} H_{11} & H_{12} \\ H_{21} & H_{22} \end{bmatrix} \tag{12-10}$$

计算二端口网络的 *H* 参数时，可根据定义式(12-9)计算，或直接写出 *H* 参数方程，从而得到 *H* 参数。

12.1.5 *T* 参数及 *T* 参数方程

以 $\dot{U}_2$、$-\dot{I}_2$ 作为自变量，$\dot{U}_1$、$\dot{I}_1$ 作为因变量，则可得端口方程为

$$\left.\begin{array}{l} \dot{U}_1 = A\dot{U}_2 + B(-\dot{I}_2) \\ \dot{I}_1 = C\dot{U}_2 + D(-\dot{I}_2) \end{array}\right\} \tag{12-11}$$

上式反映两个不同端口变量之间的关系，称为二端口网络的传输参数方程或 *T* 参数方程。其中，各系数 *A*、*B*、*C*、*D* 称为二端口网络的传输参数或 *T* 参数。研究二端口网络的传输特性时，输出端所接负载的电流参考方向通常取为图 12-2 中 $\dot{I}_2$ 的反方向，因此在 (12-11)式中，输出端电流用 $-\dot{I}_2$ 表示。

由(12-11)式可知，各 *T* 参数的定义式为

$$\left.\begin{array}{ll} A = \dfrac{\dot{U}_1}{\dot{U}_2}\bigg|_{\dot{I}_2=0}, & B = \dfrac{\dot{U}_1}{-\dot{I}_2}\bigg|_{\dot{U}_2=0} \\ C = \dfrac{\dot{I}_1}{\dot{U}_2}\bigg|_{\dot{I}_2=0}, & D = \dfrac{\dot{I}_1}{-\dot{I}_2}\bigg|_{\dot{U}_2=0} \end{array}\right\} \tag{12-12}$$

即：*A* 是输出端口开路时的反向转移电压比；*B* 是输出端口短路时的反向转移阻抗；*C* 是输出端口开路时的反向转移导纳；*D* 是输出端口短路时的反向转移电流比。可见，各 *T* 参数都是转移函数，它们具有不同的量纲。

T 参数可用矩阵表示为

$$\boldsymbol{T} = \begin{bmatrix} A & B \\ C & D \end{bmatrix} \tag{12-13}$$

计算二端口网络的 *T* 参数时，可根据定义式(12-12)计算，或直接写出 *T* 参数方程，从而得到 *T* 参数。

12.1.6　参数间的转换

二端口网络的各种参数在不同的场合得到应用。在进行一般网络理论探讨和基本定理的推导中，常使用 Z 参数和 Y 参数；T 参数常用来分析网络的传输特性；H 参数则广泛用于电子电路中。

某些二端口网络的某种参数可能不易算得或不易用实验测得，而另一种参数却可能容易得到，因此有时需进行不同种类参数间的相互转换，即从一种已知参数推算另一种参数。这种推算可从相关参数方程入手，由已知参数的方程推出待求参数的方程，从而得出待求参数矩阵。

例如，若已知某二端口网络的 Y 参数，要求其 T 参数。写出其已知的 Y 参数方程为

$$\left.\begin{aligned}
\dot{I}_1 &= Y_{11}\dot{U}_1 + Y_{12}\dot{U}_2 \\
\dot{I}_2 &= Y_{21}\dot{U}_1 + Y_{22}\dot{U}_2
\end{aligned}\right\}$$

由于所求 T 参数方程是以 $\dot{U}_1$ 和 $\dot{I}_1$ 作为因变量，以 $\dot{U}_2$ 和 $-\dot{I}_2$ 作为自变量的，因此先由上面第二式解出 $\dot{U}_1$，再代入第一式解出 $\dot{I}_1$，整理后得到 T 参数方程为

$$\left.\begin{aligned}
\dot{U}_1 &= -\frac{Y_{22}}{Y_{21}}\dot{U}_2 - \frac{1}{Y_{21}}(-\dot{I}_2) \\
\dot{I}_1 &= -\frac{Y_{11}Y_{22}-Y_{12}Y_{21}}{Y_{21}}\dot{U}_2 - \frac{Y_{11}}{Y_{21}}(-\dot{I}_2)
\end{aligned}\right\}$$

由上式可得 T 参数矩阵为

$$\boldsymbol{T} = \begin{bmatrix} -\dfrac{Y_{22}}{Y_{21}} & -\dfrac{1}{Y_{21}} \\[3mm] -\dfrac{Y_{11}Y_{22}-Y_{12}Y_{21}}{Y_{21}} & -\dfrac{Y_{11}}{Y_{21}} \end{bmatrix}$$

表 12-1 列出了 Z 参数、Y 参数、H 参数和 T 参数之间的换算关系。

表 12-1　二端口网络各种参数间的换算关系

	Z 参数		Y 参数		H 参数		T 参数	
Z 参数	Z_{11}	Z_{12}	$\dfrac{Y_{22}}{\Delta_Y}$	$-\dfrac{Y_{12}}{\Delta_Y}$	$\dfrac{\Delta_H}{H_{22}}$	$\dfrac{H_{12}}{H_{22}}$	$\dfrac{A}{C}$	$\dfrac{\Delta_T}{C}$
	Z_{21}	Z_{22}	$-\dfrac{Y_{21}}{\Delta_Y}$	$\dfrac{Y_{11}}{\Delta_Y}$	$-\dfrac{H_{21}}{H_{22}}$	$\dfrac{1}{H_{22}}$	$\dfrac{1}{C}$	$\dfrac{D}{C}$
Y 参数	$\dfrac{Z_{22}}{\Delta_Z}$	$-\dfrac{Z_{12}}{\Delta_Z}$	Y_{11}	Y_{12}	$\dfrac{1}{H_{11}}$	$-\dfrac{H_{12}}{H_{11}}$	$\dfrac{D}{B}$	$-\dfrac{\Delta_T}{B}$
	$-\dfrac{Z_{21}}{\Delta_Z}$	$\dfrac{Z_{11}}{\Delta_Z}$	Y_{21}	Y_{22}	$\dfrac{H_{21}}{H_{11}}$	$\dfrac{\Delta_H}{H_{11}}$	$-\dfrac{1}{B}$	$\dfrac{A}{B}$
H 参数	$\dfrac{\Delta_Z}{Z_{22}}$	$\dfrac{Z_{12}}{Z_{22}}$	$\dfrac{1}{Y_{11}}$	$-\dfrac{Y_{12}}{Y_{11}}$	H_{11}	H_{12}	$\dfrac{B}{D}$	$\dfrac{\Delta_T}{D}$
	$-\dfrac{Z_{21}}{Z_{22}}$	$\dfrac{1}{Z_{22}}$	$\dfrac{Y_{21}}{Y_{11}}$	$\dfrac{\Delta_Y}{Y_{11}}$	H_{21}	H_{22}	$-\dfrac{1}{D}$	$\dfrac{C}{D}$
T 参数	$\dfrac{Z_{11}}{Z_{21}}$	$\dfrac{\Delta_Z}{Z_{21}}$	$-\dfrac{Y_{22}}{Y_{21}}$	$-\dfrac{1}{Y_{21}}$	$-\dfrac{\Delta_H}{H_{21}}$	$-\dfrac{H_{11}}{H_{21}}$	A	B
	$\dfrac{1}{Z_{21}}$	$\dfrac{Z_{22}}{Z_{21}}$	$-\dfrac{\Delta_Y}{Y_{21}}$	$-\dfrac{Y_{11}}{Y_{21}}$	$-\dfrac{H_{22}}{H_{21}}$	$-\dfrac{1}{H_{21}}$	C	D

表中，$\Delta_Z = \begin{vmatrix} Z_{11} & Z_{12} \\ Z_{21} & Z_{22} \end{vmatrix}$，$\Delta_Y = \begin{vmatrix} Y_{11} & Y_{12} \\ Y_{21} & Y_{22} \end{vmatrix}$，$\Delta_H = \begin{vmatrix} H_{11} & H_{12} \\ H_{21} & H_{22} \end{vmatrix}$，$\Delta_T = \begin{vmatrix} A & B \\ C & D \end{vmatrix}$。

例 12-3　二端口网络如图 12-5 所示，求该网络的 H 参数和 T 参数。

解　该电路较易写出 H 参数方程，可先求
H 参数，再通过转换求 T 参数。设电路中 $\dot{I}_1$ 和
$\dot{U}_2$ 已知，求得 H 参数方程为

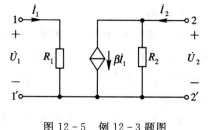

$$\left. \begin{aligned} \dot{U}_1 &= R_1 \dot{I}_1 \\ \dot{I}_2 &= \beta \dot{I}_1 + \frac{\dot{U}_2}{R_2} \end{aligned} \right\}$$

图 12-5　例 12-3 题图

得

$$\boldsymbol{H} = \begin{bmatrix} H_{11} & H_{12} \\ H_{21} & H_{22} \end{bmatrix} = \begin{bmatrix} R_1 & 0 \\ \beta & \dfrac{1}{R_2} \end{bmatrix}$$

由 H 参数方程解得 T 参数方程为

$$\left. \begin{aligned} \dot{U}_1 &= -\frac{R_1}{\beta R_2} \dot{U}_2 - \frac{R_1}{\beta}(-\dot{I}_2) \\ \dot{I}_1 &= -\frac{1}{\beta R_2} \dot{U}_2 - \frac{1}{\beta}(-\dot{I}_2) \end{aligned} \right\}$$

得

$$\boldsymbol{T} = \begin{bmatrix} A & B \\ C & D \end{bmatrix} = \begin{bmatrix} -\dfrac{R_1}{\beta R_2} & -\dfrac{R_1}{\beta} \\ -\dfrac{1}{\beta R_2} & -\dfrac{1}{\beta} \end{bmatrix}$$

对某些二端口网络，其某些参数可能不存在。例如图 11-16 所示理想变压器，其 T 参
数方程及 T 参数分别为

$$\left. \begin{aligned} \dot{U}_1 &= n\dot{U}_2 \\ \dot{I}_1 &= \frac{1}{n}(-\dot{I}_2) \end{aligned} \right\}, \quad \boldsymbol{T} = \begin{bmatrix} n & 0 \\ 0 & \dfrac{1}{n} \end{bmatrix}$$

其 H 参数方程及 H 参数分别为

$$\left. \begin{aligned} \dot{U}_1 &= n\dot{U}_2 \\ \dot{I}_2 &= -n\dot{I}_1 \end{aligned} \right\}, \quad \boldsymbol{H} = \begin{bmatrix} 0 & n \\ -n & 0 \end{bmatrix}$$

但理想变压器的 Z 参数和 Y 参数都不存在。

12.1.7　互易二端口网络和对称二端口网络

满足互易定理的二端口网络称为互易二端口网络，可以证明，内部不含独立源和受控
源的二端口网络满足互易定理。

由 Y 参数的定义式 $Y_{12} = \dfrac{\dot{I}_1}{\dot{U}_2}\bigg|_{\dot{U}_1=0}$ 和 $Y_{21} = \dfrac{\dot{I}_2}{\dot{U}_1}\bigg|_{\dot{U}_2=0}$ 可知，Y_{12} 是端口 1 的短路电流响应
与端口 2 的电压激励之比，而 Y_{21} 则是端口 2 的短路电流响应与端口 1 的电压激励之比。根
据互易定理形式 1，电压激励与电流响应可以互换位置，因此互易二端口网络的 Y_{12} 应与

Y_{21} 相等。又根据各种参数间的换算关系,可得互易二端口网络各种参数应满足的条件为

$$
\left.
\begin{aligned}
Y_{12} &= Y_{21} \\
Z_{12} &= Z_{21} \\
H_{12} &= - H_{21} \\
\Delta_T &= AD - BC = 1
\end{aligned}
\right\}
\tag{12-14}
$$

可见,互易二端口网络的任一种参数中都只有三个独立参数。

若一个二端口网络两个端口的电气性能完全相同,两个端口可以互换而不会改变外部电路的工作状况,则称为(电气)对称二端口网络。可推得,一个对称二端口网络的参数除要满足互易条件(12-14)式之外,还应满足以下条件:

$$
\left.
\begin{aligned}
Y_{11} &= Y_{22} \\
Z_{11} &= Z_{22} \\
\Delta_H &= H_{11} H_{22} - H_{12} H_{21} = 1 \\
A &= D
\end{aligned}
\right\}
\tag{12-15}
$$

12.2　二端口网络的等效网络

对外电路而言,端口伏安特性相同的二端口网络是等效的。可将一个内部结构复杂的二端口网络用其等效网络代替,从而简化电路,以便分析计算。

12.2.1　互易二端口网络的等效 T 形和等效 Ⅱ 形网络

互易二端口网络的每组参数中只有三个是独立的,其最简单的等效网络应由三个阻抗构成。三个阻抗构成的二端口网络有 T 形和 Ⅱ 形两种,分别如图 12-6(a)、(b)所示。

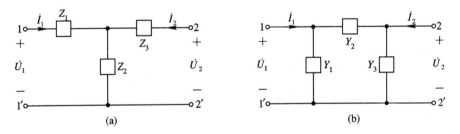

图 12-6　互易二端口网络的等效 T 形和 Ⅱ 形网络

求已知二端口网络的等效 T 形网络,用其 Z 参数计算较方便。设已知一个网络的 Z 参数矩阵为 $\boldsymbol{Z} = \begin{bmatrix} Z_{11} & Z_{12} \\ Z_{21} & Z_{22} \end{bmatrix}$,且 $Z_{12} = Z_{21}$,又求得图 12-6(a)所示 T 形网络的 Z 参数矩阵为

$\boldsymbol{Z}' = \begin{bmatrix} Z_1 + Z_2 & Z_2 \\ Z_2 & Z_2 + Z_3 \end{bmatrix}$,将 $\boldsymbol{Z}$ 和 $\boldsymbol{Z}'$ 比较可得

$$
\left.
\begin{aligned}
Z_1 &= Z_{11} - Z_{12} \\
Z_2 &= Z_{12} = Z_{21} \\
Z_3 &= Z_{22} - Z_{12}
\end{aligned}
\right\}
\tag{12-16}
$$

上式即 T 形网络与互易二端口网络等效的条件。

求已知二端口网络的等效 Ⅱ 形网络，用其 Y 参数计算较方便。设已知一个网络的 Y 参数矩阵为 $Y = \begin{bmatrix} Y_{11} & Y_{12} \\ Y_{21} & Y_{22} \end{bmatrix}$，且 $Y_{12} = Y_{21}$，又求得图 12-6(b) 所示 Ⅱ 形网络的 Y 参数矩阵为

$Y' = \begin{bmatrix} Y_1 + Y_2 & -Y_2 \\ -Y_2 & Y_2 + Y_3 \end{bmatrix}$，将 Y 和 Y' 比较可得

$$\left. \begin{aligned} Y_1 &= Y_{11} + Y_{12} \\ Y_2 &= -Y_{12} = -Y_{21} \\ Y_3 &= Y_{22} + Y_{12} \end{aligned} \right\} \qquad (12-17)$$

上式即 Ⅱ 形网络与互易二端口网络等效的条件。

例 12-4 二端口网络如图 12-7(a) 所示，求该网络的等效 T 形、Ⅱ 形网络。

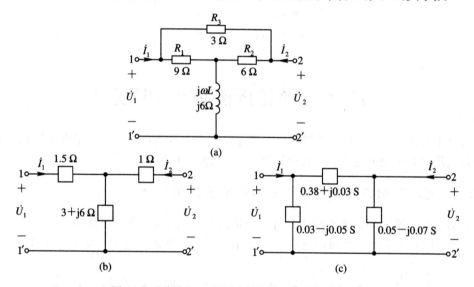

图 12-7 例 12-4 题图及其等效 T 形和 Ⅱ 形网络

解 令 $\dot{I}_2 = 0$，有

$$\dot{U}_1 = [(R_2 + R_3) \mathbin{/\mkern-5mu/} R_1 + j\omega L]\dot{I}_1 = (4.5 + j6)\dot{I}_1$$

$$\dot{U}_2 = \left(\frac{R_1}{R_1 + R_2 + R_3} \dot{I}_1 \right) R_2 + j\omega L \dot{I}_1 = (3 + j6)\dot{I}_1$$

得

$$Z_{11} = \left. \frac{\dot{U}_1}{\dot{I}_1} \right|_{\dot{I}_2 = 0} = 4.5 + j6 \ \Omega$$

$$Z_{21} = \left. \frac{\dot{U}_2}{\dot{I}_1} \right|_{\dot{I}_2 = 0} = 3 + j6 \ \Omega$$

由互易性，有

$$Z_{12} = Z_{21} = 3 + j6 \ \Omega$$

令 $\dot{I}_1 = 0$，有

$$\dot{U}_2 = [(R_1 + R_3) \mathbin{/\mkern-5mu/} R_2 + j\omega L]\dot{I}_2 = (4 + j6)\dot{I}_2$$

得

$$Z_{22} = \left. \frac{\dot{U}_2}{\dot{I}_2} \right|_{\dot{I}_1 = 0} = 4 + j6 \ \Omega$$

所以该二端口网络的 Z 参数矩阵为

$$Z = \begin{bmatrix} 4.5 + j6 & 3 + j6 \\ 3 + j6 & 4 + j6 \end{bmatrix}$$

根据(12-16)式求得该二端口网络的等效 T 形网络如图 12-7(b)所示。

根据表 12-1，由 Z 参数矩阵求得该网络的 Y 参数矩阵为

$$Y = \begin{bmatrix} 0.41 - j0.02 & -0.38 - j0.03 \\ -0.38 - j0.03 & 0.43 - j0.04 \end{bmatrix}$$

根据(12-17)式求得该二端口网络的等效 Ⅱ 形网络如图 12-7(c)所示。

12.2.2　Z 参数、Y 参数和 H 参数等效网络

T 形和 Ⅱ 形网络是互易二端口网络常用的等效网络，一般二端口网络的等效网络则常根据其端口伏安特性方程求得。下面分别介绍 Z 参数、Y 参数和 H 参数等效网络。

根据二端口网络的 Z 参数方程：

$$\left. \begin{aligned} \dot{U}_1 = Z_{11}\dot{I}_1 + Z_{12}\dot{I}_2 \\ \dot{U}_2 = Z_{21}\dot{I}_1 + Z_{22}\dot{I}_2 \end{aligned} \right\}$$

可构造如图 12-8(a)所示的等效电路。

根据二端口网络的 Y 参数方程：

$$\left. \begin{aligned} \dot{I}_1 = Y_{11}\dot{U}_1 + Y_{12}\dot{U}_2 \\ \dot{I}_2 = Y_{21}\dot{U}_1 + Y_{22}\dot{U}_2 \end{aligned} \right\}$$

可构造如图 12-8(b)所示的等效电路。

根据二端口网络的 H 参数方程：

$$\left. \begin{aligned} \dot{U}_1 = H_{11}\dot{I}_1 + H_{12}\dot{U}_2 \\ \dot{I}_2 = H_{21}\dot{I}_1 + H_{22}\dot{U}_2 \end{aligned} \right\}$$

可构造如图 12-8(c)所示的等效电路。图 12-8(a)、(b)、(c)分别是二端口网络的 Z 参数、Y 参数和 H 参数的等效网络。

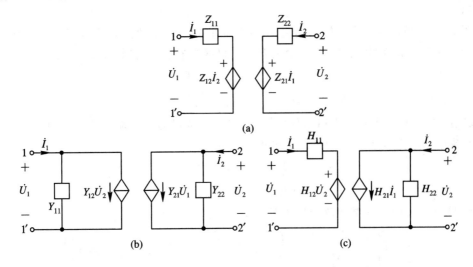

图 12-8　二端口网络的 Z 参数、Y 参数和 H 参数等效网络

12.3 二端口网络的互联

将一个复杂的二端口网络看做是由若干个较简单的二端口网络按某种方式连接而成的，这可简化电路的分析。另一方面，设计和实现电路时，也可将若干个简单的二端口网络连接起来，构成具有所需特性的二端口网络。二端口网络有多种不同的连接方式，下面介绍常用的级联、串联和并联三种方式。

图 12-9 所示为两个二端口网络 N_1 和 N_2 的级联，N_1 的输出端连到 N_2 的输入端，构成一个复合二端口网络。复合二端口网络的参数可由 N_1 和 N_2 的参数求得。

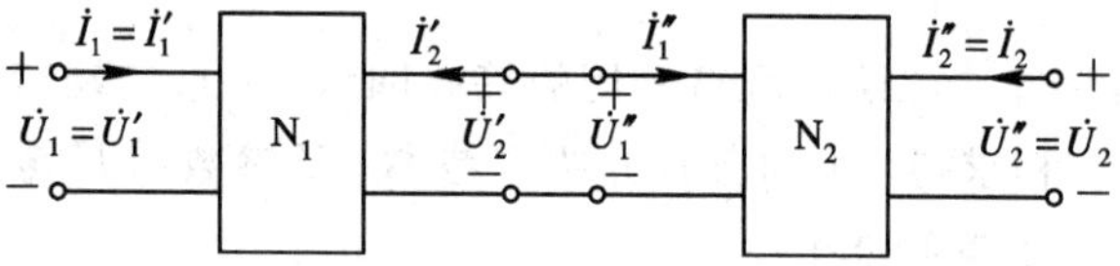

图 12-9 二端口网络的级联

设二端口网络 N_1 和 N_2 的 T 参数矩阵分别为 $\boldsymbol{T}'$、$\boldsymbol{T}''$，即

$$\begin{bmatrix} \dot{U}'_1 \\ \dot{I}'_1 \end{bmatrix} = \boldsymbol{T}' \begin{bmatrix} \dot{U}'_2 \\ -\dot{I}'_2 \end{bmatrix}, \qquad \begin{bmatrix} \dot{U}''_1 \\ \dot{I}''_1 \end{bmatrix} = \boldsymbol{T}'' \begin{bmatrix} \dot{U}''_2 \\ -\dot{I}''_2 \end{bmatrix}$$

则

$$\begin{bmatrix} \dot{U}_1 \\ \dot{I}_1 \end{bmatrix} = \begin{bmatrix} \dot{U}'_1 \\ \dot{I}'_1 \end{bmatrix} = \boldsymbol{T}' \begin{bmatrix} \dot{U}'_2 \\ -\dot{I}'_2 \end{bmatrix} = \boldsymbol{T}' \begin{bmatrix} \dot{U}''_1 \\ \dot{I}''_1 \end{bmatrix} = \boldsymbol{T}'\boldsymbol{T}'' \begin{bmatrix} \dot{U}''_2 \\ -\dot{I}''_2 \end{bmatrix} = \boldsymbol{T}'\boldsymbol{T}'' \begin{bmatrix} \dot{U}_2 \\ -\dot{I}_2 \end{bmatrix} = \boldsymbol{T} \begin{bmatrix} \dot{U}_2 \\ -\dot{I}_2 \end{bmatrix}$$

从而有

$$\boldsymbol{T} = \boldsymbol{T}'\boldsymbol{T}'' \tag{12-18}$$

上述分析可推广到多个二端口网络的级联。

结论：级联时，复合二端口网络的 T 参数矩阵等于级联的各二端口网络的 T 参数矩阵之乘积。

图 12-10 所示为两个二端口网络 N_1 和 N_2 的并联，N_1 和 N_2 的对应端纽分别连接，构成一个复合二端口网络。N_1、N_2 及复合二端口网络的输入电压、输出电压分别相等，即

$$\begin{bmatrix} \dot{U}_1 \\ \dot{U}_2 \end{bmatrix} = \begin{bmatrix} \dot{U}'_1 \\ \dot{U}'_2 \end{bmatrix} = \begin{bmatrix} \dot{U}''_1 \\ \dot{U}''_2 \end{bmatrix}$$

若并联后，N_1 和 N_2 各自的端口条件仍然满足（即从端口的一个端纽流入的电流等于从另一端纽流出的电流），则二端口网络的电流关系为

$$\begin{bmatrix} \dot{I}_1 \\ \dot{I}_2 \end{bmatrix} = \begin{bmatrix} \dot{I}'_1 \\ \dot{I}'_2 \end{bmatrix} + \begin{bmatrix} \dot{I}''_1 \\ \dot{I}''_2 \end{bmatrix}$$

设 N_1 和 N_2 的 Y 参数矩阵分别为 $\boldsymbol{Y}'$、$\boldsymbol{Y}''$，则

$$\begin{bmatrix} \dot{I}_1 \\ \dot{I}_2 \end{bmatrix} = \begin{bmatrix} \dot{I}'_1 \\ \dot{I}'_2 \end{bmatrix} + \begin{bmatrix} \dot{I}''_1 \\ \dot{I}''_2 \end{bmatrix} = \boldsymbol{Y}' \begin{bmatrix} \dot{U}'_1 \\ \dot{U}'_2 \end{bmatrix} + \boldsymbol{Y}'' \begin{bmatrix} \dot{U}''_1 \\ \dot{U}''_2 \end{bmatrix} = (\boldsymbol{Y}' + \boldsymbol{Y}'') \begin{bmatrix} \dot{U}_1 \\ \dot{U}_2 \end{bmatrix} = \boldsymbol{Y} \begin{bmatrix} \dot{U}_1 \\ \dot{U}_2 \end{bmatrix}$$

式中：

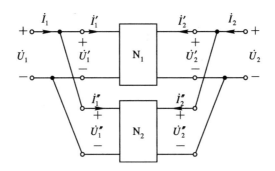

图 12-10 二端口网络的并联

$$Y = Y' + Y'' \tag{12-19}$$

上述分析可推广到多个二端口网络的并联。

结论：若并联后，各二端口网络的端口条件仍然满足，则复合二端口网络的 Y 参数矩阵等于并联的各二端口网络的 Y 参数矩阵之和。

图 12-11 所示为两个二端口网络 N_1 和 N_2 的串联。N_1、N_2 及复合二端口网络的端口电压关系为

$$\begin{bmatrix} \dot{U}_1 \\ \dot{U}_2 \end{bmatrix} = \begin{bmatrix} \dot{U}_1' \\ \dot{U}_2' \end{bmatrix} + \begin{bmatrix} \dot{U}_1'' \\ \dot{U}_2'' \end{bmatrix}$$

图 12-11 二端口网络的串联

若串联后，N_1 和 N_2 各自的端口条件仍然满足，则各二端口网络的电流关系为

$$\begin{bmatrix} \dot{I}_1 \\ \dot{I}_2 \end{bmatrix} = \begin{bmatrix} \dot{I}_1' \\ \dot{I}_2' \end{bmatrix} = \begin{bmatrix} \dot{I}_1'' \\ \dot{I}_2'' \end{bmatrix}$$

设 N_1 和 N_2 的 Z 参数矩阵分别为 $\mathbf{Z}'$、$\mathbf{Z}''$，则

$$\begin{bmatrix} \dot{U}_1 \\ \dot{U}_2 \end{bmatrix} = \begin{bmatrix} \dot{U}_1' \\ \dot{U}_2' \end{bmatrix} + \begin{bmatrix} \dot{U}_1'' \\ \dot{U}_2'' \end{bmatrix} = \mathbf{Z}' \begin{bmatrix} \dot{I}_1' \\ \dot{I}_2' \end{bmatrix} + \mathbf{Z}'' \begin{bmatrix} \dot{I}_1'' \\ \dot{I}_2'' \end{bmatrix} = (\mathbf{Z}' + \mathbf{Z}'') \begin{bmatrix} \dot{I}_1 \\ \dot{I}_2 \end{bmatrix} = \mathbf{Z} \begin{bmatrix} \dot{I}_1 \\ \dot{I}_2 \end{bmatrix}$$

式中：

$$\mathbf{Z} = \mathbf{Z}' + \mathbf{Z}'' \tag{12-20}$$

上述分析可推广到多个二端口网络的串联。

结论：若串联后，各串联网络的端口条件仍然满足，则复合二端口网络的 Z 参数矩阵等于串联的各二端口网络的 Z 参数矩阵之和。

例 12 - 5 求图 12 - 12 所示二端口网络的 T 参数矩阵。

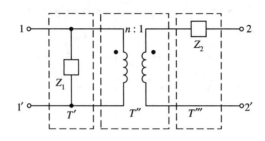

图 12 - 12 例 12 - 5 题图

解 将图 12 - 12 所示二端口网络看作三个二端口网络的级联，如图中虚线所示。容易求得这三个二端口网络的 T 参数矩阵分别为

$$T' = \begin{bmatrix} 1 & 0 \\ 1/Z_1 & 1 \end{bmatrix}, \quad T'' = \begin{bmatrix} n & 0 \\ 0 & 1/n \end{bmatrix}, \quad T''' = \begin{bmatrix} 1 & Z_2 \\ 0 & 1 \end{bmatrix}$$

由(12 - 18)式得

$$T = T'T''T''' = \begin{bmatrix} 1 & 0 \\ 1/Z_1 & 1 \end{bmatrix} \begin{bmatrix} n & 0 \\ 0 & 1/n \end{bmatrix} \begin{bmatrix} 1 & Z_2 \\ 0 & 1 \end{bmatrix} = \begin{bmatrix} n & nZ_2 \\ n/Z_1 & nZ_2/Z_1 + 1/n \end{bmatrix}$$

12.4 有载二端口网络

实际应用中，二端口网络常在一个复杂系统中耦合着两部分电路，起着信号传递、能量传送等作用。通常可认为二端口网络的输入端口接带有内阻抗的电源或信号源，输出端口接负载阻抗，如图 12 - 13 所示。这样的二端口网络称为有载二端口网络。工程上常要计算有载二端口网络的输入阻抗、输出阻抗、转移电压比和转移电流比，下面介绍这几种网络函数。

有载二端口网络的转移电流比 A_i 定义为其输出、输入端口电流之比，用 Z 参数计算较方便。根据 Z 参数方程：

$$\dot{U}_2 = Z_{21}\dot{I}_1 + Z_{22}\dot{I}_2$$

及

$$\dot{U}_2 = -Z_L\dot{I}_2$$

可得

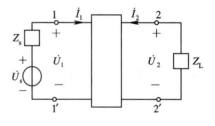

图 12 - 13 有载二端口网络

$$A_i = \frac{-\dot{I}_2}{\dot{I}_1} = \frac{Z_{21}}{Z_{22} + Z_L} \quad (12 - 21)$$

有载二端口网络的转移电压比 A_u 定义为其输出、输入端口电压之比，用 Y 参数计算较方便。根据 Y 参数方程：

$$\dot{I}_2 = Y_{21}\dot{U}_1 + Y_{22}\dot{U}_2$$

及

$$\dot{I}_2 = -\frac{1}{Z_L}\dot{U}_2 = -Y_L\dot{U}_2$$

可得

$$A_u = \frac{\dot{U}_2}{\dot{U}_1} = -\frac{Y_{21}}{Y_{22} + Y_L} \qquad (12-22)$$

图 12-14(a)所示有载二端口网络输入端口的阻抗称为输入阻抗,用 Z_i 表示。计算输入阻抗时,用 T 参数较为方便,有

$$Z_i = \frac{\dot{U}_1}{\dot{I}_1} = \frac{A\dot{U}_2 + B(-\dot{I}_2)}{C\dot{U}_2 + D(-\dot{I}_2)}$$

因为

$$\dot{U}_2 = Z_L(-\dot{I}_2)$$

所以

$$Z_i = \frac{AZ_L + B}{CZ_L + D} \qquad (12-23)$$

上式表明:输入阻抗与二端口网络的参数及负载阻抗有关。由于二端口网络的作用,使得 Z_i 与 Z_L 不同,因此二端口网络具有阻抗变换的作用,这在电子工程的阻抗匹配等场合得到应用。

如图 12-14(b)所示,令二端口网络输入端所接电源为零,但内阻保留,从输出端口看进去的等效阻抗称为输出阻抗,用 Z_o 表示。由 T 参数方程,得

$$\left.\begin{aligned} \dot{U}_2 &= \frac{-D\dot{U}_1 + B\dot{I}_1}{-\Delta_T} \\ \dot{I}_2 &= \frac{-C\dot{U}_1 + A\dot{I}_1}{-\Delta_T} \end{aligned}\right\} \qquad (12-24)$$

由于

$$\dot{U}_1 = -Z_s\dot{I}_1$$

将上式代入(12-24)式,可得

$$Z_o = \frac{\dot{U}_2}{\dot{I}_2} = \frac{-D\dot{U}_1 + B\dot{I}_1}{-C\dot{U}_1 + A\dot{I}_1} = \frac{DZ_s + B}{CZ_s + A} \qquad (12-25)$$

可见,输出阻抗与二端口网络的参数及 Z_s 有关。

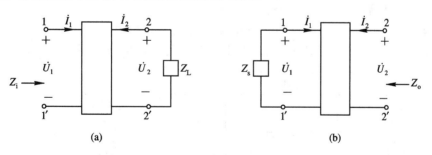

图 12-14 有载二端口网络的输入阻抗和输出阻抗

12.5   二端口网络的特性阻抗

若有两个阻抗 Z_{c1} 和 Z_{c2},当某二端口网络所接负载阻抗 $Z_L = Z_{c2}$ 时,其输入阻抗 $Z_i = Z_{c1}$;当该二端口网络所接电源内阻抗 $Z_s = Z_{c1}$ 时,其输出阻抗 $Z_o = Z_{c2}$,则分别称 Z_{c1} 和 Z_{c2} 为该二端口网络的输入和输出特性阻抗。

由(12－23)式、(12－25)式有

$$\left.\begin{array}{l} Z_i = Z_{c1} = \dfrac{AZ_{c2}+B}{CZ_{c2}+D} \\[3mm] Z_o = Z_{c2} = \dfrac{DZ_{c1}+B}{CZ_{c1}+A} \end{array}\right\}$$

可求得

$$\left.\begin{array}{l} Z_{c1} = \sqrt{\dfrac{AB}{CD}} \\[4mm] Z_{c2} = \sqrt{\dfrac{BD}{AC}} \end{array}\right\} \tag{12－26}$$

由(12－12)及(12－24)两式可推得

$$\left.\begin{array}{ll} \dfrac{A}{C} = \dfrac{\dot{U}_1}{\dot{I}_1}\bigg|_{\dot{I}_2=0} \overset{\text{def}}{=\!=\!=} Z_{i\infty} & \dfrac{B}{D} = \dfrac{\dot{U}_1}{\dot{I}_1}\bigg|_{\dot{U}_2=0} \overset{\text{def}}{=\!=\!=} Z_{i0} \\[4mm] \dfrac{D}{C} = \dfrac{\dot{U}_2}{\dot{I}_2}\bigg|_{\dot{I}_1=0} \overset{\text{def}}{=\!=\!=} Z_{o\infty} & \dfrac{B}{A} = \dfrac{\dot{U}_2}{\dot{I}_2}\bigg|_{\dot{U}_1=0} \overset{\text{def}}{=\!=\!=} Z_{o0} \end{array}\right\} \tag{12－27}$$

式中，Z_{i0}、$Z_{i\infty}$ 分别定义为二端口网络输出端口短路和开路时的输入阻抗；Z_{o0}、$Z_{o\infty}$ 分别定义为二端口网络输入端口短路和开路时的输出阻抗。将(12－27)式代入(12－26)式，得

$$\left.\begin{array}{l} Z_{c1} = \sqrt{Z_{i0}Z_{i\infty}} \\[3mm] Z_{c2} = \sqrt{Z_{o0}Z_{o\infty}} \end{array}\right\} \tag{12－28}$$

二端口网络的特性阻抗 Z_{c1} 和 Z_{c2} 决定于自身的结构和元件参数，反映的是二端口网络的固有特性。

若是对称二端口网络，有 $A=D$，则由(12－26)式可得

$$Z_{c1} = Z_{c2} = Z_c = \sqrt{\dfrac{B}{C}} \tag{12－29}$$

一个有载二端口网络，若 $Z_L = Z_{c2}$，称为输出端口匹配；若 $Z_s = Z_{c1}$，称为输入端口匹配；当输入、输出端口都匹配时，称为全匹配。

例 12－6　图 12－15(a)所示正弦电流电路的相量模型中，已知 $\dot{U}_s = 100\angle0° \text{ V}$，$R_s = 90\ \Omega$，$R_L = 80\ \Omega$，求二端口网络 N 的特性阻抗及负载 R_L 吸收的平均功率。

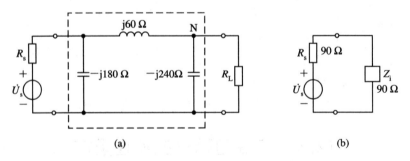

(a)　　　　　　　　　　　　　(b)

图 12－15　例 12－6 题图及等效相量模型

解　二端口网络 N 输出端口开路和短路时的输入阻抗分别为

$$Z_{i\infty} = \dfrac{-j180 \times (j60 - j240)}{-j180 + j60 - j240} = -j90\ \Omega$$

$$Z_{i0} = \frac{-j180 \times j60}{-j180 + j60} = j90 \ \Omega$$

因此，输入端口特性阻抗为

$$Z_{c1} = \sqrt{Z_{i0} Z_{i\infty}} = 90 \ \Omega$$

二端口网络 N 输入端口开路和短路时的输出阻抗分别为

$$Z_{o\infty} = \frac{-j240 \times (j60 - j180)}{-j240 + j60 - j180} = -j80 \ \Omega$$

$$Z_{o0} = \frac{-j240 \times j60}{-j240 + j60} = j80 \ \Omega$$

因此，输出端口特性阻抗为

$$Z_{c2} = \sqrt{Z_{o0} Z_{o\infty}} = 80 \ \Omega$$

由于 $R_s = Z_{c1} = 90 \ \Omega$，$R_L = Z_{c2} = 80 \ \Omega$，因此电路工作于全匹配状态。此时有载二端口网络的输入阻抗 $Z_i = Z_{c1} = 90 \ \Omega$，电源端的等效相量模型如图 12-15(b)所示。考虑到二端口网络 N 是纯电抗网络，不消耗平均功率，因此 Z_i 吸收的功率即负载电阻吸收的功率，为

$$P_L = \frac{U_s^2}{4R_s} = \frac{100^2}{4 \times 90} = 27.78 \ W$$

习　题

12-1　求习题 12-1(a)、(b)图所示二端口网络的 Y 参数矩阵。

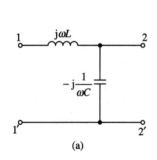
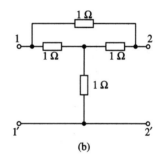

(a)　　　　(b)

习题 12-1 图

12-2　求习题 12-2 图所示二端口网络的 Z 参数矩阵。

12-3　求习题 12-3 图所示二端口网络的 T 参数矩阵。

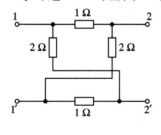

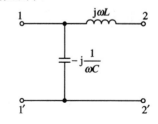

习题 12-2 图　　　　习题 12-3 图

12-4　对某电阻二端口网络测试结果为：端口 22′短路时，以有效值为 20 V 的电压施

加于端口 $11'$，测得 $\dot{I}_1=2$ A，$\dot{I}_2=-0.8$ A；端口 $11'$ 短路时，以有效值为 25 V 的电压施加于端口 $22'$，测得 $\dot{I}_1=-1$ A，$\dot{I}_2=1.4$ A。试求该二端口网络的 Y 参数。

12-5 正弦电流电路中二端口网络如习题 12-5 图所示，求电源角频率为 ω 时，其相量模型的 H 参数和 T 参数。

12-6 求习题 12-6 图所示二端口网络的 Z 参数。

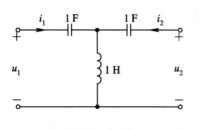

习题 12-5 图

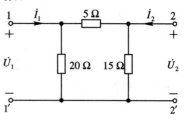

习题 12-6 图

12-7 正弦电流电路中二端口网络如习题 12-7 图所示，已知 $g=0.1$ S，求电源频率为 1 MHz 时，其相量模型的 H 参数。

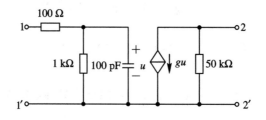

习题 12-7 图

12-8 求习题 12-8 图所示二端口网络的 Z 参数，$\omega=1000$ rad/s。

12-9 求习题 12-9 图所示二端口网络的 Y 参数矩阵。

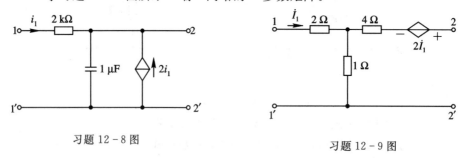

习题 12-8 图

习题 12-9 图

12-10 求习题 12-10 图所示二端口网络的混合(H)参数矩阵。

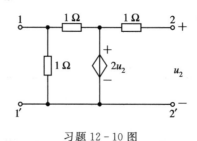

习题 12-10 图

12-11 对某电阻二端口网络测试结果为：端口 11′ 开路时，$U_2=15$ V，$U_1=10$ V，$I_2=30$ A；端口 11′ 短路时，$U_2=10$ V，$I_2=4$ A，$I_1=-5$ A。试求该双口网络的 Y 参数。

12-12 直流稳态电路中的一个互易二端口网络，已知输入电压为 10 V 时，输入端电流为 5 A，而输出端的短路电流为 1 A。若将电压源移到输出端，同时在输入端跨接 2 Ω 电阻，求 2 Ω 电阻的电压。

12-13 求习题 12-13 图所示双 T 电路的 Y 参数（角频率为 ω）。

12-14 求习题 12-14 图所示二端口网络的 Y 参数（角频率为 ω）。

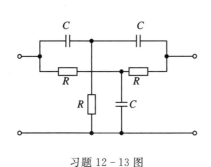

习题 12-13 图

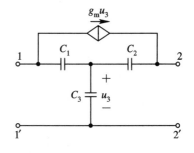

习题 12-14 图

12-15 试求习题 12-15 图所示二端口网络的 T 参数。

12-16 试求习题 12-16 图所示二端口网络的 Y 参数（角频率为 ω）。

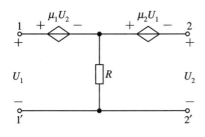

习题 12-15 图

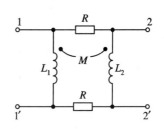

习题 12-16 图

12-17 试求习题 12-17 图所示二端口网络的 H 参数。

12-18 习题 12-18 图所示的互易对称双口网络的 Y 参数为 $Y_{11}=1$ S，$Y_{12}=2$ S，且有 $G_s=G_L=2$ S，$I_s=5$ A，试求响应 U_1、I_1、U_2 和 I_2。

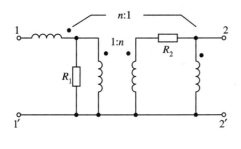

习题 12-17 图

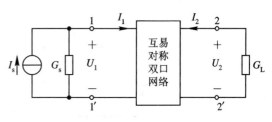

习题 12-18 图

12-19 习题 12-19 图所示互易双口网络的 Z 参数为 $Z_{11}=Z_{12}=1$ Ω，$Z_{22}=2$ Ω，$R_s=R_L=1$ Ω，$U_s=10$ V，试求响应 U_1、I_1、U_2 和 I_2。

12-20 习题 12-20 图所示网络中，设 $i_s = 8\sqrt{2}\,\cos 2t$ A，若要使稳态响应 $i_L = 2\cos(2t-45°)$ A，试确定 R、L 的值。已知二端口网络的 T 参数矩阵为 $\boldsymbol{T} = \begin{bmatrix} 2 & 1 \\ 1 & 1 \end{bmatrix}$。

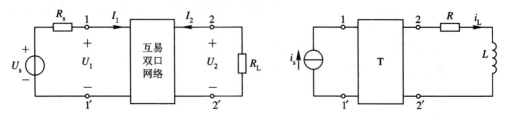

习题 12-19 图　　　　　　　　　　习题 12-20 图

12-21 求习题 12-21(a)、(b)图所示二端口网络的 T 参数矩阵，设内部二端口 P_1 的 T 参数矩阵为 $\boldsymbol{T}_1 = \begin{bmatrix} A & B \\ C & D \end{bmatrix}$。

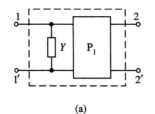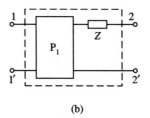

(a)　　　　　　　　　　(b)

习题 12-21 图

12-22 习题 12-22 图所示电路中，二端口网络 N 的 Z 参数为 $Z_{11} = 3$ Ω、$Z_{12} = Z_{21} = 2$ Ω、$Z_{22} = 3$ Ω，求输出电压 $\dot{U}_o$。

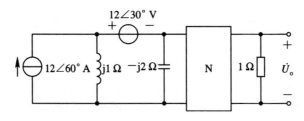

习题 12-22 图

12-23 求习题 12-23(a)、(b)图所示二端口网络的特性阻抗。

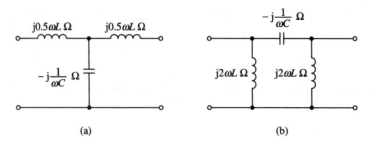

(a)　　　　　　　　　　(b)

习题 12-23 图

* 第 13 章　非线性电阻电路简介

　　本章简要介绍非线性电阻元件以及它们的串联和并联，并举例说明非线性电阻电路方程的建立方法。分段线性化方法和小信号分析法是分析非线性电阻电路的常用方法。不论是线性电阻电路还是非线性电阻电路，都可以分为非时变的和时变的。本章只限于讨论非时变电路。

13.1　非线性电阻元件

　　电阻元件凡是不满足线性定义的，就称之为非线性电阻元件。非线性电阻元件亦有非时变和时变之分，本章只简单介绍非时变非线性电阻元件。为便于理解非线性元件，先回顾一下线性电阻元件的特点：线性电阻的阻值是不随加在其上的电压或是流过其中的电流的改变而改变的。与此相反，如果电阻元件的阻值与加在其上的电压或是流过其中的电流有关，就称该元件为非线性电阻元件。含有非线性元件的电路称为非线性电路。

　　一切实际电路严格来说都是非线性的，但在工程计算中往往可以不考虑元件的非线性，而认为它们是线性的。特别是对于那些非线性程度比较微弱的电路元件，这样处理不会带来本质上的差异。但是，仍然有许多非线性元件的非线性特征是不容忽略的，否则将无法解释电路中发生的现象，所以非线性电路的研究有着重要的意义。下面以常见的非线性元件为例说明非线性元件的性质。

1. 非线性变阻管

　　图 13 - 1 给出了非线性变阻管的符号及其特性曲线，特性曲线以原点对称。这是在大功率、低频情况下得到的模型。流过元件的电流是电压的非线性函数，该函数为

$$i = ku^{\alpha} \tag{13-1}$$

式中，k 是常数；α 是正整数（$5 < \alpha < 50$）。

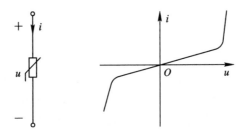

图 13 - 1　非线性变阻管的符号及其特性曲线

2. PN 结二极管

图 13-2 给出了 PN 结二极管的符号及其特性曲线。这是在低频情况下得到的模型。

在图中，A 到 B 的区域内，元件的电流是电压的非线性函数，该函数为

$$i = I_s(e^{\frac{qu}{kT}} - 1) \qquad (13-2)$$

式中，常数 I_s 代表反向饱和电流；q 是电子的电量（1.6×10^{-19} C）；k 是波尔兹曼常数（1.38×10^{-23} J/K），而 T 为热力学温度。在室温下，$(kT)/q$ 的值约为 0.026 V。

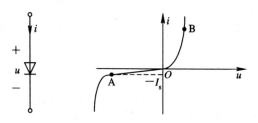

图 13-2 PN 结二极管的符号及其特性曲线

3. 隧道二极管

图 13-3 给出了隧道二极管的符号及其特性曲线。这是在低频和中频情况下（20 kHz 以下）得到的模型。由特性曲线可知，隧道二极管的电流 i 是电压 u 的单值函数，但是电压 u 却不是电流 i 的单值函数。这类元件的电压电流关系可写成如下的形式 $i = f(u)$。这类电阻元件称为电压控制型元件，元件的电流可以近似地表示成电压的非线性函数，该函数为

$$i = a_0 u + a_1 u^2 + a_2 u^3 + \cdots + a_n u^{n+1} \qquad (13-3)$$

式中，n 是整数（$n \geqslant 3$）；$a_0, a_1, a_2, \cdots, a_n$ 是参数。

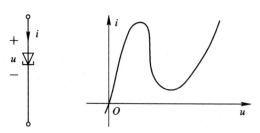

图 13-3 隧道二极管的符号及其特性曲线

4. 充气二极管

图 13-4 给出了充气二极管的符号及其特性曲线。这是在低频和中频的情况下（10 kHz 以下）得到的模型。充气二极管的电压 u 是电流 i 的单值函数，可写成 $u = f(i)$。这类电阻元件称为电流控制型的元件，元件的电压可近似地表示成电流的非线性函数，该函数为

$$u = a_0 i + a_1 i^2 + a_2 i^3 + \cdots + a_n i^{n+1} \qquad (13-4)$$

式中，n 是整数（$n \geqslant 3$）；$a_0, a_1, a_2, \cdots, a_n$ 是参数。

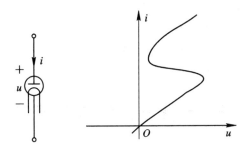

图 13-4　充气二极管的符号及其特性曲线

5. 理想二极管

图 13-5 给出了理想二极管的符号及其特性曲线。由图可见，特性曲线是两条直线的组合：负 u 轴和正 i 轴。当 $u < 0$ 时，$i = 0$，此时理想二极管如同开路；当 $i > 0$ 时，$u = 0$，此时如同短路。这个元件的特征是 $ui = 0$，物理意义为既不消耗能量，也不存储能量，称之为非能量元件。

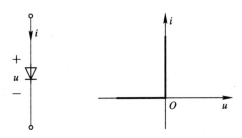

图 13-5　理想二极管的符号及其特性曲线

例 13-1　设有一个非线性电阻，其伏安特性可表示为：$u = f(i) = 100i + i^3$。试分别求出 $i_1 = 2$ A，$i_2 = 2\sin 314t$ A，$i_3 = 10$ A 时的对应电压 u_1，u_2，u_3 的值。若设 $u_{12} = f(i_1 + i_2)$，试问 u_{12} 是否等于 $u_1 + u_2$？如果忽略式中 i^3，即把此电阻作为 100 Ω 的线性电阻，当 $i_3 = 10$ mA 时，由此产生的误差为多大？

解　当 $i_1 = 2$ A 时，$u_1 = f(i_1) = 100 \times 2 + 2^3 = 208$ V；当 $i_2 = 2\sin 314t$ A 时，$u_2 = f(i_2) = 100 \times 2\sin 314t + 2^3 \sin^3 314t$ V。利用三角恒等式 $\sin 3\theta = 3\sin\theta - 4\sin^3\theta$ 得

$$u_2 = 200\sin 314t + 6\sin 314t - 2\sin 942t$$
$$= 206\sin 314t - 2\sin 942t \text{ V}$$

当 $i_3 = 10$ A 时，

$$u_3 = 100 \times 10 + 10^3 = 2000 \text{ V}$$
$$u_{12} = 100(i_1 + i_2) + (i_1 + i_2)^3$$
$$= 100(i_1 + i_2) + (i_1^3 + i_2^3) + (i_1 + i_2) \times 3i_1 i_2$$
$$= u_1 + u_2 + 3i_1 i_2(i_1 + i_2)$$

则有

$$u_{12} \neq u_1 + u_2$$

当 $i_3 = 10$ mA 时，得

$$u = 100 \times 10 \times 10^{-3} + (10 \times 10^{-3})^3 = (1 + 10^{-6}) \text{ V}$$

可见，如果把这个电阻作为 $100\ \Omega$ 的线性电阻，则误差为 0.0001%。

从以上的分析可以看到非线性电阻的一些特点，如叠加定理不适用于非线性电阻；利用非线性电阻可以产生频率不同于输入频率的输出（这种作用称为倍频）。还可以看到当输入信号很小时，把非线性电阻作为线性电阻来处理，所产生的误差并不很大。

13.2　含一个非线性元件的电阻电路的分析

当电路中仅含有一个非线性元件时，可以把原电路看成是由两个单口网络组成的，一个单口为电路的线性部分 N_1，另一个则为非线性部分 N_2。线性部分经常用戴维南定理（诺顿定理）等效为一个电压源和一个电阻串联（一个电流源和一个电阻并联）的电路。

设仅含一个非线性电阻的电路如图 $13-6(a)$ 所示，其中图 $13-6(b)$ 是用戴维南等效线性部分后得到的电路。设非线性电阻的伏安关系（VAR）为

$$i = f(u) \tag{13-5}$$

其中，$f(u)$ 为 u 的非线性函数。

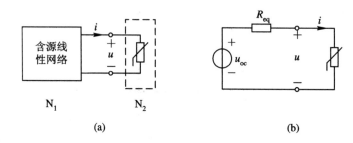

(a)   **(b)**

图 $13-6$　只含一个非线性元件的电路

由图 $13-6(b)$ 可知，电压

$$u = u_{oc} - iR_{eq} \tag{13-6}$$

由 $(13-5)$ 式、$(13-6)$ 式可得

$$u = u_{oc} - f(u)R_{eq} \tag{13-7}$$

上式为一非线性方程。除非 $f(u)$ 是一个简单的函数，否则 $(13-7)$ 式的求解过程是复杂的，通常只能求其数值解。

可用图解法求解非线性方程的问题。

我们可以由 $(13-6)$ 式画出线性电路伏安特性，同时可以由 $(13-5)$ 式画出非线性电阻的伏安特性，见图 $13-7$。由图可知线性电路的伏安特性是一条斜率为 $-1/R_{eq}$ 的直线，纵轴截距为 u_{oc}/R_{eq}。而非线性电阻的伏安特性为一条曲线（如图中所标），这样它们的交点为 Q 点，该交点就是所求的解。点 Q 通常称为非线性元件的"静态工作点"。图中的直线称为"负载线"，之所以这样称呼是因为从非线性元件的角度来看，线性部分是它的

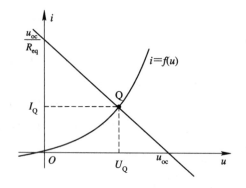

图 $13-7$　非线性电路图解法

负载。

例 13-2　电路如图 13-8(a)所示,已知其非线性电阻特性曲线如图 13-8(b)所示,函数表达式为 $i=u^2$(假定非线性电阻元件的伏安特性曲线在 $u<0$ 时,$i=0$),求 i。

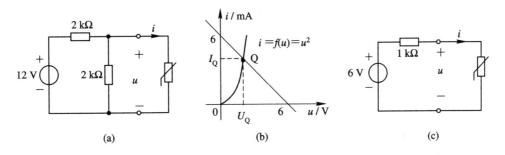

图 13-8　例 13-2 题图及求解

解　由戴维南定理可求得 $u_{oc}=6$ V,$R_{eq}=1$ kΩ,于是可画出等效电路如图 13-8(c)所示。由图 13-8(c)列 VAR 方程为

$$u = 6 - i \tag{A}$$

将非线性电阻的伏安特性 $i=u^2$ 代入(A)式可得

$$u = 6 - u^2$$

解上式得 $u=2$ V,$u=-3$ V(舍弃,因为非线性电阻元件的伏安特性曲线在 $u<0$ 时,$i=0$)。将 $u=2$ V 代入(A)式求得 $i=4$ mA。

本例也可用图解法求解,如图 13-8(b)所示

13.3　非线性电阻的串联和并联

图 13-9 所示为两个非线性电阻的串联电路。按 KCL 和 KVL,有

$$i = i_1 = i_2 \qquad u = u_1 + u_2$$

图 13-9　非线性电阻的串联

设两个非线性电阻均为电流控制型的,且其伏安特性分别可写为

$$u_1 = f_1(i_1), \quad u_2 = f_2(i_2)$$

如果把串联电路当作一个端口,并令端口处的伏安关系为 $u=f(i)$,则有

$$u = u_1 + u_2 = f_1(i_1) + f_2(i_2) = f_1(i) + f_2(i) = f(i) \tag{13-8}$$

也就是说,端口处的伏安特性为一个电流控制型的非线性电阻,所以两个电流控制型的非线性电阻串联组合的等效电阻是一个电流控制型的非线性电阻。

可以用图解的方法分析非线性电阻的串联电路。设图 13 - 9 所示的两个非线性电阻的伏安特性如图 13 - 10 所示。把任一电流值下的 u_1、u_2 相加即可得到 u 的波形，即可以得到端口处的伏安特性曲线，也即最终得到的伏安关系为

$$u = f(i) = f_1(i) + f_2(i)$$

如果这两个非线性电阻中有一个是电压控制型的，那么该压控非线性电阻在电流值的某范围内对应的电压是多值的，这样将写不出 (13 - 8) 式的解析表达式，但可以用图解法求出具体的解，如图 13 - 10 所示。

图 13 - 11 所示为两个非线性电阻的并联电路。按 KVL 和 KCL，有

$$u = u_1 = u_2$$
$$i = i_1 + i_2$$

设两个非线性电阻均为电压控制型的，且其伏安特性可分别写为

$$i_1 = f_1(u_1), \quad i_2 = f_2(u_2)$$

由此可以求出并联电路伏安关系表达式：

$$\begin{aligned} i = i_1 + i_2 &= f_1(u_1) + f_2(u_2) \\ &= f_1(u) + f_2(u) \\ &= f(u) \end{aligned} \quad (13 - 9)$$

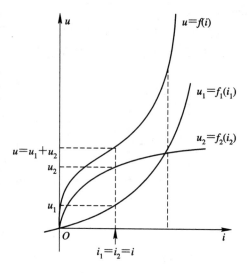

图 13 - 10 非线性电阻串联的图解法

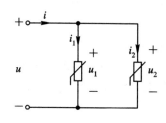

图 13 - 11 非线性电阻的并联

由上式可知，两个电压控制型的非线性电阻并联组合的等效电阻是一个电压控制型的非线性电阻。如果并联的非线性电阻之一不是电压控制型的，就得不出 (13 - 9) 这个表达式，但可以用图解法求解。

并联电路的图解法与串联电路的图解法类似。当用图解法分析非线性电阻的并联电路时，把在同一电压值下的各并联非线性电阻的电流值相加，即可得到所需的伏安特性曲线，具体过程可参照非线性电阻的串联。

例 13 - 3 电路如图 13 - 9 所示，其中 $u_1 = -i_1^2$，$u_2 = i_2^2 + i_2$，$u = 1$ V，求图中电流 i。

解 因为

$$u = u_1 + u_2 = -i_1^2 + i_2^2 + i_2 = -i^2 + i^2 + i = i$$

所以

$$i = 1 \text{ A}$$

13. 4　分段线性化方法

分段线性化方法(折线法)是研究非线性电路的一种有效方法，它的特点在于能把非线性电路的求解过程分成几个线性区段，就每个区段来说，又可以应用线性电路的计算

方法。

非线性电阻的伏安特性往往可以近似地用一些直线段来逼近。例如,图 13 - 2 所示 PN 结二极管的伏安特性可以粗略地用两段直线来描述,如图 13 - 12 中的粗线 BOA。这样,当二极管加上正向电压时,它相当于一个线性电阻,其伏安特性用直线 OB 表示;当电压反向时,二极管不导通,电流为零,它相当于开路,其伏安特性用直线 AO 表示。

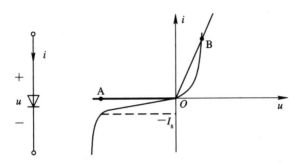

图 13 - 12　PN 结二极管伏安特性的分段线性表示

例 13 - 4　如图 13 - 13(a)所示电路由线性电阻 R、理想二极管和直流电压源串联组成,电阻 R 的伏安特性如图 13 - 13(b)所示,画出此串联电路的伏安特性。另有如图 13 - 13(c)所示电路,它由线性电阻 R、理想二极管和直流电流源并联组成,画出此并联电路的伏安特性。

解　串联时,将理想二极管、电压源、电阻的伏安特性画于图 13 - 13(d)中,然后用图解法,得到图 13 - 13(e)。并联时的等效特性曲线图如图 13 - 13(f)所示。

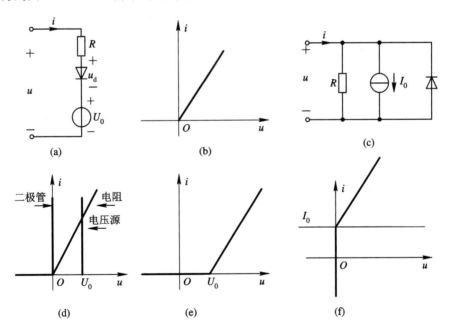

图 13 - 13　例 13 - 4 题图
(a) 串联电路;(b) 电阻 R 的伏安特性;(c) 并联电路;
(d) 伏安特性;(e) 串联等效特性曲线;(f) 并联等效特性曲线

13.5　小信号分析法

在某些电子电路中信号的幅度很小，这时可以在工作点附近建立一个局部线性模型。对小信号来说，我们可以根据这种线性模型运用线性电路的分析方法来研究，这就是非线性电路的小信号分析。小信号分析法是工程上分析非线性电路的一个重要方法。

如图 13-14(a)所示的电路，U_0 是直流电压源，$u_s(t)$ 是时变电压信号，R_{eq} 是线性电阻，压控非线性电阻的伏安关系为 $i=f(u)$。假设有 $U_0 \gg |u_s(t)|$，求非线性电阻的电压 $u(t)$ 和电流 $i(t)$。

对电路应用 KVL，得

$$U_0 + u_s(t) = R_{eq}i(t) + u(t) \tag{13-10}$$

首先设 $u_s(t)=0$，即没有信号电压，于是可以用图解法求出静态工作点 (U_Q, I_Q)，如图 13-14(b)所示。如果 $U_0 \gg |u_s(t)|$ 总成立，则一般所要求的解 $u(t)$、$i(t)$ 必定在工作点附近，所以有

$$u(t) = U_Q + u_1(t) \tag{13-11}$$

$$i(t) = I_Q + i_1(t) \tag{13-12}$$

式中，$u_1(t)$ 和 $i_1(t)$ 是由于信号电压 $u_s(t)$ 所引起的变化分量。在任何时刻 t，$u_1(t)$ 和 $i_1(t)$ 相对 U_Q、I_Q 来说都是很小的量。

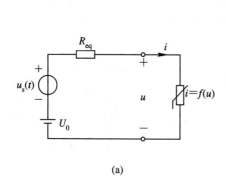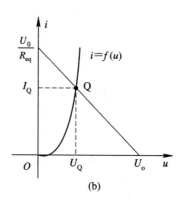

图 13-14　非线性电路的小信号分析

将(13-11)式、(13-12)式代入非线性电阻的特性方程 $i=f(u)$，得

$$I_Q + i_1(t) = f(U_Q + u_1(t)) \tag{13-13}$$

在 $u=U_Q$ 处，将(13-13)式右方展开为泰勒级数，由于 $u_1(t)$ 很小，因此只取级数前面两项而略去一次项以上的高次项，则上式可写为

$$I_Q + i_1(t) \approx f(U_Q) + \frac{df(u)}{du}\bigg|_{u=U_Q} u_1(t)$$

因为 $I_Q = f(U_Q)$，所以

$$i_1(t) \approx \frac{df(u)}{du}\bigg|_{u=U_Q} u_1(t)$$

令

$$\left.\frac{\mathrm{d}f(u)}{\mathrm{d}u}\right|_{u=U_Q} = G_d = \frac{1}{R_d}$$

G_d 为非线性电阻在工作点 (U_Q, I_Q) 处的动态电导，所以

$$i_1(t) \approx G_d u_1(t)$$

或

$$u_1(t) \approx R_d i_1(t)$$

由于 $G_d = 1/R_d$ 在工作点 (U_Q, I_Q) 处是一个常数，因此从上式可以看出，由小信号电压 $u_s(t)$ 产生的电压和电流分量 $u_1(t)$ 和 $i_1(t)$ 之间的关系是线性的。这样 (13-10) 式可改写为

$$U_0 + u_s(t) = R_{eq}[I_Q + i_1(t)] + U_Q + u_1(t)$$

因为 $U_0 = R_{eq}I_Q + U_Q$（在求静态工作点时，令 $u_s(t)=0$），所以有

$$u_s(t) = R_{eq}i_1(t) + u_1(t) \tag{13-14}$$

又因为在工作点处有 $u_1(t) = R_d i_1(t)$（在工程中，用等号代替约等号），代入 (13-14) 式，得

$$u_s(t) = R_{eq}i_1(t) + R_d i_1(t) \tag{13-15}$$

由 (13-15) 式可以画出原电路在工作点 (U_Q, I_Q) 处的小信号等效电路，如图 13-15 所示。

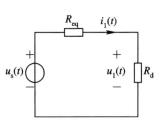

图 13-15　小信号等效电路

同时可以得出下面两式：

$$i_1(t) = \frac{u_s(t)}{R_{eq} + R_d}$$

$$u_1(t) = R_d i_1(t) = \frac{R_d u_s(t)}{R_{eq} + R_d}$$

例 13-5　设图 13-16(a) 所示电路中的非线性电阻为电压控制型的，其伏安特性如图 13-16(b) 所示，或用函数表示为

$$i = f(u) = \begin{cases} u^2 & (u > 0) \\ 0 & (u < 0) \end{cases}$$

给定直流电源 $I_0 = 10$ A，$R_{eq} = 1/3$ Ω，而小信号电流源的电流 $i_s(t) = 0.5\cos t$ A。试求静态工作点和在静态工作点处由小信号所产生的电压和电流。

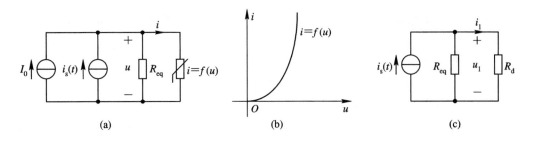

(a)　　　　　　　　　(b)　　　　　　　　　(c)

图 13-16　例 13-5 题图

(a) 含非线性电阻的电路；(b) 非线性电阻伏安特性；(c) 小信号等效电路

解　应用 KCL，得

$$\frac{1}{R_{eq}}u + i = I_0 + i_s$$

$$3u + f(u) = 10 + 0.5\cos t \text{ A}$$

令 $i_s = 0$，求电路的静态工作点，由上式得

$$3u + f(u) = 10$$

将 $i = f(u) = u^2 (u > 0)$ 代入上式，得

$$3u + u^2 = 10$$

解得 $u = 2$ V，$u = -5$ V（舍弃）。将 $u = 2$ V 代入 $i = f(u) = u^2$，得 $i = 4$ A，这就是静态工作电流，也即 $I_Q = 4$ A。

由此可求得工作点处的动态电导为

$$G_d = \frac{df(u)}{du}\bigg|_{u_Q} = \frac{d}{du}(u^2)\bigg|_{u_Q} = 2u\,\big|_{u_Q = 2} = 4 \text{ S}$$

做出小信号等效电路如图 13-16(c)所示，从而求出非线性电阻的小信号电压和电流：

$$\frac{u_1}{R_{eq}} + \frac{u_1}{R_d} = i_s(t)$$

$$3u_1 + 4u_1 = 0.5 \cos t$$

$$7u_1 = 0.5 \cos t$$

$$u_1 = 0.0714 \cos t \text{ V}$$

$$i_1 = \frac{u_1}{R_d} = 4u_1 = 0.2856 \cos t \text{ A}$$

习　题

13-1　电路如习题 13-1 图所示，已知 $U_s = 84$ V，$R_1 = 2$ kΩ，$R_2 = 10$ kΩ，非线性电阻 R_s 的伏安特性表示为：$i_s = 0.3u_s + 0.04u_s^2$，$u_s > 0$，试求电流 i_1 和 i_s。

13-2　电路如习题 13-2 图所示，非线性电阻的电压电流特性为 $i_1 = 1.5u + u^2$，试计算电压 u 和电流 i。

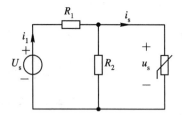

习题 13-1 图

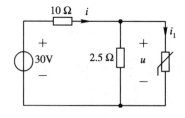

习题 13-2 图

13-3　电路如习题 13-3(a)图所示，电路中非线性电阻的电压电流关系如习题 13-3(b)图所示，则：

(1) 当 $u < 10$ V 时，求在静态工作点处非线性电阻的等效阻值 R_d 的值；

(2) 当 $u > 10$ V 时，求在静态工作点处非线性电阻的等效阻值 R_d 的值；

(3) 令 $U_s = 10$ V，$R_{eq} = 5$ kΩ，求电压 u 和电流 i；

(4) 令 $U_s = 30$ V，$R_{eq} = 5$ kΩ，求电压 u 和电流 i。

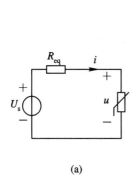

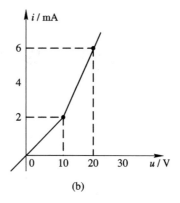

(a)　　　　　　　　　　　(b)

习题 13-3 图

13-4 在习题 13-4 图所示非线性电阻电路中，非线性电阻的伏安关系为 $u=2i+i^3$，现已知当 $u_s(t)=0$ 时，回路中的电流为 1 A。如果 $u_s(t)=\sin\omega t$ V，试用小信号分析法求回路中的电流 i。

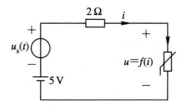

习题 13-4 图

* 第 14 章　网络方程的矩阵形式

　　本章介绍网络的矩阵描述和网络方程的矩阵形式。首先介绍基本回路和基本割集的概念，然后介绍描述网络拓扑性质的几个基本矩阵：关联矩阵、回路矩阵和割集矩阵，推出两类约束条件的矩阵形式，并在此基础上导出节点方程、回路方程和割集方程的矩阵形式。本章内容是大规模电路计算机辅助分析的基础。

14.1　基本回路和基本割集

14.1.1　基本回路

　　第 3 章中简单介绍过网络的有向图、树、树支和连支、独立节点及独立回路的概念。一个含有 b 条支路、n 个节点的连通图，对于其任一个树，树支数为 $n-1$，连支数为 $l=b-n+1$。网络的独立节点数与其树支数相同，独立回路数与其连支数相同。网络有向图中各箭头方向表示各支路电流和电压的参考方向，简称为支路方向。

　　第 3 章中介绍过选择独立回路的多种方法，下面介绍一种更系统的、更便于计算机使用的选择方法——基本回路法。

　　选定连通图的一个树，根据树的定义，在树的基础上再加上任一条连支都会构成一个回路，即每一连支和若干树支可构成一个回路。这种回路称为基本回路或单连支回路。l 条连支对应 l 个单连支回路，称为基本回路组。基本回路组中各回路含有不同的连支，因此基本回路组是独立回路组，它们的 KVL 方程是相互独立的。

　　例如，对图 14-1(a) 所示的网络，若选定其一个树为图 14-1(b) 所示，则该网络的三个基本回路如图 14-1(c)、(d) 和 (e) 所示。

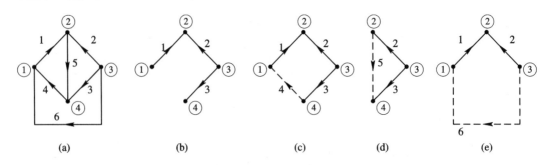

图 14-1　基本回路示例

　　显然，基本回路与所选择的树有关。

14.1.2　基本割集

连通图 G 的一个割集 Q 定义为该图的一个支路集合，它满足以下两个条件：

(1) 若将 Q 的全部支路移去，则图 G 将分离为两部分（两部分各自是连通的）；

(2) 少移去 Q 中任一条支路，则 G 仍是连通的。

可通过作闭合面找图的割集。在图 G 上作一条包围一个或若干个节点的封闭曲线（闭合面），该曲线将图 G 分成两部分，一部分在曲线内部，另一部分在曲线外部。若内外两部分的图分别是连通的，则该闭合面切割的支路集合就是图 G 的一个割集。例如图 14-2(a)所示闭合面（虚线表示）所切割的支路集合(b、d、e、f)是一个割集，因为将这些支路移去后，图将会成为两个分离的部分，如图 14-2(b)所示。但图 14-2(c)所示闭合面所切割的支路集合(d、e、g、h)却不是一个割集，因为将这些支路移去后，图将会成为如图14-2(d)所示三个分离的部分。

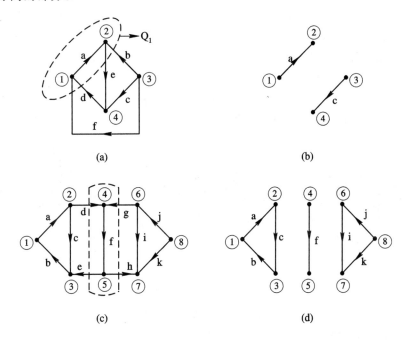

图 14-2　说明割集用图

将某割集支路去掉后，原连通图分成两部分，若将其中一部分看作"广义节点"，则可选定"指向"或"背离"该广义节点的方向为该割集的方向。例如，图 14-2(a)中，封闭曲线处的箭头表示选定的割集 Q_1 的方向。

由于 KCL 不仅适用于节点，还适用于任一闭合面，因此属于同一割集的所有支路的电流应满足 KCL。即：集总参数电路中，在任一时刻，任一割集的所有支路电流代数和为零。其中，参考方向与割集方向一致的支路电流取正号，相反的取负号。例如，在图 14-2(a)中，割集 Q_1 的 KCL 方程为

$$-i_b - i_d + i_e - i_f = 0$$

将图中闭合面所包围的节点①和节点②的 KCL 方程相加，也可得到上式，这说明割集 KCL 方程是节点 KCL 方程的线性组合。若某闭合面只包围一个节点，则所对应的割集就

是该节点所连接的支路集合,该割集的 KCL 方程就是该节点的 KCL 方程。即节点方程是割集方程的特例。

对连通图的每个割集可列出一个 KCL 方程,但这些方程并不都是独立的。若一组割集的 KCL 方程是独立方程,则该组割集称为独立割集。最多可获得多少个独立割集呢?由于割集方程的集合包含节点方程,因此其中至少有 $n-1$ 个独立方程;另一方面,由于任一割集方程都是节点方程的线性组合,由线性代数理论可知,独立割集数不大于独立节点数 $n-1$。以上分析可知,最多可获得的独立割集数与独立节点数相同,即等于网络的树支数 $n-1$。

怎样获得 $n-1$ 个独立割集呢?方法之一是选择 $n-1$ 个独立节点;方法之二是每选择一个割集,让该割集包含一条新支路,选满 $n-1$ 个为止;方法之三是采用基本割集法。基本割集法是一种系统的、便于用计算机辅助分析的方法。

对一个含有 b 条支路、n 个节点的连通图 G,选定其一个树,根据树的定义,在树中去掉任一条树支,都会将该树分离成两个连通的部分,这说明去掉任一条树支和足够多的连支,可将图 G 分离成两部分。即每一树支和若干连支可构成一个割集,这样的割集称为基本割集或单树支割集。$n-1$ 条树支对应 $n-1$ 个单树支割集,称为基本割集组。基本割集组中各割集含有不同的树支,因此基本割集组是独立割集组。

例如,对前面图 14-1(a)所示网络,若选定其一个树为图 14-1(b)所示,支路 1、2、3 为树支,则三条树支对应的三个基本割集分别如图 14-3(a)、(b)、(c)中虚线所示。

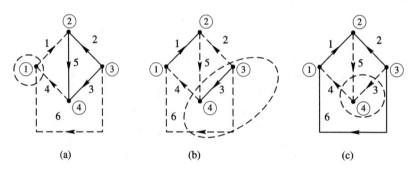

(a)　　　　　　　　　(b)　　　　　　　　　(c)

图 14-3　基本割集示例

基本割集与所选择的树有关。

14.2　关联矩阵、回路矩阵、割集矩阵

网络的拓扑结构可用矩阵描述,以便于计算机识别和处理。本节介绍关联矩阵、回路矩阵、割集矩阵以及用它们表示的基尔霍夫定律的矩阵形式。

14.2.1　关联矩阵

若一条支路与某两节点连接,则称该支路与这两个节点相关联。支路与节点的关联关系可用关联矩阵描述。关联矩阵与网络的有向拓扑图一一对应。

一个节点数为 n、支路数为 b 的有向图,其关联矩阵 $\boldsymbol{A}_a$ 是一个 $n \times b$ 阶的矩阵。$\boldsymbol{A}_a$ 的每一行对应着一个节点,每一列对应着一条支路。它的第 i 行、第 j 列的元素 a_{ij} 定义如下:

（1）若支路 j 与节点 i 无关联，则 $a_{ij}=0$；

（2）若支路 j 与节点 i 有关联，且它的方向背离该节点，则 $a_{ij}=1$；

（3）若支路 j 与节点 i 有关联，且它的方向指向该节点，则 $a_{ij}=-1$。

例如，图 14-4 所对应的关联矩阵为

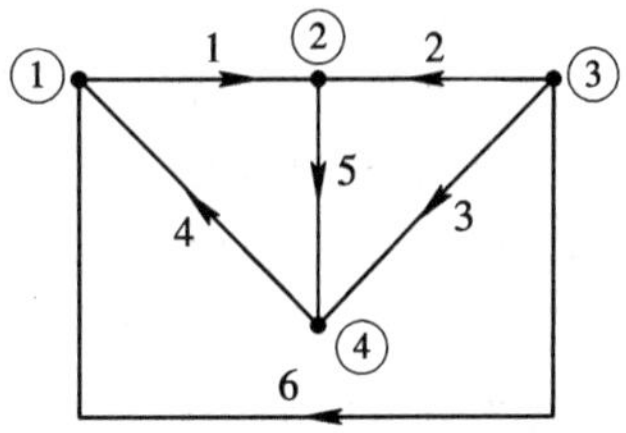

图 14-4　关联矩阵示例

$$A_a = \begin{array}{c} \\ 1 \\ 2 \\ 3 \\ 4 \end{array} \begin{array}{cccccc} 1 & 2 & 3 & 4 & 5 & 6 \\ \left[\begin{array}{cccccc} 1 & 0 & 0 & -1 & 0 & -1 \\ -1 & -1 & 0 & 0 & 1 & 0 \\ 0 & 1 & 1 & 0 & 0 & 1 \\ 0 & 0 & -1 & 1 & -1 & 0 \end{array}\right] \end{array}$$

$$(14-1)$$

由于每条支路连接在两个节点之间，其方向背离一个节点，指向另一个节点。因此关联矩阵 A_a 的每一列只能有两个非零元素，且这两个非零元一个为 1，另一个为 -1。将所有行的元素按列相加就得到一行全为零的元素。这说明 A_a 的行不是相互独立的，A_a 行向量的秩小于 n。

在有向图上任意指定一个节点为参考节点，将 A_a 中该节点所对应的行划去，剩下的 $(n-1) \times b$ 阶矩阵用 A 表示，称为降阶关联矩阵（简称为关联矩阵）。例如图 14-4 中，若指定节点④为参考节点，将（14-1）式中的第 4 行划去，得

$$A = \begin{bmatrix} 1 & 0 & 0 & -1 & 0 & -1 \\ -1 & -1 & 0 & 0 & 1 & 0 \\ 0 & 1 & 1 & 0 & 0 & 1 \end{bmatrix}$$

将网络的 b 条支路的电流用一个 b 阶列向量 i_b 表示，称为支路电流向量，即

$$i_b = \begin{bmatrix} i_1 & i_2 & \cdots & i_b \end{bmatrix}^T$$

若用矩阵 A 左乘支路电流向量，则乘积是一个 $n-1$ 阶列向量，根据关联矩阵 A 的定义及矩阵乘法规则，可得该列向量的每一个元素即为对应节点所关联的各支路电流的代数和。根据基尔霍夫电流定律，有

$$Ai_b = 0 \tag{14-2}$$

上式即独立节点 KCL 方程的矩阵形式。例如对图 14-4 所示的网络，有

$$Ai_b = \begin{bmatrix} 1 & 0 & 0 & -1 & 0 & -1 \\ -1 & -1 & 0 & 0 & 1 & 0 \\ 0 & 1 & 1 & 0 & 0 & 1 \end{bmatrix} \begin{bmatrix} i_1 \\ i_2 \\ i_3 \\ i_4 \\ i_5 \\ i_6 \end{bmatrix} = \begin{bmatrix} i_1 - i_4 - i_6 \\ -i_1 - i_2 + i_5 \\ i_2 + i_3 + i_6 \end{bmatrix} = \begin{bmatrix} 0 \\ 0 \\ 0 \end{bmatrix}$$

在第 3 章中已证明，式（14-2）所示独立节点 KCL 方程是独立方程组，因此网络的（降阶）关联矩阵 A 是行满秩矩阵。

14.2.2　回路矩阵

若一个回路由某些支路组成，则称这些支路与该回路相关联。支路与独立回路的关联

关系可用独立回路矩阵描述。独立回路矩阵简称为回路矩阵。

一个节点数为 n、支路数为 b 的有向图，其独立回路数为 $l=b-n+1$。其回路矩阵 $\boldsymbol{B}$ 是一个 $l \times b$ 阶的矩阵，$\boldsymbol{B}$ 的每一行对应着一个独立回路，每一列对应着一条支路，它的第 i 行第 j 列的元素 b_{ij} 定义如下：

(1) 若支路 j 与回路 i 无关联，则 $b_{ij}=0$；

(2) 若支路 j 与回路 i 有关联，且支路方向与回路绕行方向相同，则 $b_{ij}=1$；

(3) 若支路 j 与回路 i 有关联，且支路方向与回路绕行方向相反，则 $b_{ij}=-1$。

例如，图 14-5 所示网络，若选择三个网孔作为独立回路，回路绕行方向如图中虚线所示，则所对应的回路矩阵为

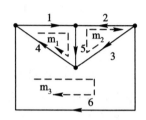

$$\boldsymbol{B} = \begin{array}{c} \\ 1 \\ 2 \\ 3 \end{array} \begin{array}{cccccc} 1 & 2 & 3 & 4 & 5 & 6 \\ \left[\begin{array}{cccccc} 1 & 0 & 0 & 1 & 1 & 0 \\ 0 & -1 & 1 & 0 & -1 & 0 \\ 0 & 0 & -1 & -1 & 0 & 1 \end{array}\right] \end{array}$$

若所选独立回路组为基本回路组，则对应的回路矩阵称为基本回路矩阵，用 $\boldsymbol{B}_{\mathrm{f}}$ 表示。若支路编号采取先连支后树

图 14-5 回路矩阵示例

支的次序，且将连支序号作为其所在基本回路的序号，将连支的支路方向作为其基本回路的方向，则 $\boldsymbol{B}_{\mathrm{f}}$ 中将出现一个 l 阶的单位子矩阵，即有

$$\boldsymbol{B}_{\mathrm{f}} = \begin{bmatrix} \boldsymbol{1}_l & \boldsymbol{B}_t \end{bmatrix} \tag{14-3}$$

式中，下标 l 和 t 分别表示与连支和树支对应的部分。例如在图 14-5 中，若取支路 4、5、6 为树支，则支路 1、2、3 为连支。对应的三个基本回路如图 14-6 所示，基本回路矩阵为

$$\begin{array}{c} \\ 1 \\ 2 \\ 3 \end{array} \begin{array}{cccccc} 1 & 2 & 3 & 4 & 5 & 6 \\ \left[\begin{array}{cccccc} 1 & 0 & 0 & 1 & 1 & 0 \\ 0 & 1 & 0 & 1 & 1 & -1 \\ 0 & 0 & 1 & 1 & 0 & -1 \end{array}\right] \end{array}$$

 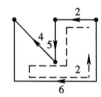 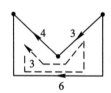

图 14-6 基本回路矩阵示例

将网络的 b 条支路的电压用一个 b 阶列向量 $\boldsymbol{u}_b$ 表示，称为支路电压向量，即

$$\boldsymbol{u}_b = \begin{bmatrix} u_1 & u_2 & \cdots & u_b \end{bmatrix}^{\mathrm{T}}$$

若用回路矩阵 $\boldsymbol{B}$ 左乘支路电压向量，则乘积是一个 l 阶列向量，根据回路矩阵 $\boldsymbol{B}$ 的定义及矩阵乘法规则，可得该列向量的每一个元素等于每一对应回路中各支路电压的代数和。根据基尔霍夫电压定律，有

$$\boldsymbol{B}\boldsymbol{u}_b = \boldsymbol{0} \tag{14-4}$$

上式即独立回路 KVL 方程的矩阵形式。例如，对图 14-5 所选独立回路，有

$$\boldsymbol{B u}_b = \begin{bmatrix} 1 & 0 & 0 & 1 & 1 & 0 \\ 0 & -1 & 1 & 0 & -1 & 0 \\ 0 & 0 & -1 & -1 & 0 & 1 \end{bmatrix} \begin{bmatrix} u_1 \\ u_2 \\ u_3 \\ u_4 \\ u_5 \\ u_6 \end{bmatrix} = \begin{bmatrix} u_1 + u_4 + u_5 \\ -u_2 + u_3 - u_5 \\ -u_3 - u_4 + u_6 \end{bmatrix} = \begin{bmatrix} 0 \\ 0 \\ 0 \end{bmatrix}$$

由于独立回路的 KVL 方程是独立方程组，因此网络的（独立）回路矩阵 $\boldsymbol{B}$ 是行满秩矩阵。

14.2.3　割集矩阵

若一个割集由某些支路组成，则称这些支路与该割集相关联。支路与独立割集的关联关系可用独立割集矩阵描述。独立割集矩阵简称为割集矩阵。

一个节点数为 n、支路数为 b 的有向图，其独立割集数为 $n-1$，每一个独立割集有一个指定方向。其割集矩阵 $\boldsymbol{Q}$ 是一个 $(n-1) \times b$ 阶的矩阵，$\boldsymbol{Q}$ 的每一行对应着一个独立割集，每一列对应着一条支路，它的第 i 行第 j 列的元素 q_{ij} 定义如下：

（1）若支路 j 与割集 i 无关联，则 $q_{ij} = 0$；

（2）若支路 j 与割集 i 有关联，且支路方向与割集方向相同，则 $q_{ij} = 1$；

（3）若支路 j 与割集 i 有关联，且支路方向与割集方向相反，则 $q_{ij} = -1$。

例如，图 14-7 所示网络，若选择三个独立割集如图中虚线所示，则所对应的割集矩阵为

$$\boldsymbol{Q} = \begin{array}{c} \\ 1 \\ 2 \\ 3 \end{array} \begin{array}{cccccc} 1 & 2 & 3 & 4 & 5 & 6 \\ \begin{bmatrix} 1 & 0 & 0 & -1 & 0 & -1 \\ 0 & -1 & 0 & -1 & 1 & -1 \\ 0 & 0 & -1 & 1 & -1 & 0 \end{bmatrix} \end{array}$$

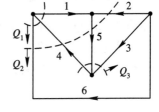

图 14-7　割集矩阵示例

若所选独立割集组为基本割集组，则对应的割集矩阵称为基本割集矩阵，用 $\boldsymbol{Q}_f$ 表示。若支路编号采取先连支后树支的次序，且按树支的先后次序给各基本割集编号，将树支的支路方向作为其所在基本割集的方向，则 $\boldsymbol{Q}_f$ 中将出现一个 $n-1$ 阶的单位子矩阵，即有

$$\boldsymbol{Q}_f = \begin{bmatrix} \boldsymbol{Q}_l & \boldsymbol{1}_t \end{bmatrix} \tag{14-5}$$

式中，下标 l 和 t 分别表示与连支和树支对应的部分。例如，在图 14-7 中，若取支路 4、5、6 为树支，则对应的三个基本割集如图 14-8 所示。

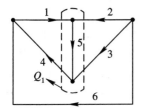 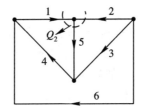 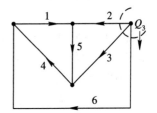

图 14-8　基本割集矩阵示例

基本割集矩阵为

$$Q_f = \begin{array}{c} \\ 1 \\ 2 \\ 3 \end{array} \begin{array}{cccccc} 1 & 2 & 3 & 4 & 5 & 6 \\ \left[\begin{array}{cccccc} -1 & -1 & -1 & 1 & 0 & 0 \\ -1 & -1 & 0 & 0 & 1 & 0 \\ 0 & 1 & 1 & 0 & 0 & 1 \end{array}\right] \end{array}$$

若用割集矩阵 Q 左乘支路电流向量，则乘积是一个 $n-1$ 阶列向量，根据割集矩阵 Q 的定义及矩阵乘法规则，可得该列向量的每一个元素等于每一对应割集中各支路电流的代数和。根据基尔霍夫电流定律，有

$$Qi_b = 0 \tag{14-6}$$

上式即独立割集 KCL 方程的矩阵形式。例如，对图 14-7 所选独立割集，有

$$Qi_b = \begin{bmatrix} 1 & 0 & 0 & -1 & 0 & -1 \\ 0 & -1 & 0 & -1 & 1 & -1 \\ 0 & 0 & -1 & 1 & -1 & 0 \end{bmatrix} \begin{bmatrix} i_1 \\ i_2 \\ i_3 \\ i_4 \\ i_5 \\ i_6 \end{bmatrix} = \begin{bmatrix} i_1 - i_4 - i_6 \\ -i_2 - i_4 + i_5 - i_6 \\ -i_3 + i_4 - i_5 \end{bmatrix} = \begin{bmatrix} 0 \\ 0 \\ 0 \end{bmatrix}$$

由于独立割集的 KCL 方程是独立方程组，因此网络的(独立)割集矩阵 Q 是行满秩矩阵。

14.2.4 矩阵 A、B、Q 之间的关系

矩阵 A、B、Q 从不同的角度描述了网络的拓扑结构，这几个矩阵之间存在着一定的关系。以下讨论中均假定在写各矩阵时，支路的排列顺序相同。

对任一连通图 G，其关联矩阵 A 和回路矩阵 B 的关系为

$$\left.\begin{array}{c} AB^T = 0 \\ BA^T = 0 \end{array}\right\} \tag{14-7}$$

证明 将上面第 1 式转置可得第 2 式，因此只需证明第 1 式。设 $AB^T = C$，矩阵 C 第 i 行第 j 列的元素为

$$c_{ij} = \sum_{k=1}^{b} a_{ik} b_{jk} \tag{14-8}$$

上式中，第 k 项 $a_{ik} b_{jk}$ 反映第 k 号支路与节点 i 及回路 j 关联的情况，只有当支路 k 既与节点 i 关联又与回路 j 关联时，乘积项 $a_{ik} b_{jk} \neq 0$。

若节点 i 不在回路 j 中，则与节点 i 关联的所有支路也必然都不在回路 j 中，因此 $c_{ij} = 0$。

若节点 i 在回路 j 中，则回路 j 中必有且只有两条支路与节点 i 关联，即(14-8)式中有两项非零。若这两条支路方向都指向(或都背离)节点 i，则必有一条支路与回路 j 方向相同，另一条则方向相反；若这两条支路都与回路 j 方向相同(或都相反)，则它们必有一条指向节点 i，另一条则背离节点 i。即任何情况下，(14-8)式中的两个非零项，总有一项为"+1"，另一项为"−1"，因此，$c_{ij} = 0$。

(14-7)式得证。

对任一连通图 G，其割集矩阵 $\boldsymbol{Q}$ 和回路矩阵 $\boldsymbol{B}$ 的关系为

$$\left.\begin{array}{r}\boldsymbol{Q}\boldsymbol{B}^{\mathrm{T}} = \boldsymbol{0} \\ \boldsymbol{B}\boldsymbol{Q}^{\mathrm{T}} = \boldsymbol{0}\end{array}\right\} \tag{14-9}$$

证明　设 $\boldsymbol{Q}\boldsymbol{B}^{\mathrm{T}} = \boldsymbol{D}$，矩阵 $\boldsymbol{D}$ 第 i 行第 j 列的元素为

$$d_{ij} = \sum_{k=1}^{b} q_{ik} b_{jk} \tag{14-10}$$

上式中，第 k 项 $q_{ik}b_{jk}$ 反映第 k 号支路与割集 i 及回路 j 关联的情况，只有当支路 k 既与割集 i 关联又与回路 j 关联时，乘积项 $q_{ik}b_{jk} \neq 0$。

若回路 j 不经过割集 i 的任一支路，则(14-10)中无非零项，$d_{ij} = 0$。

若回路 j 经过割集 i 的支路，则必经过它的偶数条支路。因为根据割集的定义，将割集 i 各支路去掉后，图 G 分为 G_1 和 G_2 两部分，设回路 j 从 G_1 中某节点出发，经过割集 i 的某条支路到达 G_2，它必须再通过割集 i 的另一条支路回到 G_1，才能构成回路。进一步分析这偶数条支路参考方向的各种情况可知，这偶数个非零项中，一半为"+1"，另一半为"-1"，因此，$d_{ij} = 0$。

(14-9)式得证。

若将支路按先连支后树支的顺序排列，可将矩阵 $\boldsymbol{A}$、$\boldsymbol{B}_\mathrm{f}$、$\boldsymbol{Q}_\mathrm{f}$ 写成如下分块形式：

$$\boldsymbol{A} = \begin{bmatrix}\boldsymbol{A}_l & \boldsymbol{A}_t\end{bmatrix}, \quad \boldsymbol{B}_\mathrm{f} = \begin{bmatrix}\boldsymbol{1}_l & \boldsymbol{B}_t\end{bmatrix}, \quad \boldsymbol{Q}_\mathrm{f} = \begin{bmatrix}\boldsymbol{Q}_l & \boldsymbol{1}_t\end{bmatrix} \tag{14-11}$$

由(14-7)式，有

$$\boldsymbol{A}\boldsymbol{B}_\mathrm{f}^{\mathrm{T}} = \begin{bmatrix}\boldsymbol{A}_l & \boldsymbol{A}_t\end{bmatrix}\begin{bmatrix}\boldsymbol{1}_l \\ \boldsymbol{B}_t^{\mathrm{T}}\end{bmatrix} = \boldsymbol{0}$$

所以

$$\boldsymbol{A}_l + \boldsymbol{A}_t\boldsymbol{B}_t^{\mathrm{T}} = \boldsymbol{0}$$

即

$$\boldsymbol{B}_t^{\mathrm{T}} = -\boldsymbol{A}_t^{-1}\boldsymbol{A}_l^{\textcircled{1}} \tag{14-12}$$

由(14-9)式，有 [1]

$$\boldsymbol{Q}_\mathrm{f}\boldsymbol{B}_\mathrm{f}^{\mathrm{T}} = \begin{bmatrix}\boldsymbol{Q}_l & \boldsymbol{1}_t\end{bmatrix}\begin{bmatrix}\boldsymbol{1}_l \\ \boldsymbol{B}_t^{\mathrm{T}}\end{bmatrix} = \boldsymbol{0}$$

所以

$$\boldsymbol{Q}_l + \boldsymbol{B}_t^{\mathrm{T}} = \boldsymbol{0}$$

即

$$\boldsymbol{Q}_l = -\boldsymbol{B}_t^{\mathrm{T}} = \boldsymbol{A}_t^{-1}\boldsymbol{A}_l \tag{14-13}$$

(14-12)式和(14-13)式表明，由关联矩阵可求得基本回路矩阵和基本割集矩阵。

14.3　节点分析法和节点方程的矩阵形式

本节及后面两节以正弦电流电路为例，讨论线性电路各种分析法的矩阵方程，所讨论的电路中不含受控源。

节点分析法以节点电压为变量列方程，对于大规模电路，将基尔霍夫定律及元件特性

---

① 可以证明 $\boldsymbol{A}_t$ 是非奇异子矩阵，其逆阵一定存在。

采用矩阵方程表达，可推出节点方程的矩阵形式。

对于有 n 个节点、b 条支路的正弦电流电路，将其 $n-1$ 个节点电压用一个 $n-1$ 阶列向量 $\dot{U}_n$ 表示，称为节点电压向量，即

$$\dot{U}_n = \begin{bmatrix} \dot{U}_{n1} & \dot{U}_{n2} & \cdots & \dot{U}_{n(n-1)} \end{bmatrix}^T$$

由于每条支路的支路电压等于它所关联的两个节点的节点电压之差，而关联矩阵 $\boldsymbol{A}$ 的每一列，即矩阵 $\boldsymbol{A}^T$ 的每一行，表示对应支路与节点的关联关系，因此，支路电压向量 $\dot{U}_b$ 与节点电压向量 $\dot{U}_n$ 的关系可表示为

$$\dot{U}_b = \boldsymbol{A}^T \dot{U}_n \qquad\qquad (14-14)$$

为便于写出支路特性的矩阵方程，定义电路中的复合支路如图 14-9 所示。图中 Z_k 为该支路的阻抗，$\dot{I}_{sk}$ 和 $\dot{U}_{sk}$ 分别为该支路中独立电流源的电流相量和独立电压源的电压相量。该支路的伏安关系可表示为

$$\dot{U}_k = Z_k(\dot{I}_k - \dot{I}_{sk}) + \dot{U}_{sk} \qquad\qquad (14-15)$$

或

$$\dot{I}_k = Y_k(\dot{U}_k - \dot{U}_{sk}) + \dot{I}_{sk} \qquad\qquad (14-16)$$

式中，$Y_k = Z_k^{-1}$，为该支路的导纳。

若电路中无受控源和耦合电感，则电路中的一般支路均可看作图 14-9 所示复合支路的特例，各支路的方程都有 (14-15) 式或 (14-16) 式的形式，电路所有支路的伏安关系可用矩阵形式表示为

$$\dot{U}_b = \boldsymbol{Z}(\dot{I}_b - \dot{I}_s) + \dot{U}_s \qquad (14-17)$$

或

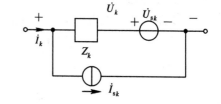

图 14-9　复合支路

$$\dot{I}_b = \boldsymbol{Y}(\dot{U}_b - \dot{U}_s) + \dot{I}_s \qquad\qquad (14-18)$$

其中，$\boldsymbol{Z}$、$\boldsymbol{Y}$ 分别是支路阻抗矩阵和支路导纳矩阵；$\dot{I}_s$ 和 $\dot{U}_s$ 分别是支路电流源向量及支路电压源向量。它们分别定义为

$$\left.\begin{aligned} \boldsymbol{Z} &= \mathrm{diag}\begin{bmatrix} Z_1 & Z_2 & \cdots & Z_b \end{bmatrix} \\ \boldsymbol{Y} &= \mathrm{diag}\begin{bmatrix} Y_1 & Y_2 & \cdots & Y_b \end{bmatrix} \\ \dot{I}_s &= \begin{bmatrix} \dot{I}_{s1} & \dot{I}_{s2} & \cdots & \dot{I}_{sb} \end{bmatrix}^T \\ \dot{U}_s &= \begin{bmatrix} \dot{U}_{s1} & \dot{U}_{s2} & \cdots & \dot{U}_{sb} \end{bmatrix}^T \end{aligned}\right\} \qquad (14-19)$$

正弦电流电路中，(14-2) 式表示的节点 KCL 方程矩阵形式可写作：

$$\boldsymbol{A}\dot{I}_b = \boldsymbol{0} \qquad\qquad (14-20)$$

将 (14-18) 式、(14-14) 式代入上式，化简可得

$$\boldsymbol{A}\boldsymbol{Y}\boldsymbol{A}^T\dot{U}_n = \boldsymbol{A}\boldsymbol{Y}\dot{U}_s - \boldsymbol{A}\dot{I}_s \qquad\qquad (14-21)$$

上式即矩阵形式的节点方程，可简写作：

$$\boldsymbol{Y}_n\dot{U}_n = \dot{J}_n \qquad\qquad (14-22)$$

其中，$\boldsymbol{Y}_n = \boldsymbol{A}\boldsymbol{Y}\boldsymbol{A}^T$，称为节点导纳矩阵；$\dot{J}_n = \boldsymbol{A}\boldsymbol{Y}\dot{U}_s - \boldsymbol{A}\dot{I}_s$，称为节点电流源向量。由上式求出 $n-1$ 个节点电压后，可根据 (14-14) 式和 (14-18) 式求得支路电压向量 $\dot{U}_b$ 和支路电流向量 $\dot{I}_b$。

例 14-1　求如图 14-10(a)所示网络的矩阵形式节点方程。

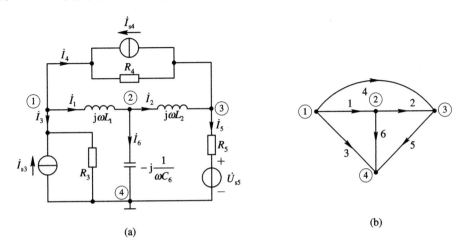

图 14-10　例 14-1 题图及其拓扑图

解　该网络的拓扑图如图 14-10(b)所示。取节点④为参考节点，则网络的关联矩阵为

$$A = \begin{bmatrix} 1 & 0 & 1 & 1 & 0 & 0 \\ -1 & 1 & 0 & 0 & 0 & 1 \\ 0 & -1 & 0 & -1 & 1 & 0 \end{bmatrix}$$

支路电压源向量 $\dot{U}_s$、支路电流源向量 $\dot{I}_s$ 及支路导纳矩阵 Y 分别为

$$\dot{U}_s = \begin{bmatrix} 0 & 0 & 0 & 0 & \dot{U}_{s5} & 0 \end{bmatrix}^T$$

$$\dot{I}_s = \begin{bmatrix} 0 & 0 & -\dot{I}_{s3} & -\dot{I}_{s4} & 0 & 0 \end{bmatrix}^T$$

$$Y = \begin{bmatrix} -j\dfrac{1}{\omega L_1} & 0 & 0 & 0 & 0 & 0 \\ 0 & -j\dfrac{1}{\omega L_2} & 0 & 0 & 0 & 0 \\ 0 & 0 & \dfrac{1}{R_3} & 0 & 0 & 0 \\ 0 & 0 & 0 & \dfrac{1}{R_4} & 0 & 0 \\ 0 & 0 & 0 & 0 & \dfrac{1}{R_5} & 0 \\ 0 & 0 & 0 & 0 & 0 & j\omega C_6 \end{bmatrix}$$

可求得节点导纳矩阵及节点电流源向量分别为

$$Y_n = AYA^T = \begin{bmatrix} -j\dfrac{1}{\omega L_1} + \dfrac{1}{R_3} + \dfrac{1}{R_4} & j\dfrac{1}{\omega L_1} & -\dfrac{1}{R_4} \\ j\dfrac{1}{\omega L_1} & -j\dfrac{1}{\omega L_1} - j\dfrac{1}{\omega L_2} + j\omega C_6 & j\dfrac{1}{\omega L_2} \\ -\dfrac{1}{R_4} & j\dfrac{1}{\omega L_2} & -j\dfrac{1}{\omega L_2} + \dfrac{1}{R_4} + \dfrac{1}{R_5} \end{bmatrix}$$

$$\dot{J}_n = AY\dot{U}_s - A\dot{I}_s = \begin{bmatrix} \dot{I}_{s3} + \dot{I}_{s4} \\ 0 \\ -\dot{I}_{s4} + \dfrac{\dot{U}_{s5}}{R_5} \end{bmatrix}$$

由(14-22)式得矩阵形式的节点方程为

$$\begin{bmatrix} -\mathrm{j}\dfrac{1}{\omega L_1} + \dfrac{1}{R_3} + \dfrac{1}{R_4} & \mathrm{j}\dfrac{1}{\omega L_1} & -\dfrac{1}{R_4} \\ \mathrm{j}\dfrac{1}{\omega L_1} & -\mathrm{j}\dfrac{1}{\omega L_1} - \mathrm{j}\dfrac{1}{\omega L_2} + \mathrm{j}\omega C_6 & \mathrm{j}\dfrac{1}{\omega L_2} \\ -\dfrac{1}{R_4} & \mathrm{j}\dfrac{1}{\omega L_2} & -\mathrm{j}\dfrac{1}{\omega L_2} + \dfrac{1}{R_4} + \dfrac{1}{R_5} \end{bmatrix} \begin{bmatrix} \dot{U}_{n1} \\ \dot{U}_{n2} \\ \dot{U}_{n3} \end{bmatrix}$$

$$= \begin{bmatrix} \dot{I}_{s3} + \dot{I}_{s4} \\ 0 \\ -\dot{I}_{s4} + \dfrac{\dot{U}_{s5}}{R_5} \end{bmatrix}$$

当网络中存在耦合电感时,矩阵形式的支路特性方程仍为(14-17)式或(14-18)式,但式中的支路阻抗矩阵 $\boldsymbol{Z}$ 不再是对角阵,若考虑各支路间均有耦合这一最复杂的情况,支路阻抗矩阵可表示为

$$\boldsymbol{Z} = \begin{bmatrix} Z_1 & \pm\mathrm{j}\omega M_{12} & \cdots & \pm\mathrm{j}\omega M_{1b} \\ \pm\mathrm{j}\omega M_{21} & Z_2 & \cdots & \pm\mathrm{j}\omega M_{2b} \\ \vdots & \vdots & & \vdots \\ \pm\mathrm{j}\omega M_{b1} & \pm\mathrm{j}\omega M_{b2} & \cdots & Z_b \end{bmatrix}$$

上式中各互感前的正负号由各线圈的同名端及支路电流和电压的参考方向决定。电路有互感时,支路导纳矩阵也不再是对角阵,它可由 $\boldsymbol{Y} = \boldsymbol{Z}^{-1}$ 求得,求出 $\boldsymbol{Y}$ 阵后,仍根据(14-21)式求得矩阵形式的节点方程。

对于含有受控源的网络,也可推出其节点方程的矩阵形式。由于要考虑四种不同类型的受控源,推导较为复杂,本书限于篇幅不予介绍。

14.4 回路分析法和回路方程的矩阵形式

回路分析法以回路电流为变量列方程,对于有 n 个节点、b 条支路的正弦电流电路,将其 $l = b - n + 1$ 个独立回路电流用一个 l 阶列向量 $\dot{\boldsymbol{I}}_l$ 表示,称为回路电流向量,即

$$\dot{\boldsymbol{I}}_l = \begin{bmatrix} \dot{I}_{l1} & \dot{I}_{l2} & \cdots & \dot{I}_{l(b-n+1)} \end{bmatrix}^{\mathrm{T}}$$

若所选独立回路为基本回路,则回路电流向量即连支电流向量。

由于各支路电流等于它所关联的所有独立回路的电流之代数和,而回路矩阵 $\boldsymbol{B}$ 的每一列,即矩阵 $\boldsymbol{B}^{\mathrm{T}}$ 的每一行,表示对应支路与独立回路的关联情况,因此,按照矩阵的乘法规则不难得出,支路电流向量 $\dot{\boldsymbol{I}}_b$ 与回路电流向量 $\dot{\boldsymbol{I}}_l$ 的关系可表示为

$$\dot{\boldsymbol{I}}_b = \boldsymbol{B}^{\mathrm{T}}\dot{\boldsymbol{I}}_l \tag{14-23}$$

正弦电流电路中,(14-4)式表示的回路 KVL 方程可写作:

$$B\dot{U}_b = 0 \tag{14-24}$$

将(14-17)式、(14-23)式代入上式,化简可得

$$BZB^T\dot{I}_l = BZ\dot{I}_s - B\dot{U}_s \tag{14-25}$$

上式即矩阵形式的回路方程。可简写作:

$$Z_l\dot{I}_l = \dot{U}_l \tag{14-26}$$

其中,$Z_l = BZB^T$,称为回路阻抗矩阵;$\dot{U}_l = BZ\dot{I}_s - B\dot{U}_s$,称为回路电压源向量。由上式求出 l 个回路电流后,可根据(14-23)式和(14-17)式求得支路电流向量 $\dot{I}_b$ 和支路电压向量 $\dot{U}_b$。

例 14-2　求如图 14-11(a)所示网络的矩阵形式回路方程。

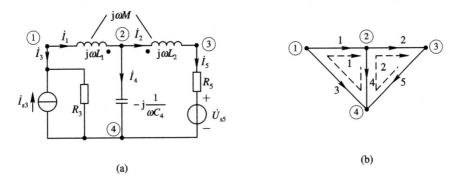

(a)　　　　　　　　　　　　　　　　　(b)

图 14-11　例 14-2 题图及其拓扑图

解　该网络的拓扑图如图 14-11(b)所示。取支路 3、4、5 为树支,则两个基本回路如图中虚线所示。网络的基本回路矩阵为

$$B_f = \begin{bmatrix} 1 & 0 & -1 & 1 & 0 \\ 0 & 1 & 0 & -1 & 1 \end{bmatrix}$$

支路电压源向量 $\dot{U}_s$、支路电流源向量 $\dot{I}_s$ 及支路阻抗矩阵 Z 分别为

$$\dot{U}_s = \begin{bmatrix} 0 & 0 & 0 & 0 & \dot{U}_{s5} \end{bmatrix}^T$$

$$\dot{I}_s = \begin{bmatrix} 0 & 0 & -\dot{I}_{s3} & 0 & 0 \end{bmatrix}^T$$

$$Z = \begin{bmatrix} j\omega L_1 & -j\omega M & 0 & 0 & 0 \\ -j\omega M & j\omega L_2 & 0 & 0 & 0 \\ 0 & 0 & R_3 & 0 & 0 \\ 0 & 0 & 0 & -j\dfrac{1}{\omega C_4} & 0 \\ 0 & 0 & 0 & 0 & R_5 \end{bmatrix}$$

可求得回路阻抗阵及回路电压源向量分别为

$$Z_l = B_f Z B_f^T = \begin{bmatrix} j\omega L_1 + R_3 - j\dfrac{1}{\omega C_4} & j\dfrac{1}{\omega C_4} - j\omega M \\ j\dfrac{1}{\omega C_4} - j\omega M & j\omega L_2 - j\dfrac{1}{\omega C_4} + R_5 \end{bmatrix}$$

$$\dot{U}_l = B_f Z \dot{I}_s - B_f \dot{U}_s = \begin{bmatrix} \dot{I}_{s3} R_3 \\ -\dot{U}_{s5} \end{bmatrix}$$

由(14-26)式得矩阵形式的回路方程为

$$
\begin{bmatrix}
j\omega L_1 + R_3 - j\dfrac{1}{\omega C_4} & j\dfrac{1}{\omega C_4} - j\omega M \\[3mm]
j\dfrac{1}{\omega C_4} - j\omega M & j\omega L_2 - j\dfrac{1}{\omega C_4} + R_5
\end{bmatrix}
\begin{bmatrix}
\dot{I}_{l1} \\[2mm]
\dot{I}_{l2}
\end{bmatrix}
=
\begin{bmatrix}
\dot{I}_{s3} R_3 \\[2mm]
-\dot{U}_{s5}
\end{bmatrix}
$$

14.5 割集分析法和割集方程的矩阵形式

一个有 b 条支路、n 个节点的电路，选定其一个树，支路按照先连支后树支的顺序排列，则基本回路矩阵 $\boldsymbol{B}_\mathrm{f}$、基本割集矩阵 $\boldsymbol{Q}_\mathrm{f}$ 可写成分块形式，如(14-3)式、(14-5)式所示。若将支路电压向量也按照连支和树支分块，则基本回路的 KVL 方程可写作：

$$
\boldsymbol{B}_\mathrm{f}\boldsymbol{u}_b = \begin{bmatrix} \boldsymbol{1}_l & \boldsymbol{B}_t \end{bmatrix}\begin{bmatrix} \boldsymbol{u}_l \\ \boldsymbol{u}_t \end{bmatrix} = \boldsymbol{u}_l + \boldsymbol{B}_t\boldsymbol{u}_t = \boldsymbol{0}
$$

其中，$\boldsymbol{u}_l$ 为连支电压向量，是 $l=b-n+1$ 阶列向量；$\boldsymbol{u}_t$ 为树支电压向量，是 $t=n-1$ 阶列向量，表示为 $\boldsymbol{u}_t = \begin{bmatrix} u_{t1} & u_{t2} & \cdots & u_{t(n-1)} \end{bmatrix}^\mathrm{T}$。将(14-13)式代入上式，有

$$
\boldsymbol{u}_l = -\boldsymbol{B}_t\boldsymbol{u}_t = \boldsymbol{Q}_l^\mathrm{T}\boldsymbol{u}_t
$$

即

$$
\boldsymbol{u}_b = \begin{bmatrix} \boldsymbol{u}_l \\ \boldsymbol{u}_t \end{bmatrix} = \begin{bmatrix} \boldsymbol{Q}_l^\mathrm{T}\boldsymbol{u}_t \\ \boldsymbol{u}_t \end{bmatrix} = \begin{bmatrix} \boldsymbol{Q}_l^\mathrm{T} \\ \boldsymbol{1}_t \end{bmatrix}\boldsymbol{u}_t = \boldsymbol{Q}_\mathrm{f}^\mathrm{T}\boldsymbol{u}_t \tag{14-27}
$$

(14-27)式是支路电压与树支电压的关系式。该式表明，各支路电压等于树支电压的线性组合。因此，可用树支电压代替支路电压列方程求解电路，解出树支电压后，由(14-27)式便可求得全部支路电压。以树支电压为变量列方程的电路分析方法称为割集分析法。

正弦电流电路中，(14-6)式表示的割集 KCL 方程及(14-27)式可分别写作：

$$
\boldsymbol{Q}_\mathrm{f}\dot{\boldsymbol{I}}_b = \boldsymbol{0} \tag{14-28}
$$

$$
\dot{\boldsymbol{U}}_b = \boldsymbol{Q}_\mathrm{f}^\mathrm{T}\dot{\boldsymbol{U}}_t \tag{14-29}
$$

将(14-18)式、(14-29)式代入(14-28)式，化简可得

$$
\boldsymbol{Q}_\mathrm{f}\boldsymbol{Y}\boldsymbol{Q}_\mathrm{f}^\mathrm{T}\dot{\boldsymbol{U}}_t = \boldsymbol{Q}_\mathrm{f}\boldsymbol{Y}\dot{\boldsymbol{U}}_s - \boldsymbol{Q}_\mathrm{f}\dot{\boldsymbol{I}}_s \tag{14-30}
$$

上式为以 $n-1$ 个树支电压为未知量的割集方程的矩阵形式，可简写作：

$$
\boldsymbol{Y}_t\dot{\boldsymbol{U}}_t = \dot{\boldsymbol{J}}_t \tag{14-31}
$$

其中，$\boldsymbol{Y}_t = \boldsymbol{Q}_\mathrm{f}\boldsymbol{Y}\boldsymbol{Q}_\mathrm{f}^\mathrm{T}$，称为割集导纳矩阵；$\dot{\boldsymbol{J}}_t = \boldsymbol{Q}_\mathrm{f}\boldsymbol{Y}\dot{\boldsymbol{U}}_s - \boldsymbol{Q}_\mathrm{f}\dot{\boldsymbol{I}}_s$，称为割集电流源向量。由上式求出 t 个树支电压后，可根据(14-29)式和(14-18)式求得支路电压向量 $\dot{\boldsymbol{U}}_b$ 和支路电流向量 $\dot{\boldsymbol{I}}_b$。

例 14-3 求如图 14-12(a)所示网络的矩阵形式割集方程。

解 该网络的拓扑图如图 14-12(b)所示，取支路 3、4、5 为树支，则三个基本割集如图中虚线所示。网络的基本割集矩阵为

$$
\boldsymbol{Q}_\mathrm{f} = \begin{bmatrix}
1 & 0 & 1 & 0 & 0 \\
-1 & 1 & 0 & 1 & 0 \\
0 & -1 & 0 & 0 & 1
\end{bmatrix}
$$

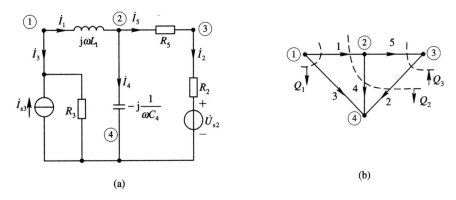

图 14 - 12 例 14 - 3 题图及其拓扑图

支路电压源向量 $\dot{U}_s$、支路电流源向量 $\dot{I}_s$ 及支路导纳矩阵 Y 分别为

$$\dot{U}_s = \begin{bmatrix} 0 & \dot{U}_{s2} & 0 & 0 & 0 \end{bmatrix}^{\mathrm{T}}$$

$$\dot{I}_s = \begin{bmatrix} 0 & 0 & -\dot{I}_{s3} & 0 & 0 \end{bmatrix}^{\mathrm{T}}$$

$$Y = \begin{bmatrix} -\mathrm{j}\dfrac{1}{\omega L_1} & 0 & 0 & 0 & 0 \\ 0 & \dfrac{1}{R_2} & 0 & 0 & 0 \\ 0 & 0 & \dfrac{1}{R_3} & 0 & 0 \\ 0 & 0 & 0 & \mathrm{j}\omega C_4 & 0 \\ 0 & 0 & 0 & 0 & \dfrac{1}{R_5} \end{bmatrix}$$

可求得割集导纳矩阵及割集电流源向量分别为

$$Y_t = Q_f Y Q_f^{\mathrm{T}} = \begin{bmatrix} \dfrac{1}{R_3}-\mathrm{j}\dfrac{1}{\omega L_1} & \mathrm{j}\dfrac{1}{\omega L_1} & 0 \\ \mathrm{j}\dfrac{1}{\omega L_1} & \dfrac{1}{R_2}-\mathrm{j}\dfrac{1}{\omega L_1}+\mathrm{j}\omega C_4 & -\dfrac{1}{R_2} \\ 0 & -\dfrac{1}{R_2} & \dfrac{1}{R_2}+\dfrac{1}{R_5} \end{bmatrix}$$

$$\dot{J}_t = Q_f Y \dot{U}_s - Q_f \dot{I}_s = \begin{bmatrix} \dot{I}_{s3} \\ \dfrac{\dot{U}_{s2}}{R_2} \\ -\dfrac{\dot{U}_{s2}}{R_2} \end{bmatrix}$$

由(14 - 31)式得矩阵形式的割集方程为

$$\begin{bmatrix} \dfrac{1}{R_3}-\mathrm{j}\dfrac{1}{\omega L_1} & \mathrm{j}\dfrac{1}{\omega L_1} & 0 \\ \mathrm{j}\dfrac{1}{\omega L_1} & \dfrac{1}{R_2}-\mathrm{j}\dfrac{1}{\omega L_1}+\mathrm{j}\omega C_4 & -\dfrac{1}{R_2} \\ 0 & -\dfrac{1}{R_2} & \dfrac{1}{R_2}+\dfrac{1}{R_5} \end{bmatrix} \begin{bmatrix} \dot{U}_{t1} \\ \dot{U}_{t2} \\ \dot{U}_{t3} \end{bmatrix} = \begin{bmatrix} \dot{I}_{s3} \\ \dfrac{\dot{U}_{s2}}{R_2} \\ -\dfrac{\dot{U}_{s2}}{R_2} \end{bmatrix}$$

习　题

14-1　网络拓扑图如习题 14-1 图所示,判断下列支路集合中哪些是割集:

(1) $(9, 2, 5, 7, 8, 3)$;

(2) $(5, 6, 7, 8)$;

(3) $(5, 6, 7, 8, 3)$;

(4) $(2, 3, 6, 9, 10)$。

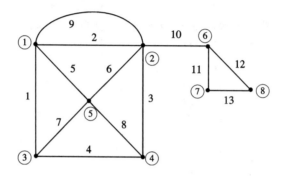

习题 14-1 图

14-2　网络拓扑图如习题 14-2 图所示,选择图中实线为树支,虚线为连支,试列举出全部基本回路和基本割集。

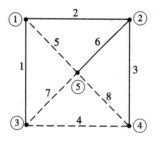

习题 14-2 图

14-3　已知一个连通图的关联矩阵为

$$
\boldsymbol{A} = \begin{matrix} & \begin{matrix} 1 & \ 2 & \ \ 3 & \ \ 4 & \ \ 5 & \ \ 6 \end{matrix} \\ \begin{matrix} 1 \\ 2 \\ 3 \\ 4 \end{matrix} & \begin{bmatrix} 1 & 0 & 0 & 0 & 0 & -1 \\ 0 & -1 & 0 & -1 & 1 & 0 \\ 0 & 1 & 1 & 0 & 0 & 1 \\ 0 & 0 & -1 & 0 & -1 & 0 \end{bmatrix} \end{matrix}
$$

试画出对应连通图。

14-4 有向图如习题 14-4 图所示,以节点⑤为参考节点,写出其关联矩阵 **A**。

14-5 上题有向图中,以支路 6、7、8、9 作为树支,试写出基本回路矩阵和基本割集矩阵,并验证 $\boldsymbol{B}_t^\mathrm{T} = -\boldsymbol{A}_t^{-1}\boldsymbol{A}_l$ 及 $\boldsymbol{Q}_l = -\boldsymbol{B}_t^\mathrm{T}$。

14-6 对习题 14-6 图所示电路,以节点④为参考节点,写出矩阵形式的节点方程。

14-7 对习题 14-7 图所示电路,选择独立回路如图中虚线所示,写出矩阵形式的回路方程。

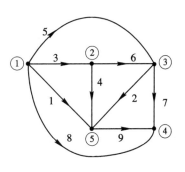

习题 14-4 图

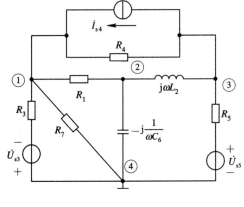

习题 14-6 图

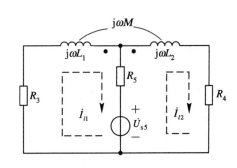

习题 14-7 图

14-8 对习题 14-8 图所示电路,选择支路 4、5、6 作为树支,写出矩阵形式的割集方程。

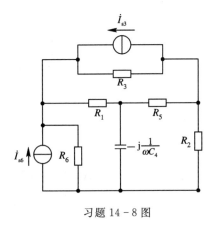

习题 14-8 图

* 第 15 章 利用 MATLAB 计算电路

MATLAB 是美国 Mathworks 公司开发的大型数学计算软件，它提供了强大的矩阵处理和绘图功能，可信度高，灵活性好，因而在世界范围内被科学工作者、工程师和大中学生广泛使用。它以复数矩阵作为基本编程单元，比使用一些高级编程语言（如 FORTRAN、C、PASCAL）都更加方便，在电路计算方面用 MATLAB 编程也显得更加简单。

15.1 MATLAB 概述

1. MATLAB 的特点

1）编程简单使用方便

矩阵和向量运算是工程数学计算的基础，而 MATLAB 的基本数据单元既不需要指定维数，也不需要说明数据类型（向量和标量是矩阵的特例），而且数学表达形式和运算规则与通常的习惯相同。

例 15 - 1 下面的语句完成矩阵最简单的乘法功能。

```
>> A=[1 2 3;4 5 6;7 8 9];
>> B=[3 2 1;6 5 4;9 8 7];          %定义两个矩阵，符号%表示注释
>> X=[5 7 6]';                     %X 表示[5 7 6]的转置矩阵
>> C=A*B;
>> D=A*X;
>> C
C =                                %A*B 的结果
    42      36      30
    96      81      66
   150     126     102
>> D
D =                                %A*X 的结果

    37
    91
   145
```

2）函数库可以任意扩充

MATLAB 语言的函数库除基本的函数外，还有初等矩阵和矩阵变换、数值线性代数、多项式运算求根、函数的插值和数据的多项式拟合、数值积分和常微分方程数值解、单变

量非线性方程求根、函数求极值、数据分析和傅立叶变换等，这些函数都可以直接调用。特别是由于库函数与用户文件的形式相同，因此用户文件可以像库函数一样随意调用。简而言之，用户可以根据自己的需要任意扩充函数库。

3）语言简单内涵丰富

MATLAB 语言中最基本最重要的成分是函数，其一般形式为

$$\text{Function}[a,b,c,\cdots] = \text{fun}(d, e, f,\cdots)$$

其中，fun 是自定义的函数名，只要不与库函数名相重，并且符合字符串书写规则即可；d，e，f，…是输入量，可以是形参，也可以是实参；a，b，c，…是输出变量。如果没有输入变量或没有输出变量，输入和输出变量可以缺省。因此，这里的函数既可以是数学上的函数，也可以是程序块或子程序，内涵包罗万象，十分丰富。每个函数建立一个同名的 M 文件，如上述的文件名为 fun.m。这种文件简单、短小、高效，并且便于调试。

4）简单的绘图功能

MATLAB 具有二维和三维绘图功能，使用方法十分简便，而且用户可以根据需要在坐标上加标题、坐标轴标记，也可以指定图线形式（如实线、虚线等）和颜色，还可以在同一张图上画不同函数的曲线，对于曲面图可以画出等高线等。

2. MATLAB 的举例

例 15 - 2 画一条电流振荡曲线 $i = 3\mathrm{e}^{-t} \sin(2t + \pi/3)$ A，间隔为 0.1 s。

解 建立一个名为 current_sub.m 的 M 文件如下：

```
%current_sub.m
t=0:0.1:2*pi;
i=3*exp(-t).*sin(2*t+pi/3);     %不要忘记 exp(-t)后面的".."运算符
                                %"."表示向量相乘

plot(t,i);
```

在命令窗口输入 current_sub 后按回车，画出衰减电流曲线如图 15-1 所示。

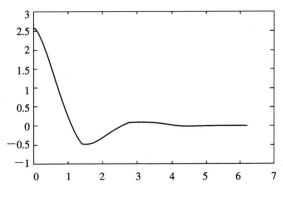

图 15-1 例 15-2 题图

例 15 - 3 作下列函数在矩形域上的图形：

$$u = \sin(\pi x) \sin(\pi y) \quad 0 \leqslant x \leqslant 1, \, 0 \leqslant y \leqslant 1$$

解 设 n 为区间[0,1]的等分段数，步长为 $h = 1/n$。作 M 文件如下：

```
%function image3d(n)
function image3d(n)
h=1/n; x=0:h:1; y=x;
u=(sin(pi * x))' * sin(pi * y); mesh(x,y,u);
%title('图 15-2 三维消隐图');
xlabel('x'); ylabel('y'); zlabel('u');
%hidden        %如果去掉%，可以使隐藏于后面的图线显示出来
```

在命令窗口输入 image3d(20)后按回车即可，结果如图 15-2 所示。

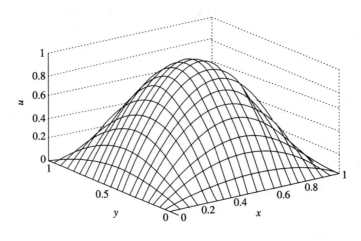

图 15-2　例 15-3 题图

15.2　MATLAB 程序设计基础

15.2.1　程序编辑与执行程序

（1）启动程序编辑器。MATLAB 提供了一个内置的具有编辑和调试功能的程序编辑器（Edittor/Debugger）。在缺省情况下，程序编辑器不随 MATLAB 的启动而开启，只有编写程序文件时才启动。

在 MATLAB 的操作桌面中有三种方式可以进入程序编辑器：

① 选择菜单栏"File"项中的"New"或"Open"项；

② 选择工具栏的"New"或"Open"按钮；

③ 在命令菜单中输入 edit 命令。

（2）在命令窗口用下面两种方式执行：

① 用菜单操作从 File→Run Script 调出 M 文件；

② 直接在命令窗口编辑区键入 M 文件名。

（3）M 文件的形式有两种：命令形式和函数形式。

① 命令文件。当用户要运行指令较多时，直接在 MATLAB COMMAND 窗口下，输

入命令比较麻烦，可以编辑一个命令文件，将要执行的命令按顺序写入一个 M 文件。当命令文件运行时，也将按顺序连续执行文件里的指令、函数等。在运行命令文件之前，可以用 clear 命令清除工作空间内的数据。

②　函数文件。如果 M 文件的第一行包括 function，则此文件是函数文件，其基本格式如下：

　　　　function[返回变量列表]＝函数名(输入变量列表)

　　　　　　函数体语句

例 15 - 4　编写函数文件求 $a=$[5 15 25 32]的均方根值。

解　编写求均方根函数文件 Rms.m 如下：

　　　　％Rms.m

　　　　function r＝Rms(a)

　　　　aa＝a.^2；

　　　　[nr,nl]＝size(aa)；

　　　　r＝sqrt(sum(aa)/nl)；

在 Matlab command 窗口下,调用函数 Rms()：

　　　　x＝[5 15 25 32]；

　　　　RMS＝Rms(x)；

运行结果为

　　　　RMS＝21.7888

在这里要特别注意的是，函数文件的文件名必须和函数名相同。

15.2.2　程序控制语句

MATLAB 程序控制语句包括：循环语句和条件语句。循环语句有 for 语句和 while 语句，条件语句有 if 语句和 switch 语句。

1. for 语句

for 语句的基本格式如下：

　　　　for 循环变量＝起始值:步长:终止值

　　　　　　循环体；

　　　　end

例 15 - 5　求 Hilbert 矩阵 **H**。

解　编写语句如下：

　　　　for i＝1:n

　　　　　for j＝1:n

　　　　　　　H(i,j)＝1/(i+j-1)；

　　　　　end

　　　　end

其中，循环变量步长默认为 1。循环变量可以从大到小，这时的步长为负数，如 i＝n:-1:1。

2. while 语句

while 语句的基本格式如下：

    while 条件表达式

        循环体；

    end

例 15-6　用循环语句求阶乘 $s=n!$。

解　编写语句如下：

    s=1；

    i=1；

    while(i<n)

        i=i+1；

        s=s*i；

    end

其中，循环的重复次数是预先指定的 n。

3. if 语句

if 语句的基本格式如下：

    if 表达式

      执行语句；

    elseif 表达式

      执行语句；

    else

      执行语句

    end

4. switch 语句

switch 语句的基本格式如下：

    switch 表达式

    case 值 1

        执行语句 1；

    case 值 2

        执行语句 2；

        ⋮

    end

15.3　电路的传递函数及频率特性

在图 15-3 所示的正弦电路中，设电流源 $i=\sqrt{2}\,I\,\sin\omega t$ 为激励电源，正弦稳态电压 u 为响应电压，那么我们称两复数之比 $\dot{U}/\dot{I}$ 为传递函数。

电路传递函数如下：

$$H(\mathrm{j}\omega) = \cfrac{1}{\cfrac{1}{R_1 + \mathrm{j}\omega L} + \cfrac{1}{R_2} + \mathrm{j}\omega C} \qquad (15-1)$$

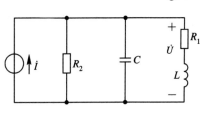

用拉氏变换，设 $s = \mathrm{j}\omega$，将之代入上式并记 $H(s)\big|_{s=\mathrm{j}\omega} = \dot{U}/\dot{I}$，则上式变为

$$H(s) = \frac{sR_2 L + R_1 R_2}{s^2 R_2 LC + s(R_1 R_2 C + L) + (R_1 + R_2)}$$

$$(15-2)$$

图 15-3　正弦电路

当 ω 从 0 到 ∞ 变化时，$H(s)\big|_{s=\mathrm{j}\omega}$ 的幅值 $|H(\mathrm{j}\omega)|$ 和相位 $\arg H(\mathrm{j}\omega)$ 也随着变化，前者称为幅频特性，后者称为相频特性。

例 15-7　已知 $H(s) = \dfrac{1}{s^2 + s + 1}$，求从 1 rad/s 到 20 rad/s、步长为 1 rad/s 的 H 值，并绘制幅频、相频特性。

解　建立一个 M 文件，文件名为 Transfer.m，文件具体代码如下：

```
% Transfer function
for i=1:20
    s=0+j*i;        %s=jω 是变量
    h(i)=1/(s*s+s+1);
end
for i=1:2:20        %按 ω=1，3，5，…，19 显示
    disp(i)
    disp(h(i))
    end
am=abs(h);
phase=angle(h);
hold on
plot(am,'r')        %绘制 am，phase 向量
plot(phase,'g')
```

输出的结果（$\omega = 1$，3，…，19 相对应的 $H(\omega)$ 值）如下所示，曲线图如图 15-4 所示（上面的曲线代表幅频，下面的曲线代表相频）。

1	$0 - 1.0000\mathrm{i}$
3	$-0.1096 - 0.0411\mathrm{i}$
5	$-0.0399 - 0.0083\mathrm{i}$
7	$-0.0204 - 0.0030\mathrm{i}$
9	$-0.0123 - 0.0014\mathrm{i}$
11	$-0.0083 - 0.0008\mathrm{i}$
13	$-0.0059 - 0.0005\mathrm{i}$

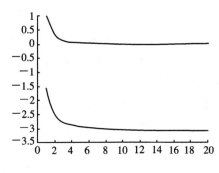

图 15-4　例 15-7 题图

15	$-0.0044 - 0.0003i$
17	$-0.0035 - 0.0002i$
19	$-0.0028 - 0.0001i$

15.4 非线性直流电路计算

在图 15-5 所示的非线性电路中，其电路方程函数表达式为

$$f(u) = Rg(U) + U - E = 0 \qquad (15-3)$$

其中，$g(u) = I$。

利用牛顿迭代公式将上式改写为

$$U_{j+1} = U_j - \frac{f(U_j)}{f'(U_j)} \qquad (15-4)$$

上式中，$f'(U_j)$ 是 $f(U_j)$ 关于 U 的导数在第 j 次的迭代值。

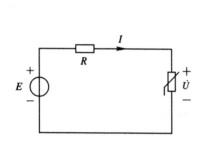

图 15-5 非线性电路

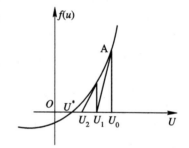

图 15-6 牛顿迭代法

图 15-6 是牛顿迭代法的几何解法，方程的精确解为 $(U^*, 0)$。U_0 为初始试探值，则 A 点坐标为 $(U_0, f(U_0))$，从 A 点作切线交 U 轴于 U_1，切线斜率为 $f'(U_0)$，因此，有

$$U_0 - U_1 = \frac{f(U_0)}{f(U_1)} \qquad (15-5)$$

即

$$U_1 = U_0 - \frac{f(U_0)}{f(U_1)} \qquad (15-6)$$

这是 $j=0$ 时的公式，继续令 $j=1, 2, \cdots$，重复这一过程，从图中可以得到 $U_2, U_3, \cdots$，直到 U_{j+1} 非常接近精确值 U^*。我们设定当 $|U_{j+1} - U_j| < \varepsilon$ 时就认为 U_j 是方程的近似解，ε 作为收敛判据，其具体值由计算要求的精度确定。

迭代时可以任意选择初始试探值，最好预先估计解的近似值，将其作为初始值，这样可以减少迭代次数。

例 15-8 在图 15-5 中，设 $E = 1\text{ V}$，$R = 10\text{ k}\Omega$，非线性电阻二极管的伏安特性为 $I = g(U) = [10 \times 10^{-6} \times (e^{38.6U} - 1)]\text{A}$，要求用牛顿迭代法求其解。

解 作名字为 newton.m 的文件如下：

```
%nonlinear newton solution
key=0;
```

```
i=0;                                    %i 表示迭代次数
uj=0.01;                                %u 的初探值
while(key==0)                           %迭代查找
    f=uj+1e4 * 10e−6 * (exp(38.6 * uj)−1)−1; % f(Uj)
    df=1+1e4 * 10e−6 * 36.8 * (exp(38.6 * uj));% f′(Uj)
    uk=uj−f/df;                         %代入牛顿公式
    i=i+1;                              %新的迭代值
    if(abs(df)<eps)
        disp('denominator is0');        %此时分母为 0
        break;
    elseif(abs(uk−uj)<eps)
        key=1;                          %key=1 表示解已经找到
    elseif(i<100)
        disp(uk);
        uj=uk;
    else
        disp('The number of iteration>100');
        break;
    end;
end;
%显示结果，disp 显示字符串向量，num2str 表示数字转为字符串
    disp(['The solution is', num2str(uj)])
    disp(['The error is', num2str(f)])
```

运行结果如下：
```
>>
0.1570    0.1305    0.1050    0.0827    0.0670    0.0611    0.0606    0.0607
0.0607    0.0607    0.0607    0.0607    0.0607    0.0607    0.0607    0.0607
The solution is0.060652
The error is1.1102e−015
```

15.5 非正弦电路计算

在非正弦电路的计算问题中，如对于给定的时间函数，计算其平均功率、直流分量或有效值等主要涉及定积分，通常定积分的求解要用到梯形公式、辛普生积分公式以及它们的复化形式。

由图 15－7(a)可以写出梯形公式如下：

$$\int_a^b f(t)\,\mathrm{d}t = \frac{h}{2}[f(a)+f(b)] \tag{15-7}$$

其中，$h=b-a$。在图 15-7(b) 中，可以证明：

$$S_n = \int_a^b f(t)\ \mathrm{d}t = \frac{b-a}{6}\left[f(a) + 4f\left(\frac{a+b}{2}\right) + f(b)\right] \tag{15-8}$$

上式即为辛普生公式或抛物线公式。（详细证明可参阅计算方法有关书籍）

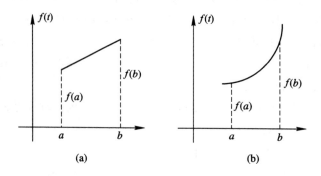

图 15-7　梯形公式和辛普生公式

将上述结论推广可得到计算精度更高的复化梯形公式：

$$T_n = \int_a^b f(t)\ \mathrm{d}t = \frac{h}{2}\left[f(a) + f(b) + 2\sum_{i=0}^{n-1} f(a+ih)\right] \tag{15-9}$$

其中，$h=\dfrac{b-a}{n}$ 为步长。为提高精度，对区间 $[a,b]$ 做 $2n$ 等分得到

$$T_{2n} = \int_a^b f(t)\ \mathrm{d}t = \frac{1}{2}\left[T_n + h\sum_{i=0}^{n-1} f\left(a+(2i+1)\frac{b-a}{2n}\right)\right] \tag{15-10}$$

通过 (15-7) 式到 (15-10) 式可以进一步推出简化的复化辛普生公式：

$$S_n = \frac{4T_{2n} - T_n}{3} \tag{15-11}$$

复化辛普生变步长算法如下：

第一步：计算 $T_1 = \dfrac{b-a}{2}[f(a)+f(b)]$。

第二步：逐次对区间 $[a,b]$ 二等分，令

$$h = \frac{b-a}{2^{k-1}} \quad (k=2,3,4,\cdots)$$

首先计算 $T_k = \dfrac{T_{k-1}}{2} + h^2 \sum_{i=1}^{k-2} f[a+h(2i-1)]$，再利用辛普生公式计算 $S_k = (4T_k - T_{k-1})/3$。

当 $|S_k - S_{k-1}| < \varepsilon \times S_{k-1}$ 时计算结束，输出结果 S_k，否则再重新进行第二步计算。

例 15-9　用数值积分法求一非正弦电压 $u = 4 + 8\sin(2\pi \times 50t + \pi/6)$ 的有效值。

解　首先，编写一个名为 myfunction.m 的函数：

```
%function myfunction.m
function u2=myfunction(t)
u=4+8*sin(2*pi*50*t+pi/6);
u2=u*u;
```

然后，再建立一个主文件，文件名为 nonsine.m：

```
%nonsine.m
```

```
a=0;b=0.02;
h=b-a;
tempvalue(1)=h/2*(myfunction(a)+myfunction(b));
sumvalue(1)=tempvalue(1);
k=2;
while(1)
    h=(b-a)/2^(k-1);
    partsum=0;
    for(i=1:2^(k-2))
        partsum=partsum+myfunction(a+h*(2*i-1));
    end;
    tempvalue(k)=tempvalue(k-1)/2+h*partsum;
    sumvalue(k)=(4*tempvalue(k)-tempvalue(k-1))/3;
  if abs (sumvalue(k)-sumvalue(k-1))<=eps*sumvalue(k-1)
        break;
    end;
    k=k+1;
    if(k>10)
        break;
    end;
end
format long
result=sqrt(sumvalue(k)/0.02)
disp(['k= ', num2str(k)]);
```

最后，在 MATLAB 命令窗口键入 nonsine 后按回车，得到结果如下：

result =

　　6.92820323027551

k= 8

15.6　过渡过程的时域解

15.6.1　一阶电路的过渡过程

对于如图 15-8(a)所示的一阶 *RL* 电路，可以列出电路方程如下：

$$\tau \frac{\mathrm{d}i}{\mathrm{d}t} + i = \frac{u}{R} \tag{15-12}$$

其中，τ 为电路的时间常数；$1(t)$ 为单位阶跃函数。

当 u 为直流电动势时，令 $u=E$，回路电流为

$$i = \frac{E}{R} + A\mathrm{e}^{-\frac{t}{\tau}} = \frac{E}{R} + \left[i(0_+) - \frac{E}{R} \right] \mathrm{e}^{-\frac{t}{\tau}} \tag{15-13}$$

如果 u 为正弦电动势，且 $u = E_m \sin(\omega t + \varphi_e)$，则有

$$i = I_m \sin(\omega t + \varphi_i) + [i(0_+) - I_m \sin\varphi_i]e^{-\frac{t}{\tau}} \qquad (15-14)$$

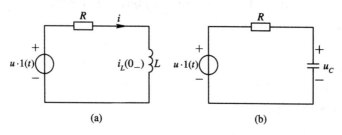

图 15-8　一阶 RL 和 RC 电路

与此类似，对于图 15-8(b)所示的一阶 RC 电路：

(1) 当 u 为直流电动势 E 时，电容电压可表示为：

$$u_C = E + Ae^{-\frac{t}{\tau}} = E + [u_C(0_+) - E]e^{-\frac{t}{\tau}} \qquad (15-15)$$

(2) 如果 u 为正弦电动势，且 $u = E_m \sin(\omega t + \varphi_e)$，则可表示为：

$$u_C = U_{Cm} \sin(\omega t + \varphi_{u_C}) + [u_C(0_+) - U_{Cm} \sin\varphi_{u_C}]e^{-\frac{t}{\tau}} \qquad (15-16)$$

这里我们编写统一的一阶 RL、RC 电路程序 transt_ proc. m，激励电源可以是直流或正弦。具体代码如下：

```
%transition process
%transt_ proc. m
incode1＝input('Select the kind:1forRL;2forRC＝');   %选择电路类型
if(incode1＝＝1)
    r＝input(' please enter r＝');                     %输入电阻
    l＝input('please enter l＝');                       %电感
    i0＝input('please enter i0＝');                     %电感电流初值
    tconst＝l/r;                                        %L/R
    initial＝i0;
elseif(incode1＝＝2)
    r＝input('please enter r＝');
    c＝input('please enter c＝');                       %电容
    uc0＝input('please enter uc0＝');                   %电容电压初值
    tconst＝r * c;
    initial＝uc0;
end;
incode2＝input('Select the kind:1forD. C;2forA. C＝');%选择电源类型
if(incode2＝＝1)
    e＝input('please input E＝');                       %直流电动势
    if(incode1＝＝1)f＝e/r;
    elseif(incode1＝＝2)f＝2;
```

```
              end;
              intcon=initial-f;
          if(incode1==1)disp('i= ');
          else disp('uc= ');
              end;
       disp([num2str(f), '+', num2str(intcon),
            '*exp(-t/', num2str(tconst), ')']);
      elseif(incode2==2)
              em=input('please input em=');        %正弦电动势幅值
              omega=input('please input omega=');   %角频率
              psie=input('please input psie=');     %初相
              ot=omega*tconst;
              if(incode1==1)fm=em/r;
              elseif(incode1==2)fm=em;
              end;
              fm=fm/sqrt(1+ot*ot);
              psi=psie-atan(ot);
              intcon=initial-fm*sin(psi);
              if(incode1==1)disp('i= ');
      else disp('uc= ');
      end;
      disp([num2str(fm), '*sin(', num2str(omega), '*t+', num2str(psi), ')']);
      disp(['+', num2str(intcon), '*exp(-t/', num2str(tconst), ')']);
   end;
```

例 15-10　电路如图 15-8(a)所示，已知电阻 $R=2\ \Omega$，$L=1\ H$，电流初值为 2 A，正弦电动势为 $u=\sin(t+2)$ V，求其过渡电流。

解　在 MATLAB 命令窗口键入 transt_proc 后按回车：

```
Select the kind:1forRL;2forRC=1
please enter r=2
please enter l=1
please enter i0=2
Select the kind:1forD.C;2forA.C=2
please input em=1
please input omega=1
please input psie=2
i= 0.44721*sin(1*t+1.5364)+1.5531*exp(-t/0.5)
```

15.6.2　二阶电路的过渡过程

图 15-9 所示为一个简单的 RLC 二阶电路，可以写出过渡过程的微分方程如下：

$$LC \frac{\mathrm{d}^2 u_C}{\mathrm{d}t^2} + RC \frac{\mathrm{d}u_C}{\mathrm{d}t} + u_C = u \tag{15-17}$$

$$i = C \frac{\mathrm{d}u_C}{\mathrm{d}t} \tag{15-18}$$

根据前面章节的讨论，二阶微分方程的解有三种情况，即过阻尼、欠阻尼和临界阻尼，下面给出的 MATLAB 程序包含了这三种情况。激励电源可以是直流或正弦。

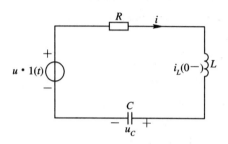

图 15-9　二阶电路

建立一个名为 transt_proc_2. m 的文件，文件具体内容如下：

```
%transt_proc_2. m
r＝input('please input r＝');              %输入电阻
l＝input('please input l＝');              %输入电感
c＝input('please input c＝');              %输入电容
i0＝input('please input i0＝');            %电感电流初值
uc0＝input('please input uc0＝');          %电容电压初值
disp('code is 1 for DC and 2 for AC');
code＝input('please input kind code＝');
if(code＝＝1)
    e＝input('please input e＝');          %输入直流电动势
else
    em＝input('please input em＝');        %正弦电动势的振幅
    omega＝input('please input omega＝'); %角频率
    psie＝input('please input psie＝');    %初相位
    x＝omega * l－1/(omega * c);           %电抗
    z＝sqrt(r * r＋x * x);                  %阻抗的模
    fi＝atan(x/r);                         %阻抗的幅角
end;
alfa＝－r/(2 * l);
beta2＝alfa * alfa－1/(l * c);
if(code＝＝1)
    ucp0＝e;
    ip0＝0;
else
    ucp0＝ucp(0, em, z, omega, c, psie, fi);
```

```
        ip0＝ip(0, em, z, omega, psie, fi);
end;
if(beta2＞1e－9)
    s1＝alfa＋sqrt(beta2);
    s2＝alfa－sqrt(beta2);
    a1＝(c * s2 * (uc0－ucp0)－(i0－ip0))/(c * (s2－s1));
    a2＝(c * s1 * (uc0－ucp0)－(i0－ip0))/(c * (s1－s2));
    ca1s1＝c * a1 * s1;
    ca2s2＝c * a2 * s2;
    if(code＝＝1)
disp(['uc＝', num2str(e), '＋', num2str(a1), ' * exp(', num2str(s1), ' * t)']);
        disp(['＋', num2str(a2), ' * exp(', num2str(s2), ' * t)']);
        disp(['i＝', num2str(ca1s1), ' * exp(', num2str(s1), ' * t)']);
        disp(['＋', num2str(ca2s2), ' * exp(', num2str(s2), ' * t)']);
  else%code＝＝2
        disp('uc＝');
disp(['', num2str(em/(z * omega * c)), 'sin(', num2str(omega), ' * t＋']);
 disp([num2str(psie－fi－pi/2), ')＋', num2str(a1),
    ' * exp(', num2str(s1), ' * t)']);
        disp(['＋', num2str(a2), ' * exp(', num2str(s2), ' * t)']);
        disp('i＝');
        disp([num2str(em/z), 'sin(', num2str(omega),
            ' * t＋', num2str(psie－fi), ')']);
        disp(['＋', num2str(ca1s1), ' * exp(', num2str(s1), ' * t)']);
        disp(['＋', num2str(ca2s2), ' * exp(', num2str(s2), ' * t)']);
    end;
elseif(abs(beta2＜1e－9))
    s＝alfa;
    a3＝uc0－ucp0;
    a4＝(i0－ip0)/c－s * a3;
    ca4sa3＝c * (a4＋s * a3);
    csa4＝c * s * a4;
    if(code＝＝1)
        disp(['uc＝', num2str(e), '＋(']);
disp([num2str(a3), '＋', num2str(a4), ' * t)exp(', num2str(s), ' * t)']);
        disp(['i＝(', num2str(ca4sa3), '＋']);
        disp([num2str(csa4), ' * t)exp(', num2str(s), ' * t)']);
    else
disp(['uc＝', num2str(em/(z * omega * c)), 'sin(', num2str(omega), ' * t＋']);
        disp([num2str(psie－fi－pi/2), ')＋']);
```

```
            disp(['(', num2str(a3), '+'num2str(a4), ' * t)exp(', num2str(s), ' * t)']);
                disp(['i=', num2str(em/z), 'sin(', num2str(omega), ' * t+']);
                disp([num2str(psie−fi), ')+''('num2str(ca4sa3)]);
                disp(['+', num2str(csa4), ' * t)exp(', num2str(s), ' * t)']);
        end;
    elseif(beta2<−1e−9)
        b=−alfa;
        omegad=sqrt(−beta2);
        denom=(i0−ip0)+b * c * (uc0−ucp0);
        if(abs(denom<1e−10))
            disp('Denominator si too small');
            break;
        end;
        psiuc=atan(c * omegad * (uc0−ucp0)/denom);
        psii=psiuc+pi−atan(omegad/b);
        if(denom<0)
            psiuc=psiuc+pi;
        end;
        a=(uc0−ucp0)/sin(psiuc);
        if(code==1)
    disp(['uc=', num2str(2), '+', num2str(a), ' * exp(−', num2str(b), 't)']);
            disp([' * sin(', num2str(omegad), ' * t+', num2str(psiuc), ')']);
    disp(['i=', num2str(a * sqrt(1/c)), ' * exp(−', num2str(b), ')t']);
            disp([' * sin(', num2str(omegad), ' * t+', num2str(psii), ')']);
        else
    disp(['uc=', num2str(em/(z * omega * c)), 'sin(', num2str(omega), ' * t+']);
    disp([num2str(psie−fi−pi/2), ')+', num2str(a),
        ' * exp(−', num2str(b), 't)']);
            disp([' * sin(', num2str(omegad), ' * t+', num2str(psiuc), ')']);
            disp(['i=', num2str(em/z)]);
    disp([' * sin(', num2str(omegad), ' * t+', num2str(psie−fi), ')+']);
    disp(['+', num2str(a * sqrt(1/c)), ' * exp(−', num2str(b), 't)']);
    disp([' * sin(', num2str(omegad), ' * t+', num2str(psii), ')']);
        end;
    end;
```

例 15 - 11   在图 15-9 中，设 $L=3$ H，$R=3$ Ω，$C=4$ F，$i(0)=5$ A，$u_c(0)=6$ V，直流电动势为 3 V，求过渡电压和电流。

解   在 MATLAB 命令窗口键入 transt_proc_2 后按回车即可。按提示输入：

```
please input r=3
```

please input l＝3

please input c＝4

please input i0＝5

please input uc0＝6

code is 1 for DC and 2 for AC

please input kind code＝1

please input e＝3

uc＝3＋4. 868 * exp(－0. 091752 * t)

　　＋－1. 868 * exp(－0. 90825 * t)

i＝－1. 7866 * exp(－0. 091752 * t)

＋6. 7866 * exp(－0. 90825 * t)

值得注意的是，在源文件中利用了两个函数文件，一个名字为 ip. m，另外一个名字为 ucp. m。函数具体内容如下：

％ip. m 函数

function ip＝ip(t, em, z, omega, psie, fi)

ip＝em/z * sin(omega * t＋psie－fi);

％ucp. m 函数

function ucp0＝ucp(t, em, z, omega, c, psie, fi)

ucp0＝em/(z * omega * c) * sin(omega * t＋psie－fi－pi/2);

习　　题

15 – 1　设传递函数 $H(s) = \dfrac{s+1}{3s^2+s}$，绘制当 ω 从 10 到 20 时的幅频和相频特性。

15 – 2　设 $i = 12 + 10 \sin(2\pi t + \pi/3)$ A，用数值积分法求其一个周期内的平均值。

15 – 3　在图 15 – 8(b)中，已知 $R = 3\ \Omega$，$C = 4$ F，电容电压初值为 2 V，正弦电动势 $u = 4 \sin(2t+1)$ V，试编程序求电容电压。

15 – 4　在例 15 – 11 中，把直流电动势换成正弦电动势，且 $u = 2 \sin(3t+4)$ V，求过渡电压和电流。

部分习题参考答案

习题

1-1　—12 mA，24 mA

1-2　44 C

1-3　(1) 18 W；(2) 36 J

1-4　—50 V，5 V

1-5　(a) 36 W；(b) 20 W；(c) —24 W；(d) —45 W

1-6　图(a)发出 12 W，图(b)吸收 $30\cos^2\omega t$ W，图(c)发出 0.2 W，图(d)吸收 0.1 mW

1-7　$24\sin^2 2t$ mW，$12t-3\sin 4t$ mJ

1-8　(1) 86 400 J；(2) 14 400 C

1-9　(1) 14 400 J；(2) 1200 C

1-10　$100\sin 377t$ V，$20\sin 377t$ mA

1-11　图(a)$R=4$ Ω，图(b)$u=50$ V，图(c)$i=-0.4$ A，图(d)$p_{is}=90$ W

1-12　3 A，19 V

1-13　左边支路电流=13 A(自右向左)；中间支路电流=1 A(自右向左)

1-14　1 A，2 A，9 V

1-15　3 A

1-16　3 Ω

1-17　80 W

1-18　(1) 1 V；(2) $u_x=U_s/30$

1-19　10 Ω，40 W

1-20　(1) $u_{ab}=-2$ V，$u_{ab}=0$；(2) $i_{ab}=-0.5$ mA，$i_{ab}=0$

1-21　$i_o=2$ A，$i_g=12.5$ A

1-22　2.5 A，10 V

1-23　3，2

1-24　37.5 μA

1-25　4 kΩ

1-26　2 kΩ，6 kΩ

1-27　—2 V，2 W

1-28　$G=0.05$ S

1-29　—3 V

习题

2-1　$u=9+8i$

2-3　10 Ω，0.2 A

2 - 4   4 Ω

2 - 5   5 A, −3 A

2 - 7   2 V, 18 V, 4 A

2 - 8   20 V

2 - 9 $i = 3$ A

2 - 10 $u_1 = 100$ V

2 - 11 $i_o = 2$ A

2 - 12   (1) 120 V; (2) 3.75 kW; (3) 1300 W

2 - 13 $i_R = 0$

2 - 14 $u = 2i$

2 - 15 $u = 1$ V

2 - 16 $I = 1$ A

2 - 17   伏安特性 $i = 0.48u - 1$

2 - 18   (a) 1.269 Ω; (b) $\dfrac{R_1^2 + R_1 R_2}{3R_1 + R_2}$

习题

3 - 1 $i_R = 0$

3 - 2   3 A

3 - 3 $i_1 = 9.8$ A, $i_2 = -0.2$ A, $i_3 = 10$ A

3 - 4   2 V, 18 V

3 - 5   3 A, −1.5 A

3 - 6   24 V, −4 V, 20 V

3 - 7   20 V

3 - 8   32 V

3 - 9   8 A

3 - 10   10 V, 1 A

3 - 11   26 V

3 - 12   (1) 295 W; (2) 295 W

3 - 13   1.5 V

3 - 14   12.5 A

3 - 15   4 W

3 - 16 $i_R = -0.956$ A

3 - 17   (1) 3 A, 6 V; (2) −1 A, −6 V

3 - 18   125 V 电压源产生 1650 W 的功率

3 - 19   1484 W

3 - 20   800 W

3 - 21   3 V

3 - 22   8 V

3-23　(a) $i=-3$ A; (b) $i=4$ A

3-24　602.5 W

习题

4-1　$i_R=3$ A

4-2　$u_{ab}=18$ V

4-3　$i=-4-2=-6$ A

4-4　15.36 W

4-5　(1) 1 Ω; (2) $i_1=\dfrac{2}{3}i_s$

4-6　(a) 20 Ω; (b) 10 Ω

4-7　$u_2=8$ V

4-8　$u_{oc}=27$ V, $R_{eq}=3$ Ω, $i=3$ A

4-9　(a) $i=5/6$ A; (b) $i=2.5$ A; (c) $i=-7$ A

4-10　$i_{sc}=3$ A, $R_{eq}=4$ Ω, $i=1$ A

4-11　$u_{oc}=-86.4$ V, $R_{eq}=43.2$ kΩ

4-12　$i_{sc}=-8$ mA, $R_{eq}=10$ kΩ

4-13　4 Ω, 16 W

4-14　$u=-3$ V

4-15　$R_{eq}=14$ Ω, $u_{oc}=15$ V

4-16　$R_{eq}=7$ Ω, $i_{sc}=0$

4-17　2 Ω, 0.5 W

4-18　3 Ω, 3 W

习题

5-2　$u_L(t)=\begin{cases}0.5 & (0<t<1)\\ -0.5 & (1<t<3)\\ 0.5 & (3<t<4)\\ 0 & (其他)\end{cases}$

5-3　$t=17$ ms 时, 9.6 V, 192 mW, 1.152 mJ; $t=40$ ms 时, 16 V, 0 W, 3.20 mJ

5-4　$E_C=0.225$ mJ, $E_L=1$ mJ

5-6　$u_C(0_+)=u_C(0_-)=40$ V, $u(0_+)=16$ V

5-7　$i_L(0_+)=i_L(0_-)=5$ mA, $i(0_+)=0$ A

5-8　$u_C(0_+)=4$ V, $i_L(0_+)=10$ mA

5-9　(1) $y(t)=(1+t)e^{-t}$; (2) $y(t)=(1+\sin t)e^{-t}$;

　　(3) $y(t)=2e^{-2t}$; (4) $y(t)=2e^{-3t}+3$

5-10　(1) $y(t)=e^{-\frac{t}{2}}\left[-\cos\dfrac{\sqrt{3}}{2}t+\dfrac{1}{\sqrt{3}}\sin\dfrac{\sqrt{3}}{2}t\right]+e^{-t}$;

(2) $y(t) = -\dfrac{1}{2}te^{-t} + \dfrac{1}{2}\sin t$;

(3) $y(t) = 2e^{-2t} - 4e^{-t} + 4$

习题

6-1 $L\dfrac{\mathrm{d}i_L}{\mathrm{d}t} + (R_1 + R_2)i_L = u_s + R_1 i_s$

6-2 $(R_2 + R_3)L\dfrac{\mathrm{d}i_L}{\mathrm{d}t} + (R_1 R_2 + R_2 R_3 + R_3 R_1)i_L = -R_2 u_s$

6-3 $(R_2 + R_3)R_1 C\dfrac{\mathrm{d}i_C}{\mathrm{d}t} + (R_1 + R_2 + R_3 - \alpha R_2)i_C = R_1(R_2 + R_3)C\dfrac{\mathrm{d}i_s}{\mathrm{d}t}$

6-4 $i(t) = 6e^{-t}$ A

6-5 $u_C(t) = 60e^{-0.25t}$ V

6-6 $u_C(t) = 8(1 - e^{-10t})$ V, $i(t) = 2 - 0.8e^{-10t}$ A

6-7 $i_L(t) = 0.05(1 - e^{-1000t})$ A, $u(t) = 2.5(1 + e^{-1000t})$ V

6-8   提示：用三要素法求解该题，同时用分解分析法化简电路。

       $i_L(t) = 2(1 - e^{-500t})$ A

6-9 $u(t) = 12 - 2.4e^{-t}$ V

6-10 $u_C(t) = 6 + 6e^{-1.5t}$ V

6-11 $i(t) = 0.5e^{-1.25t}$ mA

6-12 $i_L(t) = 3 - 2e^{-10\,000t}$ A

6-13 $i_L(t) = 2(1 - e^{-10t})$ A, $i(t) = 4 + e^{-10t}$ A

6-14 $i_L(t) = 2.3 - 1.8e^{-10^6 t}$ mA

习题

7-1 $u_C(t) = 4e^{-t} - 3e^{-2t}$ V, $i_L(t) = -2e^{-t} + 3e^{-2t}$ A

7-2 $u_C(t) = 10e^{-4t}\cos(3t - 53.1°)$ V, $i_L(t) = 2e^{-4t}\cos(3t + 90°)$ A

7-3 $u_C(t) = 6 - 12e^{-2t} + 6e^{-4t}$ V, $i_L(t) = 3e^{-2t} - 3e^{-4t}$ A

7-5 $u_C(t) = -2e^{-t} + 4e^{-3t}$ V, $i_L(t) = 3e^{-t} - 2e^{-3t}$ A

7-6 $u_C(t) = \left(\dfrac{\sqrt{2}}{2}e^{-2t}\sin 2\sqrt{2}t\right)u(t)$ V,

       $i_L(t) = \left[e^{-2t}\left(-\cos 2\sqrt{2}t - \dfrac{\sqrt{2}}{2}\sin 2\sqrt{2}t\right) + 1\right]u(t)$ A

习题

8-1   170 V, 60 Hz, 16.67 ms, 2.78 ms

8-2 2000π rad/s, $10\cos(2000\pi t - 144°)$ A

8-3 (1) u 超前 i 99°; (2) u_1 超前 u_2 95°; (3) u_2 超前 u_1 65°; (4) i 超前 u 160°

8-4 2125 −j875，2.5−j2.5

8-5 99.88−j44.94，49.87−j54.93，2295∠−22.4°，3.5∠−45°

8-6 −34.22−j36.45

8-7 81.04∠−22.87°

8-8 (1) $\dot{U}_{1m}=50\angle10°$ V，$\dot{U}_1=35.36\angle10°$ V；

　　　(2) $\dot{U}_{2m}=100\angle-90°$ V，$\dot{U}_2=70.71\angle-90°$ V；

　　　(3) $\dot{I}_{1m}=1.5\angle135°$ A，$\dot{I}_1=1.06\angle135°$ A

8-9 (1) $u_1=100\cos(1000t+20°)$ V；(2) $u_2=10\sqrt{2}\cos(1000t-30°)$ V；

　　　(3) $i_1=0.5\sqrt{2}\cos(1000t+45°)$ A；(4) $i_2=5\sqrt{2}\cos(1000t+53.13°)$ A

8-10 (2) u_1 超前 $u_2$120°；(3) u_1 滞后 $u_2$60°

8-11 (2) $\varphi=-60°$，5∠−60°

8-12 78.79 $\cos(\omega t+8.09°)$ V

8-13 86 $\cos(\omega t+26°)$ V

8-14 171 mV

8-15 5.5∠−68° A

习题

9-1 (1) 50∠72° Ω，0.02∠−72° S；(2) $2\times10^3\angle45°$ Ω，$5\times10^{-4}\angle-45°$ S；

　　　(3) 110∠−120° Ω，$\dfrac{1}{110}\angle120°$ S

9-2 2.24 mA，4.75 V

9-3 3.88 mH

9-4 92.8$\sqrt{2}\cos(2000\pi t+21.9°)$ mA，11.1 V，4.47 V

9-5 $\dot{I}=72.1\angle16°$ mA，14.4 V，5.44 V，9.56 V

9-6 $\dot{I}=646\angle57.2°$ mA，350 mA，557 mA，1.1 A

9-7 $\dot{I}=572\angle-20.7°$ mA

9-8 $Z=439\angle-10.5°$ Ω，$\dot{I}=75.2\angle10.5°$ mA

9-9 67.08 V

9-10 25 V

9-11 7.07 A

9-12 第一只表的读数为 2 A，第二只表的读数为 0，$Z=110+j0$ Ω

9-13 $\dot{I}_1=3.16\angle-18.43°$ A，$\dot{I}_2=1.41\angle45°$ A，$Z=2\angle0°$ Ω，$Y=0.5\angle0°$ S

9-14 32 $\cos(8000t+90°)$ V

9-15 (1) 0.16 μF，0.04 μF；(2) $i_g=0.1\cos1000t$ A，$i_g=25\cos1000t$ mA

9-16 5000 rad/s

9-17 12.7 mA，20.6 mA

9-18 255.14∠−74.69° Ω

9-19 6.19 V，11.88 V

9-20 3.9∠−29.5°

9 - 21　$40+j30=50\angle 36.87°$ mS

9 - 22　$30-j40=50\angle -53.13°$ Ω

9 - 23　$50\cos(5000t-106.26°)$ V

9 - 24　$9.49\angle 71.57°$, $7.5-j2.5=7.91\angle -18.43°$ Ω

9 - 25　$\dot{I}_1=(5-j5)$ A, $\dot{I}_2=(5+j5)$ A

9 - 26　$3\angle -90°$ A

9 - 27　$12\cos 5000t$ V

9 - 28　$42.9\cos(8\times 10^5 t-59°)$ mV

9 - 29　$\dot{U}_{ocm}=350\angle 0°$ V, $Z_{eq}=100+j100$ Ω

9 - 30　$\dot{I}_{sc}=8\angle -36.87°$ A, $Z_{eq}=50-j25$ Ω

9 - 31　$\dot{U}_{oc}=15\angle 36.87°$ V, $Z_{eq}=96+j72$ Ω

9 - 32　5 VA, 4.5 W, 2.1 var, 0.9

9 - 33　(1) 24.2 Ω; (2) 9.09 A; (3) 4 kW

9 - 34　150.5 VA, 42.58 W, -144.24 var, 0.28

9 - 35　256.4 A, 1517.94 μF, 196 A

9 - 36　56.25 mW, -70.3125 mvar, 90.044 mVA

9 - 37　(1) 负载1：0.96(滞后)，负载2：0.80(超前)，负载3：0.60(超前)；

　　　(2) 0.74(超前)

9 - 38　990 μW

9 - 39　150 W

9 - 40　1.174 A, 376.5 V

9 - 41　(1) 6.64 A, 1587 W; (2) 19.92 A, 11.5 A, 4761 W

9 - 42　(1) 第一只电流表读数为 65.82 A，第二只电流表读数为 0，功率表读数为

　　　25.6 kW；

　　　(2) 第一只电流表读数不变，第二只电流表读数为 40.5 A，功率表读数变化。

习题

10 - 1　0.1407 , 0.7106

10 - 2　$\dfrac{\dot{U}_2}{\dot{U}_1}=\dfrac{jR\omega C}{1+jR\omega C}$

10 - 3　$\dfrac{\dot{U}_2}{\dot{U}_1}=\dfrac{1+jR_2\omega C}{1+j(R_1+R_2)\omega C}$

10 - 4　(1) 0.85; (2) 6.35×10^{-2}

10 - 5　0.39 V, 1.22 mV, 319

10 - 6　0.159 μF, 45°

10 - 7　5 kHz 的输出振幅：1.74 V；60 Hz 的输出振幅：668 μV

10 - 8　66.67 rad/s

10 - 9　$-9.2°$

10 - 11　$C=0.1$ μF, $i=0.2828\cos 5000t$ A, $u_R=1.414\cos 5000t$ V,

$$u_L = 565.7 \cos\left(5000t + \frac{\pi}{2}\right) \text{ V}, \quad u_C = 565.7 \cos\left(5000t - \frac{\pi}{2}\right) \text{ V}$$

10 - 12　$f_0 = 503.3$ kHz, $Q = 12.6$

10 - 13　$C = 507$ pF, $Q = 25$, $f_{C1} = 490$ kHz, $f_{C2} = 510$ kHz, BW $= 20$ kHz

10 - 14　$R = 503$ Ω, $C = 0.103$ μF, $Q = 3.5$, $U_L = U_C = 81.2$ V

10 - 15　100 kΩ, $L = 10$ H, $C = 0.1$ μF

10 - 16　$L = 127$ μH, $Q = 3.14 \times 10^{-2}$

10 - 17　(1) $L = 100$ μH, $C = 100$ pF, $Q = 100$;

　　　　(2) $\omega_{C1} = 9.95 \times 10^6$ rad/s , $\omega_{C2} = 10.05 \times 10^6$ rad/s

10 - 18　$Z_0 = 200$ kΩ, $f_0 = 530.5$ kHz, $Q = 200$, BW $= 2.65$ kHz

10 - 19　1.13 MHz, 919 kHz, 58.9, 48, 19.1 kHz, 19.1 kHz

10 - 20　$C = 25$ μF, 180 V

10 - 21　$i(t) = 0.833 + 1.403 \sin(314t + 19.32°) - 0.941 \cos(628t + 54.55°)) + 0.487$

　　　　$\sin(942t + 71.19°)$ A, $P = 120$ W, $U_s = 91.38$ V, $I = 1.497$ A

10 - 22　$U_1 = 77.14$ V, $U_3 = 63.63$ V

10 - 23　(1) $R = 10$ Ω, $L = 31.86$ mH, $C = 318.3$ μF; (2) $-99.45°$; (3) 515.4 W

10 - 24　$i(t) = 4\sqrt{2} \cos(\omega t + 83.1°) + 1.5\sqrt{2} \cos 3\omega t$ A, 4.27 A, 52.65 V, 219 W

10 - 25　(1) $u_s = 50 + 9.232\sqrt{2} \cos(\omega t + 3.9°)$ V, $U_s = 50.85$ V; (2) 26 W

习题

11 - 1　$u_2 = -114 \sin 6t$ V

11 - 2　$i = 42.3\sqrt{2} \cos(200\pi t - 32.1°)$ mA, $k = 0.354$

11 - 3　$\dot{U}_1 = 136\angle -119.7°$ V, $\dot{U}_2 = 311\angle 22.38°$ V

11 - 4　$\dot{I}_{L1} = \dot{I}_{L2} = 1.104\angle -83.66°$ A, $\dot{I}_C = 0$

11 - 5　$i_s = 8\sqrt{2} \cos 5t$ A

11 - 6　$L_{ab} = 6$ H

11 - 7　$\dot{I}_1 = 0$, $\dot{U}_2 = 40\angle 0°$ V

11 - 8　$10.5 \sin t$ A, $0.425 \cos t$ V

11 - 9　79.6 mW, 99.6 mW

11 - 10　$3.44\angle 149.37°$ mA

11 - 11　$3.82\angle 4.4°$ V

11 - 12　$\dot{U}_{oc} = 70.7\angle 45°$ V, $Z_{eq} = 707\angle 45°$ Ω, $0.1\angle 0°$ A

11 - 13　$29.2 \cos(1000t - 14°)$ mA

11 - 14　$\dot{I}_{R2} = 0$

11 - 15　$\begin{cases} [R + j\omega(L_1 + L_2 - 2M_{12})]\dot{I}_{m1} + j\omega(M_{12} + M_{23} - M_{13} - L_2)\dot{I}_{m2} = \dot{U}_{s1} \\ j\omega(M_{12} + M_{23} - M_{13} - L_2)\dot{I}_{m1} + \left[j\omega(L_2 + L_3 - 2M_{23}) - j\dfrac{1}{\omega C}\right]\dot{I}_{m2} = 0 \end{cases}$

11 - 16　(1) $1/50$; (2) 1 W

11 - 17 $\quad \dfrac{1}{n_1^2}\left(R_1 + \dfrac{R_2}{n_2^2}\right)$

11 - 18 $\quad 3.53\angle -135°\ \mathrm{V}$

11 - 19 $\quad n = 1/\sqrt{5}$

11 - 20 $\quad \dot{I}_1 = 1\angle 0°\ \mathrm{A},\ \dot{U}_2 = 4\angle 0°\ \mathrm{V}$

11 - 21 $\quad 0.2 - \mathrm{j}9.8\ \mathrm{k\Omega}$

11 - 22 $\quad \omega = 20\,000\ \mathrm{rad/s}$

11 - 23 $\quad \omega = 0$ 或 $\omega = 6030\ \mathrm{rad/s}$ 时 I 最大, 此时 $I = 2\ \mathrm{A}$; $\omega = 1414\ \mathrm{rad/s}$ 时 I 最小, 此时 $I = 0$

习题

12 - 1 (a) $\begin{bmatrix} -\mathrm{j}\dfrac{1}{\omega L} & \mathrm{j}\dfrac{1}{\omega L} \\[2mm] \mathrm{j}\dfrac{1}{\omega L} & \mathrm{j}\left(\omega C - \dfrac{1}{\omega L}\right) \end{bmatrix}$; (b) $\begin{bmatrix} \dfrac{5}{3} & -\dfrac{4}{3} \\[2mm] -\dfrac{4}{3} & \dfrac{5}{3} \end{bmatrix}$ (单位: S)

12 - 2 $\begin{bmatrix} \dfrac{3}{2} & \dfrac{1}{2} \\[2mm] \dfrac{1}{2} & \dfrac{3}{2} \end{bmatrix}$ (单位: Ω)

12 - 3 $\begin{bmatrix} 1 & \mathrm{j}\omega L \\ \mathrm{j}\omega C & 1 - \omega^2 LC \end{bmatrix}$

12 - 4 $\quad 0.1\ \mathrm{S} \quad -0.04\ \mathrm{S} \quad -0.04\ \mathrm{S} \quad 0.056\ \mathrm{S}$

12 - 5 $\quad \dfrac{1 - 2\omega^2}{\mathrm{j}\omega(1 - \omega^2)} \quad \dfrac{-\omega^2}{1-\omega^2} \quad \dfrac{\omega^2}{1-\omega^2} \quad \dfrac{\mathrm{j}\omega}{1-\omega^2}$; $\dfrac{\omega^2 - 1}{\omega^2} \quad \dfrac{2\omega^2 - 1}{\mathrm{j}\omega^3} \quad \dfrac{1}{\mathrm{j}\omega} \quad \dfrac{\omega^2 - 1}{\omega^2}$

12 - 6 $\begin{bmatrix} 10 & 7.5 \\ 7.5 & 9.375 \end{bmatrix}$ (单位: Ω)

12 - 7 $\quad 933\angle -28.9°\ \Omega,\ 0,\ 84.7\angle -32.1°,\ 2\times 10^{-5}\ \mathrm{S}$

12 - 8 $\quad 2 - \mathrm{j}3\ \mathrm{k\Omega} \quad -\mathrm{j}\ \mathrm{k\Omega} \quad -\mathrm{j}3\ \mathrm{k\Omega} \quad -\mathrm{j}\ \mathrm{k\Omega}$

12 - 9 $\begin{bmatrix} \dfrac{5}{12} & -\dfrac{1}{12} \\[2mm] -\dfrac{1}{4} & \dfrac{1}{4} \end{bmatrix}$ (单位: S)

12 - 10 $\begin{bmatrix} 0.5 & 1 \\ 0 & -1 \end{bmatrix}$

12 - 11 $\quad 0.75\ \mathrm{S} \quad -0.5\ \mathrm{S} \quad 2.4\ \mathrm{S} \quad 0.4\ \mathrm{S}$

12 - 12 $\quad 1\ \mathrm{V}$

12 - 13 $\quad Y_{11} = Y_{22} = \dfrac{\mathrm{j}\omega C\left(\mathrm{j}\omega + \dfrac{1}{RC}\right)}{2\left(\mathrm{j}\omega + \dfrac{1}{2RC}\right)} + \dfrac{\mathrm{j}\omega + \dfrac{1}{RC}}{R\left(\mathrm{j}\omega + \dfrac{2}{RC}\right)}$

$$Y_{12}=Y_{21}=-\left[\frac{-\omega^2 C}{2\left(j\omega+\frac{1}{2RC}\right)}+\frac{\frac{1}{R^2 C}}{j\omega+\frac{2}{RC}}\right]$$

12-14 $\dfrac{1}{C_1+C_2+C_3}\begin{bmatrix}C_1[g_m+j\omega(C_2+C_3)] & c_2(g_m-j\omega C_1) \\ -C_1(g_m+j\omega C_2) & C_2[-g_m+j\omega(C_1+C_3)]\end{bmatrix}$

12-15 $\begin{bmatrix}\dfrac{1+\mu_1}{1-\mu_2} & 0 \\ \dfrac{1+\mu_1\mu_2}{R(1-\mu_2)} & 1\end{bmatrix}$

12-16 $\begin{bmatrix}\dfrac{L_2}{j\omega(L_1 L_2-M^2)}+\dfrac{1}{2R} & \dfrac{-M}{j\omega(L_1 L_2-M^2)}-\dfrac{1}{2R} \\ \dfrac{-M}{j\omega(L_1 L_2-M^2)}-\dfrac{1}{2R} & \dfrac{L_1}{j\omega(L_1 L_2-M^2)}+\dfrac{1}{2R}\end{bmatrix}$

12-17 $\begin{bmatrix}\dfrac{R_1 R_2}{n^2 R_1+R_2} & \dfrac{nR_1}{n^2 R_1+R_2}-n \\ n-\dfrac{nR_1}{n^2 R_1+R_2} & \dfrac{1}{n^2 R_1+R_2}\end{bmatrix}$

12-18 $U_1=3\text{ V},\ I_1=-1\text{ A},\ U_2=-2\text{ V},\ I_2=4\text{ A}$

12-19 $U_1=4\text{ V},\ I_1=6\text{ A},\ U_2=2\text{ V},\ I_2=-2\text{ A}$

12-20 $R=3\ \Omega,\ L=2\text{ H}$

12-21 (a) $\begin{bmatrix}A & B \\ AY+C & BY+D\end{bmatrix}$; (b) $\begin{bmatrix}A & AZ+B \\ C & CZ+D\end{bmatrix}$

12-22 $7.35\angle 135°\text{ V}$

12-23 (a) $\sqrt{\dfrac{L}{C}-\dfrac{\omega^2 L^2}{4}}\ \Omega$; (b) $\sqrt{\dfrac{4\omega^2 L^2}{4\omega^2 LC-1}}\ \Omega$

习题

13-1 $i_1=41.86\text{ mA},\ i_s=41.85\text{ mA}$

13-2 $u=1\text{ V},\ i=2.9\text{ A};\ u=-3\text{ V},\ i=3.3\text{ A}$

13-3 (1) $5\text{ k}\Omega$; (2) $2.5\text{ k}\Omega$; (3) $5\text{ V},\ 1\text{ mA}$; (4) $40/3\text{ V},\ 3.33\text{ mA}$

13-4 $i=1+0.1429\sin\omega t\text{ A}$

习题

14-1 (1)、(2)是割集，(3)、(4)不是

14-4 $\mathbf{A}=\begin{bmatrix}1 & 0 & 1 & 0 & 1 & 0 & 0 & 1 & 0 \\ 0 & 0 & -1 & 1 & 0 & 1 & 0 & 0 & 0 \\ 0 & 1 & 0 & 0 & -1 & -1 & 1 & 0 & 0 \\ 0 & 0 & 0 & 0 & 0 & 0 & -1 & -1 & -1\end{bmatrix}$

$14-5$ $\boldsymbol{B}_f = \begin{bmatrix} 1 & 0 & 0 & 0 & 0 & 0 & 0 & -1 & 1 \\ 0 & 1 & 0 & 0 & 0 & 0 & -1 & 0 & 1 \\ 0 & 0 & 1 & 0 & 0 & 1 & 1 & -1 & 0 \\ 0 & 0 & 0 & 1 & 0 & -1 & -1 & 0 & 1 \\ 0 & 0 & 0 & 0 & 1 & 0 & 1 & -1 & 0 \end{bmatrix}$

$\boldsymbol{Q}_f = \begin{bmatrix} 0 & 0 & -1 & 1 & 0 & 1 & 0 & 0 & 0 \\ 0 & 1 & -1 & 1 & -1 & 0 & 1 & 0 & 0 \\ 1 & 0 & 1 & 0 & 1 & 0 & 0 & 1 & 0 \\ -1 & -1 & 0 & -1 & 0 & 0 & 0 & 0 & 1 \end{bmatrix}$

$14-6$ $\begin{bmatrix} \dfrac{1}{R_1}+\dfrac{1}{R_3}+\dfrac{1}{R_4}+\dfrac{1}{R_7} & -\dfrac{1}{R_1} & -\dfrac{1}{R_4} \\[2mm] -\dfrac{1}{R_1} & \dfrac{1}{R_1}-j\dfrac{1}{\omega L_2}+j\omega C_6 & j\dfrac{1}{\omega L_2} \\[2mm] -\dfrac{1}{R_4} & j\dfrac{1}{\omega L_2} & -j\dfrac{1}{\omega L_2}+\dfrac{1}{R_4}+\dfrac{1}{R_5} \end{bmatrix} \begin{bmatrix} \dot{U}_{n1} \\[1mm] \dot{U}_{n2} \\[1mm] \dot{U}_{n3} \end{bmatrix}$

$= \begin{bmatrix} -\dfrac{\dot{U}_{s3}}{R_3}+\dot{I}_{s4} \\[3mm] 0 \\[3mm] -\dot{I}_{s4}+\dfrac{\dot{U}_{s5}}{R_5} \end{bmatrix}$

$14-7$ $\begin{bmatrix} j\omega L_1+R_3+R_5 & -R_5-j\omega M \\ -R_5-j\omega M & j\omega L_2+R_4+R_5 \end{bmatrix} \begin{bmatrix} \dot{I}_{l1} \\ \dot{I}_{l2} \end{bmatrix} = \begin{bmatrix} -\dot{U}_{s5} \\ \dot{U}_{s5} \end{bmatrix}$

$14-8$ $\begin{bmatrix} \dfrac{1}{R_1}+\dfrac{1}{R_2}+\dfrac{1}{R_3}+j\omega C_4 & -\dfrac{1}{R_2}-\dfrac{1}{R_3} & \dfrac{1}{R_1}+\dfrac{1}{R_3} \\[2mm] -\dfrac{1}{R_2}-\dfrac{1}{R_3} & \dfrac{1}{R_2}+\dfrac{1}{R_3}+\dfrac{1}{R_5} & -\dfrac{1}{R_3} \\[2mm] \dfrac{1}{R_1}+\dfrac{1}{R_3} & -\dfrac{1}{R_3} & \dfrac{1}{R_1}+\dfrac{1}{R_3}+\dfrac{1}{R_6} \end{bmatrix} \begin{bmatrix} \dot{U}_{t1} \\[1mm] \dot{U}_{t2} \\[1mm] \dot{U}_{t3} \end{bmatrix} = \begin{bmatrix} -\dot{I}_{s3} \\[1mm] \dot{I}_{s3} \\[1mm] -\dot{I}_{s3}-\dot{I}_{s6} \end{bmatrix}$

习题

$15-2$ 12 A

$15-3$ 提示：$u_C = 0.166\,52\sin(2t-0.529\,15)+2.084\,1\exp(-t/12)$

$15-4$ $u_C = 0.017\,716\sin(3t+1.183)+8.162\,3\exp(-0.091\,752t)$

        $-2.178\,7\exp(-0.908\,25\times t)$,

    $i = 0.212\,59\sin(3t+2.753\,8)-2.995\,6\exp(-0.091\,752t)$

        $+7.915\,2\exp(-0.908\,25\times t)$

参 考 文 献

［1］ 周守昌. 电路原理. 北京：高等教育出版社，1999.

［2］ 邱关源. 电路. 3 版. 北京：高等教育出版社，1989.

［3］ 李瀚荪. 电路分析基础. 3 版. 北京：高等教育出版社，1993.

［4］ 沈元隆，刘陈. 电路分析基础. 3 版. 北京：人民邮电出版社，2008.

［5］ 狄苏尔 C A，葛守仁. 电路基本理论. 林争辉，主译. 北京：人民教育出版社，1979.

［6］ 范承志，江传桂，孙士乾. 电路原理. 北京：机械工业出版社，2001.

［7］ 孙桂英. 电路理论基础. 哈尔滨：哈尔滨工业大学出版社，1999.

［8］ 杨传谱，孙敏，杨泽富. 电路理论——时域与频域分析. 武汉：华中理工大学出版社，1998.

［9］ 姚仲兴，姚维. 电路分析方法与精品题集. 杭州：浙江大学出版社，1994.

［10］ 韩利竹，王华. Matlab 电子仿真与应用. 北京：电子工业出版社，2000.

［11］ James W Nilsson, Susan A Riedel. Introductory Circuits for Electrical and Computer Engineering. 北京：电子工业出版社，2003.

［12］ David E Johnson, Johnny R Johnson, John L Hilburn, David A Bell. Electrical Principles. Singapore：Prentice-Hall Inc，1991.

［13］ 周围. 电路分析基础. 北京：人民邮电出版社，2003.